CSJ Current Review

写真で見る GRAPHICAL ABSTRACTS

天然有機化合物の全合成

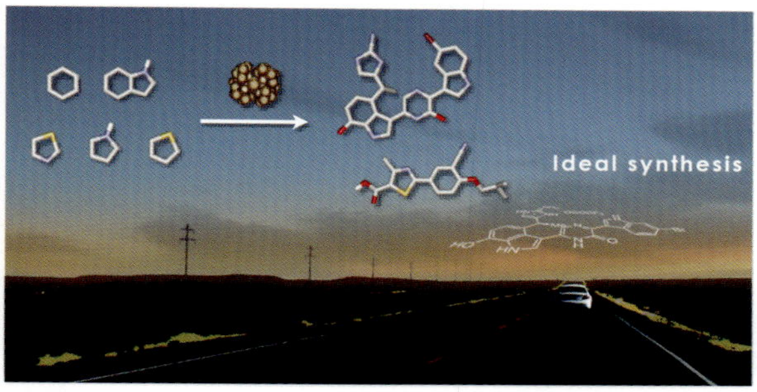
Ideal synthesis

Chapter 1

➡ p.50

理想的な合成を目指

Chapter 2

➡ p.57

C—H 挿入反応

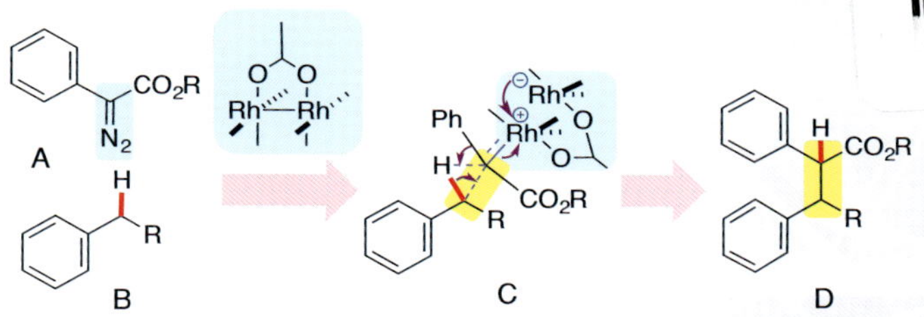
A
B
C
D
CO_2R
N_2
Rh
Ph
R

Chapter 3

➡ p.63

パラジウム触媒反応による
タキソール８員環の高効率

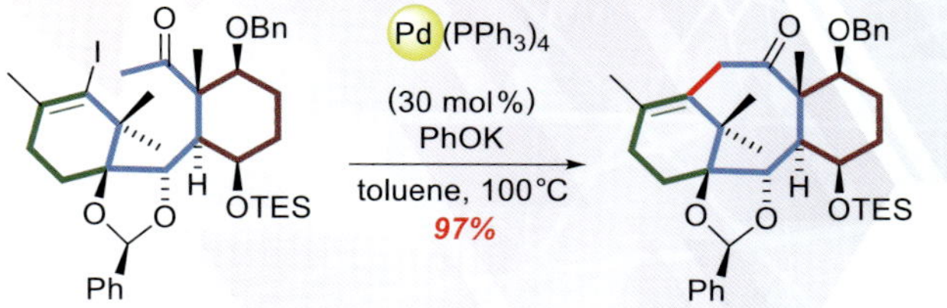
OBn
OTES
Ph
Pd $(PPh_3)_4$
(30 mol%)
PhOK
toluene, 100°C
97%

Chapter 4

➡ p.70

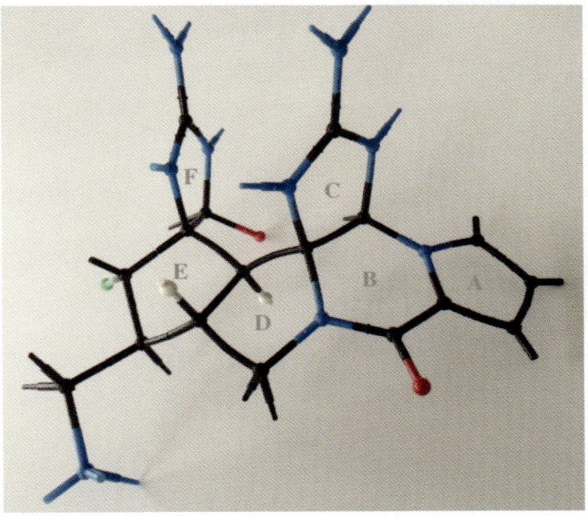
A
B
C
D
E
F

palau'amine の分子模型
DE 環が大きく歪んでいる

天然有機化合物の全合成

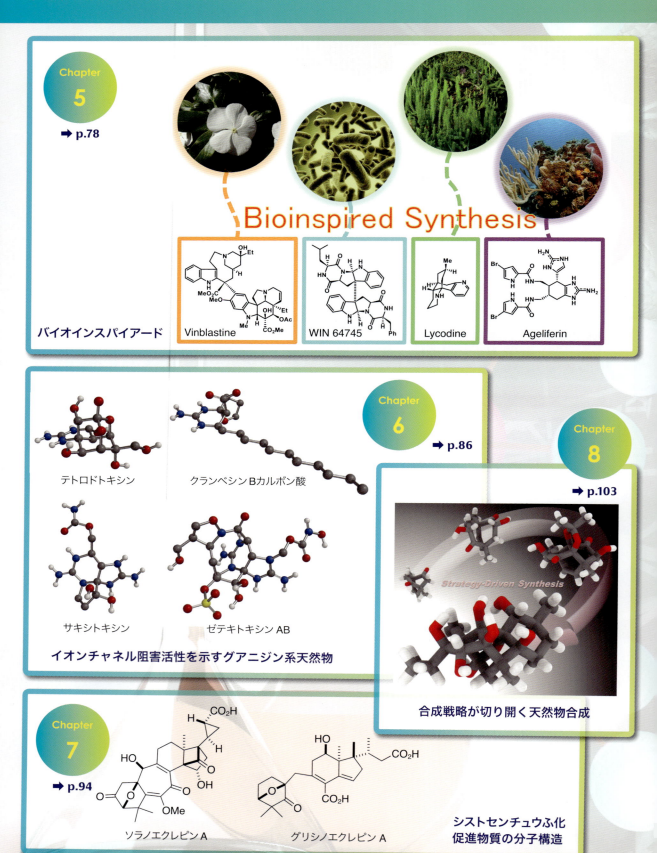

Chapter 5

➡ p.78

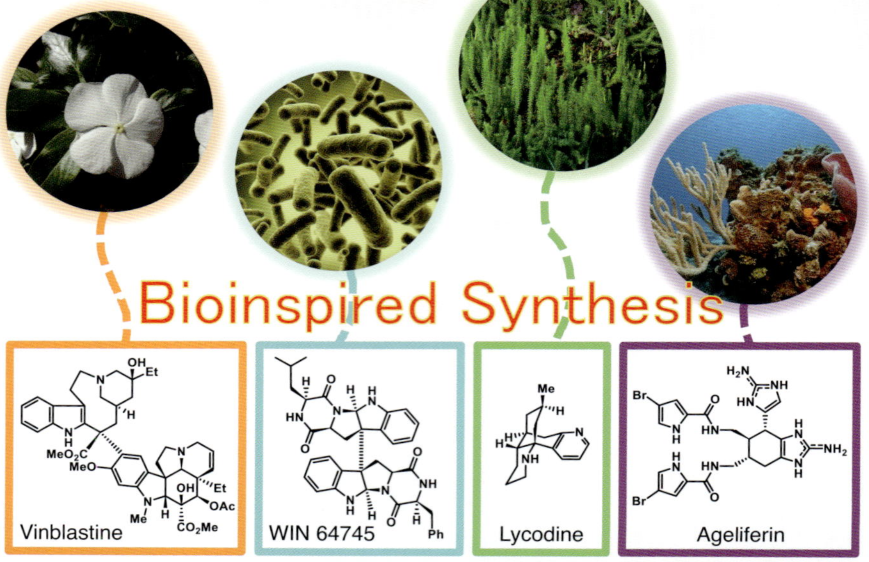
Bioinspired Synthesis
Vinblastine
WIN 64745
Lycodine
Ageliferin

バイオインスパイアード

Chapter 6

➡ p.86

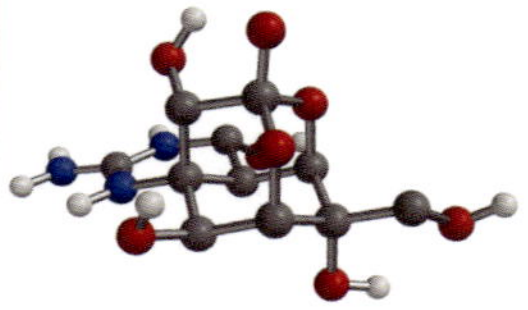

テトロドトキシン

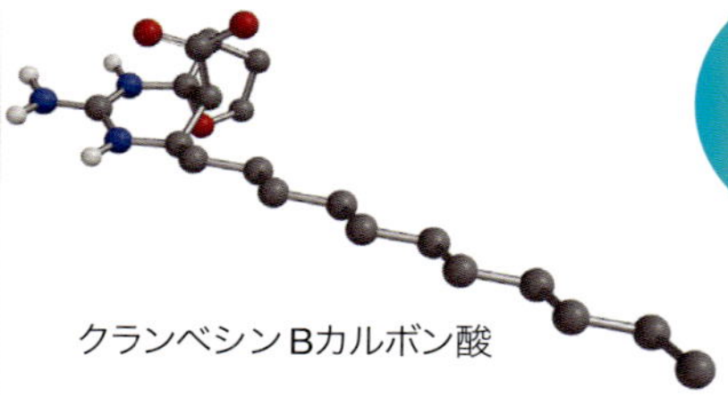

クランベシン Bカルボン酸

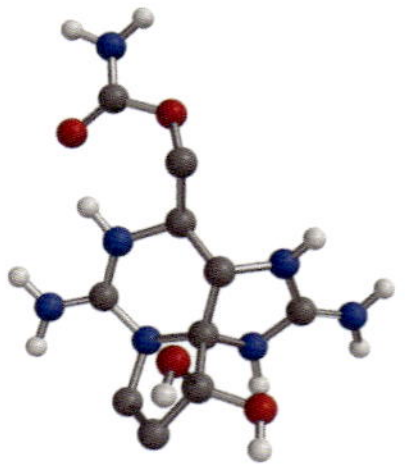

サキシトキシン

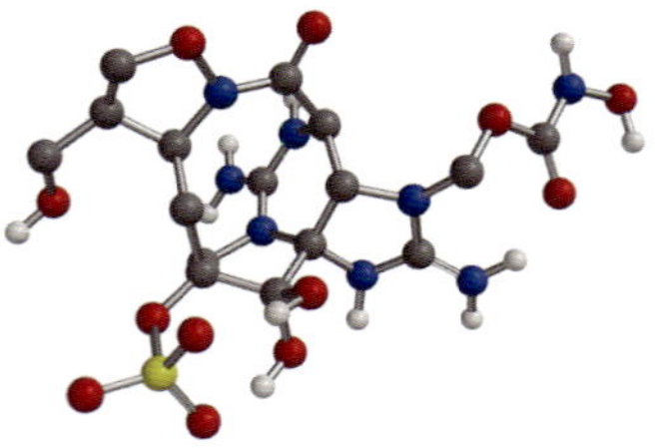

ゼテキトキシン AB

イオンチャネル阻害活性を示すグアニジン系天然物

Chapter 8

➡ p.103

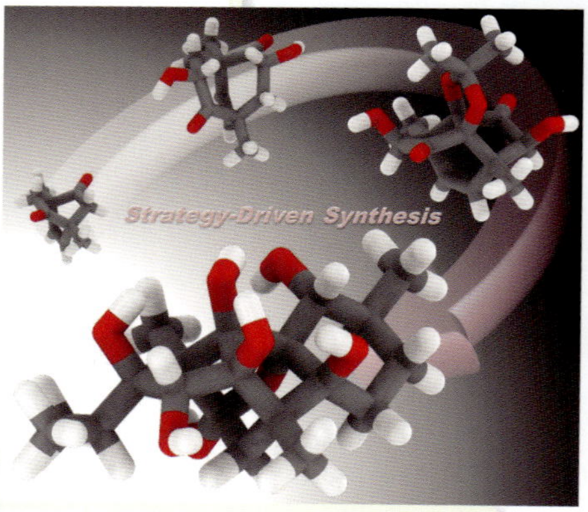
Strategy-Driven Synthesis

合成戦略が切り開く天然物合成

Chapter 7

➡ p.94

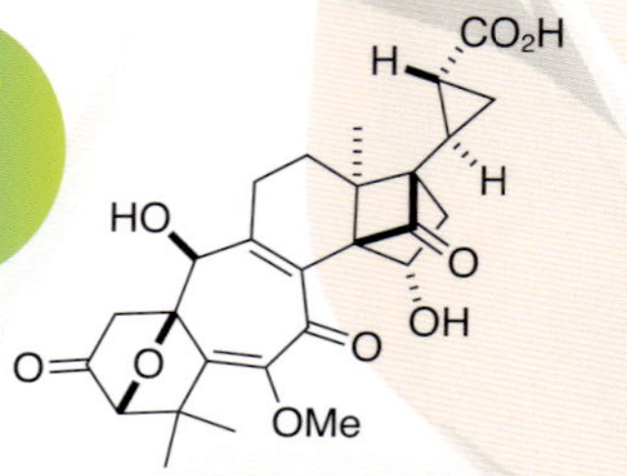

ソラノエクレピン A

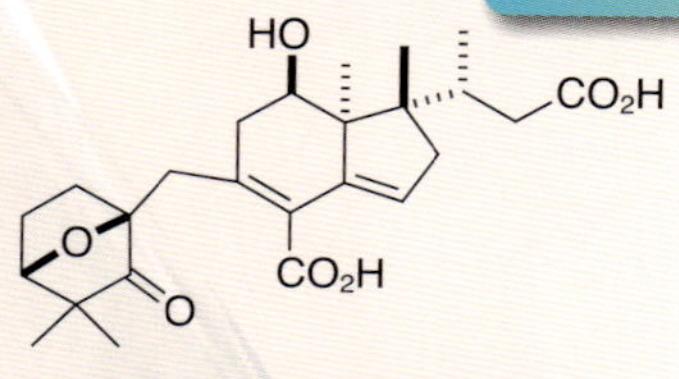

グリシノエクレピン A

シストセンチュウふ化促進物質の分子構造

Chapter 10

➡ p.118

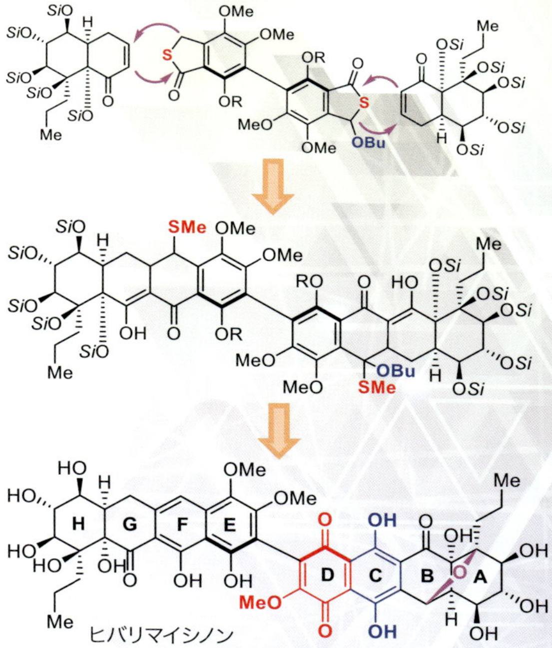
ヒバリマイシノン

対称性と非対称性

Chapter 9

➡ p.110

ワインに含まれるオリゴフラバンの一例

Chapter 11

➡ p.125

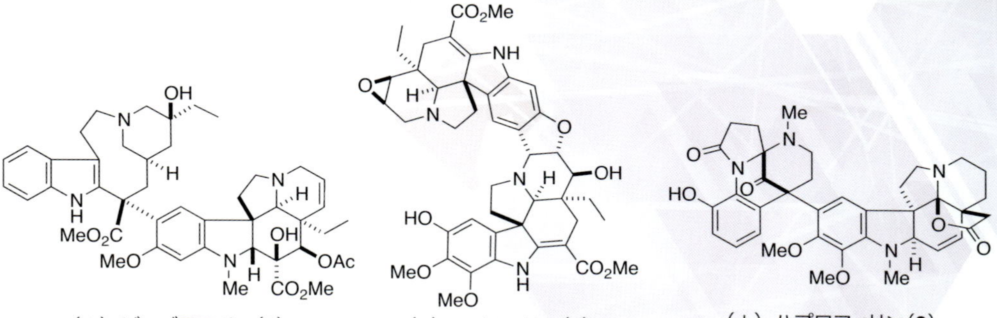

(+)-ビンブラスチン(**1**)　(−)-コノフィリン(**2**)　(+)-ハプロフィリン(**3**)

全合成を達成した二量体型インドールアルカロイドの例

Chapter 12

➡ p.134

封じ込め設備内でのエリブリンの製造

天然有機化合物の全合成

Chapter 13

➡ p.145

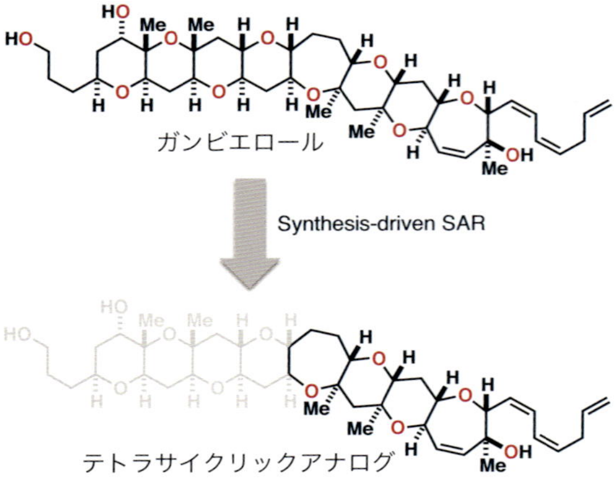
ガンビエロール
Synthesis-driven SAR
テトラサイクリックアナログ

構造簡略化ガンビエロールの分子設計

Chapter 14

➡ p.152

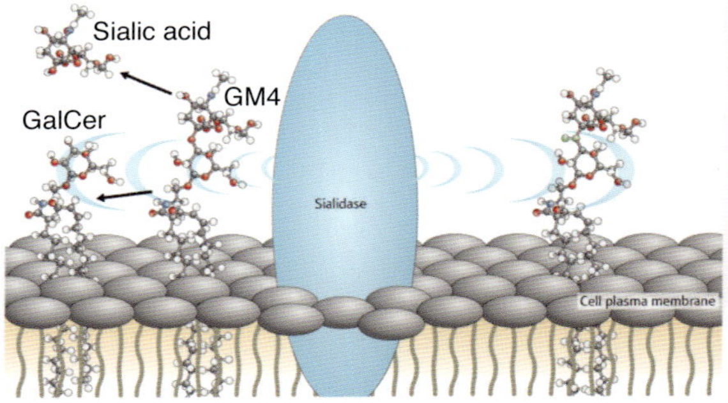
Sialic acid
GM4
GalCer
Sialidase
Cell plasma membrane

代謝耐性型ガングリオシドアナログの創製

Chapter 15

➡ p.160

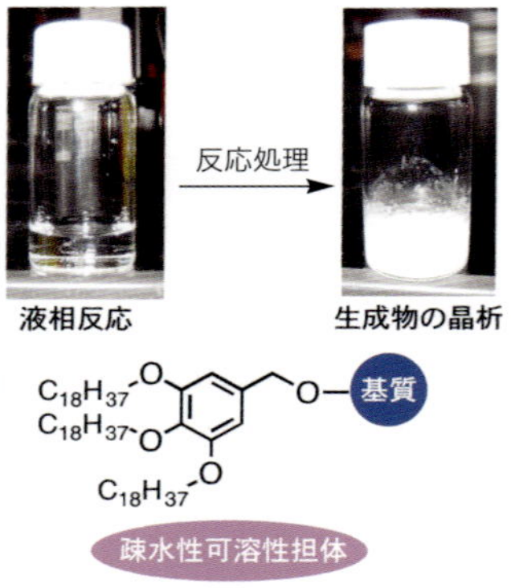
反応処理
液相反応
生成物の晶析
基質
疎水性可溶性担体

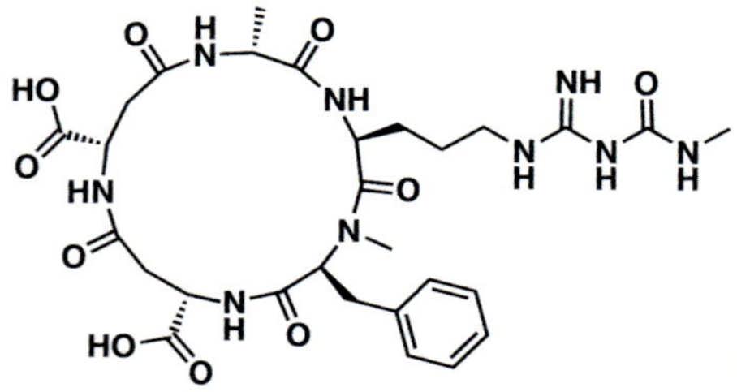

アージフィン
全16工程, 総収率44%
精製工程：晶析11回, クロマトグラフィー4回

疎水性可溶性タグを利用した液相合成法

Chapter 16

➡ p.167

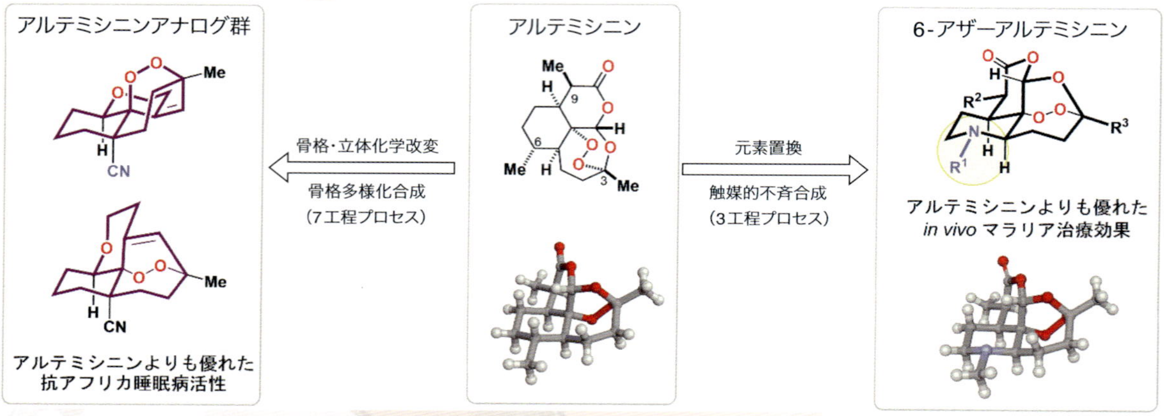
アルテミシニンアナログ群
アルテミシニンよりも優れた
抗アフリカ睡眠病活性
骨格・立体化学改変
骨格多様化合成
(7工程プロセス)
アルテミシニン
元素置換
触媒的不斉合成
(3工程プロセス)
6-アザ-アルテミシニン
アルテミシニンよりも優れた
in vivo マラリア治療効果

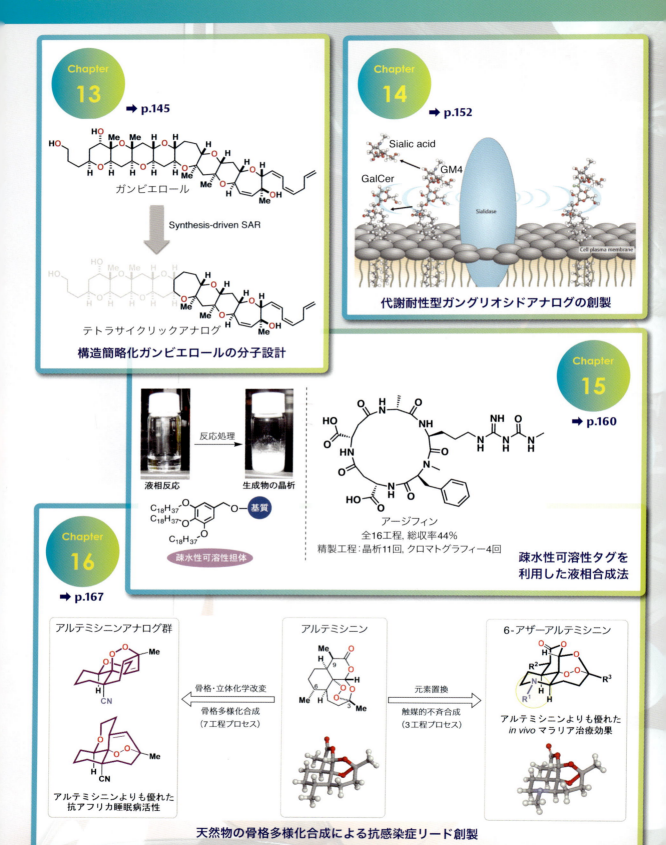

天然物の骨格多様化合成による抗感染症リード創製

CSJ Current Review

27

Total Synthesis of Natural Products

天然有機化合物の全合成

独創的なものづくりの反応と戦略

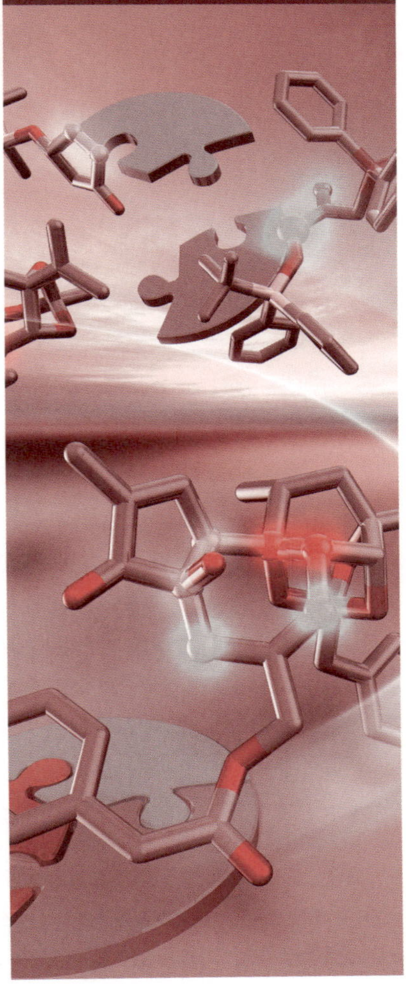

日本化学会 編

化学同人

総説集『CSJ カレントレビュー』刊行にあたって

これまで㈳日本化学会では化学のさまざまな分野からテーマを選んで，その分野のレビュー誌として『化学総説』50 巻，『季刊化学総説』50 巻を刊行してきました．その後を受けるかたちで，化学同人からの申し出もあり，日本化学会では新しい総説集の刊行をめざして編集委員会を立ちあげることになりました．この編集委員会では，これからの総説集のあり方や構成内容なども含めて，時代が求める総説集像をいろいろな視点から検討を重ねてきました．その結果，「読みやすく」「興味がもてる」「役に立つ」をキーワードに，その分野の基礎的で教育的な内容を盛り込んだ新しいスタイルの総説集『CSJ カレントレビュー』を，このたび日本化学会編で発刊することになりました．

この『CSJ カレントレビュー』では，化学のそれぞれの分野で活躍中の研究者・技術者に，その分野を取り巻く研究状況，そして研究者の素顔などとともに，最先端の研究・開発の動向を紹介していただきます．この 1 冊で，取りあげた分野のどこが興味深いのか，現在どこまで研究が進んでいるのか，さらには今後の展望までを丁寧にフォローできるように構成されています．対象とする読者はおもに大学院生，若い研究者ですが，初学者や教育者にも十分読んで楽しんでいただけるように心がけました．

内容はおもに三部構成になっています．まず本書のトップには，全体の内容をざっと理解できるように，カラフルな図や写真で構成された Graphical Abstract を配しました．

それに続く Part Ⅰでは，基礎概念と研究現場を取りあげています．たとえば，インタビュー（あるいは座談会），そして第一線研究室訪問などを通して，その分野の重要性，研究の面白さなどをフロントランナーに存分に語ってもらいます．また，この分野を先導した研究者を紹介しながら，これまでの研究の流れや最重要基礎概念を平易に解説しています．

このレビュー集のコアともいうべき PartⅡでは，その分野から最先端のテーマを 12～15 件ほど選び，今後の見通しなどを含めて第一線の研究者にレビュー解説をお願いしました．この分野の研究の進捗状況がすぐに理解できるように配慮してあります．

最後の Part Ⅲは，覚えておきたい最重要用語解説も含めて，この分野で役に立つ情報・データをできるだけ紹介します．「この分野を発展させた革新論文」は，これまでにない有用な情報で，今後研究を始める若い研究者にとっては刺激的かつ有意義な指針になると確信しています．

このように，『CSJ カレントレビュー』はさまざまな化学の分野で読み継がれる必読図書になるように心がけており，年 4 冊のシリーズとして発行される予定になっています．本書の内容に賛同していただき，一人でも多くの方に読んでいただければ幸いです．

今後，読者の皆さま方のご協力を得て，さらに充実したレビュー集に育てていきたいと考えております．

最後に，ご多忙中にもかかわらずご協力をいただいた執筆者の方々に深く御礼申し上げます．

2010年3月

編集委員を代表して
大倉　一郎

はじめに

天然有機化合物（天然物）の全合成にかかわっているすべての有機化学者は，プラスチック製の分子モデルを組み上げるくらい簡単に複雑な天然物を構築することを夢見ています．原子に対応するブロックを次つぎに繋ぎ合わせて，ある特定の三次元構造をもつ分子モデルをつくっていくことは，純粋な喜びがあり，分子の形状の有益な情報を与えます．一方，現実の有機化学では，原子が有用な分子へと自発的に組み上がることはないため，モデルをつくる作業と，分子モデルの1億分の1の大きさしかもたない実際の分子の合成スキームとには，まったく関連性がありません．天然物の全合成スキームを計画する際には，有機化学の長い歴史と精密な原理に基づいて，入手容易な単純な原料から複雑な標的分子へと至る多数の反応を配列する必要があります．またその実践では，適切に設計した中間体に適用可能な反応と条件を選択し，最適化するだけでなく，中間体と反応の全体的な順列と組み合わせを決定しなければなりません．そのため複雑な天然物の全合成の達成には，研究者の論理性や創造性が不可欠であり，それ自体非常に大きな知的貢献であるといえます．また，これらの成果は歴史が示すように，新しい反応や戦略の開発，新しい反応機構の提案や，新しい生物活性の発見の原動力となってきました．

天然物の分子の大きさ，官能基の配列や三次元的形状の多様性，あるいは特別な生物活性は，全合成化学者にさまざまな研究課題を提供しています．新反応と新戦略の開発は，相互に影響しあい，全合成は効率化されてきました．また，天然物だけではなく，その構造を基盤とした新たな活性分子創製がなされるようになりました．本書では，第一線の研究者に，最先端の成果を取りまとめていただくだけではなく，その背景となる考え方を基礎から解説していただきました．天然物全合成の今後の展望を考え，分野をさらに発展させるきっかけとして，それぞれの形で役立てていただけることを願っています．

2018年2月

井 上 将 行

CSJ Current Review

CONTENTS

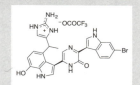

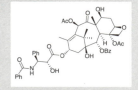

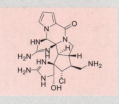

Part I 基礎概念と研究現場

CONTENTS

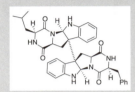

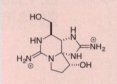

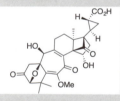

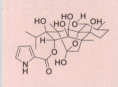

Part II 研究最前線

CONTENTS

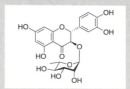

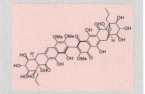

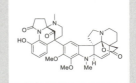

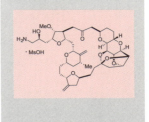

Part II 研究最前線

CONTENTS

Part III　役に立つ情報・データ

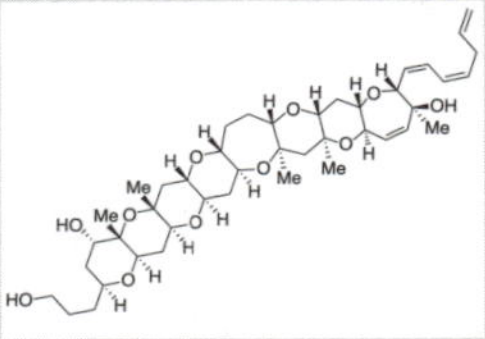

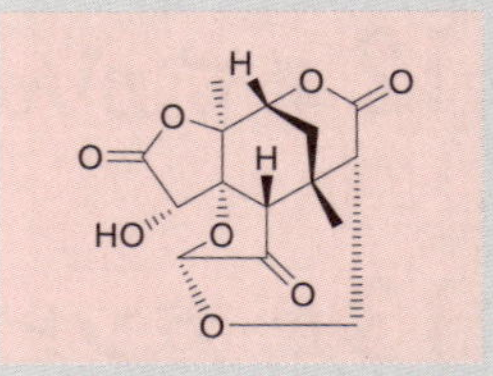

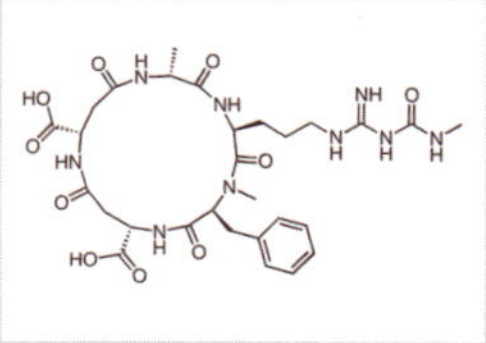

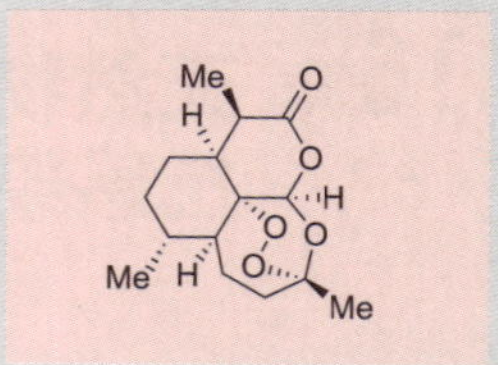

★本書の関連サイト情報などは，以下の化学同人 HP にまとめてあります．

→https://www.kagakudojin.co.jp/search/?series_no=2773

Part I

基礎概念と研究現場

（左より）山口潤一郎先生（早稲田大学），難波康祐先生（徳島大学），横島 聡先生（名古屋大学），
平井 剛先生（九州大学），井上将行先生（東京大学，司会）

変わりゆく天然物全合成の世界

Profile

井上　将行（いのうえ　まさゆき）
東京大学大学院薬学系研究科教授．1971 年東京生まれ．1998 年東京大学大学院理学系研究科博士課程修了．博士（理学）．東北大学大学院理学研究科助手，同講師，同准教授を経て，2007 年から現職．現在のおもな研究テーマは，「天然物の全合成と機能解析」．

難波　康祐（なんば　こうすけ）
徳島大学大学院医歯薬学研究部教授．1972 年大阪府生まれ．2001 年大阪市立大学理学研究科後期博士課程修了．博士（理学）．コロラド州立大学，ハーバード大学博士研究員，徳島文理大学薬学部助手，北海道大学大学院理学研究院講師，同准教授を経て，2013 年から現職．現在のおもな研究テーマは，「希少化合物の実践的合成，天然物の全合成，分子プローブ開発など」．

平井　剛（ひらい　ごう）
九州大学大学院薬学研究院教授．1975 年徳島県生まれ．2002 年東北大学大学院理学研究科博士課程修了．博士（理学）．東北大学多元物質科学研究所助手，理化学研究所研究員，同専任研究員を経て，2016 年から現職．現在のおもな研究テーマは，「新規生物活性物質の設計と合成」．

山口　潤一郎（やまぐち　じゅんいちろう）
早稲田大学理工学術院准教授．1979 年東京都生まれ．2007 年東京理科大学大学院工学研究科博士後期課程修了．博士（工学）．スクリプス研究所博士研究員，名古屋大学大学院理学研究科助教，同准教授を経て，2016 年から現職．現在のおもな研究テーマは，「物質創製のための合成化学・分子設計学」．

横島　聡（よこしま　さとし）
名古屋大学大学院創薬科学研究科教授．1974 年東京都生まれ．2002 年東京大学大学院薬学系研究科博士課程修了．博士（薬学）．三菱ウェルファーマ株式会社研究員，東京大学大学院薬学系研究科助手，同助教，同講師，同准教授，名古屋大学大学院創薬科学研究科准教授を経て，2017 年から現職．現在のおもな研究テーマは，「天然物の全合成」．

天然物全合成の新潮流

天然物全合成は日本のお家芸といわれてきた．複雑な天然物を効率よく合成するには，入念な戦略と鍵反応の開発が不可欠だ．最近ではC−H結合活性化の導入によって合成工程を単純化したり，天然物の誘導体合成から標的生体分子の機能解明を目指したりするなど，多様な研究がなされている．創薬につながる化合物合成や，新しい反応，方法論の提案にも精力的な分野だ．今回は井上将行先生，難波康祐先生，平井 剛先生，山口潤一郎先生，横島 聡先生といった若手研究者にお集まりいただき，天然物全合成の意義や研究をとりまく現状，動向と展望を語っていただいた．

1 天然物全合成研究の意義

新しい分子を生み出すためのノウハウの蓄積こそが重要

井上　本日は天然物全合成にかかわる先生がたにお集まりいただき，全合成の現代的な意義や面白さを語っていただきたいと思います．

山口　もともと分子をつくるのが好きで，学生時の研究室で全合成を研究していて，効率よく生物活性物質をつくり，そのあとケミカルバイオロジーへとつなぐ流れがすごく面白いですね．いまは既知の反応を組み合わせれば何でもつくれるといわれるようになった．僕は，それを短時間でつくりたかった．その試みとして，反応開発を基盤とした化合物合成に挑戦していたわけです．多様性をもち複雑で機能をもつ天然物のような素晴らしいターゲットはなかなかないというのが実感です．

井上　山口さんの章[*1]で面白いと思ったのは，全合成のターゲットが複雑になるにつれ，ルート自体も複雑になる．でも実際は合成化学者にとって理解しづらい．だから，それをなるべく単純な方法で示したいと．

山口　そうですね．いままでいろいろな化合物を体験してきて，やはり面倒くさいのが最も大きな課題でした．一つの系でもいいので，誰でもできる単純な技術にもち上げたい．プログラム的に合成していけば可能ではないかと試みていますが，本当に難しいです．屈強な合成化学者は絶対に必要だと思いますが，そうでなくてもできることを示したい．

井上　わかりやすさは一つの現代的意義，ほかの分野にアピールする重要なポイントです．なぜ天然物を研究するのでしょう．

横島　天然物が薬のソースとして重要視されているからでしょう．類縁体など天然物自体に多様性があります．多様性のある化合物から，いい化合物が生まれる．もう一つ，天然物は細胞内で生合成されてきたので，生体環境になじみやすい相容性をもちあわせています．つまり天然物は医薬品開発において，生体になじみやすい点をクリアしている．そういう意味で，天然物を合成しながら，中間体も含め活用できれば，さらに次元を広げられるのではないか．それが天然物研究の一番大きな意義だと思っています．

井上　有機合成では，標的化合物は天

＊1　Part2-1 章.

然物でなくてもいいわけです．たとえば積層したり凝集したり，結晶したりするのが重要な分野と違い，天然物は単分子で働くことが運命づけられている場合が多い．それで薬としても応用できるわけです．sp^2 結合が豊富な材料系の化合物を合成に使うと，凝集がコントロールしにくい．天然物が単分子として機能する化学構造の特徴をもつのは重要ですね．

横島　実際合成してみると難しいし，スペクトルもきちんと解釈する必要があります．それができる人材を育てることが非常に重要でしょう．そもそも天然物の全合成研究において，天然物まで至らせるサイエンティフィックな意義は何だと思いますか．

山口　最後までつくること．

横島　単離した化合物の構造を確定するなら，積極的なサイエンティフィックな意味がある．すでに構造が確定していて，なおかつ合成研究をしている場合，天然物全合成までもっていく意義は，実はないかもしれない．でも，最後までつくることは重要でしょう．

難波　大船研に入ったとき，大船先生が開発した不斉ストレッカー合成を使って全合成するということで，メソドロジーから参入しました．紆余曲折あって，何とか最後までつくりました．当時，ほかの分野から「たくさん反応をかけて，試薬も大量に使って，お金も使って，労力を費やして，やっと 5 mg，10 mg つくって意味があるの」といった批判を受けたりして．それに対する明確な答えは学生時代には得られませんでした．その後，岸研（ハーバード大）に留学して，ハリコンドリン合成を手伝わせていただきました．合成の力があれば，あれほど複雑な天然物でも薬にできるのを目の当たりにしたわけです．合成に到達するだけでもたいへんな天然物をつくる姿勢は，有機化学の力量を上げる意味では必要でしょう．ただ，到達して終わりではなく，役に立つ天然物を大量につくる，作用機序を理解する研究にもっていく，といった方向があると思います．

井上　難波さんの章[*2]では，原料から標的までの合成ルートを通すことが一番重要だとおっしゃっていた．そこがいわば道標になって，その後効率よく進められると．完璧なものを最初に出すのはもちろん大切ですが，道筋をつける重要さも忘れてはいけないですよね．

難波　全合成は，１回ルートがつながると視界が開けることが多いですね．

横島　いったんできると，原料合成のブラッシュアップと同じ工程に入っていけます．短工程化できますから．

平井　ケミカルバイオロジーとの接点という立ち位置にいますが，“何をつくるか”が命題です．構造的要因だけではなく，合成したその先を考える必要があるからです．全合成研究は，実質的に物質を供給できるので，ケミカルバイオロジーに貢献しています．でも天然物には面白い性質があって，骨

＊2　Part2-4 章．

格のもつユニークさ，反応性，もちろん生物活性などの知見の蓄積が，新たな合成標的の設定に繋がる．だから，全合成の意義は昔からの構造決定や物質供給はもちろんのこと，新しい分子を生み出すためのノウハウの蓄積こそが重要だと最近は考えています．

井上　そうですね．ケミカルバイオロジーへの応用として，天然物を新しい現象を発見するツールにするのなら，どうしても合成がかかわってくる．そうすると，平井さんの章[*3]みたいに，全合成よりもプローブを合成するのが困難になる．

平井　たいへんですよね，確かに．

井上　だからこそユニークな切り口で，さまざまな現象を観測できると思うので，その意味でも合成力は，重要でしょう．

＊3　Part2-14 章．

2 天然物全合成の研究動向と付加価値

合成そのものが成熟して洗練されれば，周りに広がりやすくなる

井上　いろいろなタイプのブレークスルーがありますが，これで一変したと注目している研究はありますか．

横島　ラジカルを制御して複雑なところを扱えるようになったのが，大きいと思います．それこそ，井上先生が活躍されている分野ですね．

井上　ラジカルはもともと多くの研究者が使っていた古い歴史のある化学です．文献を調べると，必ず Barton や Giese の論文に行きつく．ただ化学の分野は，らせん状に進歩していくところがあって「もう一回ラジカルがめぐって来た」ように見えますが，かつて不可能だったことが可能になっており，時間軸に対して進歩しています．

山口　ラジカルも光反応もブレークスルーですが，すでに活用されている手法を複雑系に取り入れてつなぎ合わせるのは，すごく面白い．こうした試みは，研究を全然違うステージに進められる可能性がありそう．そんな考えを取り入れたものが最近は増えているように思います．

井上　山口さんの場合，ある反応のために触媒をデザインしたわけですよね．

山口　そうですね．僕の場合，天然物の全合成を計画する際に結合を変な箇所で切ってしまい，新しい触媒が必要になった．

井上　それで，いままで不可能だった C–H アリール化反応が可能になった．個人的に面白いと思うのは，チオフェンを C–H アリール化反応を進めるためのフォーマットとして使っているところです．チオフェンから最後に硫黄 S を外すところは，かなりクラシカルなケミストリーですね．

山口　クラシカルなケミストリーと C–H アリール化反応を組み合わせているわけです．それが連綿と続く有機化学と，新しい現代的な手法とを組み合わせる強さだと思います．

難波　最近，期待しているのは結晶スポンジです．構造決定が簡単にできる技術が発達すれば，いずれ化合物の構造がポンとわかるようになる．学生は NMR のチャートを読めなくなりますが．

山口　構造解析は数値データなので，真っ先に AI（人工知能）に取って代わられますよ．

難波　すると，ますます NMR が読め

なくなる.

平井　最近，反応性や生物活性を理解するための計算化学はかなり使いやすくなりました．この 10 年ぐらいで，僕でも簡単な計算ならできるようになった．あと連続反応って面白いなあと思います．最近では，Aggarwal の論文[*4]はすごいなと思いました．メチル基がずらっと並んだ直鎖状分子の合成．ポリケチド合成みたいで，ああいう連続反応の進歩は，面白い分子構造を与えます．ワンポット反応や連続反応，繰返し反応はダイナミックで面白いですね．

井上　現代的な全合成だと，スケーラビリティー[*5]，ステップエコノミー[*6]，レドックスエコノミー[*7]などがより強調されます．一大潮流として，新しい価値観が出てきたら，ある程度は適応が必要になりますが，いかがお考えでしょうか.

横島　ものづくりは基本的に社会からの要請を受けてのものなので，大量合成も重要ですが，合成ルートを通すことの重要性が見失われないか心配です.

平井　ケミカルバイオロジーとの接点として考えると，一つの化合物から多くの化合物をつくる多様性は確かに重要ですが，さらにその類縁体がつくれる合成法の開拓は重要だと思います．結局，何が目的かがすべてで，価値がそこにあれば素晴らしいアイデアだといえるのでは.

難波　最近は，○○の全合成をこんなに短い工程でつくりましたとか，●●の試薬をこれだけ減らしました，など全合成に付加価値をつけないと十分ではなく，ただつくるだけじゃ飽きられる感じがしますね.

横島　わかりやすい付加価値をつけると，周りを納得させやすくなります.

山口　合成化学は一番小さな製造業ですよね．初めは苦労して，だんだんいろいろな製品をつくれるようになる．すると，次は付加価値が求められる．でも，意味がないように見える場合もあるし，その付加価値で世界が一変して一つの分野ができるときもある．僕はポジティブな方向もあると思います．ただ，そればかりを追いかけてもよくないですよね.

井上　僕が学生だったころに比べ，First Total Synthesis の価値は下がり気味に感じます．いろいろなエコノミーだけでなく，新たな付加価値が全合成にあるとしたら，どういうことがありえますか.

横島　誰を対象にアピールするかで違ってくるでしょう．たとえば，化合物を利用する場面では，大量にかつ短時間で合成することは重要です．一方，全合成研究そのものの魅力となると，個別の有機反応をつなげていく戦略にあると思います．ただその戦略の魅力を合成を専門としない人にわかりやすく伝えるのは，かなり難しい．そのため，いろいろなエコノミーなどの指標を使って合成を記述しようとすることになりますが，それらの指標は合成の一断面にすぎません.

難波　付加価値や時代の要請とは別に，合成の美しさを求めることもありますよね.

横島　合成そのものが成熟して洗練されれば，周りに広がりやすくなる.

井上　よいサイエンスにはインスピレーションを他人に与えられ，高揚感があるものです．一方，相手が理解できなかったら，高揚感も何もないわけで，それには情報がシェアされている

＊4　V. K. Aggarwal, et al., *Nature*, **513**, 183 (2014).

＊5　スケーラビリティー：合成スケールの大小にかかわらず実行可能な合成ルート.

＊6　ステップエコノミー：標的化合物の合成において工程数数を極力減らすこと.

＊7　レドックスエコノミー：標的化合物の合成において酸化還元反応を極力減らすこと.

ことが必要ですね．文字を読めない人に，いくらよい小説を読ませても感動できない．だから，教育は常に重要で，かつ参画人数は多いほうがいい．そうすれば理解者が増える．いわば win-win の状況になるためには，分野の魅力をいかに多くの人に伝えられるかです．

3 天然物全合成研究の難しさ

全合成は学生の成長によい題材だ

山口　最近は，つらいのを嫌がる学生が多いといわれますが，周りはそんなに変わっていますか．たとえば，全合成は 3K だから避けたい，とかもありますが．

平井　日本化学会の年会でも，一時期に比べたら全合成系の発表は減りましたね．

難波　前は 3 会場でやっていましたけど，いまは 2 会場に減っていますね．１日当たりの発表数も少なくなっています．

平井　結構少ないのですね．だから，全体的に全合成を研究する学生が減っているように感じてしまうのですね．

難波　いまの風潮だと，最小限の労力で最大のリターンがほしいという学生が多いからでは？

山口　それがいまの風潮なのですか．もともとそうじゃない？　だって，僕はずっとそうでしたよ．面倒くさいなといつも思っていた．楽しいけど面倒くさい．

平井　そうそう．面倒くさいが先に出るか，楽しいが先かという問題でしょう．

山口　でも，そういうことは時代で変わるものなのかな．自分の研究室の学生はすごく頑張っていて，彼らはすごいなとしか思えないです．「最近の●●は…」という声を周りで耳にすることが多い．だったら，そういった学生に合わせて，学問や指導方法を変えていけばいいのではないかと．

平井　なんとなく，実験の質がほかの分野と比べて合成化学はかなり泥臭いイメージがあるようですね．

難波　ものをつくるのが好きな学生は，一定数いるのですけどね．

平井　そこは心配していませんけど，ものづくりが好きは人がもっと増えてほしいと思います．

山口　うちの学科は有機化学の授業が１年間（半期＋半期）しかない．それだけの短期間でどうやって有機化学を教えればいいのか，みたいな感じです．１年では，とても有機化学の魅力を十分伝えきれない．泥臭くない物性評価や電池の分野が好まれるみたいです．もともと合成系は肩身が狭い感じでしたが．

井上　そうなりますよね．生物系のような，キットを使ったようなスマート

な実験に比べて，なぜフラスコみたいなもので実験しなくちゃいけないのか，とか．でも，それは相対的な話で，合成実験が好きな学生は一定数いるわけです．分子のつくり方を考えるのはやはり面白いし，有機化学自体がとてもよくできている学問なので，それを面白いと感じる学生は結構います．

山口　実際に面白いですしね．

難波　研究室に入ってきた当初はすごくできの悪い学生でも，全合成が達成できるころにはかなり優秀な学生に変わっています．全合成は学生の成長によい題材だと思いますね．

山口　そうですね．僕自身，どうしようもない学生だったので，全合成は優れた題材だと思います．ものをつくりながら学んでいくのは，すごく楽しい．でも，楽しいなと感じる人は結構変わっているので，人数自体は少ないかもしれない．

横島　研究室を選ぶきっかけはちょっとしたものであることもあります．合成はたいへんといいながらも，学生実習の再結晶のときに目をキラキラさせている学生はたくさんいます．彼らの背中を押すような魅力を，伝えることができるとよいですね．

4 人工知能で天然物合成研究はどう変わるか

ネガティブデータを蓄積できれば，かなりの部分をAIで済ませられるようになる

井上　先ほどAIの話が出ました．AIは今後の研究にどうかかわっていくのでしょう．構造決定はAIというよりDFT計算でかなりのことができるようになりましたね．合成化学にとって重要なのは，AIが合成ルートを考えられるようになるかだと思いますが，その点を期待していますか．

横島　AIが合成ルートを考えるようになると，自分たちが困るというのが

本音（笑）．合成ルートの自動探索は，昔からCoreyも研究しています．最近もいろいろな論文や総説が出ている．ただし，いまのデータベースで可能かは疑問です．AIですべて解決できる風潮が強まっていますが，囲碁などの場合，可能な盤面を一つ一つ評価できて，それを計算機で扱えるから強くなる．それに対し，考案した合成経路がうまくいくかどうかを本当にAIで判断できるのか．究極的には，計算化学が発展して，計算のなかで全部できるようになれば可能だと思います．いまの段階でデータベースを使っても，そこまで判断できるかどうか．もう少し時間がかかるでしょう．

井上　うまくいくかどうかを予想するのは難しいですね．というのは，僕らはうまくいかない90%のネガティブデータが考えるもとになっています．うまく合成できた10%は論文になっ

てSciFinderのデータベースに入る．うまくいかなかった残りの90%は，みなさんの頭のなかには入っているかもしれませんが，人類共有のデータにはなっていない．囲碁や将棋は，負けても勝っても両方がデータとして蓄積される．その残った90%の「出てこないデータ」を何とかしないかぎり，うまくいくかどうかを判断したうえでルートを構築するのは難しいでしょう．データのキュレーションの形を変えないといけないかもしれない．

横島　ネガティブデータをまとめるプラットホームが必要ですね．

井上　そうですね．だんだん増えています．たとえば，ChemRxiv*8のように，「こういうデータが出たので，ここで公表しておきます」といったものもありますし，ACS Omega*9やRSC Advance*10などオープンアクセスのジャーナルもある．ただ結局は，ある程度ポジティブなデータしか出てこない．そこを何とかしないと，合成ルートの良し悪しは判断できない．判断というのは相対化なので，データの出し方を何とかすべきですね．ネガティブデータを蓄積できれば，かなりの部分をAIで済ませられるようになるかもしれません．

難波　つまり，反応がうまくいかなくても論文化すると．

井上　山口さんの研究の場合でも，理論的にはこの触媒で進むはずだけど，触媒をかなりチューニングしないと実際には進まない．そのことに予想性はないですよね．そこがなかなか難しい．既存のルートを構築し直すのですら，ネガティブデータとの相対化が必要という気がしています．

山口　そうですね．

難波　まったく新しい反応の開発は無理だと思いますが，AIには期待しています．せっかく素晴らしい骨格構築法が閃いても，その前駆体にたどり着くまでに何年もかかったりするので．そういう原料合成を推し進める手助けのツールができれば，仕事はだいぶはかどる．

山口　研究のかたちは確実に変わりますよね．AIが活用されるのは賛成．でも，結構難しいでしょう．ルーティンの仕事がAI化され，新しい反応を学習し，行き着くところまでいけば，8割ほどの仕事が不要になる．人間は生き方すら変えないといけないかもしれない．スペクトルの読解も重要ですが，それをどこまで学べばいいのか，難しいところです．30年前に比べたらかなりの量を覚えなければならない状況です．そうすると，どこかを削らないといけないわけで，そこをAIに任せたい．ただし，少なくともAIが複雑なものを考えるような能力をもつところまでには，もう少し時間がかかりそうです．

平井　基本的にはAIに期待しています．バイオロジーの分野はさまざまものがデータベース化され，いろんなWebツールや実験キットが利用できます．

＊8　ChemRxiv（ケムアーカイブ）：アメリカ化学会が構築するプレプリントサーバ．正式な査読や出版の前に，科学者らがデータや結果を共有できるシステム．

＊9　*ACS Omega*：アメリカ化学会が発行するオープンアクセスのメガジャーナル．

＊10　*RSC Advance*：イギリス化学会の発行するゴールドオープンアクセスジャーナル．投稿料や掲載料が必要となる．

生物の勉強をあまりしていなかった僕でも簡単な生物実験を少しかじれますから，近い将来 AI が合成化学者にやるべき生物実験を教えてくれるようになれば，分子機能をより表現しやすくなるかも．だから逆に AI を活用することで，他分野の人が天然物の部分構造をつくったり，ちょっと天然物をプローブ化したりできるような時代がきて，分野融合がさらに起こりやすくなるような環境になるかもしれない．でも，難しい実験や難しい化合物は有機合成のスキルが必要ですし，AI がだしてきた答えから，どれを選ぶかというキュレーション能力も大事でしょう．

難波　ある先生は学生に，天然物全合成のスキームを見るときには，反応した箇所をではなくて，反応しないところに注目せよと指導していました．変換された場所だけを見るのではなく，この条件でこの箇所は反応しないことをすべて確認するようにと．AI も，そういった反応していない箇所を学習できるようになれば，かなり精度があがりそうです．

5 天然物全合成からのブレークスルー

結局僕は，地道な努力が大好きなのです．そして屈強な合成化学者を鍛えたい

井上　全合成分野をより加速したり，未来に向けて単純化したり，ほかのサイエンスに重要な影響を与えたりするには，何が必要で，どこが変わればよいのでしょう．

平井　反応条件検討が網羅的にできれば，もっと加速できるように思いますが，まだ有機合成はそのあたりがたいへん．分子生物学的手法に比べると多くの条件を網羅的に検討するのは，まだまだですよね．スループットを上げるには，実験方法を変えたりすることが，どこかで必要になると思います．

横島　実験方法で一番たいへんなのは，出てきた化合物の精製ですね．

難波　やはり，カラムの時間を短縮できればと思います．

山口　うちはカラムをやっていません．精製装置だけで，カラムは完全にやめました．小スケールの場合は，プレパラーティブ TLC で精製しますが．どんどん増えていく知識に対して全部できないので，機械でできることは任せればよいと．

井上　なるほど．フローはどうですか．結構いろいろなところで使われるようになって，製薬企業も完全フローで分子を合成するシステムを構築していますよね．天然物合成も理論的にはフローでできます．フローのほうが精製しやすい．その辺の未来はどうでしょう．

難波　原料合成には使えますね．うちも実際，原料合成ではフローを試して

いますが，最先端はやはり，原料がたくさん必要になる．最先端の検討にはちょっと使えないですが．

平井　これからはフロー以外のもっと違う装置が出てくるのでしょうか．

井上　装置は難しいかも．

難波　フローも，このカセットを入れたらアセチル化ができるとか．

横島　そのまま NMR もフローで組み込んでしまいたい．

山口　ある程度はブラックボックスになっていくでしょう．生物系の研究がそうであるように．このキットに試料を入れてやればできちゃうかもしれない．

横島　有機反応がキット化されれば，AI との相性もよくなりそうですが．

井上　でも，合成経路を考えることは最後まで人間の領域として残りそう．山口さんの章にあるように，分子モデルを組むように合成したいというのも，有機化学がみんな共有している理想だと思います．分子モデルを組むように合成するには，どうすればよいのでしょう．

山口　地道な努力としかいいようがないです．結局僕は，地道な努力が大好きなのです．そして屈強な合成化学者を鍛えたい．すごく複雑な化合物をばしっとつくれる人材がほしい．どこの分野でも活躍できますからね．

横島　ええ．それはすごく重要な人材になります．

山口　はい．そこで気づいて，やっぱりこっちをやりたいというところで流れていくという繰り返しでしょう．全部カセットになってしまったら，何も生まれなくなりますよ．

横島　カセットのなかだけの話になっちゃいますからね．

平井　逆に生合成研究とのかかわりは，どうなりますか．酵素法で大量生産というわけではありませんが，多様なものをつくるという意味では，どうでしょう．

山口　改変して，いろいろな反応が可能になっていますからね．でも，ここも結構サイエンスです．エンジニアリングにはちょっと難しいところですね．

井上　僕らの分野は原料に左右されます．ステップの数も，結局市販の原料から数えるわけです．市販の原料がもっと生成物，あるいはターゲットに近ければ，必然的に合成は簡単になる．だから，生合成のマシーナリーを使うのであれば，テーラーメイドの原料をつくれる方法があるといいですね．たとえば，モノテルペンの原料にヒドロキシ基を 1 個つけようとしたら 5 ステップが必要です．おそらく，生合成のマシーナリーを使えば簡単にできるはず．それが試薬として市販されるだけで全然見え方が違ってくるでしょう．

平井　皆さんがどういう採り入れ方を考えているのか，興味がありました．AI が使えるようになるのと同じで，いずれ実用的になるでしょうね．

井上　AI の実用化で変わる研究現場を想像しながら，本日の座談会を終わりたいと思います．お忙しいところをありがとうございました．

Chap 2

天然物の全合成タイムスリップ

楠見　武徳・鈴木　啓介
（東京工業大学理学院化学系）

はじめに

本書の読者は若い研究者だろうか．それとも研究を始めたばかりの学生だろうか．悩みや不安はないか．研究環境？　テーマ？　予算？　上司（教員）？

試しに，いまから 100〜150 年前の実験室にあなたがタイムスリップしたとしよう．どこを見回してもスターラーやエバポレーターはない．注文した溶媒や試薬は翌日に届くはずもなく，化合物の精製にクロマトグラフィーも使えない．近くの部屋を覗いてもNMR や質量分析装置は当然見当たらず，そもそも扱う化合物についての理解も乏しい．化学の体系化以前，ないない尽くしの混沌とした時代に，当時の研究者たちは，何を考え，どう研究に取り組んでいたのだろうか？

本章では，温故知新，何か勇気やヒントが見つかるかもしれない？と，往事の天然物化学の先駆者をヨーロッパから 4 人，日本から 3 人を紹介したい．爺たちの戯言と読みとばしてほしい．

第 1 話　生気説との相克 1828 ──Friedrich Wöhler

19 世紀初頭，近代化学の創始者 J. J. Berzelius（1779〜1848）は，「**有機化合物**は生命体の特別な力により産生されるもの，その対極を**無機化合物**」と定義した．**生気説**（vitalism）である．いま，われわれが**天然物**とよんでいるのは，この意味での有機化合物にほかならない．

さて 1824 年，J. von Liebig は師 Gay-Lussac とともに雷酸銀の組成を発表した．一方，同年 Berzelius の弟子 F. Wöhler もシアン酸銀の分析値を発表する．重要なのは，これらの組成が同じであるにもかかわらず，化学的性質がまったく異なっていたことにある．雷酸銀は爆発性をもつのに対し，シアン酸銀はもたない．ただちに Liebig は Wöhler の分析がおかしいと攻撃したが，両者は 1826 年に実際に会い，それぞれの分析の正しさを確かめ合った．面白いことに，これを境に二人は終生にわたる交流を始める．Liebig は激情家，Wöhler は穏やかにたしなめるような関係だったという．

それはさておき，これが異性現象（Berzelius による命名）の発見であった．すなわち，組成は同一にして，原子配列のちがいにより性質の異なる化合物どうしの存在である（雷酸 HONC，シアン酸は HOCN）．異性現象が後押ししたのが，有名な Wöhler による尿素の合成であった．当時，彼はシアン酸銀と塩化アンモニウムを反応させ，シアン酸アンモニウムの合成を試みたが，生成した結晶を精査したところ，これが尿素だったのである（図 1）．

この発見は生気説に終止符を打ったとされることが多い．だが，それを報じた 1828 年の論文は 4 頁ほどの淡々としたものであった．Wöhler は控えめ

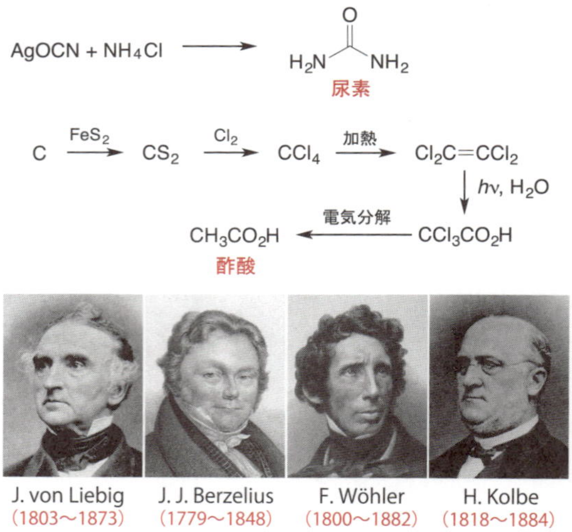
AgOCN + NH4Cl
O
H2N
NH2
尿素
C
FeS2
CS2
Cl2
CCl4
加熱
Cl2C=CCl2
hν, H2O
電気分解
CH3CO2H
CCl3CO2H
酢酸
J. von Liebig
(1803〜1873)
J. J. Berzelius
(1779〜1848)
F. Wöhler
(1800〜1882)
H. Kolbe
(1818〜1884)

図 1　尿素と酢酸の“合成”

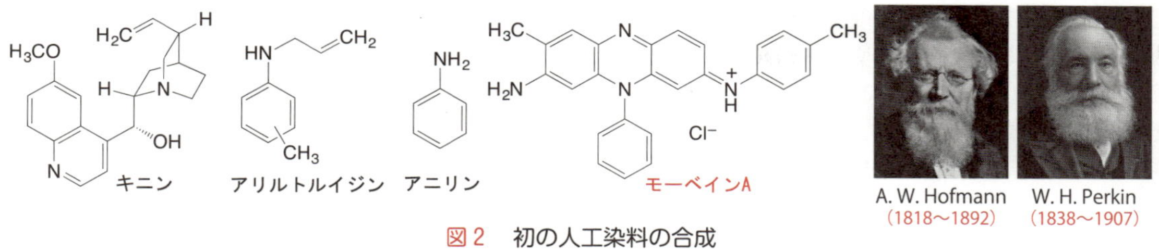
H₃CO
H₂C
H
N
OH
N
キニン
HN
CH₂
CH₃
アリルトルイジン
NH₂
アニリン
H₃C
N
CH₃
H₂N
N
N
H
Cl⁻
モーベインA
A. W. Hofmann
(1818〜1892)
W. H. Perkin
(1838〜1907)

図 2　初の人工染料の合成

に師 Berzelius に「私は腎臓なしで，人間や犬など動物なしで，尿素をつくることができました」と書き送っている．師弟の主たる興味は，むしろ異性現象の第二例（シアン酸アンモニウムと尿素）の発見にあったのかもしれない．実際，生気説信奉は根強く，「出発物は生物産物ではないか！」というケチがついた．シアン酸の原料，黄血塩 $[K_4Fe(CN)_6]$ は動物の血液や内臓を鉄と炭酸カリウムの加熱で得たものだったからである．それをいい出せばアンモニアも同じことだろう[1]．

しかし，Wöhler の弟子 H. Kolbe（1818〜1884）が反撃に出る．1845 年，まぎれもない無機物（C，S，Cl_2，H_2O）から，酢酸（有機物）を〝全合成〞したのであった．なお，Kolbe は電気分解反応に名を残しており，また**合成**（synthesis）という言葉を最初に用いたのも彼だったという．

ここで「有機化学の父」ともよばれる J. von Liebig の「予言」を紹介しよう[2]．

〝私達は，貴重な鉱物のウルトラマリンを工場で大量生産できるようになりました．そのうちに，木炭からダイヤモンドを，ミョウバンからサファイヤやルビーを，コールタールから美しい茜染料や著効をもつキニーネやモルヒネを作れるようになるでしょう．〞

第 2 話　人工染料モーブ 1856 ──William Henry Perkin

次の主人公はイギリスの W. H. Perkin である．弱冠 15 歳で王立化学大学に入学した才気煥発の若者であった．

Perkin の大学での師はドイツ人 A. W. von Hofmann で，J. von Liebig の弟子として石炭産業の廃棄物コールタールからアニリンの抽出に成功した人物だ．当時，キニンの合成にも関心を寄せている．西欧列強が植民地支配を競っていたこの時代，猛威を奮うマラリアへの対策が必要とされていた．しかも，アンデスにおけるキニン原料となるキナ樹林も枯渇の危機に瀕しており，この特効薬の価格は高騰していたのだった．

1856 年，18 歳になった Perkin はキニンの分子式 $C_{20}H_{24}N_2O_2$ に着目し，アリルトルイジン（$C_{10}H_{13}N$）を酸化すればよいと考えた（$2\ C_{10}H_{13}N + 3\ O \rightarrow C_{20}H_{24}N_2O_2 + H_2O$）．一概にこの着想が無謀とばかりいえないのは，当時は化学構造の概念が未発達で，炭素の正四面体説の登場すら 20 年も先のことだったからだ．ちなみに，キニンの平面構造が決定されたのもずっと後の 1908 年のこと（図 2）．

さて，この〝計画〞が実行に移されたのは，あろうことか師の不在中，自宅の小さな実験室においてだった（いわゆるヤミ実験）．*N*-アリルトルイジンに $K_2Cr_2O_7$ を作用させたが，当然，目的物は得られず，タールが生成しただけだった．さらに同じ反応をアニリンで繰り返したが，同様の結果をみる．ところが，厄介な黒色固体を取り除くためにアルコールを加えてみると，鮮やかな紫色の液体に変わり，布を浸すと美しい紫色に染まったのだ．こうして初の人工染料モーブが誕生した．

古今東西，紫は特別な色であった．日本では官位十二階の最高位，西欧でも高貴の象徴とされた．これは紫の色素がある種の巻貝から極微量しか得られず，貝紫，皇帝紫などとよばれ，たいへん貴重なものだったからである．人工的な紫染料を手にした Perkin は，師の反対をよそに父親の資金援助を得て，モーブの工業生産に乗りだし，巨万の富を築いた．

実のところ，モーブは混合物であり，それらの構造が決定されたのは比較的最近(1994 年)になってからのことである．モーベイン A の構造をよく見ると，アニリン 2 分子と *o*-および *p*-トルイジン 1 分子ずつから成る．これは使用されたアニリンに不純物が混じり(コールタール由来！)，相当量のトルイジンを含んでいたためである．この点でも幸運に恵まれた発見だったといえよう．

当時のイギリスは応用研究重視の風潮にあり，それを正すため王立学校はドイツから Hofmann を招聘していたのであった．その後，Perkin はアリザリンの特許競争に敗れるなど開発研究に疲れたのか工業界から手を引き，基礎的な合成反応(Perkin 反応)の開発研究を行い，その名を学術誌にもとどめている[3]．

第 3 話　天然色素インジゴの合成 1882 ——Adolf von Baeyer

次の話題も色に関するもので，主人公は Adolf von Baeyer である．

インジゴは古くから世界各地で珍重された藍色の植物色素であり，古代エジプトのミイラも藍布に包まれていたという．いま，身近に目にするのはジーンズの青色だろうか．中世西欧では藍染め用にホソバタイセイ(大青，woad)が栽培され，主要栽培地の一つ，ドイツのヘッセン州には染色ギルドがあって，おおいに繁栄したようである．

インジゴの歴史には二度の大きな転機があった．一つは，イギリス領インドから導入されたインド藍(Indigo の名の由来．タイワンコマツナギのことで，インジゴ含量が高い)が普及したため，ヨーロッパにおける上述の伝統的な woad 栽培が駆逐されたときである．もう一つの転機は本節の話題，インジゴの工業的合成法の確立である．

Baeyer はベルリン生まれの，根っからの化学少年であった．9 才にして化学実験に夢中になり，13 歳の誕生日に買ったインジゴ(！)の青に魅せられたという逸話がある．1856 年から A. Kekulé に師事し，フェノールフタレインや睡眠薬の親物質であるバルビツール酸を開発した．1860 年にベルリン工業専門学校教師，1875 年にミュンヘン大学教授

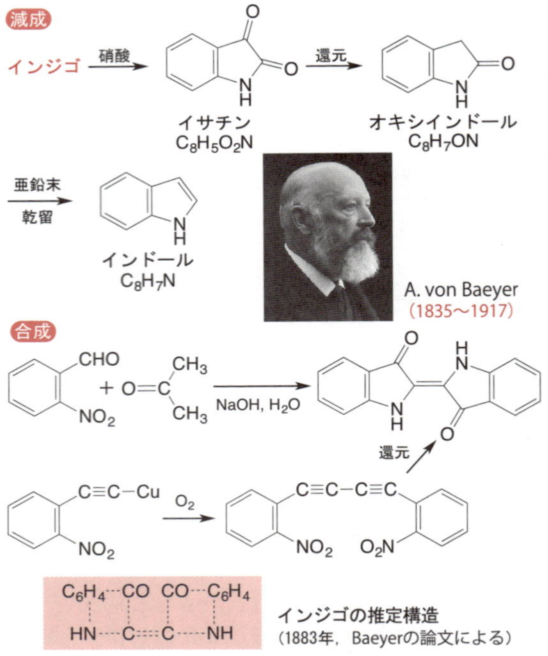
減成
インジゴ
硝酸
還元
イサチン
$C_8H_5O_2N$
オキシインドール
C_8H_7ON
亜鉛末
乾留
インドール
C_8H_7N
A. von Baeyer
(1835〜1917)
合成
CHO
NO_2
CH_3
NaOH, H_2O
還元
O_2
インジゴの推定構造
(1883年，Baeyerの論文による)

図 3　当時の構造決定法

(Liebig の後任)となった彼の業績は多岐にわたり，1905 年にはノーベル化学賞に輝く．ひずみ理論，Baeyer-Villiger 反応，ポリアセチレンの化学などもあるが，ここではインジゴの構造決定と合成を紹介しよう．

Baeyer がインジゴの研究を始めた 1860 年代当時，有機化合物の構造決定は減成と合成の 2 段階から成っていた．すなわち対象化合物を分解し，簡単な既知化合物と関連づける減成，および，そこから逆に戻ってくる合成であった(図 3)．インジゴの場合，まず硝酸で分解しイサチンを得て，還元によりオキシインドールを経てインドールとする．1865 年にベンゼンの構造式を明らかにした恩師 Kekulé の協力を得ながら，インドールの構造は解明された(1869 年)．一方，合成では構造的に類似したオルトニトロフェニル酢酸の還元を経由してイサチンを合成し，これに還元剤としてリン化合物を用いてインジゴとしたのである．

図 3 には二つのインジゴ合成経路(1882 年)を示した．これらの合成により最終的にインジゴの構造

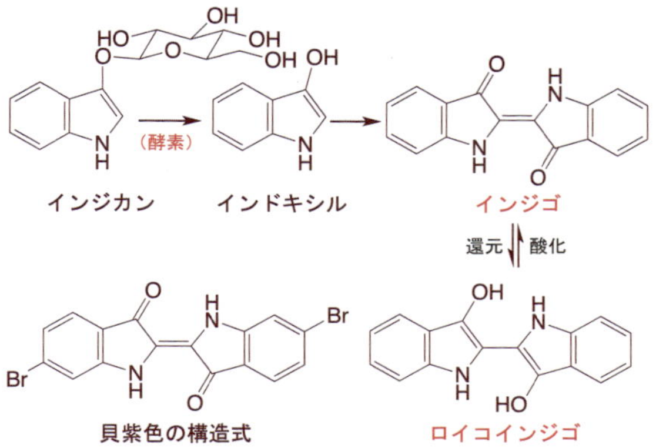
OH
HO
OH
OH
OH
(酵素)
インジカン
インドキシル
インジゴ
還元
酸化
Br
Br
貝紫色の構造式
ロイコインジゴ

図4　インジゴの生成と染色のしくみ

が確定している．二つのベンゼン環どうしが4炭素鎖で結合することを明示した，驚嘆に値する成果だ．参考までに，論文に掲載されたインジゴの構造式も示した[4]．20年余の長く苦しい道程であったが，堅牢な減成-合成実験と元素分析に基づき，さらにKekuléによるベンゼンの構造解明を背景とした成果だったといえよう．

合成染料工業は，こうした重厚な基礎学理の積み重ねに依拠していた．ちなみにKekuléは「ついぞ工業のために仕事した覚えはない」と述懐した．一方，Baeyerは工業界からの要請に何とか応えようと，次つぎと合成法を開拓したが，いずれも採算が合わず，ノーベル賞を受賞したころには「インジゴの仕事に厭(あ)きた」ともらし，晩年には基礎研究に回帰した．

日本でも，江戸時代には藍(タデ科植物)を用いた染物が盛んで，特産地の阿波国には藍蔵が立ち並んでいたという．その伝統的工程は優れて化学的である．藍葉に含まれる配糖体インジカンを発酵すると糖が外れて黄色のインドキシルとなり，これが酸素により酸化的に二量化して藍色のインジゴになる(図4)．インジゴ自体は水に不溶のため染色には利用できないが，灰汁中，ふすま(小麦)と発酵させると，還元されてアルカリ可溶のロイコ体(無色)となる．これに木綿布を浸せば黄色～褐色に染まり，空気にさらすと藍色に変わり，さらに水洗を繰り返せば，少しずつインジゴが溶け出し，独特の風合いが出る．この伝統的技法は合成インジゴの登場により駆逐されたが，いまでも色落ちしたジーンズが好まれるのはノスタルジーだろうか．

もうひとつ興味深いエピソードは，貝紫がインジゴのジブロモ体だということである．何のために，これら色素(前駆体)を動植物が共通して体内に秘めているのか．まさに自然の神秘である．

第4話　糖質の構造決定1890 ――Hermann Emil Fischer[5]

Baeyerの研究室からは多くの弟子が巣立ったが，なかでもEmil Fischerは秀逸であった．1874年，ストラスブール大学で学位を取得後，翌年，師とともにミュンヘンに移動して活躍した．その後，1892年にベルリン大学教授に転じ，終生研究を続けた．カフェインやプリン塩基の構造および合成研究や，インドール，エステル，グリコシドなどの合成反応に名を残しているが，とくに「糖質の合成と構造決定」は金字塔ともいうべき成果である．

彼が本格的に糖研究を始めた1884年当時，六炭糖はグルコース，ガラクトース，フルクトース，ソルボースが知られていただけで，しかもそれらは直鎖構造と考えられていた．折しも，その直前の1874年にvan't HoffとLe Belによる炭素の正四面体説が提出され，賛否両論が渦巻いていた．面白いことに，反対論者の急先鋒はKolbeだった．一方，Fischerはいち早くこの正四面体説を取り入れ，糖の立体化学解明に挑んだ．

ここで威力を発揮したのが，Fischerが以前に研究したヒドラジンであった．すなわち，(+)-グルコース，(+)-マンノースにフェニルヒドラジンを作用させると，同一のオサゾンが生成する(比旋光度，混融試験)．この両者はホルミル基の隣接位に関する異性体であり，他の3個の不斉炭素(*)の立体化学は同一となる．彼の工夫したFischer投影式を図5(a)に示した．

さらに既知のすべての単糖を合成し，それらの立体化学も決定した．要点は，まず旋光度プラス(+)のグリセルアルデヒドの絶対配置を図5(b)のように任意に仮定し，これをD-鏡像体とよぶことにし，これから誘導される一連の立体異性体をD型，その

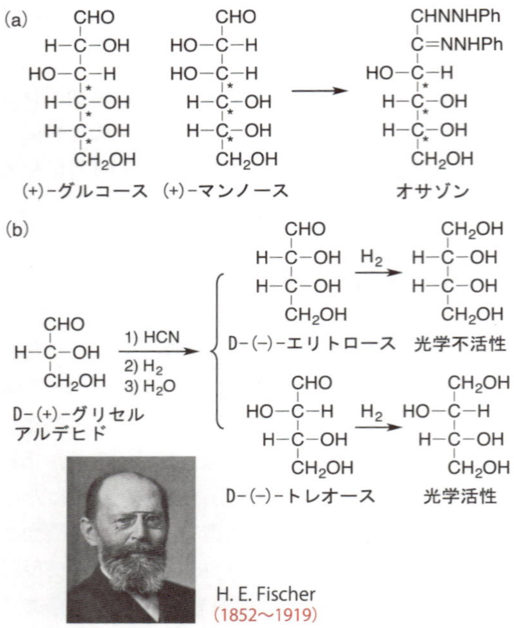
(a)
(+)-グルコース
(+)-マンノース
オサゾン
(b)
1) HCN
2) H_2
3) H_2O
D-(+)-グリセルアルデヒド
D-(−)-エリトロース
光学不活性
D-(−)-トレオース
光学活性
H. E. Fischer
(1852〜1919)

図5　立体化学の解明

鏡像体をL型と定義したことである．約70年後，X線構造解析により，幸いにもこの仮定が実際と一致することが判明した．もし逆であったら，大混乱は必定であった！

D-グリセルアルデヒドに，開発直後のKiliani-Fischer反応を行ったのち，シアノ基の還元，加水分解を行い，二つのジアステレオマーを得る．それぞれをアルジトールまで還元し，その光学活性，不活性をもとに，立体化学を決定したのであった．同様な操作で六炭糖すべてを合成し，立体化学を明らかにした．これには面白い逸話がある．糖類は往々にして結晶化しにくいが，Fischerの手にかかると見事に結晶化する．“彼は宇宙人で，ヒゲのなかにはあらゆる化合物の結晶の種が潜んでいる？”という噂がたった．

1902年，Fischerは「プリンと糖に関する基本的な研究」により第2回ノーベル化学賞（初の有機化学者）を受賞した．

明治期日本の有機化学者群像[6], [7]

さて，明治維新前後のわが国に目を向けてみよう．長きにわたる鎖国により，産業革命以来長足の進歩を遂げた欧米の科学技術から立ち遅れていた．開国前に唯一，この進歩を垣間見ることができたのは，長崎を通して，オランダから寄せられた情報だった．たとえば，宇田川榕菴（1798〜1846）による「舎密開宗」は，オランダ書から翻訳され，初めて化学という学問分野を紹介した．「舎密」はオランダ語Chemieの音訳だ．その後，1861年に川本幸民（1810〜1871）が「化学新書」（オランダ書の翻訳書）を出した．ここで初めて**化学**という用語が用いられ，また「**有機**」も英語organicに相当するオランダ語を**有機体性**と訳したことに由来する．

横浜が開港された1854年は，ちょうどPerkinによるモーブ発明の頃にあたる．明治新政府は優れた人材を欧米に派遣し，科学技術の導入を目指した．この頃西欧に学び，日本の天然有機化学だけでなく，広く社会発展に尽くした3人を紹介しよう．

第5話　エフェドリンの発見1885 ――長井長義[8]

長井長義は阿波徳島藩の御典医長井家の長男として誕生，父親から本草学の薫陶を受けた．22歳のときに長崎に留学，上野彦馬（日本最初の写真家）と知己を得た．上野は写真に必要な還元剤を自作するなど舎密学にも長じ，また同時代人，坂本龍馬の肘をついた写真は，彦馬の撮影といわれる．長崎や江戸へ彦馬に同行した長義は，実験を通じて化学に魅了された．

1869年，大学東校（東京大学の前身）に進み，1871年，欧州派遣第1回留学生として渡独し，ベルリン大学のHofmann（前出）に学んだ．植物成分研究で学位を受け，助手に採用されて活躍を期待されたが，度たびの帰国要請により，13年の滞在に終止符を打ち，1884年に帰国する．その後，東京帝国大学教授，国立試験所所長や大日本製薬（現大日本住友製薬）の役員として活躍した．

代表的な成果に，麻黄からの**エフェドリン**の発見（1885年）がある（図6）．このアルカロイドは，現在も鎮咳薬として世界中で使われている．長義は1886年に東京化学会（現日本化学会）の会長，1887

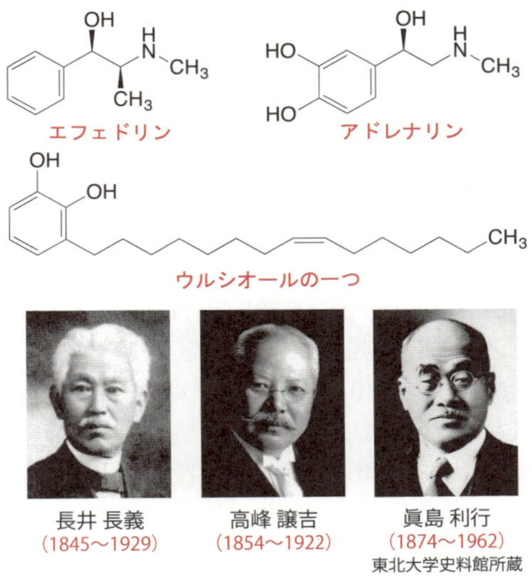
OH
H
N
CH_3
CH_3
エフェドリン
HO
OH
H
N
CH_3
HO
アドレナリン
OH
OH
CH_3
ウルシオールの一つ
長井 長義
(1845〜1929)
高峰 譲吉
(1854〜1922)
眞島 利行
(1874〜1962)
東北大学史料館所蔵

図 6　西欧に学んだ日本人化学者

年には日本薬学会の初代会頭となり，富山，熊本，徳島大学薬学部の前身設立に尽力し「日本薬学の父」とよばれた．また，ドイツ人の妻 Therese の協力のもと日本女子大学でも教鞭を執り，最新のドイツ式実験設備を備えた香雪化学館の設置に協力した．

第 6 話　アドレナリンの発見 1901 ――高峰譲吉[9]

高峰譲吉は越中高岡で漢方医の長男として生まれ，16 歳のときに七尾語学所（石川県）で英語を学んだ．わずか 35 名ほどの塾は 1 年ほどで閉鎖されたが，そのなかに日本の将来を背負う数名の塾生が現れ，その一人が櫻井錠二（当時 12 歳）であった．その後，譲吉は長崎に学び，大阪医学校，工部大学校（現東京大学工学部）を経て，1880 年から 3 年間グラスゴー大学で学ぶ．

帰国後，農商務省工務局に奉職，その事務官として万国工業博覧会（ニューオーリンズ）に派遣された 1884 年から八面六臂の活躍が始まる．ニューオーリンズでは二つの出来事があった．一つは，逗留（とうりゅう）先 Hitch 家の令嬢 Caroline と出会い，3 年後に再渡米して結婚したこと（譲吉 32 歳，Caroline 20 歳）．もう一つは，博覧会で目にした諸外国の農業事情から，日本の農業近代化に向け人造肥料の必要性を痛感し，帰国後ただちに官職を辞して，大日本東京人造肥料会社（現日産化学工業株式会社）を設立したことである．また，日本の麹を改良して利用するウィスキー醸造法（**元麹改良法**）の特許も取得している．醸造とは突飛に思えるが，母方が高岡の蔵元だったこと，また留学先がスコットランドだったのも無縁ではなかろう．

この方法は従来のモルト法より優れ，さらに経済的だったため，アメリカでも注目されるところとなり，1890 年，シカゴのウィスキー・トラストに請われて渡米した．ところがモルト職人たちの反発を買い，せっかく建てた研究所は放火により焼失の憂き目にあう．しかも経営者が交代したため麹法は排除され，譲吉は心労から病に倒れた．異境での赤貧生活，妻の献身的な介護がなければ再起できなかったかもしれない．

この窮地を救ったのがタカジアスターゼであった．この強力なデンプン分解酵素は，麹カビ菌を丹念に分離，探索するなかで発見され，1894 年には特許化，パーク・デイビス社（現ファイザー株式会社）から製造・販売された．譲吉は同社の顧問技師となり，ようやく経済的に安定する．同酵素の日本での販売は新設された三共商店に委譲され，1913 年には独占販売権をもつ三共製薬（現第一三共株式会社）の初代社長に就任した．財を成した譲吉はニューヨークに研究所を設立，今度はアドレナリンの研究を行った（図 6）．血圧上昇作用などをもつ，この副腎髄質ホルモンが，上中啓三助手により初めて結晶化された．ちなみに，上中は長井長義の薫陶を受けた，優秀な研究者だった．

1913 年の帰国時，譲吉は欧米で先行していた基礎科学研究所を日本にも設立すべきだと，財界の重鎮（渋沢栄一と増田孝）に説き，これが 1917 年，理化学研究所の設立につながる．実際に設立の指揮を執ったのが櫻井錠二だったのも不思議な縁だ．三共社長時代にはベークライトの生産（1913 年）を手掛けたほか，故郷富山の黒部川電力開発など幅広く活動した．また，日米親善の象徴となったポトマック河畔の桜を寄付したのも譲吉であった．

第7話　ウルシオールの化学 1912 ──眞島利行[10]

眞島利行は京都綾部藩の医師の長男に生まれ，14歳のときに上京して一高に入学，1年留年ののち，1896年帝国大学理科大学(現東京大学理学部)化学科に進学した．一高以来有機化学を志し，のちに日本の有機化学の父とよばれるようになるが，当初の道程は平坦ではなかった．というのも，当時の理科大学では筆頭教授の櫻井錠二をはじめとして物理化学が主流だったため，有機化学は独学に頼らざるをえなかったからである．大学院を経て助手となり，自由に研究ができるようになったが，相変わらずの独学に「大研究の研究」と称してドイツ化学会誌(*Berichte*)の論文を渉猟し，前述のインジゴ合成(Baeyer)，テルペンの研究(Wallach)，プリンの研究(Fischer)などを熟読していた．

当時，ガラス器具や試薬も外国頼みで，研究も容易ではなかった．さらに文献を通じて彼我の差を知った利行は，同じ土俵では世界に伍する研究はできないと考え，独自のテーマを模索し，その結論が漆の研究だった．その材料入手にこと欠かない漆工芸はjapanともいい，まさにお家芸であった．

もう一つ有機化学者への道を困難なものにさせたのは，主任教授の櫻井錠二から将来的に無機化学の担当を命ぜられていたことであった．1907年，利行はA. Werner(チューリヒ大，1913年ノーベル化学賞)の門を叩くべく，神戸から船出した．ところが，旅のさなか事態は急転する．「新設される東北帝大に赴任すれば，有機化学を専攻してよし」との許可が出たのであった．

そこで，留学先を急遽キール(ドイツ)とチューリッヒに変更した．これには次のような背景があった．当時，元素分析には0.2 gの純品を必要とした．研究対象のウルシオールは油状の混合物で，精製は蒸留に頼らざるをえなかった(図7)．ところが，当時の東京では，真空度は50 mmHgが限度であり，実際に利行は蒸留中の分解を経験し，臍(ほぞ)をかむ思いを書き残している．一方，キール大学のC. D. Harries(E. Fischerの弟子)の研究室には高真空蒸留装置(0.15〜0.2 mmHg)があり，加えてHarriesはオゾン酸化反応の権威であった．オゾン分解は，ウルシオール側鎖の二重結合の切断(減成実験)にうってつけであった．キール滞在中，利行は大病をしたが，それでもテルペン類の研究，さらに漆成分の精製と分解反応の実験を続けた．そののち1909年には，スイス連邦工科大学(ETH)でR. Willstätter(1915年ノーベル化学賞)の門を叩き，白金黒触媒を用いた接触還元技術を学んだ．これもウルシオール側鎖を水素化するためであった．

記念すべき1910年7月15日の写真がある(図7)．中央が利行(36歳)，向かって右が柴田雄次(28歳，化学者．のちに東京帝国大学教授)，左が朝比奈泰

TURICUM
11H 112

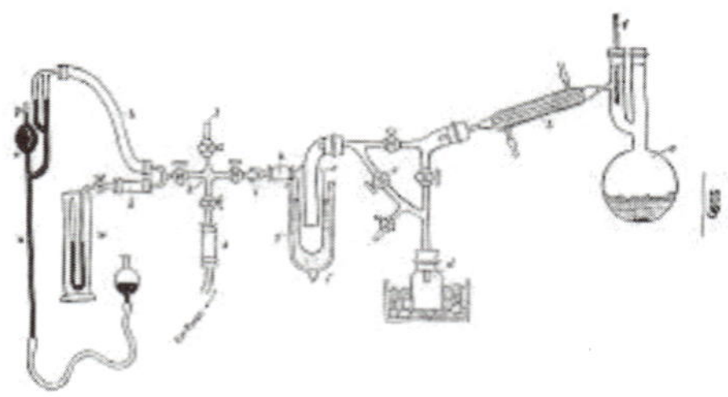

図7　チューリッヒでの記念写真[11]と高真空蒸留装置
(a) Turicumはチューリッヒの古称．(b) 装置の図はE. Fischerの助手としてO. Diels(Diels-Alder反応のDiels)が描いたもの．出典：E. Fischer, C. Harries, *Ber. Dtsch. Chem. Ges.*, 35, 2158 (1902).

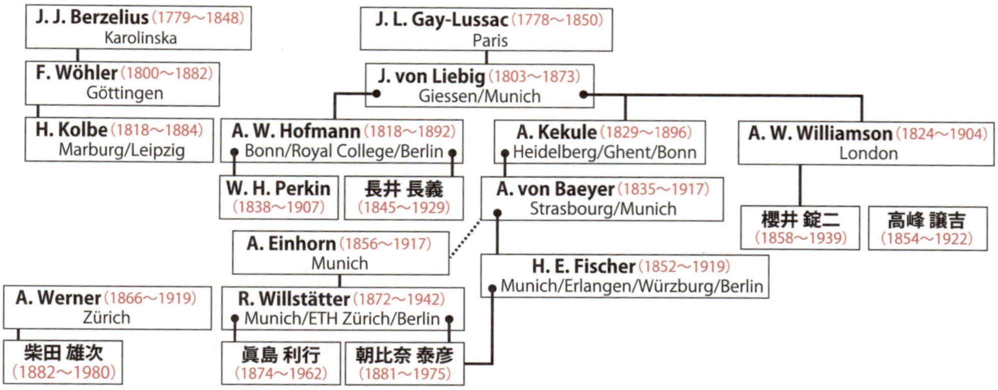
J. J. Berzelius (1779～1848)
Karolinska
J. L. Gay-Lussac (1778～1850)
Paris
F. Wöhler (1800～1882)
Göttingen
J. von Liebig (1803～1873)
Giessen/Munich
H. Kolbe (1818～1884)
Marburg/Leipzig
A. W. Hofmann (1818～1892)
Bonn/Royal College/Berlin
A. Kekule (1829～1896)
Heidelberg/Ghent/Bonn
A. W. Williamson (1824～1904)
London
W. H. Perkin
(1838～1907)
長井 長義
(1845～1929)
A. von Baeyer (1835～1917)
Strasbourg/Munich
櫻井 錠二
(1858～1939)
高峰 譲吉
(1854～1922)
A. Einhorn (1856～1917)
Munich
H. E. Fischer (1852～1919)
Munich/Erlangen/Würzburg/Berlin
A. Werner (1866～1919)
Zürich
R. Willstätter (1872～1942)
Munich/ETH Zürich/Berlin
柴田 雄次
(1882～1980)
眞島 利行
(1874～1962)
朝比奈 泰彦
(1881～1975)

図 8　当時の人物相関図（安池智一放送大学准教授の作図による）

彦(29 歳，薬学者．のちに東京帝国大学教授)である．当時，朝比奈も利行の紹介で Willstätter に師事し，一方の柴田は A. Werner 研究室に到着した日であった．

1911 年，半年のイギリス滞在を経て帰国後，新設された東北帝国大学理科大学教授に就任する．早速上述の装置を導入し，懸案のウルシオール研究を完成した．また，利行は 1917 年に設立された理化学研究所の主任研究員を兼ね，ここから日本の有機化学を牽引する多くの有力な弟子を輩出した．さらに，東京工業大学染料化学科も新設，大阪帝国大学総長，北海道帝国大学の理学部長など，多くの大学の立ち上げに貢献した．

おわりに

タイムスリップの夢から覚めたあなたは，何を考えるだろうか？

時代は一足飛び，半世紀前には天才 R. B. Woodward(2017 年が生誕 100 周年)がキニーネをはじめとする複雑精緻な構造の天然有機化合物を次々と全合成した．さらに A. Eschenmoser や G. Stork，E. J. Corey といった巨人の活躍で，天然物合成ははるかに成熟度を増す．また，合成反応にしてもクロスカップリングやメタセシスなど何でもあり，自動化された分析装置もそろっている．かつて Fischer が"鍵と鍵穴"にたとえた小分子と巨大分子との相互作用にも迫ることができる．近い将来，合成経路の探索すら AI(人工知能)が担うかもしれない．

もしかすると，もう研究すべきテーマがなくなったかのような無力感に苛まれるかもしれない．ところが，いま皮肉なことに天然物の構造決定にミスが多発している．かつての減成-合成実験と比べ，対象化合物との対話が減り，思考停止に陥っているからではなかろうか．

ここで，向山光昭先生の言葉が思い浮かぶ．「人まねをしない」，「信深は新」(信じて深く進めば新天地に至る)，「(テーマは)無尽蔵」．時代は移ろうが，悠々と独自のやり方で，自然の摂理と対話を続けるべきなのではなかろうか．

◆ 文　献 ◆

[1] 竹林松二，「講座 化学史・常識のウソ 7．尿素の合成と生気論――ヴェーラーの尿素合成は生気論を打ち破ったか」，化学と教育，**35**，332 (1987)．
[2] 柏木肇訳，『リービッヒ「化學通信」』，岩波書店 (1952)．
[3] *Journal of the Chemical Society, Perkin Transactions* (1972–1996)．
[4] A. Baeyer, Über die Verbindungen der Indigo-gruppe, *Ber. Dtsch. Chem. Ges.*, **16**, 2188 (1883)．
[5] E. Fischer, Synthese des Traubenzucker, *Ber. Dtsch. Chem. Ges.*, **23**, 799 (1890)．
[6] 芝 哲夫，「歴史に学ぶ――明治の日本の化学者たち」，有機合成化学協会誌，**48**，758 (1990)．
[7] 芝 哲夫，「日本における有機合成化学の歴史――理学系」，有機合成化学協会誌，**50**，1070 (1992)．
[8] 渋谷雅之，「化学遺産の第 5 回認定 2，認定化学遺産第 024 号，日本薬学の始祖　長井長義」，化学と工業，**67**，587 (2014)．
[9] 高峰譲吉博士研究会 http://www.npo-takamine.org
[10] 堤 憲太郎，『スイスと日本の近代科学――スイス連邦工科大学と日本人化学者の軌跡』，東北大学出版社 (2014)．
[11] 久保田尚志，『日本の有機化学の開拓者――眞島利行』，東京化学同人 (2005)．

Chap 3

全合成の現在と未来：戦略面から見た全合成と人工分子創製の重要性

井上　将行・占部　大介
（東京大学大学院薬学系研究科）（富山県立大学工学部）

1 わが国を含む世界の全合成研究の現状

天然物は，生命の40億年にわたる生存競争と進化の過程で選択された高機能分子であり，タンパク質などの生体高分子に特異的に結合し，生命を司るさまざまな信号伝達に対して大きな影響を与える．限られたモノマー(20種のL-アミノ酸)で構成されるタンパク質の構造に比して，天然物の構造要素は圧倒的に多様である．さまざまなパターンの環状構造や炭素骨格が存在し，さらに多種類の官能基で修飾される．生体内でいとも簡単に生合成されるこれらの構造的多様性は，有機合成による構築を困難にする最大の要因である．分子が複雑になるに従って合成工程数は増加する．そのため複雑な天然物の全合成に必要な工程数は，実践的供給可能な範囲をしばしば超え，現在までのところ全合成はルーチンワークにはほど遠い．

複雑な天然物の合成を短工程化・効率化するためには，いかに官能基変換の数を減らすか，簡便に骨格を構築するか，合成戦略における収束性を増すかなどのすべての課題を克服する必要がある．具体的には，（1）新反応による1工程の付加価値の向上，（2）連続反応による複雑構造の迅速合成，（3）強力な収束的合成法の採用，（4）生合成仮説の人工的模倣などが現代的な課題といえる．図1には，過去10年の間に，上記の課題を解決して全合成された天然物の例を示した．

2 新反応による1工程の付加価値の向上

新反応と新合成戦略は，分野として相互に影響しあい，ともに急速に進歩した．たとえば，不斉合成反応は立体化学の高選択的な導入を，メタセシスは不活性なアルケン・アルキンからの選択的結合形成を可能にし，全合成戦略を一新した．ここ10年間の新しい試みのうちで最も重要なものは，反応性が低いC−H結合の官能基化の導入である．本戦略により，保護基の脱着などの官能基の取り扱いを単純化し，官能基変換の数を減らすことができる．この新しい考え方は，C−H結合のアミノ化を利用したDu Boisらのサキシトキシン[1]やGargらの*N*-メチルウェルウィチンドリノンCイソチオシアナート[2]，C−H結合のハロゲン化を利用したBaranらのコルチスタチンA[3]などの全合成に応用されている．

3 連続反応による複雑構造の迅速合成

単純化合物を一挙に複雑化する連続反応は，標的化合物の全合成に要する工程数を短縮化する点で有用性が高い．複雑天然物の合成計画に連続反応を組み込むのは容易ではないが，反応機構の正確な予測と適切な合成中間体の設計により，連続反応を適用した効率的な骨格構築法が報告されるようになった．難波・谷野らによるパラウアミンの全合成では連続的ヘテロ環形成[4]，井上らによるリアノジンの全合成では2方向同時変換[5]，渡邉らによるアザジラクチンの形式全合成ではタンデムラジカル環化[6]が高度に官能基化された骨格構築に適用されており，全合成経路における連続反応の重要性が示された．

4 強力な収束的合成法の採用

部分構造の合成と連結反応から構成される収束的合成戦略は，多くの巨大天然物の全合成に適用されている．収束的合成戦略において最も重要となるのは，部分構造の適切な分子設計と，それらを連結するための強力な反応である．連結反応には，ペリ環状反応，遷移金属やカルボアニオンを介したC−C結合形成反応など，さまざまな種類の反応が適用される．徳山・福山らによるハプロフィチン[7]，

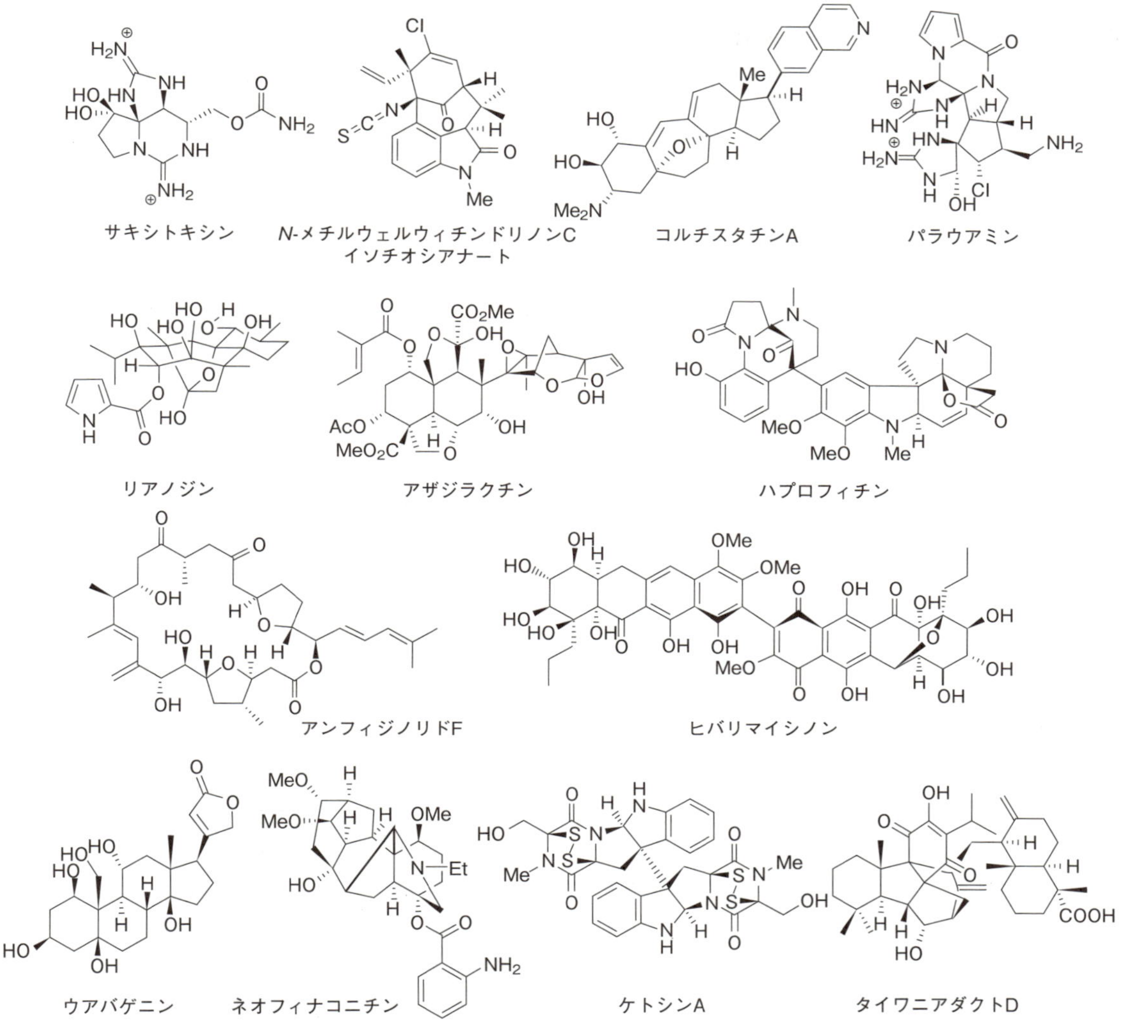
サキシトキシン
N-メチルウェルウィチンドリノンC
イソチオシアナート
コルチスタチンA
パラウアミン
リアノジン
アザジラクチン
ハプロフィチン
アンフィジノリドF
ヒバリマイシノン
ウアバゲニン
ネオフィナコニチン
ケトシンA
タイワニアダクトD

図1　過去10年に全合成が達成された複雑な天然物の例

Fürstner らによるアンフィジノリド F[8]，竜田・細川らによるヒバリマイシノン[9]の全合成では，それぞれ[3,3]シグマトロピー転位，アルキンメタセシス，Michael-Dieckmann 型反応が利用されている．最近では収束的合成の概念が拡張され，直線的合成戦略が適用されることが多いテルペノイド類の収束的全合成は，ラジカル反応や Diels-Alder 反応を鍵反応として達成されている(井上らによるウアバゲニン[10]や Gin らによるネオフィナコニチン[11]の全合成)．

5 生合成仮説の人工的模倣

生物がつくるように簡単に複雑な有機分子を合成することは，有機化学の一つの重要な目標である．生合成の方法論を取り入れた全合成には長い歴史があるが，最近より多くの構造クラスの化合物が生合成を模倣して合成されるようになった．ラジカルカップリングによる二量化を鍵とした Movassaghi らのケトシン A の全合成[12]，Diels-Alder 反応を用いた Li らのタイワニアダクト D の全合成[13]などが本戦略による重要な成果である．

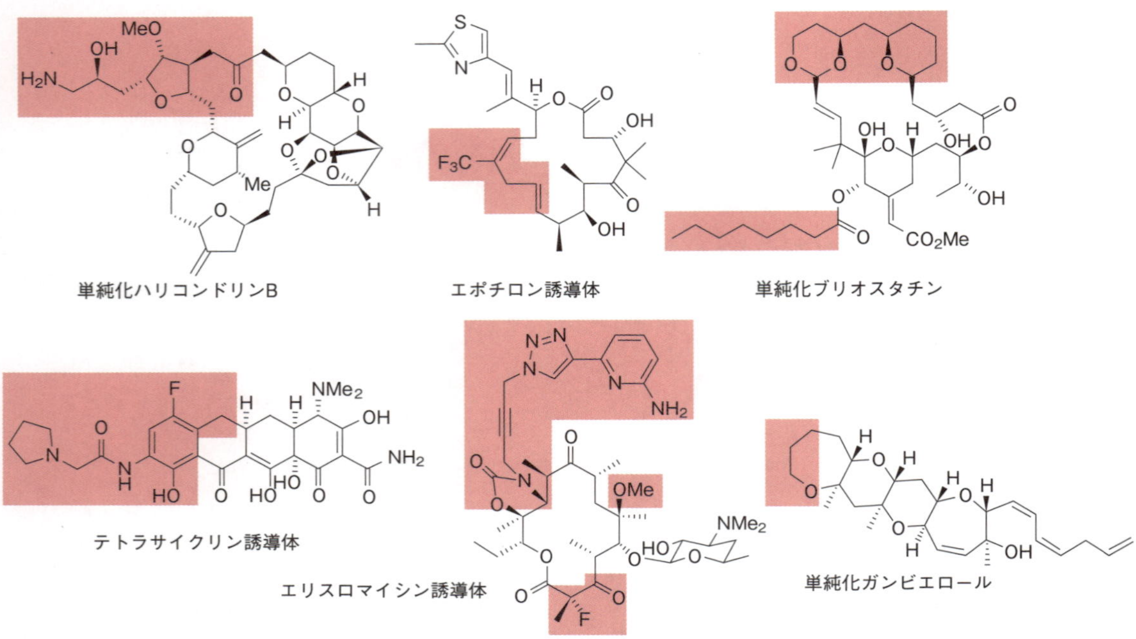
単純化ハリコンドリンB
エポチロン誘導体
単純化ブリオスタチン
テトラサイクリン誘導体
エリスロマイシン誘導体
単純化ガンビエロール

図 2　天然分子を構造基盤として設計・合成された人工分子
天然物との構造差異は赤色で示す.

6 天然物を基盤とした人工分子の創製

一般性の高い全合成戦略は構造的多様性を得るのに最適な方法であるため，天然物だけではなく，その構造を基盤とした新たな活性分子創製へと有効に利用される（図 2）．岸らは抗腫瘍性をもつハリコンドリン B[14]，Danishefsky らは抗がん活性を示すエポチロン[15]，Wender らは抗がん活性をもつブリオスタチン[16]において，人工化合物を設計・合成し，それらが天然物を凌ぐ活性をもつことを見いだした．また最近では，Xiao らによる抗生物質テトラサイクリン誘導体[17]や Myers らによるエリスロマイシン誘導体[18]，不破・佐々木らによるガンビエロール簡略化分子[19]の創出が報告されている．天然物自体の構造を基盤として，全合成を基盤によって天然物を凌駕する機能をもつ分子創出が可能になってきたといえる．

7 全合成研究の未来

以上のように，この 10 年間で，20 年前と比較にならないほど，複雑で有用な天然物が速いスピードで全合成されるようになってきた．さらに，全合成ルートを基盤とした人工分子創製が盛んになった．合成経路探索やライブラリー構築を効率化する新しい技術として，高感度分析装置，マイクロウェーブ合成，自動合成装置，マイクロリアクターなどが発展してきた．しかし天然物合成化学分野では，構造多様性をもつ分子群の自由自在な創出はいまだに困難である．すなわち，標的分子の複雑な三次元的な形状を原子レベルで完全制御して，望む機能をもたせるためには，現在の有機合成化学は一般性という点で未熟である．未来に向けて，さらなる反応と戦略の発展が必須である．たとえば，C−H 結合官能基化の基質適用範囲の拡大，立体障害や官能基に影響されない高化学選択的な変換の開発，合成等価体や保護基を必要としない直接的な合成戦略の開発，高度な収束的合成を基盤とした複雑天然物のライブラリー構築やファーマコフォアの効率的抽出法の確立などが今後の課題になるであろう．また，既存技術のさらなる発展とともに，急速に進歩しているコンピュータの活用を中心とした新しい技術の開発が必要となる．データベースを中心とした化学情報学の進歩とともに，全合成分野ではいまだに実用化されていないコンピュータを用いた合成経路の設計[20]や高精度計算化学による合成中間体の反応性の精密な予想法の開発[21]が，現代の全合成研究を大きく変えると予想される．分子構築法の新しい考え方と革新的技術の有機的な相互機能によって，複雑天然物の合成類縁体の網羅的な創出法の開発，原子レベルでの構造活性相関による活性重要部位の特定，標的タンパク質の同定と構造解析，構造活性相関を基盤とした新しい生物活性分子の合理的設計を可能にする次世代天然物合成化学が導かれる．

いうまでもなく，合成化学の標的とする機能分子は，タンパク質や核酸に代表される生体高分子や超分子など多岐にわたり，天然物はその一部に過ぎない．将来の研究対象は，天然物から生体高分子や超分子に拡大され，それらの構造や特徴を基盤とした新しい機能分子の創造にも注意が向けられるはずである．いい換えれば，有機合成化学の力によって強力な生物活性という機能をもつ複雑な天然物を合成するように，有機合成化学者の手によって高度な機能が付与された生体高分子や超分子の設計と合成が実現されると予想される．さまざまな生物にかかわる分子を扱う合成化学分野が統合し，さらに生命の新しい理解と制御に貢献することを期待したい．

◆ 文献 ◆

[1] J. J. Fleming, J. Du Bois, *J. Am. Chem. Soc.*, **128**, 3926 (2006).

[2] A. D. Huters, K. W. Quasdorf, E. D. Styduhar, N. K. Garg, *J. Am. Chem. Soc.*, **133**, 15797 (2011).

[3] R. A. Shenvi, C. A. Guerrero, J. Shi, C.-C. Li, P. S. Baran, *J. Am. Chem. Soc.*, **130**, 7241 (2008).

[4] K. Namba, K. Takeuchi, Y. Kaihara, M. Oda, A. Nakayama, A. Nakayama, M. Yoshida, K. Tanino, *Nat. Commun.*, **6**, 8731 (2015).

[5] (a) M. Nagatomo, K. Hagiwara, K. Masuda, M. Koshimizu, T. Kawamata, Y. Matsui, D. Urabe, M. Inoue, *Chem. Eur. J.*, **22**, 222 (2016); (b) K. Masuda, M. Koshimizu, M. Nagatomo, M. Inoue, *Chem. Eur. J.*, **22**, 230 (2016).

[6] N. Mori, T. Kitahara, K. Mori, H. Watanabe, *Angew. Chem. Int. Ed.*, **54**, 14920 (2015).

[7] H. Ueda, H. Satoh, K. Matsumoto, K. Sugimoto, T. Fukuyama, H. Tokuyama, *Angew. Chem. Int. Ed.*, **48**, 7600 (2009).

[8] G. Valot, C. S. Regens, D. P. O'Malley, E. Godineau, H. Takikawa, A. Fürstner, *Angew. Chem. Int. Ed.*, **52**, 9534 (2013).

[9] K. Tatsuta, T. Fukuda, T. Ishimori, R. Yachi, S. Yoshida, H. Hashimoto, S. Hosokawa, *Tetrahedron Lett.*, **53**, 422 (2012).

[10] K. Mukai, S. Kasuya, Y. Nakagawa, D. Urabe, M. Inoue, *Chem. Sci.*, **6**, 3383 (2015).

[11] Y. Shi, J. T. Wilmot, L. U. Nordstrøm, D. S. Tan, D. Y. Gin, *J. Am. Chem. Soc.*, **135**, 14313 (2013).

[12] J. Kim, M. Movassaghi, *J. Am. Chem. Soc.*, **132**, 14376 (2010).

[13] J. Deng, S. Zhou, W. Zhang, J. Li, R. Li, A. Li, *J. Am. Chem. Soc.*, **136**, 8185 (2014).

[14] W. Zheng et al., *Bioorg. Med. Chem. Lett.*, **14**, 5551 (2004).

[15] A. Rivkin, F. Yoshimura, A. E. Gabarda, Y. S. Cho, T.-C. Chou, H. Dong, S. J. Danishefsky, *J. Am. Chem. Soc.*, **126**, 10913 (2004).

[16] P. A. Wender et al., *J. Am. Chem. Soc.*, **124**, 13648 (2002).

[17] X.-Y. Xiao, D. K. Hunt, J. Zhou, R. B. Clark, N. Dunwoody, C. Fyfe, T. H. Grossman, W. J. O'Brien, L. Plamondon, M. Rönn, C. Sun, W.-Y. Zhang, J. A. Sutcliffe, *J. Med. Chem.*, **55**, 597 (2012).

[18] I. B. Seiple et al., *Nature*, **533**, 338 (2016).

[19] E. Alonso et al., *J. Am. Chem. Soc.*, **134**, 7467 (2012).

[20] S. Szymkuć, E. P. Gajewska, T. Klucznik, K. Molga, P. Dittwald, M. Startek, M. Bajczyk, B. A. Grzybowski, *Angew. Chem. Int. Ed.*, **55**, 5904 (2016).

[21] S. Maeda, K. Ohno, K. Morokuma, *Phys. Chem. Chem. Phys.*, **15**, 3683 (2013).

Chap 4
Basic Concept-1

触媒反応によるものづくり基礎

山口 潤一郎
（早稲田大学理工学術院）

1 触媒反応と天然物合成

触媒反応は，自然界や生体内，また人類の化学工業による物質創成（ものづくり）にもみられる代表的な化学反応である．触媒反応の定義は多岐にわたるが，一般的には，（1）反応の前後で変化しない，（2）活性化エネルギーを下げる・反応速度を上げる，（3）反応する化合物よりもごく少量の化合物である「触媒」を用いるものをいう．

天然物合成などの複雑な骨格や多数の官能基をもつ基質に対して使われる触媒および触媒反応は，（1）他の官能基と反応せず，目的とする部分とのみ反応する，（2）通常では困難な変換反応の活性化エネルギーを大幅に下げ，達成不可能な結合切断と形成を実現する，（3）煩雑な操作や不安定な触媒を必要としないものが好まれる．

今日まで数多の触媒反応が開発されているものの，上記の三つの観点のみを考慮しても，すべてを完璧にこなす触媒反応は一握りしかない．そのため，複雑天然物合成で使える触媒反応を開発することが，合成化学者の一つの目標となっていることも事実である．ここでは，複雑化合物合成に使える，とくに有機化合物の骨格である炭素–炭素結合の形成に活躍する触媒反応の代表例と，現在台頭してきている新興触媒反応の基礎について述べる．

2 近年の代表的な触媒反応

有機化合物の骨格合成に活用できる触媒反応で近年急速に発展し，すでにツールとなっているものといえば，① クロスカップリング反応，②（オレフィン）メタセシス反応，③ 有機触媒反応である．これら三つの触媒反応は，発見から数百人，数千人にも及ぶ化学者による改良の歴史と複雑化合物への応用により，前述した天然物合成に使える反応としての地位を確立した．それぞれについて，簡単に詳細を述べる．

3 クロスカップリング反応

有機ハロゲン化物と有機金属化合物（もしくはアルケン）を遷移金属触媒存在下反応させて結合をつくる反応である〔図 1（a）〕[1]．遷移金属触媒としてはおもにパラジウムが用いられる．1970 年初頭に開発されたが，本格的な改良は 1990 年代後半にかけてである．さまざまな形式があるが，そのなかでも有機金属反応剤として有機ホウ素化合物を用いるもの（鈴木–宮浦クロスカップリング反応）と，有機亜鉛化合物を用いるもの（根岸クロスカップリング反応）およびアルケンを反応させるもの（溝呂木–Heck 反応）の発展が著しい〔図 1（b）〕．複雑化合物にも応用することが可能で，天然物ドラグマサイジン D や低分子として最も毒性の強い巨大天然物パリトキシンの骨格合成にも利用されている〔図 1（c）〕[2]．医薬品や有機材料の合成にも応用され，その結果，根岸，鈴木，Heck はパラジウム触媒を用いたクロスカップリング反応に関する研究で 2010 年のノーベル化学賞を受賞した．二つのカップリング剤さえ準備すれば，誰でも簡単に反応を行うことができることが最大の特徴である．一方で，有機金属化合物や有機ハロゲン化物は，原料である化合物から数工程かけて調製しなければいけないため，合成は多段階反応となる．そのため，それら両方もしくは一方を用いず，原料そのもの（C–H 結合）

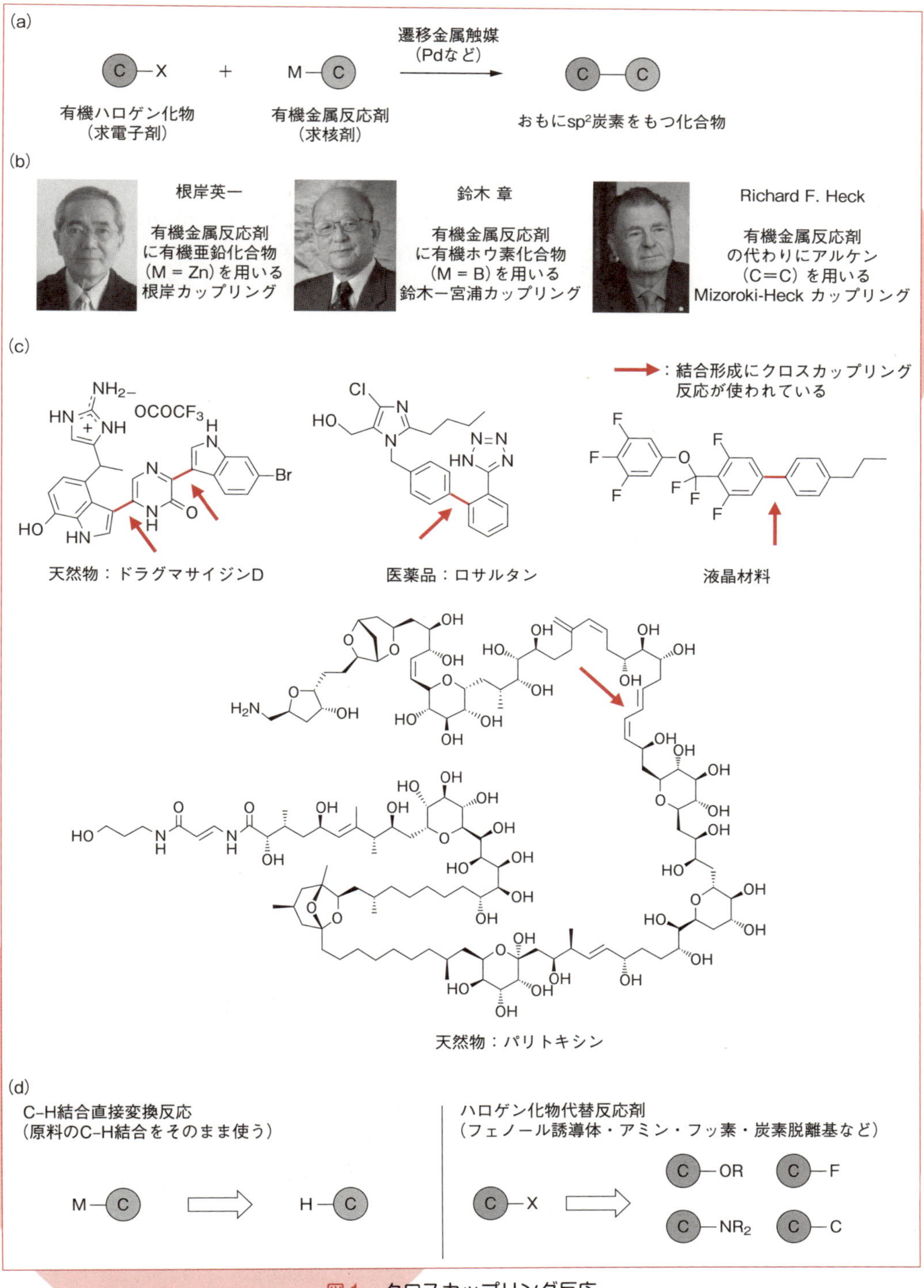
(a)
遷移金属触媒
(Pdなど)
C—X
+
M—C
C—C
有機ハロゲン化物
(求電子剤)
有機金属反応剤
(求核剤)
おもにsp²炭素をもつ化合物
(b)
根岸英一
有機金属反応剤
に有機亜鉛化合物
(M = Zn) を用いる
根岸カップリング
鈴木 章
有機金属反応剤
に有機ホウ素化合物
(M = B) を用いる
鈴木—宮浦カップリング
Richard F. Heck
有機金属反応剤
の代わりにアルケン
(C=C) を用いる
Mizoroki-Heck カップリング
(c)
：結合形成にクロスカップリング
反応が使われている
天然物：ドラグマサイジンD
医薬品：ロサルタン
液晶材料
天然物：パリトキシン
(d)
C–H結合直接変換反応
(原料のC–H結合をそのまま使う)
M—C
H—C
ハロゲン化物代替反応剤
(フェノール誘導体・アミン・フッ素・炭素脱離基など)
C—X
C—OR
C—F
C—NR2
C—C

図1　クロスカップリング反応

(a) クロスカップリング反応, (b) Pd触媒を用いたクロスカップリング反応(2010年ノーベル化学賞), (c) 化学合成への応用, (d) 新しいクロスカップリング反応.

を用いる，C–H 結合直接カップリング反応が現在新興触媒反応として興隆している〔図 1（d）〕[3]．クロスカップリング反応に比べ，実用化には多くの改良が必要となるが，すでに医薬品や天然物の合成などへ応用され始めている．また，パラジウム触媒よりも先にクロスカップリング反応用の触媒として見いだされていながら，活躍の場が少なかったニッケル触媒などを用いた不活性官能基切断型のカップリング反応（有機ハロゲン化物の代替）も盛んに研究されている〔図 1（d）〕[4]．

4 オレフィンメタセシス

2 種類のオレフィンの結合の組み替え（メタセシス：metathesis）により，新たなオレフィンが生成する反応である[5]．古くからその反応自体は知られていたが，官能基選択的かつ効率的に進行させる触媒は開発されていなかった．1970 年代の反応機構解明がきっかけとなって触媒開発研究が開始され，1990 年代の Schrock，Grubbs らのモリブデンおよびルテニウム触媒の開発を機に，爆発的な利用が始まった〔図 2（a）〕．これらの貢献により，Chauvin，Schrock，Grubbs は，オレフィンメタセシスに関する研究で 2005 年のノーベル化学賞を受賞した〔図 2（b）〕．

天然物合成においてもおもに，分子内のアルケンを開く開環メタセシス反応や，アルケン部位で環状化合物を合成する閉環メタセシスなどが用いられる．これまで古典的な当量反応で構築していたアルケンを，多数の官能基が存在するなか，触媒で構築できることから，合成の最終段階で用いることが可能であり，化合物の合成戦略は完全に一新された．一時期は“飛び道具”として避けられていたが，その便利さから現在多用されている〔図 2（c）〕．たとえば，シガテラ食中毒の原因物質の一つであるシガトキシンの類縁体である CTX3C のエーテル環構築に多用され，この合成困難な複雑天然物の全合成達成に貢献している．また，中員環・大員環をもつ天然物ナカドマリン A の合成においても，メタセシス触媒の利用が合成工程の短縮を担っている．さらに，天然物サイトトリエニン A の合成では，連続したオレフィンの閉環メタセシスによる構築に成功している．

その後も（オレフィン）メタセシス反応とその触媒の発展はめざましく，アルケンだけでなくアルキンでも組み替えが起こるアルキンメタセシス反応の開発[6]，熱力学的に不安定な *Z* 体選択的なオレフィンメタセシス[7]，さらに最近ではより多様なアルケンを用いても反応する，新しい触媒の開発が進んでいる〔図 2（d）〕[8]．工業的にも開環重合オレフィンメタセシスによるポリマー合成が実用化されるなど，現在ではオレフィンメタセシスなしでは有機合成化学を語れないほど，活躍する触媒反応の一つとなった．

5 有機触媒反応

触媒反応といえば，遷移金属触媒が主役であるが，それらを用いずに有機化合物を触媒として用いる反応のことを有機触媒反応という．狭義としては不斉触媒反応に用いられる触媒量のキラルな有機化合物である．前述した二つの反応に比べて，新しい触媒反応であるが，これらも 1970 年代にいくつかの報告がなされていた．しかし，ルイス酸触媒や遷移金属触媒全盛の時期であったため注目されなかった．2000 年初頭に MacMillan や List らによって再提唱された有機不斉触媒反応および触媒は，有害な金属を用いず，簡単な操作で，水や空気も気にすることなく反応を進行させることができることから，加速度的に化学者の注目を集め，今日では多数の有機触媒反応が開発されている〔図 3（a）〕[9]．また，医薬品や複雑天然物の合成反応に応用されているものも数多い〔図 3（b）〕[10]．たとえば，当時多くの化学者によって新合成法の開発が報告されたインフルエンザ治療薬タミフルの合成においても，有機触媒により足がかりとなる不斉点を構築している．また，長い間合成化学のマイルストーンとして知られていた天然物ストリキニーネの合成では，有機触媒がその効率的不斉合成を担った．さらに，天然物ジアゾンアミド A の四級不斉炭素構築にも，有機不斉触媒が活躍している．反応性が低く，既存の反応の枠を超えたものが少ないという欠点はあったが，最近は新たな概念の有機触媒反応の開発により，既存の触媒ではなし得ない困難な反応の進行を可能にしている〔図 3（c）〕[11]．詳細は同シリーズの『有機分子触媒

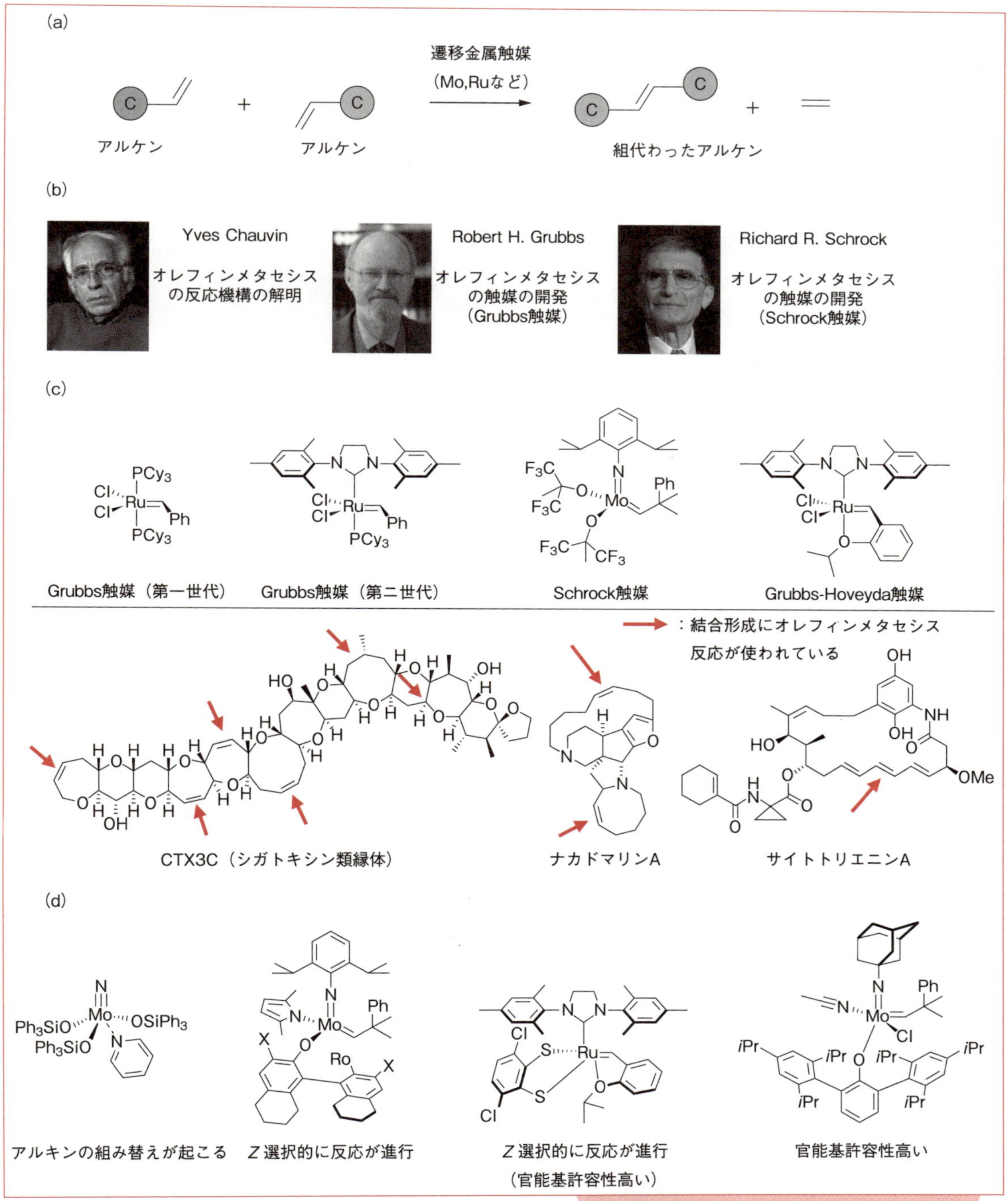
(a)
遷移金属触媒
(Mo,Ruなど)
アルケン
アルケン
組代わったアルケン
(b)
Yves Chauvin
オレフィンメタセシス
の反応機構の解明
Robert H. Grubbs
オレフィンメタセシス
の触媒の開発
(Grubbs触媒)
Richard R. Schrock
オレフィンメタセシス
の触媒の開発
(Schrock触媒)
(c)
Grubbs触媒（第一世代）
Grubbs触媒（第二世代）
Schrock触媒
Grubbs-Hoveyda触媒
：結合形成にオレフィンメタセシス
反応が使われている
CTX3C（シガトキシン類縁体）
ナカドマリンA
サイトトリエニンA
(d)
アルキンの組み替えが起こる
Z 選択的に反応が進行
Z 選択的に反応が進行
(官能基許容性高い)
官能基許容性高い

図 2　オレフィンメタセシス反応

（a）オレフィンメタセシス，（b）オレフィンメタセシスの機構解明と触媒開発（2005 年ノーベル化学賞），（c）Grubbs/Schrock 触媒ならびに関連触媒と天然物合成への応用，（d）さまざまなメタセシス触媒ニュージェネレーション．

の化学』を参照されたい．

6 使える触媒反応の必要性

以上，代表的な三つの触媒反応とその利用，現在開発されている触媒反応について簡単に述べたが，前述したクロスカップリング反応や有機触媒反応は多数の日本人科学者が先導的な役割を果たしていることにも注目したい．また，触媒反応の開発だけでなく，それらを使えるツールまで向上させる，複雑化合物の合成にも多くの日本人化学者が貢献している．触媒反応の開発と合成への応用は，分子レベルのものづくり，最小の製造業として切っても切れない関係にあり，さらなる発展と化学者の匠の技が発揮される重要な基礎研究であることを最後に強調したい．

◆ 文 献 ◆

[1] A. de Meijere, S. Brase, M. Oestreich, "Metal Catalyzed Cross-Coupling Reactions and More," Wiley (2014).
[2] K. C. Nicolaou, P. G. Bulger, D. Sarlah, *Angew. Chem. Int. Ed.*, **44**, 4442 (2005).
[3] J. Yamaguchi, A. D. Yamaguchi, K. Itami, *Angew. Chem. Int. Ed.*, **51**, 8960 (2012).
[4] (a) J. Yamaguchi, K. Muto, K. Itami, *Eur. J. Org. Chem.*, **2013**, 19 (2013); (b) M. Tobisu, N. Chatani, *Acc. Chem. Res.*, **48**, 1717 (2015).
[5] (a) G. C. Vougioukalakis, R. H. Grubbs, *Chem. Rev.*, **110**, 1746 (2010); (b) S. P. Nolan, H. Clavier, *Chem. Soc. Rev.*, **39**, 3305 (2010).
[6] A. Fürstner, P. W. Davies, *Chem. Commun.*, **2005**, 2307.
[7] (a) S. J. Meek, R. V. O'Brien, J. Llaveria, R. R. Schrock, A. H. Hoveyda, *Nature*, **471**, 461 (2011); (b) M. J. Koh, R. K. M. Khan, S. Torker, M. Yu, M. S. Mikus, A. H. Hoveyda, *Nature*, **517**, 181 (2015).
[8] J. Lam, C. Zhu, K. V. Bukhryakov, P. Müller, A. H. Hoveyda, R. R. Schrock, *J. Am. Chem. Soc.*, **138**, 15774 (2016).
[9] B. List, *Chem. Rev.*, **107**, 5413 (2007).
[10] (a) C. Grondal, M. Jeanty, D. Enders, *Nat. Chem.*, **2**, 167 (2010); (b) B.-F. Sun, *Tetrahedron Lett.*, **56**, 2133 (2015).
[11] (a) T. Hashimoto, Y. Kawamata, K. Maruoka, *Nat. Chem.*, **6**, 702 (2014); (b) K. Ohmatsu, N. Imagawa, T. Ooi, *Nat. Chem.*, **6**, 47 (2014); (c) C. D. Gheewala, B. E. Collins, T. H. Lamber, *Science*, **351**, 961 (2016).

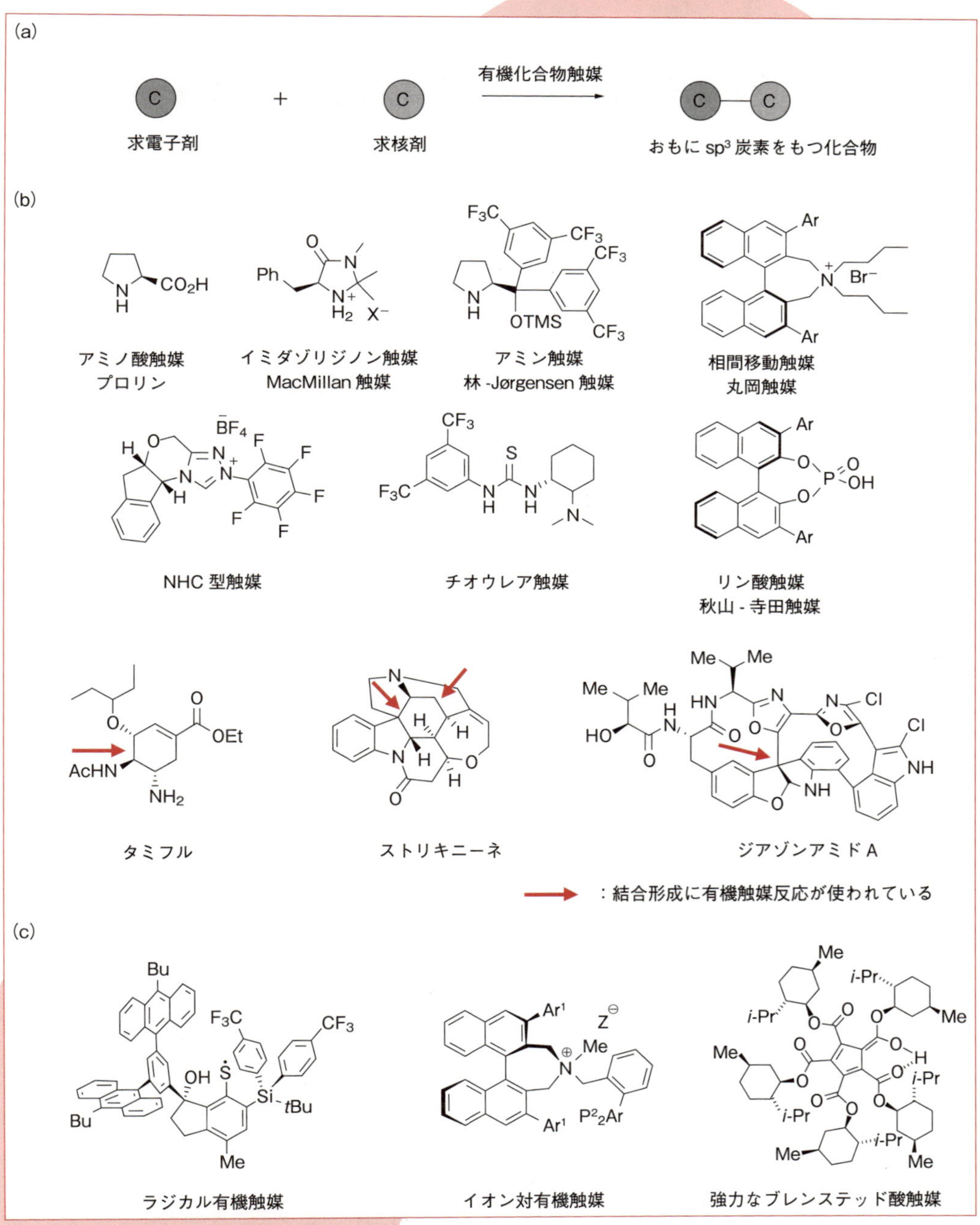

(a)
有機化合物触媒
求電子剤
求核剤
おもに sp³ 炭素をもつ化合物
(b)
アミノ酸触媒
プロリン
イミダゾリジノン触媒
MacMillan 触媒
アミン触媒
林 -Jørgensen 触媒
相間移動触媒
丸岡触媒
NHC 型触媒
チオウレア触媒
リン酸触媒
秋山 - 寺田触媒
タミフル
ストリキニーネ
ジアゾンアミド A
：結合形成に有機触媒反応が使われている
(c)
ラジカル有機触媒
イオン対有機触媒
強力なブレンステッド酸触媒

図 3　有機触媒反応

（a）有機触媒反応，（b）有機触媒と天然物合成への応，（c）新しい有機触媒例．

Chap 4
Basic Concept-2

全合成における連続反応

石川　勇人
（熊本大学大学院先端科学研究部）

1　はじめに

天然物の全合成では，標的分子の構造が複雑かつ分子量が増大するほど，工程数が必要となる．工程数の増加に伴って，中間生成物の分離，精製の必要が生じ，あわせて反応試薬や溶媒の使用量および廃棄物の量が増加する．そのような状況下，より効率的でグリーンケミストリーを考慮した複雑分子全合成のため，ドミノ反応[1]（カスケード反応[2]，タンデム反応[3]とも呼ばれる），ワンポット反応や二方向同時変換法と呼ばれる連続反応が用いられてきた．ドミノ反応は Tietze の定義によれば，「最初の結合形成反応で新たに生じた官能基を利用して，最終的に二つもしくはそれ以上の結合形成反応を進行させる反応」および「反応中間体を単離したり，反応条件を変更したり，反応途中で試薬を添加したりすることがなくとも，自発的に複数の結合形成反応が起こる一連の反応」となっている[1]．カスケード反応[2]やタンデム反応[3]との使い分けについてはいまだ議論の最中であり，明確な区別はされていない．

ワンポット反応は文字通り，複数の反応をフラスコから取りだすことなく進行させる反応である．はじめから反応試剤を加え，連続的に複数の反応を進行させるドミノ反応は代表的なワンポット反応であり，また一つの反応終了後に容器内に次の反応試剤を加え，二番目の反応を進行させるのもワンポット反応に属する．一方，二方向同時変換法は，同一分子内に二つの反応点をもつ分子を原料として，すべての反応点を同時に官能基化していく手法である（図 1）．これら連続反応の技術は，グリーンケミストリー[4]の実践につながるだけでなく，短時間，短工程で複雑分子を構築することができる利点をもつ．本節では，全合成におけるドミノ反応，ワンポット反応および二方向同時変換法を説明する．

2　全合成におけるドミノ反応

ドミノ反応の有用性を論ずるためには，天然物の生合成について述べる必要がある．なぜなら，自然界では酵素を利用して天然物を合成する（生合成）際に，ドミノ反応を巧みに用いている例が多数存在するからである．たとえば，コレステロールの前駆体として知られるラノステロールの生合成では，まずジメチルアリル二リン酸（DMAPP）が酵素反応により段階的に縮合し，炭素数 30 のスクワレンが生成する[5]．次いで 2,3 位の二重結合が酸化され，エポキシ基をもつ 2,3-オキシドスクワレンとなる．さらに，酸によるエポキシドの開環を足がかりとするドミノ反応が進行する．酸性条件下，エポキシドの開環により 2 位に生じたカチオンに，酵素内で近傍に存在する二重結合が連続的に反応し，四つの環構造がジアステレオ選択的に一挙に構築される．さらに，閉環後に生じた第三級カチオンに 1,2-ヒドリド転位/1,2-メチル基転位/脱プロトン化反応が連続的に進行し，ラノステロールが合成される（図 2）．この単純な直鎖状化合物から複雑な環が構築されるステロイド類の生合成模擬的合成は，1976 年に Johnson らによりフラスコ内で再現された[6]．なお，生合成と全合成の関係に関しては Part I の chapter 4-4 で，生合成模倣ドミノ反応を使った全合成は Part II の chapter 5 でも紹介するので参照されたい．

生合成に頼らず，化学者自ら開発した遷移金属反応，有機触媒反応やラジカル反応などを使ったドミノ反応も数多く報告されている．ドミノ反応を確立

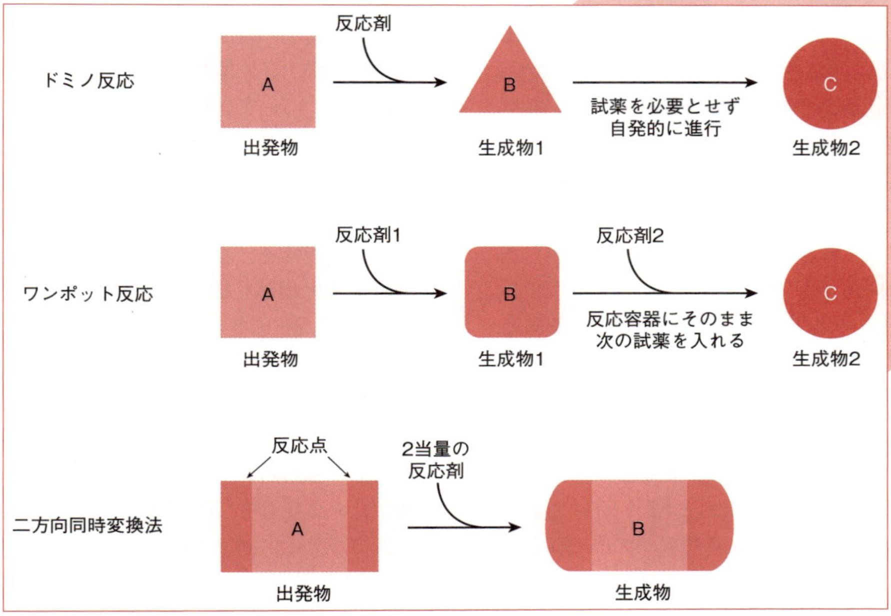
ドミノ反応
A
反応剤
B
試薬を必要とせず
自発的に進行
C
出発物
生成物1
生成物2
ワンポット反応
反応剤1
反応剤2
反応容器にそのまま
次の試薬を入れる
反応点
2当量の
反応剤
二方向同時変換法
生成物

図1　ドミノ反応，ワンポット反応，二方向同時変換法の概念

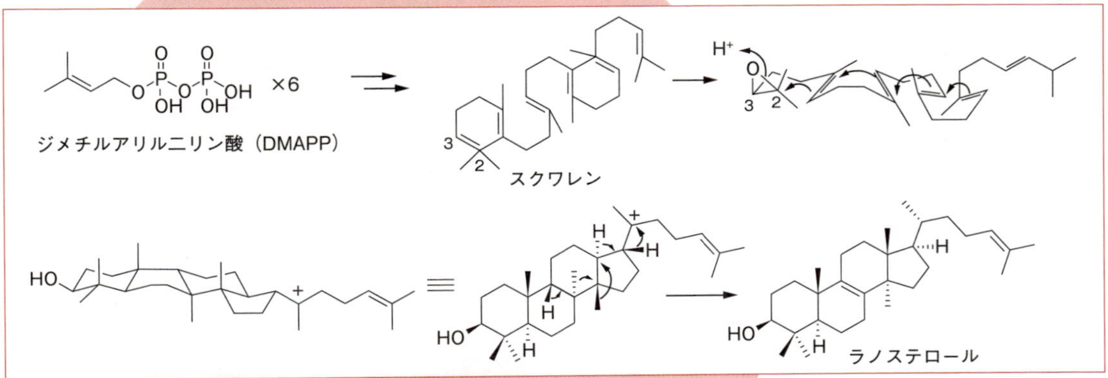
×6
ジメチルアリル二リン酸（DMAPP）
スクワレン
ラノステロール

図2　ラノステロールの生合成

する上では，反応基質を緻密に設計することが最も重要である．ここでは，ペリ環状反応を巧みに利用したアスピドスペルマアルカロイド合成について紹介する[7]．Boger らは 1,3,4-オキザジアゾールを基質とするドミノ逆電子要請型 Diels–Alder 反応/1,3 双極子付加環化反応を独自に開発し，アスピドスペルマアルカロイド類の全合成の鍵工程として利用した．電子豊富なエノールエーテル（図 3，右側セグメント）とインドール環（図 3，左側セグメント）を窒素を介して 1,3,4-オキサジアゾール環に架橋した基質 **1** を調製し，トリイソプロピルベンゼン（TIPB）中で加熱する．すると，電子不足なジエンである 1,3,4-オキサジアゾールと電子豊富なジエノフィルであるエノールエーテル間で逆電子要請型 Diels–Alder 反応が進行し，中間体 **2** が生じる．次いで窒素の脱離を伴いながら 1,3 双極子 **3** が生成し，さらにインドールの 2,3 位二重結合と[3 + 2]付加環化反応が進行し，6 環性化合物 **4** を単一の成績体として収率 78％で与える（図 3）．本反応により，三つの環構造，四つの炭素–炭素結合，六つの立体中心（うち四つは四置換炭素）を一挙に構築している．この鍵中間体から 7 段階の化学変換を経てビンドロシンの全合成を達成した．全合成がドミノ反応により格段に効率化されているのがわかる．

3　全合成におけるワンポット反応

ワンポット反応は，途中の生成物の単離・精製を行うことなく反応を進める．反応を行うたびに，反応を停止し，分液し，精製し，次の反応に移る通常の反応に比べワンポット反応は実験操作が簡略化され，トータルな時間が短くなり，使用する溶媒量，廃棄物の量が削減される．確立されたワンポット合成法は段階的に行うよりも飛躍的に簡便な方法となる．したがって，「ポットエコノミー」を考慮した天然物合成が近年注目されるようになった[8]．一方ワンポット反応では，前の反応で使用する試薬の残骸や，反応で生じる副生成物が次の反応を阻害しないよう設計する必要がある．すなわち，その開発には試薬や溶媒の制限が付きまとい，また液性の転換方法の確立，収率の改善など段階的に合成するこれまでの手法と比べて高い難易度を要する．

林らはインフルエンザ治療薬であるタミフル（オセルタミビルリン酸塩）のドミノ反応，ワンポット反応を巧みに利用した全合成を達成した[9]．オセルタミビル合成の鍵反応はニトロアルケンとアルデヒドの第二級アミン型触媒を用いた不斉マイケル反応である（図 4）．すなわち，アルデヒド **5** とニトロエチニルアセタミド **6** をジフェニルプロリノールシリルエーテル触媒 **7** 存在下で撹拌すると，マイケル付加体 **8** が高エナンチオおよび高ジアステレオ選択的に生成する．次いで反応系内にリン酸エステル誘導体 **9** と塩基を加えて撹拌したのち，エタノールを加えるとドミノ Michael/Horner–Wadsworth–Emmons 反応が進行し，環化体 **10** が生じる．C5 位の立体化学を制御するため，トルエンチオールを加え，最後にニトロ基の還元とレトロ Michael 反応による二重結合の再生を行い，オセルタミビルへと導いた．全工程をワンポットで行い，溶媒交換はせず，フラスコに試薬を順次加えていくというきわめて単純な操作にもかかわらず，ワンポット収率 28％という高収率である．

4　全合成における二方向同時変換法

二方向同時変換法は標的分子の対称性を利用して，左右（もしくは上下）両端の二つの反応点に対し，同時に化学変換を進めていく手法である．対称性のある，もしくは繰り返し構造をもつ分子の合成に大きな効力を発揮する．中田らはハシゴ状環状ポリエーテル天然物合成にこの手法を応用している[10]．

貝毒として知られる海洋ポリエーテル類はトランスに縮環した連続するテトラヒドロピラン環構造を含有している．中田らは C_2-対称ジオール **12** へのダブル Michael 反応により左右両末端に α，β-不飽和エステルを連結し，次いでジチオアセタールの脱保護により，アルデヒド **13** へと導いた．得られるアルデヒド **13** に SmI_2 を作用させるとラジカル経由のダブル環化反応が進行し，新たにトランス縮環テトラヒドロピラン環が左右に構築される．3 環性エーテル **14** が 6 員環遷移状態を経由する完全な立体制御を伴って高収率で合成できる．さらに同様の手法の繰り返しによりアルデヒド **15** に導き，再び SmI_2 を作用させるとダブル環化が進行し，5 環

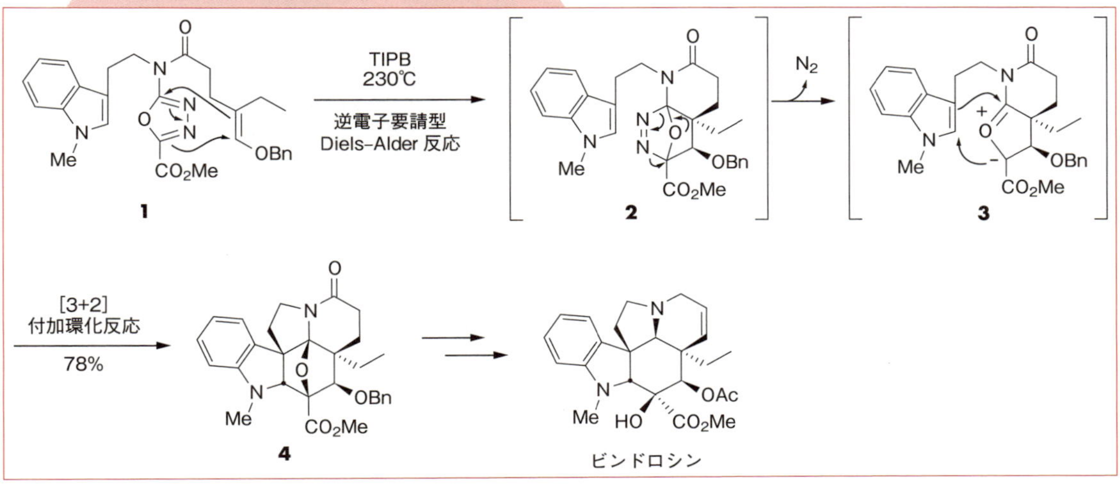
TIPB
230℃
逆電子要請型
Diels–Alder 反応
N_2
[3+2]
付加環化反応
78%
OBn
CO_2Me
Me
OAc
HO
ビンドロシン

図 3　ドミノ [4 + 2]/[3 + 2] 付加環化反応を用いたビンドロシンの全合成

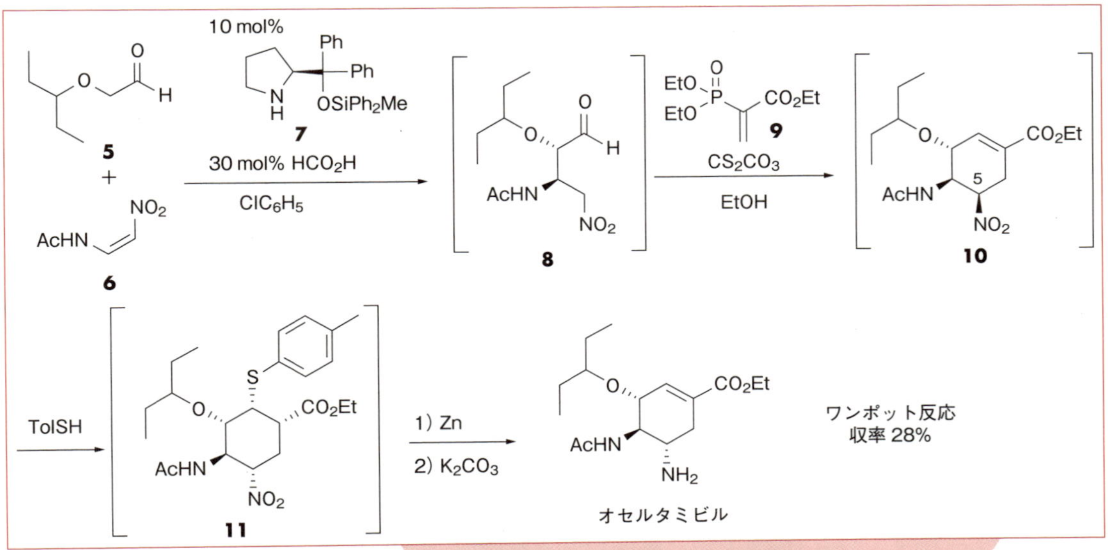
10 mol%
OSiPh$_2$Me
30 mol% HCO_2H
ClC_6H_5
AcHN
NO_2
CO_2Et
CS_2CO_3
EtOH
TolSH
1) Zn
2) K_2CO_3
NH_2
オセルタミビル
ワンポット反応
収率 28%

図 4　オセルタミビルのワンポット全合成

性エーテル **16** を短工程で合成することができる．この無駄のない，きわめて効率的な二方向同時変換法はブレベトキシン B の全合成に応用された[11]．なお，二方向同時変換法を利用するリアノドール全合成は Part II の chapter 8，ヒバリマイシノンの全合成は Part II の chapter 10 で詳細に述べられているので，あわせて参照されたい．

◆ 文 献 ◆

[1] "Domino Reactions: Concepts for Efficient Organic Synthesis," ed by L. F. Tietze, Wiley-VCH (2014).

[2] K. C. Nicolaou, D. J. Edmonds, P. G. Bulger, *Angew. Chem. Int. Ed.*, **45**, 7143 (2006).

[3] S. E. Denmark, A. Thorarensen, *Chem. Rev.*, **96**, 137 (1996).

[4] J. A. Linthorst, *Foundations of Chemistry*, **12**, 55 (2009).

[5] 田中 治，野副重男，相見則郎，永井正博，『天然物化学』，南江堂 (2002).

[6] W. S. Johnson, *Angew. Chem. Int. Ed.*, **15**, 9 (1976).

[7] H. Ishikawa, G. I. Elliott, J. Velcicky, Y. Choi, D. L. Boger, *J. Am. Chem. Soc.*, **128**, 10596 (2006).

[8] Y. Hayashi, *Chem. Sci.*, **7**, 866 (2016).

[9] T. Mukaiyama, H. Ishikawa, H. Koshino, Y. Hayashi, *Chem. Eur. J.*, **19**, 17789 (2013).

[10] T. Nakata, *The Chemical Record*, **10**, 159 (2010).

[11] G. Matsuo, K. Kawamura, N. Hori, H. Matsukura, T. Nakata, *J. Am. Chem. Soc.*, **126**, 14374 (2004).

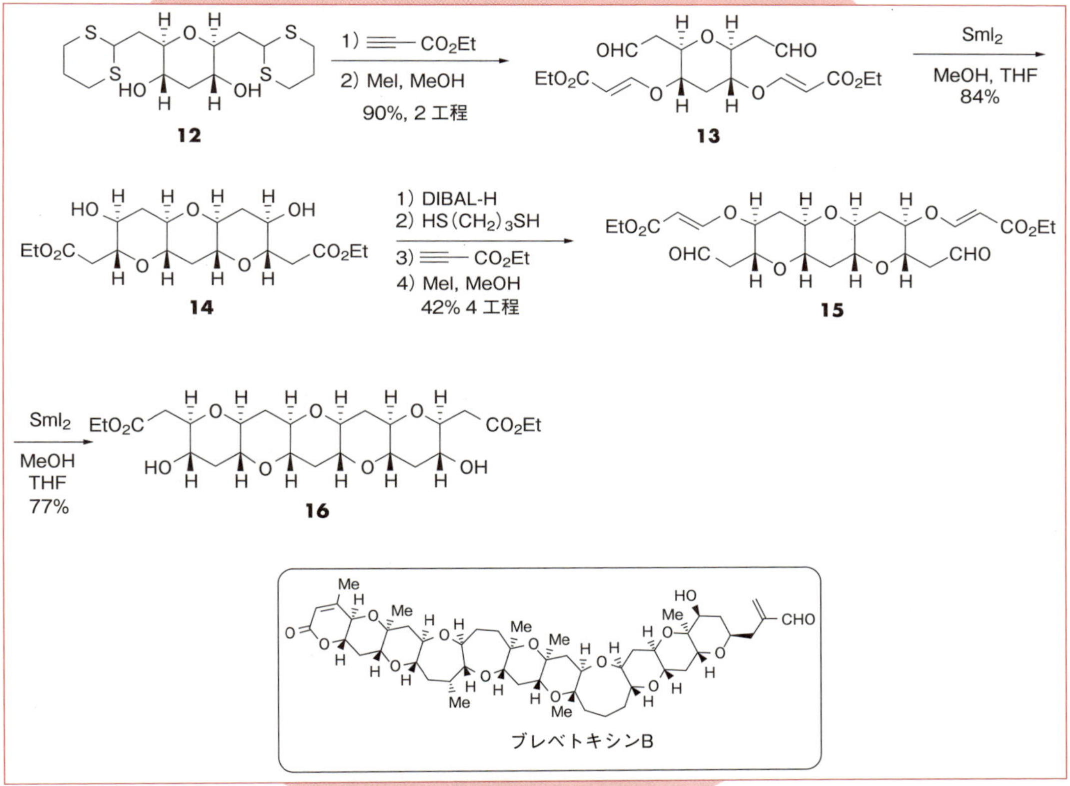
12
1) ≡— CO_2Et
2) MeI, MeOH
90%, 2 工程
OHC
CHO
EtO_2C
CO_2Et
13
SmI_2
MeOH, THF
84%
HO
OH
EtO_2C
CO_2Et
14
1) DIBAL-H
2) $HS(CH_2)_3SH$
3) ≡— CO_2Et
4) MeI, MeOH
42% 4 工程
EtO_2C
CO_2Et
OHC
CHO
15
SmI_2
MeOH
THF
77%
EtO_2C
CO_2Et
HO
OH
16
HO
CHO
ブレベトキシンB

図 5　海洋ポリエーテル合成のための二方向同時変換法

Chap 4

Basic Concept-3

直線的合成と収束的合成の基礎

占部　大介
（富山県立大学工学部）

1 直線的合成と収束的合成

多段階合成は直線的合成と収束的合成の二つに大別できる[1]．直線的合成は，出発原料から段階的な化学変換により分子の構造を徐々に複雑化させ，標的化合物を合成する方法である．収束的合成は，出発原料から数工程の化学変換によって合成したフラグメント（部分構造）と，異なる出発原料から合成した別のフラグメントとのカップリング（連結）により一挙に分子を複雑化させ，標的化合物を導く合成法である．多段階合成における合成法としては，収束的合成の方が直線的合成に比べて効率的であるとされている．

例として，赤丸で示した出発原料から標的化合物までの5工程の合成経路を用いて，二つの合成法の効率性を比較する（図1）．直線的合成では各工程の収率が80%である場合，出発原料から標的化合物を5工程，33%収率（80%の5乗）で得られる．これに対して，二つの2工程の変換と一つのカップリングから成る収束的合成では，標的化合物を3工程，51%収率（80%の3乗）で得ることができる．収束的合成の全工程数（5工程）は直線的合成のそれと同じであるが，直列経路を並列化させることで，赤丸で示した出発原料から標的化合物を短工程かつ高い収率で合成でき，効率化が図れる．それでは常に収束的合成は直線的合成よりも優れた合成法であるかといえば，そうとも限らない．直線的合成は工程数が長大になりがちであるが，フラグメントに分割しにくい多官能基性化合物や縮環式化合物の合成に適している．収束的合成は短い工程数，高い収率で分子を複雑化できる点で有用であるが，合成の終盤に行うフラグメントのカップリングは往々にして困難な変換となる．

複雑な天然物の全合成ではこのような直線的合成と収束的合成の特徴を踏まえたうえで，標的化合物の合成に適した方法が選ばれる．一般的には，比較的分子量が小さいテルペンやアルカロイドの全合成には直線的合成が採用され，巨大分子であるポリケチド，ポリペプチド，糖鎖などの全合成には収束的合成が採用される傾向がある．以下に，複雑天然物の直線的合成と収束的合成の実例を示す．

2 直線的合成の例：Johnson らによるパクタマイシンの全合成[2]

抗腫瘍性天然物パクタマイシンは，官能基が極度に密集したシクロペンタンを主骨格としてもつ．フラグメントへの逆合成的な分解は困難であるため，パクタマイシンの全合成を行うには収束的合成よりも直線的合成のほうが適しているように思われる．実際に，これまでに報告されている2例の全合成は，いずれも直線的合成に基づいている．本節ではJohnson らによるパクタマイシンの全合成について紹介する（図2）．

彼らはまず，対称ジケトン **1** に対してシンコニジン（**3**）を用いた不斉 Mannich 反応を行い，**4** を合成した．次いで，二つのケトンのうち片方のみを選択的に還元して **4** を非対称化し，ジメチルウレア基を含む四置換炭素とともに二つの三置換炭素をもつ **5** を得た．化合物 **5** から3工程で導いた **7** の分子内アルドール縮合は骨格構築に向けた重要な反応である．塩基性条件下で起こるさまざまな副反応の競合が予想されるが，彼らは好収率で **7** をシクロペンテノン **8** へと変換することに成功した．この際，5員

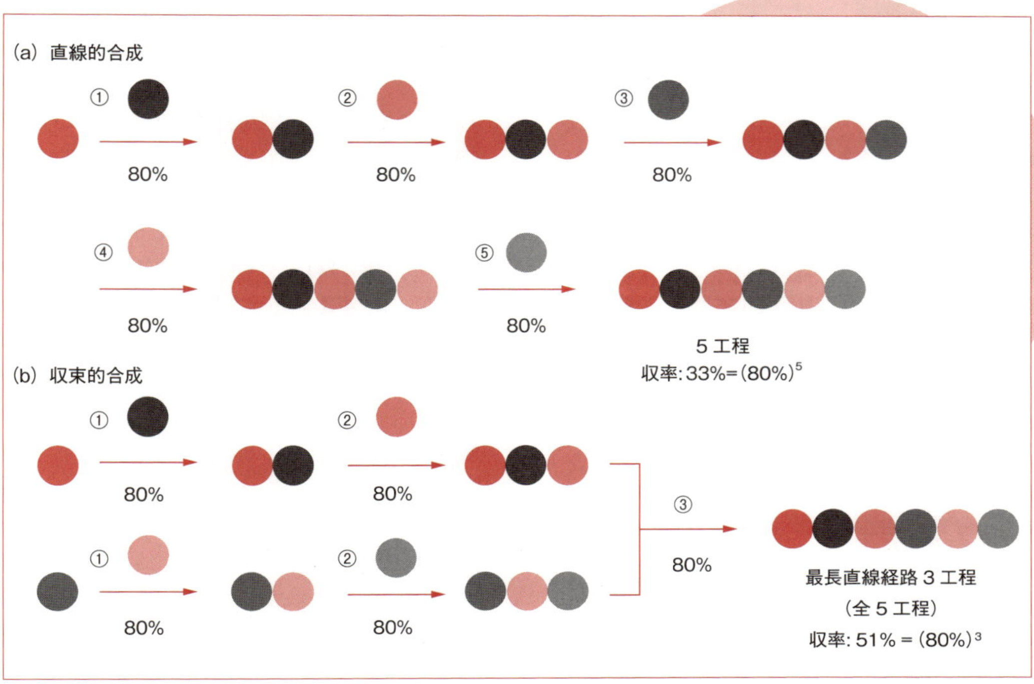
(a) 直線的合成
①
②
③
80%
80%
80%
④
⑤
80%
80%
5 工程
収率: 33%=(80%)5
(b) 収束的合成
①
②
80%
80%
①
②
80%
80%
③
80%
最長直線経路 3 工程
(全 5 工程)
収率: 51% = (80%)3

図1　直線的合成(a)と収束的合成(b)

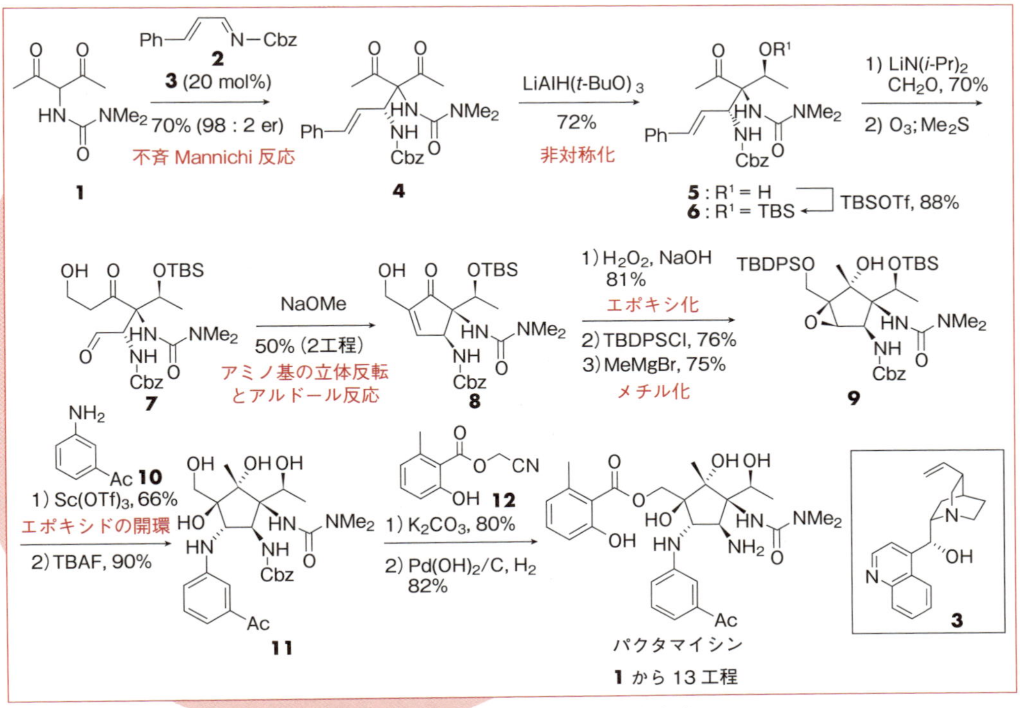
2
3 (20 mol%)
70% (98 : 2 er)
不斉 Mannichi 反応
1
4
LiAlH(t-BuO)3
72%
非対称化
1) LiN(i-Pr)2
CH2O, 70%
2) O3; Me2S
5 : R1 = H
6 : R1 = TBS
TBSOTf, 88%
7
NaOMe
50% (2工程)
アミノ基の立体反転
とアルドール反応
8
1) H2O2, NaOH
81%
エポキシ化
2) TBDPSCl, 76%
3) MeMgBr, 75%
メチル化
9
10
1) Sc(OTf)3, 66%
エポキシドの開環
2) TBAF, 90%
11
12
1) K2CO3, 80%
2) Pd(OH)2/C, H2
82%
パクタマイシン
1 から 13 工程
3

図2　パクタマイシンの直線的全合成

環形成とともに第二級アミノ基の立体反転が進行し，全合成に必要な不斉中心が構築されている．その後，二重結合のエポキシ化，ケトンへのメチルマグネシウムブロミドの付加，アニリン誘導体によるエポキシドの開環反応を，すべて望む立体選択性，位置選択性で進行させた．最後に，第一級ヒドロキシ基のアシル化を経て，パクタマイシンの全合成が達成された．

パクタマイシンのように官能基が密集した天然物の直線的全合成では，合成が進むにつれて中間体の構造が複雑になる．そのため近傍に存在する官能基や保護基が引き起こす副反応や反応性の低下が深刻な問題となる．この問題の回避がしばしば工程数を増大させる原因となるが，必要最低限の変換で構成された Johnson らの全合成は **1** から 13 工程で完結しており，直線的全合成の好例といえる．

3 収束的合成の例：Wender らによるブリオスタチン 9 の全合成[3]

ブリオスタチン類は，細胞内情報伝達に深くかかわるタンパク質リン酸化酵素で，プロテインキナーゼ C の強力な活性化剤である．官能基化された三つのピラン環を含む複雑な 20 員環マクロリド構造をもつこの天然物群は，多くの有機合成化学者によって全合成の標的とされてきた．ここでは，Wender らによって報告されたブリオスタチン 9 の収束的全合成について紹介する（図 3）．アクロレイン（**13**）から 17 工程で導いた **14** と，**15** から 19 工程で導いた **16** を山口法によりエステル化し，**17** とした．次いで，**17** をメタノール中 PPTS で処理し，ピラン環形成とともにブリオスタチン 9 がもつ 20 員環を一挙に構築した（マクロ環化）．この二つの反応によって，高度に官能基化されたフラグメントが効果的にカップリングされた．その後，**18** の exo-オレフィン基をオゾン分解によりアルデヒドへと変換したのち，**19** を用いた立体選択的なオレフィン化により **20** を導いた．最後に，シリル基の除去とメチルアセタールの加水分解を経て，ブリオスタチン 9 の全合成が達成された．収束的合成の長所を最大限に活用することで，本全合成は最長直線経路 25 工程，フラグメントの連結からはわずか 4 工程で完了した．

4 おわりに

最新の全合成では，直線的・収束的合成法の長所を生かし，短所を補う新反応や戦略が導入されることで，その効率化が図られている．たとえば，C−H 結合官能基化は多官能基性天然物の直線的合成の短工程化を[4]，カップリング反応の進歩は全合成の高度収束化を可能にしている[5]．このようにして効率化された全合成は，有機合成化学的に興味深いだけではなく，複雑な天然物の構造多様化やライブラリー構築を基盤とした新しい生物活性物質の創製に大きく貢献していることを見逃してはならない[6]．

◆ 文 献 ◆

[1] 鈴木啓介，『岩波講座　現代化学への入門〈10〉天然有機化合物の合成戦略』，岩波書店（2007）．

[2] J. T. Malinowski, R. J. Sharpe, J. S. Johnson, *Science*, **340**, 180（2013）．

[3] P. A. Wender, A. J. Schrier, *J. Am. Chem. Soc.*, **133**, 9228（2011）．

[4]（a）W. R. Gutekunst, P. S. Baran, *Chem. Soc. Rev.*, **40**, 1976（2011）;（b）J. Yamaguchi, A. D. Yamaguchi, K. Itami, *Angew. Chem. Int. Ed.*, **51**, 8960（2012）．

[5]（a）A. Fürstner, *Chem. Rev.*, **99**, 991,（1999）;（b）K. C. Nicolaou, P. G. Bulger, D. Sarlah, *Angew. Chem. Int. Ed.*, **44**, 4442（2005）;（c）D. Urabe, T. Asaba, M. Inoue, *Chem. Rev.*, **115**, 9207（2015）;（d）C. R. Jamison, L. E. Overman, *Acc. Chem. Res.*, **49**, 1578（2016）．

[6] 直線的合成による構造多様化の例：（a）Y. Jin, C-H. Yeh, C. A. Kuttruff, L. Jørgensen, G. Dünstl, J. Felding, S. R. Natarajan, P. S. Baran, *Angew. Chem. Int. Ed.*, **54**, 14044（2015）．収束的合成による構造多様化の例：（b）I. B. Seiple, Z. Zhang, P. Jakubec, A. Langlois-Mercier, P. M. Wright, D. T. Hog, K. Yabu, S. R. Allu, T. Fukuzaki, P. N. Carlsen, Y. Kitamura, X. Zhou, M. L. Condakes, F. T. Szczypiński, W. D. Green, A. G. Myers, *Nature*, **533**, 338（2016）．

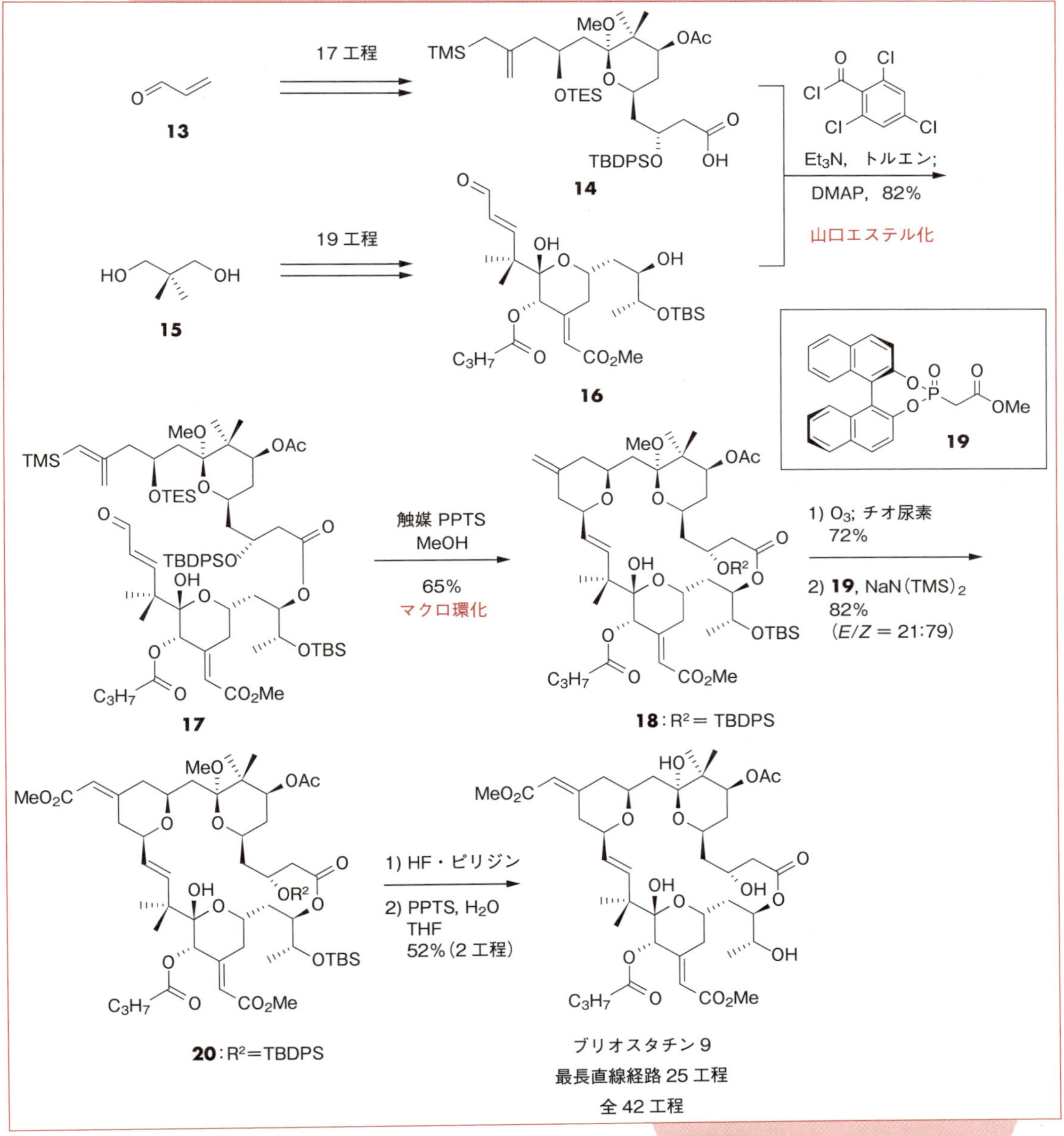
17 工程
13
TMS
MeO
OAc
OTES
TBDPSO
OH
14
19 工程
HO
OH
15
OTBS
C3H7
CO2Me
16
Cl
Et3N, トルエン;
DMAP, 82%
山口エステル化
O
OMe
19
17
触媒 PPTS
MeOH
65%
マクロ環化
OR2
18：R2＝TBDPS
1) O3; チオ尿素
72%
2) 19, NaN(TMS)2
82%
(E/Z＝21:79)
MeO2C
20：R2＝TBDPS
1) HF・ピリジン
2) PPTS, H2O
THF
52%(2 工程)
HO
ブリオスタチン 9
最長直線経路 25 工程
全 42 工程

図 3　ブリオスタチン 9 の収束的全合成

Chap 4
Basic Concept-4

全合成と生合成

横島　聡
（名古屋大学大学院創薬科学研究科）

1 全合成と生合成

天然物は限られた種類の原料から生合成されており，その原料に由来する共通構造を複数の天然物中に見いだすことができる．それらは生合成過程において，酸化・還元反応，環化反応，転位反応，縮合反応など，おもに酵素により触媒されるさまざまな反応が施されることで，多種多様な構造が生みだされる．

「原料に制限がある」というのは生合成の大きな特徴である．一方，天然物の全合成研究では原料は任意に選択することができ，より自由に合成経路を設計することが可能である．にもかかわらず，生合成経路を模倣した合成研究が行われるのはなぜだろうか．

生合成経路模倣型合成の一つの大きな目的は，生合成経路を化学的に実証することである．生合成は生体内で行われるが，その基礎となるのはあくまでも有機反応である．天然物の構造としてその分子に刻み込まれた生合成の結果を，有機化学的に解析することで生合成経路を類推し，その生合成経路の反応が実際に起こりうることをフラスコのなかで試験する．

生合成経路模倣型合成のもう一つの重要な目的は，化合物の効率的な供給を可能とする方法を確立することである．複雑な構造の構築には，現在の有機合成化学の力をもってしても困難なことがしばしばある．しかしながら生物は実際にその構造を構築している．その方法を拝借（模倣）することで，複雑な構造の効率的な構築を可能とするのである．

これまでさまざまな生合成経路模倣型合成が行われているが，これらの目的をよく示す代表的な研究について紹介する．

2 マンザミン類の生合成仮説とその検証

マンザミン類は沖縄産のカイメンより単離された化合物である（図 1）．X 線結晶構造解析により，まずマンザミン A（**1**）の構造が明らかにされた[1]．その後，類縁の化合物の単離・構造決定が報告されたが[2]，それまでに類例のない特異な構造ゆえに，生合成経路についてはまったく見当がつかない状態であった．そのようななか，Baldwin はマンザミン類の構造式からの考察に基づき，図 1 に示す生合成仮説を提唱した[3]．

マンザミン A（**1**）は，マンザミン B（**2**）より窒素–炭素結合の生成により 8 員環が形成され，さらにエポキシド部位が開環することで得られる．β–カルボリン部位はトリプトファン由来であるとすると，その前駆体としてアルデヒドをもつ化合物 **3** が前駆体となる．アルデヒドと第二級アミンを結合させると 5 環性化合物 **4** が導かれる．左側のピペリジン環部位がイミニウム塩となった化合物 **5** の C2–C7，C5–C8 結合がレトロ Diels–Alder 反応で開裂すると，4 環性化合物 **6** となる．**6** を書き直すと **6′** のようになるが，イミニウム塩部位の互変異性が起こると，対称な化合物 **7** となる．

非常に斬新な結合生成および開裂を含む生合成仮説であるが，のちにマンザミン A のβ–カルボリン部位がアルデヒドとなった化合物（イルシナール A[4]）や，化合物 **4**（ケラマフィジン B と命名された[5]）がカイメンより単離されたことから，Baldwin らの提唱したこの生合成仮説は，多くの研究者に受け入れられた．

さらに Baldwin らは，この生合成仮説を裏付けるべくケラマフィジン B の合成研究を行った（図 2）[6]．

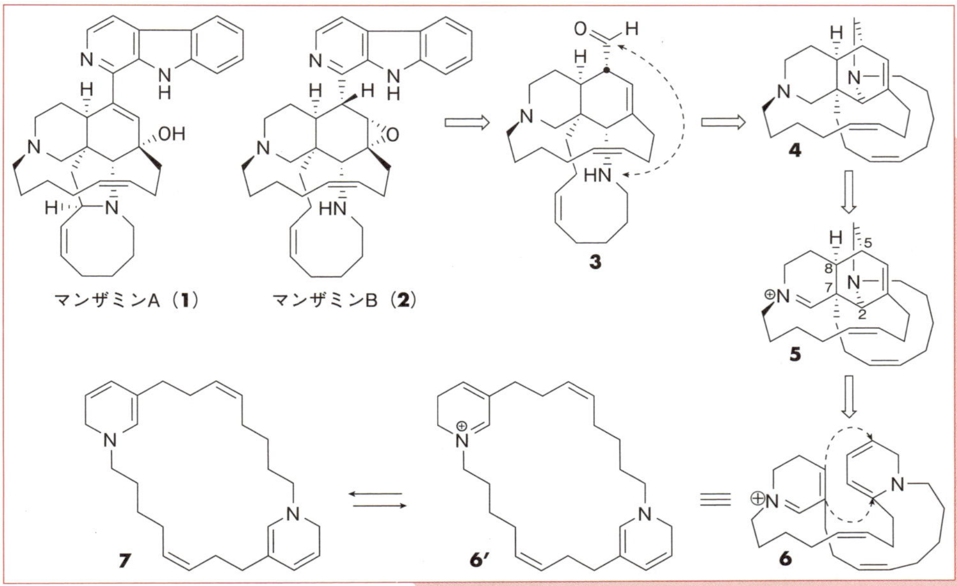
マンザミンA（1）
マンザミンB（2）
3
4
5
6
6′
7

図 1　Baldwin らにより提唱されたマンザミン類の生合成経路

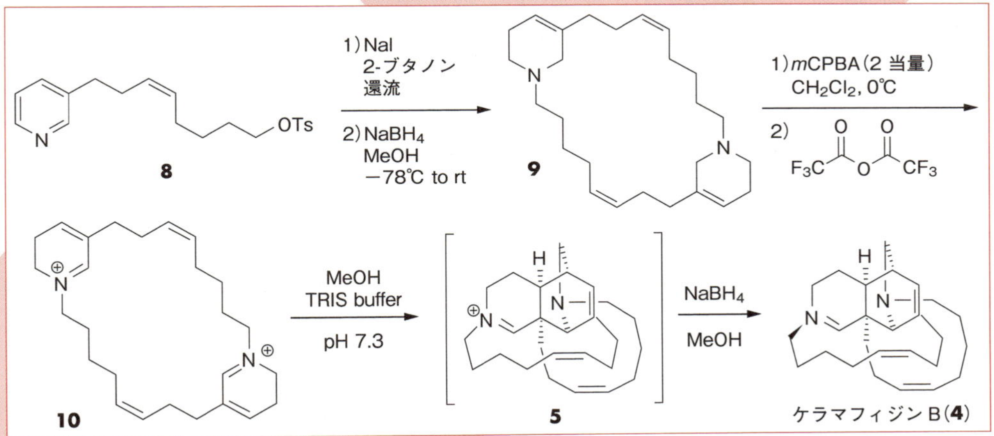
1) NaI
2-ブタノン
還流
2) NaBH4
MeOH
−78℃ to rt
1) mCPBA (2 当量)
CH2Cl2, 0℃
2)
MeOH
TRIS buffer
pH 7.3
NaBH4
MeOH
8
9
10
5
ケラマフィジン B（4）

図 2　ケラマフィジン B の合成

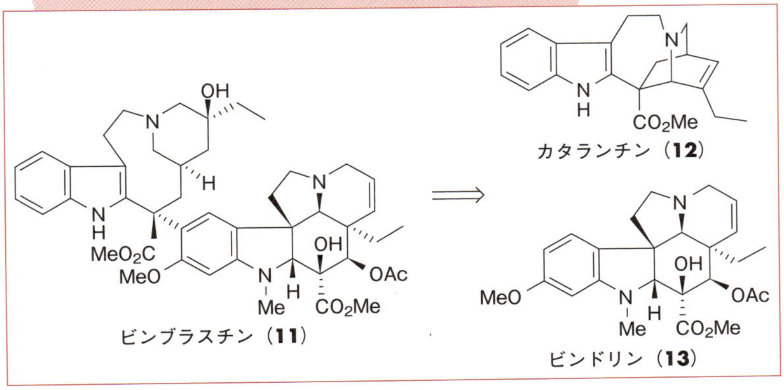
ビンブラスチン（11）
カタランチン（12）
ビンドリン（13）

図 3　ビンブラスチンおよびその生合成前駆体

Wittig反応を含む数工程で得られるトシラート**8**を，ヨウ化ナトリウム存在下2-ブタノン中で加熱すると，Finkelstein反応，ピリジン環窒素原子上での置換反応による二量化，環化反応が進行し，さらにピリジニウム部位を水素化ホウ素ナトリウムで還元することで，ビステトラヒドロピリジン**9**を得た．**9**の酸化反応を経て得られるビスジヒドロピリジニウム化合物を緩衝液中で反応させたところ，生合成経路と同様の付加環化反応が進行し，最後に水素化ホウ素ナトリウムを用いた還元処理を施すことで，ケラマフィジンB(**4**)を得ることに成功した．その収率は0.2〜0.3%と非常に低いものであったが，彼らの生合成仮説を裏付ける重要な知見となった．

3 ビンブラスチンの生合成経路模倣型合成

悪性リンパ腫などに対する抗がん剤として用いられているビンブラスチン(**11**)は，二つのインドールアルカロイドが結合した構造をもつ(図3)．1976年にPotierらは，生合成経路を模倣し，カタランチン(**12**)とビンドリン(**13**)とをカップリングさせることで，ビンブラスチンの基本構造を合成する方法を発表した(図4)[7]．

カタランチンの窒素原子を酸化することで得られる*N*-オキシド**14**をトリフルオロ酢酸無水物で処理すると，インドール窒素原子からの電子供与により*N*-オキシド部位の窒素–酸素結合が開裂し，カチオン中間体**16**を与える．これが反応系に共存するビンドリン(**13**)により捕捉されることで，両ユニットが結合したビンブラスチン構造をもつ化合物**17**が得られる．このとき両ユニットのカップリング反応は，原料であるカタランチンの構造を保持した配座にて主として進行するために，ビンブラスチンと同一の立体化学をもつ16′*S*体が主生成物として得られる(16′*S*体と16′*R*体の生成比は約5：1)．ちなみに，カタランチンの炭素–炭素結合をあらかじめ開裂したビンブラスチンの上部ユニット**18**を合成してカップリング反応を行うと，ビンブラスチンとは逆の立体化学(16′*R*)をもつ化合物**19**が得られる[8]．本合成はユニット同士の結合だけではなくその立体化学の制御をも可能とする，生合成経路模倣型合成の威力を示す好例である．

4 生合成経路模倣型合成

紙面の都合上，詳細な内容は原著論文および総説に譲るが[9]，その他の生合成模倣型合成として，先駆的な生合成模倣型合成の例を図6に挙げる．Johnsonらはポリエンの連続的カチオン環化反応を用いることで，立体化学を制御しつつ環構造の構築を行い，プロゲステロン(**20**)の合成を行っている[10]．Heathcockらは，ユズリハより単離されるセコダフニフィリンの基本骨格を，ジアルデヒドからの連続的な環化反応により構築している[11]．Nicolaouらは，**22**の部分還元により得られるヘキサエンの連続的な電子環状反応によりエンジアンドリン酸類メチルエステルの合成に成功している[12]．

生合成模倣型合成の目的を冒頭で議論したが，その目的とは別に，生体内で起こる現象をフラスコのなかで再現するこれらの研究は，天然物という分子の内包する力を感じさせてくれる．

◆ 文　献 ◆

[1] R. Sakai, T. Higa, C. W. Jefford, G. Bernardinelli, *J. Am. Chem. Soc.*, **108**, 6404 (1986).
[2] R. Sakai, S. Kohmoto, T. Higa, C. W. Jefford, G. Bernardinelli, *Tetrahedron Lett.*, **28**, 5493 (1987).
[3] J. E. Baldwin, R. C. Whitehead, *Tetrahedron Lett.*, **33**, 2059 (1992).
[4] K. Kondo, H. Shigemori, Y. Kikuchi, M. Ishibashi, T. Sasaki, J. Kobayashi, *J. Org. Chem.*, **57**, 2480 (1992).
[5] J. Kobayashi, M. Tsuda, N. Kawasaki, K. Matsumoto, T. Adachi, *Tetrahedron Lett.*, **35**, 4383 (1994).
[6] J. E. Baldwin, T. D. W. Claridge, A. J. Culshaw, F. A. Heupel, V. Lee, D. R. Spring, R. C. Whitehead, R. J. Boughtflower, I. M. Mutton, R. J. Upton, *Angew. Chem. Int. Ed.*, **37**, 2661 (1998).
[7] N. Langlois, F. Guéritte, Y, Langlois, P. Potier, *J. Am. Chem. Soc.*, **98**, 7017 (1976).
[8] J. P. Kutney, J. Beck, F. Bylsma, J. Cook, W. J. Cretney, K. Fuji, R. Imhof, A. M. Treasurywala, *Helv. Chim. Acta*, **58**, 1690 (1975).
[9] P. G. Bulger, S. K. Bagal, R. Marquez, *Nat. Prod. Rep.*, **25**, 254 (2008).
[10] W. S. Johnson, M. B. Gravestock, B. E. McCarry, *J. Am. Chem. Soc.*, **93**, 4332 (1971).
[11] S. Piettre, C. H. Heathcock, *Science*, **248**, 1532 (1990).
[12] K. C. Nicolaou, N. A. Petasis, R. E. Zipkin, *J. Am. Chem. Soc.*, **104**, 5560 (1982).

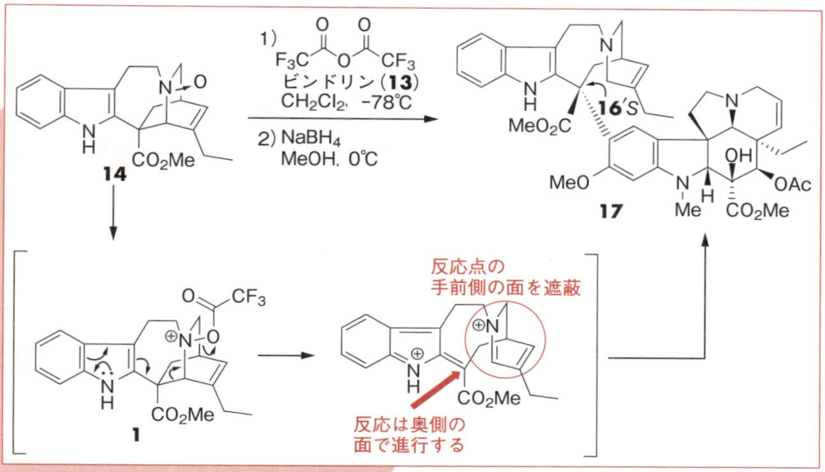
1) F3C O CF3 ビンドリン(13)
CH2Cl2, -78℃
2) NaBH4
MeOH, 0℃
14
1
16′S
MeO2C
MeO
OH
OAc
CO2Me
17
反応点の
手前側の面を遮蔽
反応は奥側の
面で進行する

図 4　ビンブラスチン構造の生合成模倣型合成

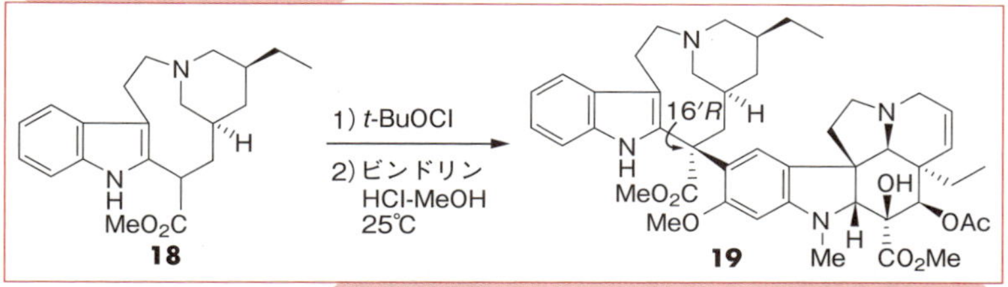
1) t-BuOCl
2) ビンドリン
HCl-MeOH
25℃
18
16′R
19

図 5　非天然型ビンブラスチン構造の合成

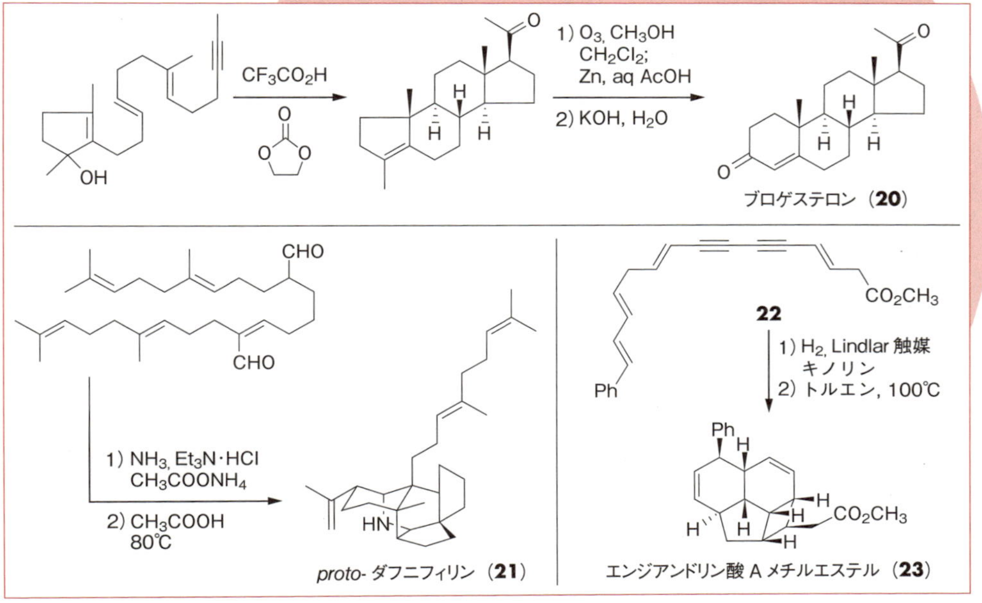
CF3CO2H
1) O3, CH3OH
CH2Cl2;
Zn, aq AcOH
2) KOH, H2O
プロゲステロン（20）
CHO
1) NH3, Et3N·HCl
CH3COONH4
2) CH3COOH
80℃
proto- ダフニフィリン（21）
22
1) H2, Lindlar 触媒
キノリン
2) トルエン, 100℃
エンジアンドリン酸 A メチルエステル（23）

図 6　先駆的な生合成模倣型合成

Chap 4
Basic Concept-5

全合成とケミカルバイオロジー

平井　剛
（九州大学大学院薬学研究院）

1 ケミカルバイオロジーにおける合成研究の意義

構造的に特徴ある天然物は，生物に対してユニークかつ切れ味鋭い薬理作用や毒性といった生物活性を示すことから，生物活性だけでなく，その活性発現機構の解明にも興味がもたれている．天然物は，生体内で特異的にタンパク質やDNA，場合によっては糖鎖や脂質などの生体（高）分子と相互作用もしくは反応し，その結果生体に何らかのストレスや刺激を与え，生物活性を示す．こうした生物内での現象を，分子相互作用を基にして解明し，またその知見を活かして生物現象をコントロールすることにつなげる研究や学問がケミカルバイオロジーである．活性発現機構解明にはいくつかのアプローチが考えられるが，天然物が直接相互作用している生体分子の同定を起点とする研究手法は，リガンド（天然物）–生体分子相互作用の構造的理解にもつながり，のちの創薬展開に有利である．

さて，分子間相互作用を同定するには，解析を容易にするために分子に何らかの細工を施す必要がある．DNAやタンパク質などの変異体，欠損体，およびキメラ型などの作成は，固相合成法や遺伝子工学的手法が利用できるため，近年ではずいぶんと容易になってきている．しかし，天然有機化合物の場合，細工を施した分子の調製には全合成とほぼ同等の労力が必要である．本章では，こうした細工された天然物の合成がケミカルバイオロジーに大きく貢献した例を紹介する．

2 天然物をプローブ分子に変換する

天然物を細工せずに固相単体などに直接天然物を連結し，結合タンパク質を同定する手法が開発されている[1]が，さまざまな研究ツールを創製できる合成化学的アプローチも重要である．

1993年，吉田らは，Trapoxin B（**1**）がヒストン脱アセチル化酵素を不可逆的に阻害し，細胞内ヒストンのハイパーアセチル化を誘導することを報告した[2]．**1**のエポキシケトン部は活性に重要であることから，ヒストン脱アセチル化酵素の活性中心近傍に存在する求核性アミノ酸がエポキシドを攻撃し，共有結合を形成することが示唆されていた．Schreiberらは，**1**の全合成を既知化合物から17段階で達成し，さらにAffi-Gel 10と連結したアフィニティ樹脂**2**を合成した[3]（図1）．この際，**1**のフェニルアラニンがリジンに置き換えられているのは，数種存在する類縁体の構造に基づいた設計によるものである．通常，標的と共有結合を形成する活性分子の場合，アフィニティマトリックスによる標的同定は難しいことが多い．しかしながら，放射性ラベル体**3**が標的と共有結合を形成しても，タンパク変性条件でその結合が切断されるという知見を活かし，トリチウムラベル体**4**と**2**を組み合わせることで，ヒストン脱アセチル化酵素HD-1を同定した．

3 天然物の部分構造を利用する

構造が似通ったFK506（**5**）とラパマイシン（rapamycin, **6**）は，免疫抑制活性をもつ天然物であり，ともにタンパク質FKBPに結合し，プロリルイソメラーゼ活性（プロリンのペプチド結合異性化を

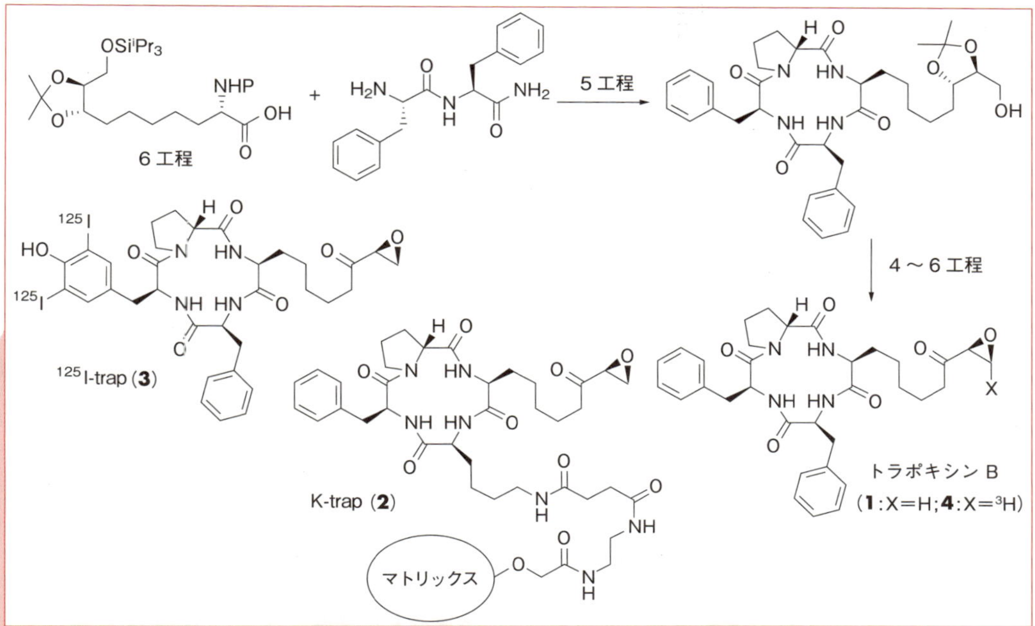
6 工程
5 工程
4～6 工程
マトリックス
K-trap (2)
^{125}I-trap (3)
トラポキシン B
(1:X=H;4:X=^{3}H)

図 1　トラポキシン B の全合成と開発されたプローブ分子

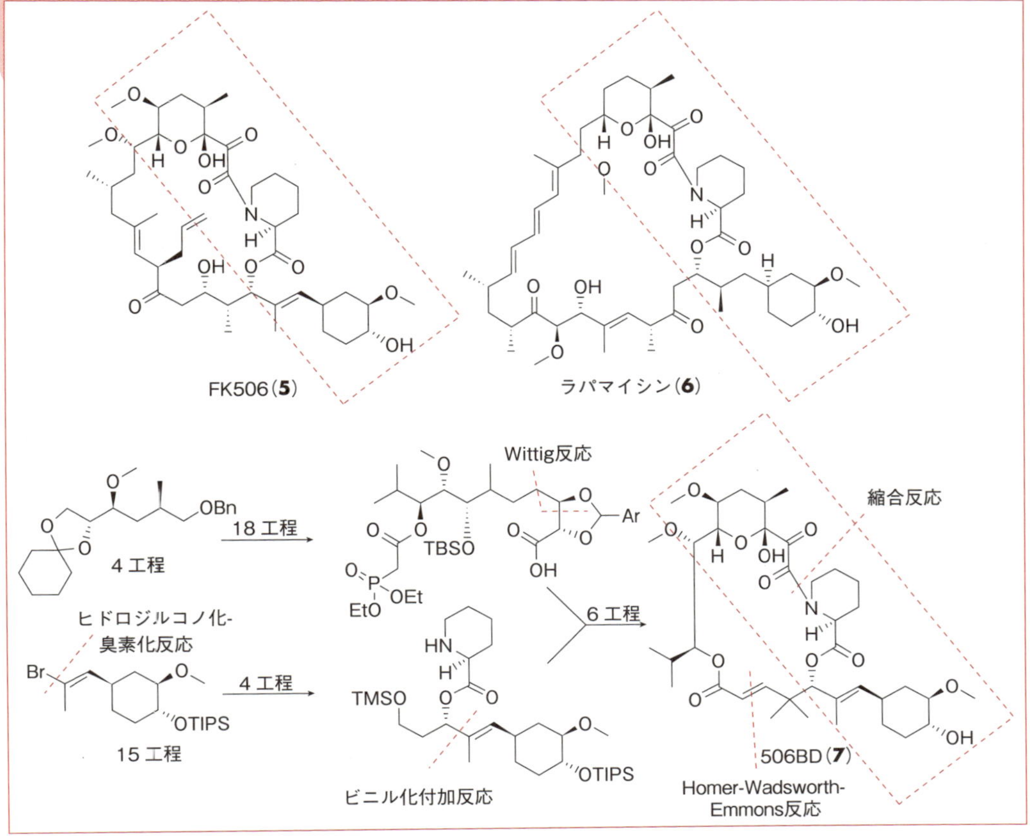
FK506(5)
ラパマイシン(6)
4 工程
18 工程
Wittig反応
6 工程
縮合反応
ヒドロジルコノ化-
臭素化反応
4 工程
15 工程
ビニル化付加反応
506BD(7)
Horner-Wadsworth-
Emmons反応

図 2　FK506(**5**)とラパマイシン(**6**)の共通部分 506BD(**7**)の合成

触媒)を阻害する[4]．しかし，免疫抑制作用を FKBP の活性阻害だけで説明することはできず，異なる作用機序が存在することが想定されていた．

Schreiber らは，**5** と **6** のプロリン構造に似た共通部分が FKBP への結合と阻害活性に重要であり，他の部分がそれぞれの免疫抑制活性を特徴づける構造であると予想した．この証明のため，共通部分を抜きだした 506BD(**7**)を合成した[5]．**7** の合成は，**5** の全合成の知見を活かし，総 47 工程で達成された(図 2)．彼らの予想どおり，**7** は FKBP に結合しながらも，免疫抑制活性を示さなかった．

本知見をもとに，**5** と **6** の活性発現機構が解明されていった．特筆すべきは，**5** と FKBP の結合様式は当時不明であったので，**7** と **5** が同じコンホメーションをもつように設計し，実験データをより信頼できるものしている点である．なお，その後は構造生物学的な知見が加わることで，FKBP に結合するよりシンプルな化合物も開発されている[6]．

4 天然物よりも活性の低い類縁体を開発する

天然物から標的同定用分子プローブに導く際，しばしば本来の活性が減弱してしまう．標的タンパク質を同定するにあたり，他のタンパク質との非特異的結合やオフターゲット(本来の活性には関連しない特異的な結合タンパク質)との結合などが見られることから，同定した標的のバリデーションが重要である．このときに利用できる分子ツールが，天然物と同様の構造をもつ，はるかに活性の低い類縁体である．天然物の単離段階で見いだせればよいが，全合成の過程で生じる(もしくは導ける)分子から見いだせる可能性も高い．

木越・末永らは，強力な抗腫瘍活性をもつオーリライド(aurilide, **8**)の全合成を達成し，天然物よりも活性の低い類縁体 6-エピオーリライド(6-epi aurilide, **9**)を見いだした[7]．**8** をプローブ分子に導くことで活性は 10 倍程度低下してしまうが，上杉らは **9** から調製したプローブ分子との比較により，標的をプロヒビチン(prohibitin)と同定することに成功した[8](図 3)．

5 天然物の欠点を克服したアナログを創製する

天然物は，魅力的な生物活性を示す一方，不安定性，低溶解性，毒性や供給安定性などのため，臨床応用や生物学的研究にそのまま利用できるものは少ない．全合成研究は，こうした欠点を克服した誘導体を見いだせる可能性をもつ．

FR901464(**10**)は強力な抗腫瘍性活性を示す．**10** はエキソエポキシド構造をもち，この構造が活性に重要な役割を担っていることが北原らの全合成[9]および構造活性相関研究によって明らかとなった．しかしこの構造が原因で，**10** は安定性が低く，水溶液中で速やかに分解することがわかった．

北原らは，**10** の全合成前駆体であるヘミアセタール構造をメチル化した **11**(のちに spliceostatin A と名付けられた)が，**10** よりも高い活性と安定性をもつことを見いだした[10]．さらに 2007 年，吉田らが **11** を基盤とした標的タンパク質同定用プローブを用いて，標的タンパク質をスプライシング因子 SF3B であると同定した[11]．同年，小出らはそれまでの全合成研究の知見を活かし，誘導体合成がより効率的な全合成法を報告した．また不安定性に関する検証を進め，ジメチル体 **12**(meayamycin と名付けられた)を合成した(図 4)．驚くべきことに，この安定誘導体は天然物と比較して 100 倍程度高い活性(MCF-7 細胞に対する GI_{50} 値は実に 10.2 pM)を示すことが見いだされた[12]．

ここに示した事例以外にも，天然物の特性や合成法に関するノウハウと，生物学・創薬研究の課題などを組み合わせることで，新たな分子ツールを生みだす可能性は大いに考えられる．天然物合成化学は，周辺分野への波及効果も高い分野である．既存の標的分子に目を向けるだけでなく，広い視野をもって天然物を眺め，天然物のその先にあるものを探求することは，今後ますます重要になってくるだろう．そのために思い描いた分子を創りだす確かな合成能力を磨くことも，もちろん重要であることを強調したい．

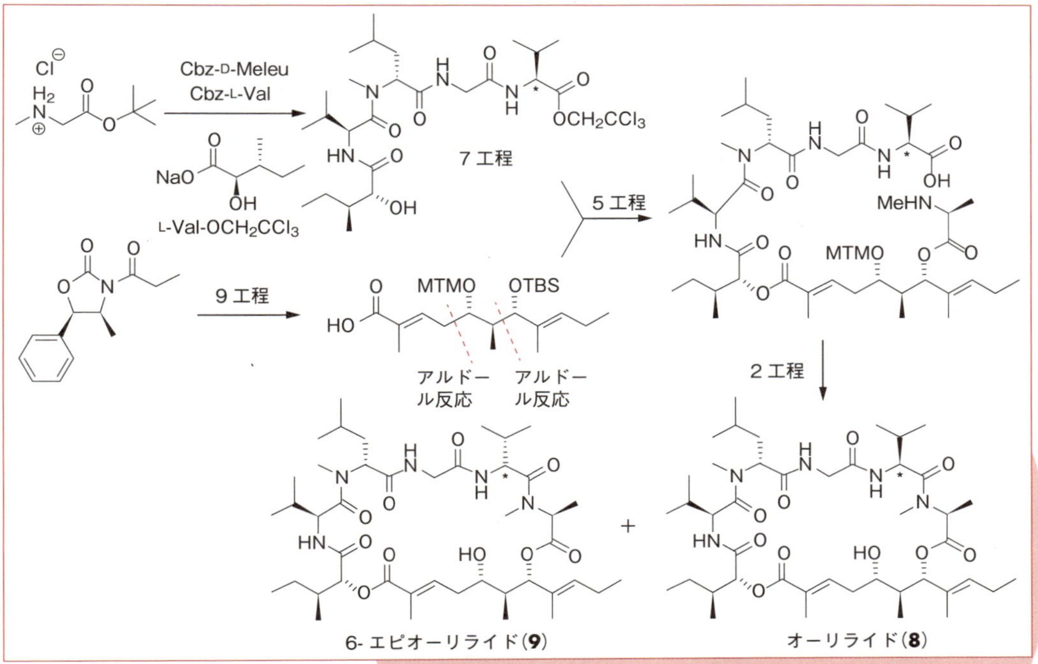
Cbz-D-Meleu
Cbz-L-Val
7 工程
NaO
OH
L-Val-OCH2CCl3
OCH2CCl3
5 工程
9 工程
MTMO
OTBS
HO
アルドール反応
アルドール反応
2 工程
MeHN
6- エピオーリライド(9)
オーリライド(8)

図 3　オーリライド(**8**)の全合成と 6-エピ体(**9**)

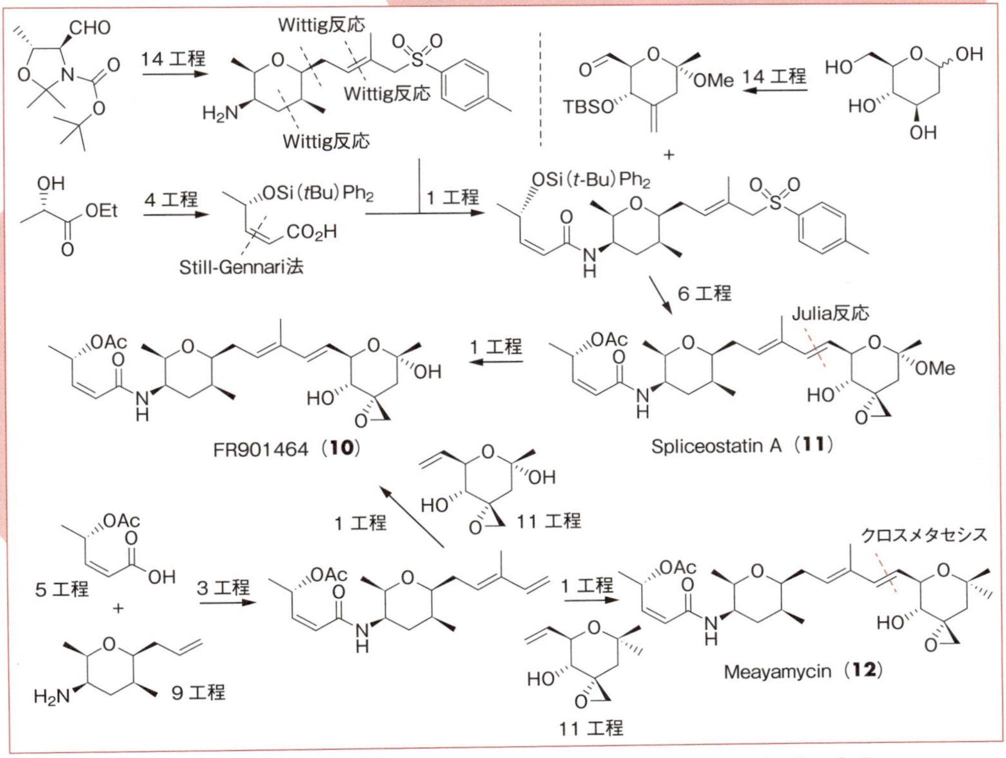
CHO
14 工程
Wittig反応
Wittig反応
Wittig反応
H2N
OMe
14 工程
TBSO
4 工程
OSi(tBu)Ph2
CO2H
Still-Gennari法
1 工程
OSi(t-Bu)Ph2
6 工程
Julia反応
1 工程
OAc
FR901464 (10)
Spliceostatin A (11)
1 工程
11 工程
5 工程
3 工程
1 工程
9 工程
11 工程
クロスメタセシス
Meayamycin (12)

図 4　FR901464(**10**), spliceostatin A(**11**), meayamycin(**12**)の合成

◆ 文 献 ◆

[1] M. Kijima, M. Yoshida, K. Sugita, S. Horinouchi, T. Beppu, *J. Biol. Chem.*, **268**, 22429（1993）.

[2]（a）J. Taunton, C. A. Hassig, S. L. Schreiber, *Science*, **272**, 408（1996）;（b）J. Taunton, J. L. Collins, S. L. Schreiber, *J. Am. Chem. Soc.*, **118**, 10412（1996）.

[3]（a）J. J. Siekierka, S. H. Y. Hung, M. Poe, C. S. Lin, N. H. Sigal, Nature, **341**, 755（1989）;（b）M. W. Harding, A. Galat, D. E. Uehling, S. L. Schreiber, *Nature*, **341**, 758（1989）.

[4] B. Bierer, P. Somers, T. Wandless, S. Burakoff, S. Schreiber, *Science*, **250**, 556（1990）.

[5] 一例として D. A. Holt, J. I. Luengo, D. S. Yamashita, H. J. Oh, A. L. Konialian, H. K. Yen, L. W. Rozamus, M. Brandt, M. J. Bossard, M. A. Levy, D. S. Eggleston, J. Liang, L. W. Schultz, T. J. Stout, J. Clardy, *J. Am. Chem. Soc.*, **115**, 9925（1993）.

[6]（a）K. Suenaga, T. Mutou, T. Shibata, T. Itoh, T. Fujita, N. Takada, K. Hayamizu, M. Takagi, T. Irifune, H. Kigoshi, K. Yamada, *Tetrahedron*, **60**, 8509（2004）;（b）K. Suenaga, S. Kajiwara, S. Kuribayashi, T. Handa, H. Kigoshi, *Bioorg. Med. Chem. Lett.*, **18**, 3902（2008）.

[7] S. Sato, A. Murata, T. Orihara, T. Shirakawa, K. Suenaga, H. Kigoshi, M. Uesugi, *Chem. Biol.*, **18**, 131（2011）.

[8] M. Horigome, H. Motoyoshi, H. Watanabe, T. Kitahara, *Tetrahedron Lett.*, **42**, 8207（2001）.

[9] H. Motoyoshi, M. Horigome, K. Ishigami, T. Yoshida, S. Horinouchi, M. Yoshida, H. Watanabe, T. Kitahara, *Biosci. Biotech. Biochem.*, **68**, 2178（2004）.

[10] D. Kaida, H. Motoyoshi, E. Tashiro, T. Nojima, M. Hagiwara, K. Ishigami, H. Watanabe, T. Kitahara, T. Yoshida, H. Nakajima, T. Tani, S. Horinouchi, M. Yoshida, *Nat. Chem. Biol.*, **3**, 576（2007）.

[11] B. J. Albert, A. Sivaramakrishnan, T. Naka, N. L. Czaicki, K. Koide, *J. Am. Chem. Soc.*, **129**, 2648（2007）.

CSJ Current Review

Part II

研究最前線

Chap 1

直接連結法による芳香族天然物の合成

Synthesis of Aromatic Natural Products via Direct Coupling

山口　潤一郎
（早稲田大学理工学術院）

Overview

「標的の分子を可能な限り短段階でつくりたい.」これは有機合成の，とくに複雑分子を合成標的としている合成化学者の望みである．そのために合成化学者は日々画期的な合成戦略の立案と新規反応の開発に勤しんでいる．「分子モデルを組み立てるように自在につくりたい.」これは化学者全体の夢であり，このような「理想的な合成」が可能ならば，合成化学は科学から技術となる．しかし，現実はどうだろうか？　実際にはまったくそのような感じはせず，標的の分子に対して，屈強な合成化学者が四苦八苦し，テーラーメイドでアクロバティックな合成手法を編みだし，それを乗り越えている．このような試みは，素晴らしい技術をもった合成化学者や華麗な回避法を生みだす反面，二つ目の命題に対する解決に直視していない．そのため，筆者は「非常識ではあるが直接的に分子骨格をつなげる手法」に憧れていた．さらには，できる限り幅広い分子群に応用出来るような統一的な合成法を開発したいと考えていた．本章では，そのようなアプローチを芳香族天然物に限ってであるが，芳香環直接連結法という合成手法を用いて試みた例を紹介する．

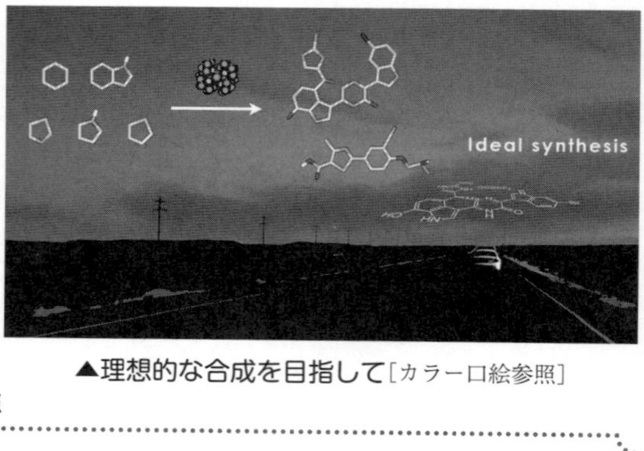
Ideal synthesis

▲理想的な合成を目指して［カラー口絵参照］

■ **KEYWORD** □マークは用語解説参照

- ■ヘテロビアリール(heterobiaryl)
- ■パラジウム触媒(palladium catalyst)
- ■ニッケル触媒(nickel catalyst)
- ■芳香族天然有機化合物(aromatic natural products)
- ■ロジウム触媒(rhodium catalyst)
- ■C−H 挿入反応(C−H insertion)
- ■C−H 直接変換反応(C−H bond transformation)
- ■直接カップリング(direct coupling)
- ■C−H アリール化(C−H arylation)

1 全合成は匠のワザ？

分子レベルの「ものづくり」は自然界や生体内において，有史以前より行われている．一方で，人類がその手法である合成化学をまともに手にしたのは，およそ100年前のことである．複雑分子のものづくりに関していえばより近年となる．機能の最小単位である分子をつくりあげる合成化学は，ものづくりへ挑戦した合成化学者の叡智と実践によって確立されてきた．合成化学という営みは人類の歴史でみれば始まったばかりであり，前人未到分子を合成することで，得られる知見と科学は無尽蔵である．

そのなかでも，天然が生産する複雑分子の人工合成（全合成）は生物活性という最低限の機能をもつだけでなく，それらのもつ多数の官能基や複雑骨格が，われわれに数多の化学の課題を与えてきた．しかし現在まで，体系的な合成戦略がいくつも開発されたものの，その手法は複雑化し，化学者でもわからない合成化学者の「匠のワザ」となりつつある．筆者も学生時代から複雑分子の合成研究に携わってきたが，どんなに工夫しても，繰り返し多くの反応を行わなければならず，相も変わらず面倒である．さらに，合成化学にどっぷりと浸からなければ，失敗の連続から得られた華麗な解決法も，ただただ難解なだけである．「面倒」や「難解」を解消すれば化学が進展するとは思わないが，科学の欲求はまさにそれである．そのため，可能な限りわかりやすい全合成を実践したいと思っていた．

2 直接連結法（直接カップリング法）

一方，Part I の Chapter4-1 でも述べた触媒的クロスカップリング反応はたいへん明解である．有機金属化合物と有機ハロゲン化物を準備し，触媒を加えるだけで，有機化合物の炭素骨格をつなぐことができる．実際は，多数の化学者の努力によって誰もが使える分子技術へ変遷した結果であるが，合成化学を学んでいない人でも使えるこの方法は，目的意識の異なる多分野の科学者を巻き込んだ．

しかし，このクロスカップリング法にも問題がないわけではない．化合物の反応点にハロゲンや金属を導入しなければならないため，実質的にそれらの調製を必要とし，結果その合成は多段階になってしまうからだ．したがって，「面倒」の根本的な解決には至っていない．理想的にはハロゲンや金属を導入することなく，化合物に自在に官能基や炭素骨格を直接導入できれば，この問題は解消する．それが，現在興隆を迎えているC−H結合変換反応（直接連結法）だ．直接連結法を開発し，それらを駆使してわかりやすい全合成を行う．これが研究の一番の動機である．このような動機で，筆者らは芳香環が連結した天然物や医薬品を対象とし合成研究を開始した．すなわち，さまざまな（ヘテロ）芳香環を触媒の力で直接つなげて（芳香環直接連結法），複雑芳香族天然物をつくるという試みである（図1-1）[1, 2]．おのおのの芳香環の位置選択的な直接連結法を開発しなければならず，大胆かつ挑戦的な提案であった．

本章では，筆者らが実践した芳香環直接連結法に

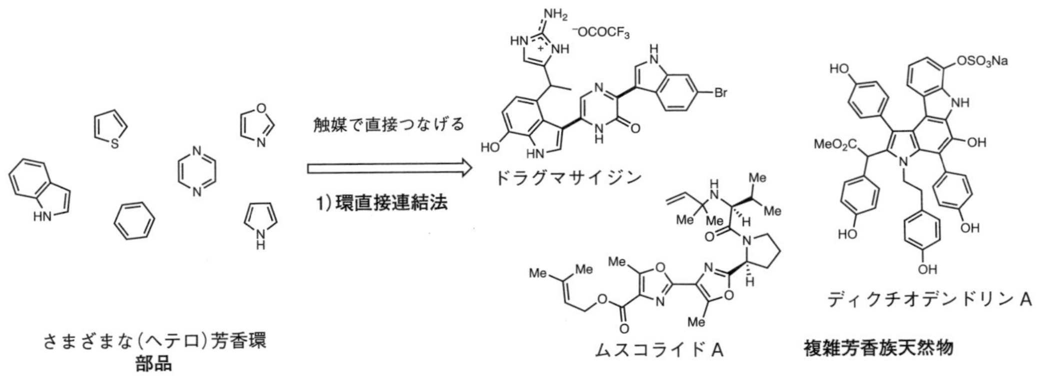

触媒で直接つなげる
1）環直接連結法
さまざまな（ヘテロ）芳香環
部品
ドラグマサイジン
ムスコライドA
ディクチオデンドリンA
複雑芳香族天然物

図1-1　芳香環直接連結法を使った複雑芳香族天然物合成のイメージ

よる三つの天然物合成(ドラグマサイジン D，ムスコライド A，ディクチオデンドリン A)を説明する．また，その芳香環連結法を担った独自の触媒について述べる．

3 ドラグマサイジン D の合成[3]

ドラグマサイジン D はセリン/スレオニンホスファターゼ阻害活性をもつ海洋天然物であり，構造的特徴として，ビスインドールピラジンを主骨格とし，高極性のアミノイミダゾリウム塩部位をもつ．2002 年に Stoltz らがおのおののヘテロ芳香環ユニットを鈴木-宮浦カップリング反応によって連結させ，ドラグマサイジン D の全合成に成功していた[4]．しかし，ヘテロ芳香環をつなげるために官能基化をすべて行わなければならず，25 工程と多段階合成であった．一方，筆者らは官能基化を極力行わず，すべてのヘテロ芳香環の炭素-炭素結合を直接つなげる手法を駆使した合成戦略を立てた〔図 1-2(a)〕．まず，主骨格であるビスインドールピラジン骨格を二つのインドールとピラジンに分割した．中心のピラジンは天然物と酸化段階を調整するため，ピラジン *N*-オキシドとした．残りの炭素鎖は，4 炭素ユニットであったため，四つの炭素骨格を有するヘテロ環としてチオフェンを選択した．最後にグアニジノ基を導入する計画である．実際に，当時開発したばかりのパラジウム触媒を用いたチオフェンの β 位選択的アリール化反応[5]により，ドラグマサイジン D の側鎖 4 炭素部位を導入した．加えて二つのインドール-アジン結合の構築は官能基化をまったく伴わず，C−H 結合のみを使ってカップリングさせることでドラグマサイジン D の迅速合成に成功した〔図 1-2(b)〕．

まず，$PdCl_2/P[OCH(CF_3)_2]_3/Ag_2CO_3$ 触媒を用いたヨードインドール **1** とチオフェン **2** との β 位選択的な C−H/C−I カップリング反応によりアリールインドール **3** を収率 60％で得た．チオフェン **2** の求核性の高い C2 位や，C−H 結合の酸性度の高い C5 位では反応しない．最も反応性が低いと思われた C4 位で選択的に進行させることが鍵である．なお，本反応はグラムスケールで問題なく進行する．チオフェンの脱芳香族化反応と保護基の変換により，インドール **4** を合成した．**4** とピラジン *N*-オキシ

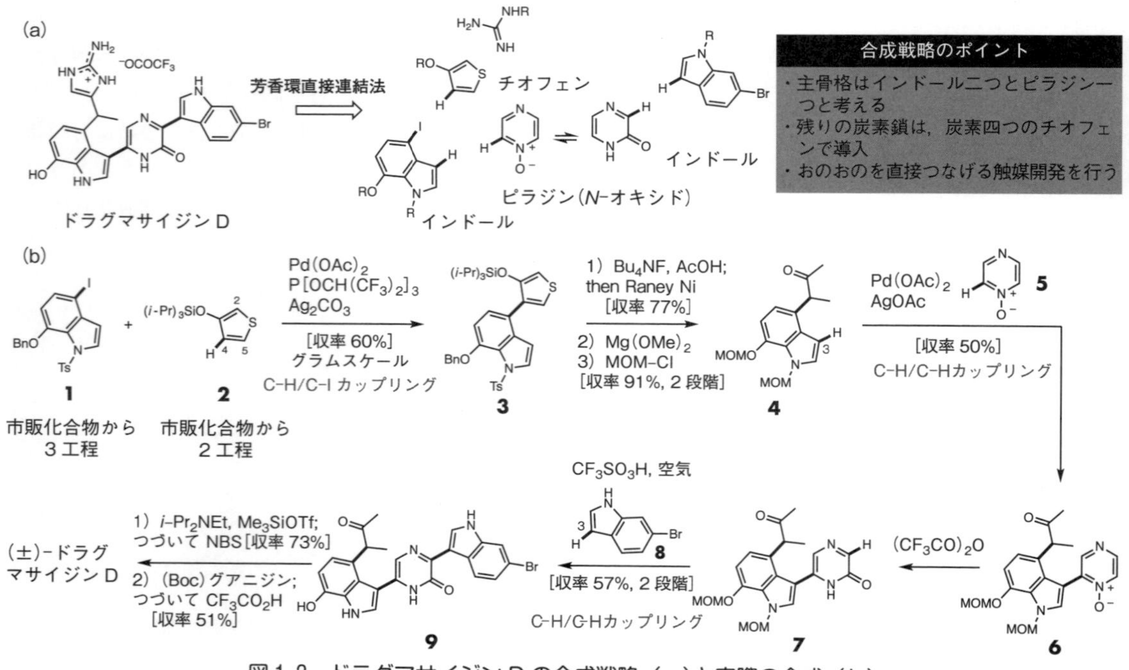
(a)
芳香環直接連結法
チオフェン
インドール
ピラジン(N-オキシド)
ドラグマサイジン D
合成戦略のポイント
・主骨格はインドール二つとピラジン一つと考える
・残りの炭素鎖は，炭素四つのチオフェンで導入
・おのおのを直接つなげる触媒開発を行う
(b)
Pd(OAc)2
P[OCH(CF3)2]3
Ag2CO3
[収率 60%]
グラムスケール
C-H/C-I カップリング
市販化合物から 3 工程
市販化合物から 2 工程
1) Bu4NF, AcOH; then Raney Ni
[収率 77%]
2) Mg(OMe)2
3) MOM-Cl
[収率 91%, 2 段階]
Pd(OAc)2
AgOAc
[収率 50%]
C-H/C-H カップリング
(CF3CO)2O
CF3SO3H, 空気
[収率 57%, 2 段階]
C-H/C-H カップリング
1) i-Pr2NEt, Me3SiOTf; つづいて NBS [収率 73%]
2) (Boc) グアニジン; つづいて CF3CO2H
[収率 51%]
(±)-ドラグマサイジン D
1
2
3
4
5
6
7
8
9

図 1-2 ドラグマサイジン D の合成戦略（a）と実際の合成（b）

COLUMN

★いま一番気になっている研究者

Tom Maimone
（アメリカ・カリフォルニア州立大学バークレー校 助教授）

スクリプス研究所 P. S. Baran の下で博士を取得した合成化学者だ．筆者が博士研究員として同研究室に在籍していた際，彼は博士課程の学生であった．彼の他に R. Shenvi も博士課程で在学していた．Shenvi は Baran 研の一期生で，当時最終年度の 5 年生，Maimone は 3 年生であったが，この二人には逆立ちしても勝てないと思っていた．圧倒的な知識と実験の的確さ，そして人格的にも申し分なく，将来の有機合成化学を担う人材であると感じた．10 年経ち，合成化学分野の新進気鋭の若手研究者として活躍している．両者とも天然物構造から触発された実用的な反応開発と，天然物の短工程合成に挑んでいる〔M. Ohtawa, M. J. Krambis, R. Cerne, J. Schkeryantz, J. M. Witkin, R. A. Shenvi, *J. Am. Chem. Soc.*, 139, 9637 (2017)；Z. G. Brill, H. K. Grover, T. J. Maimone, *Science*, 352, 1078 (2016)〕．奇しくも標的化合物は同じで，複雑なテルペンだ．また，彼ら以外にも N. Burns（スタンフォード大学），T. Newhouse（イェール大学），I. Seiple（カリフォルニア州立大学サンフランシスコ校）など，同時期に Baran 研究室に在籍していた学生たちの活躍が期待される．革新的な研究室は将来の卓越化学者が担っている．

ド **5** との Pd/AgOAc 触媒 C−H/C−H カップリング反応[6]により，インドール C3 位選択的なアジン部位の導入に成功し，**6** を収率 50%で得た．次いで，*N*-オキシド **6** の酸素官能基を形式的に転位させ，ピラジノン **7** へと誘導した．**7** に空気下，トリフルオロメタンスルホン酸とブロモインドール **8** を作用させると，**7** と **8** との C−H/C−H カップリング反応が進行し，ドラグマサイジン D の主骨格をもつ化合物 **9** を合成することができた（収率 57%，2 工程）．最後に数工程でアミノイミダゾール部位を導入し，ドラグマサイジン D の全合成を達成した．合成に要した工程数は市販化合物から 15 工程であり，既存のクロスカップリング反応を用いた合成と比較し，10 工程短縮することができた．

4 ムスコライド A の合成[7]

同様に芳香環直接連結法を用いた，天然物ムスコライド A の合成に着手した．すでに直線的な合成法が Wipf らによって報告されていたが[8]，筆者らはムスコライド A を二つのオキサゾールエステルに分割し，これを直接つなげる収束的手法を提案した〔図 1-3(a)〕．従来のクロスカップリング反応でこのような手法を用いる場合，オキサゾールエステル **10** の C−H 結合を官能基化（有機金属化）する必要がある．しかし，対応する有機金属反応剤は不安定であり，ほとんど用いることができない．一方，オキサゾールエステル **11** も古典的な複素環合成法で簡便に合成可能であるが，合成上の都合でエステルが残る．たとえば，これをハロゲン化物に誘導すると，さらに数工程必要となる．これがこの天然物群の収束的合成法を妨げている原因であった．

筆者らは，ニッケル触媒（Ni/dcype）を用いた脱エステル型 C−H カップリング反応[9]を開発し，オキサゾールエステル **10** とオキサゾールエステル **11** を直接つなげることに成功した〔図 1-3(b)〕．**10** のメチルエステルや **11** の Boc 基とは反応せず，フェニルエステルのみを認識して反応することが特徴である．生成物 **12** のエステル部位を加水分解した後，プレニルアルコールと縮合することで，Wipf らの合成中間体 **13** となり，ムスコライド A の形式全合成を達成した．

5 ディクチオデンドリン A の合成[10]

ディクチオデンドリン類はピロロカルバゾール環というユニークな骨格のみならずテロメラーゼ阻害活性や BACE 阻害活性など優れた生物活性をもつ

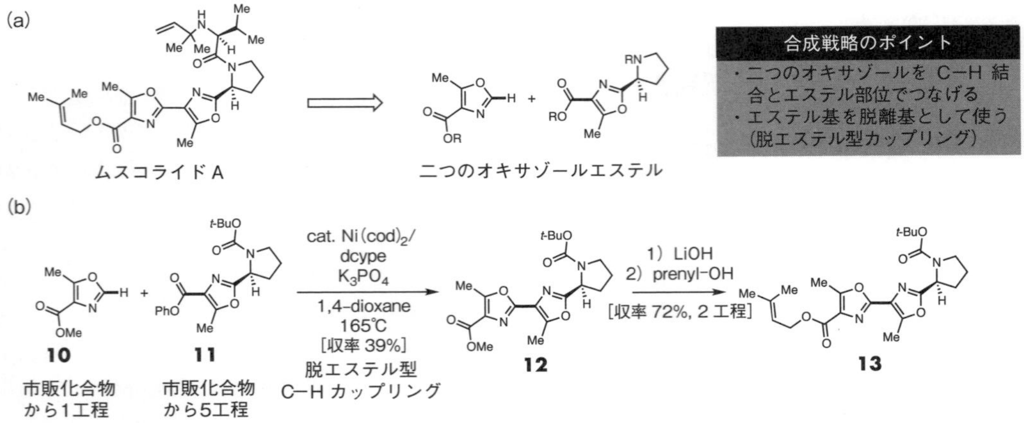
(a)
ムスコライド A
二つのオキサゾールエステル
合成戦略のポイント
・二つのオキサゾールを C–H 結合とエステル部位でつなげる
・エステル基を脱離基として使う（脱エステル型カップリング）
(b)
cat. Ni(cod)2/dcype
K3PO4
1,4-dioxane
165℃
[収率 39%]
脱エステル型
C–H カップリング
1) LiOH
2) prenyl-OH
[収率 72%, 2 工程]
10
11
12
13
市販化合物から1工程
市販化合物から5工程

図 1-3　ムスコライド A の合成戦略（a）と実際の合成（b）

海洋アルカロイドである．新規抗がん剤，アルツハイマー病治療薬としての可能性をもつこの化合物群を網羅的に合成する方法論の開発は，有機合成化学の発展のみならず創薬化学の分野にたいへん有益である．それまで何例かの合成例が報告されていたが，より短工程かつ汎用性の高い合成法の確立を目指し，ディクチオデンドリン類の新合成戦略を立案した〔図 1-4（a）〕．

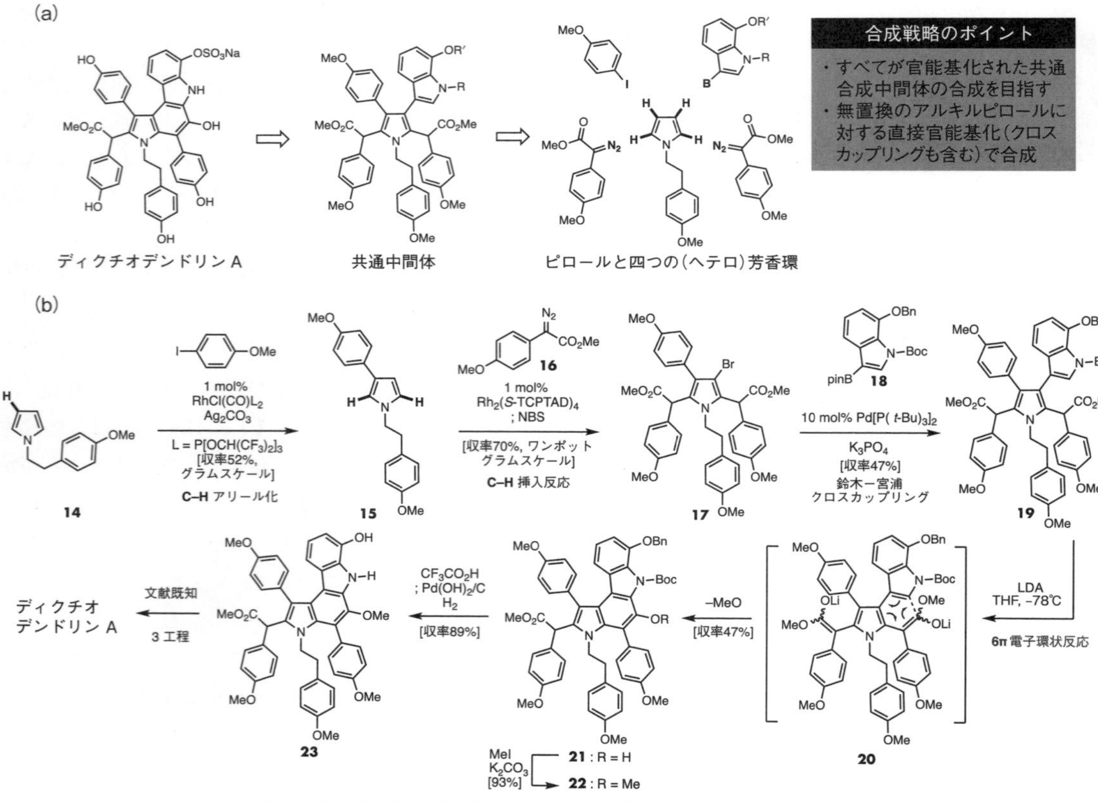
(a)
ディクチオデンドリン A
共通中間体
ピロールと四つの（ヘテロ）芳香環
合成戦略のポイント
・すべてが官能基化された共通合成中間体の合成を目指す
・無置換のアルキルピロールに対する直接官能基化（クロスカップリングも含む）で合成
(b)
1 mol%
RhCl(CO)L2
Ag2CO3
L = P[OCH(CF3)2]3
[収率52%, グラムスケール]
C–H アリール化
16
1 mol%
Rh2(S-TCPTAD)4
; NBS
[収率70%, ワンポットグラムスケール]
C–H 挿入反応
18
10 mol% Pd[P(t-Bu)3]2
K3PO4
[収率47%]
鈴木－宮浦クロスカップリング
LDA
THF, −78℃
6π 電子環状反応
–MeO
[収率47%]
CF3CO2H
; Pd(OH)2/C
H2
[収率89%]
文献既知
3 工程
ディクチオデンドリン A
14
15
17
19
20
21 : R = H
22 : R = Me
23
MeI
K2CO3
[93%]

図 1-4　ディクチオデンドリン A の合成戦略（a）と実際の合成（b）

ディクチオデンドリン類(ここではディクチオデンドリンAのみを示す)は，ピロールがすべて置換された共通中間体から誘導できると考えた．共通中間体へアクセスするためには，無置換のピロールに対する，二つのジアゾエステルとのC−H挿入反応，二つの(ヘテロ)アリール基のC−Hアリール化および鈴木-宮浦クロスカップリングで合成できるとした．実際の合成を図1-4(b)に示す．

はじめに筆者らが開発した*N*-アルキルピロール**14**に対してロジウム(Ⅰ)触媒〔$RhCl(CO)L_2$〕を用いたC−Hアリール化反応[11]を行ったところ，C3位選択的に反応が進行したアリールピロール**15**が収率52%で得られた．本ロジウム触媒の配位子(L：$P[OCH(CF_3)_2]_3$)はドラグマサイジンDの合成の際，チオフェンのパラジウム触媒によるC4位選択的アリール化反応に用いたものと同様である〔図1-2(b)〕．しかしピロールの場合，同パラジウム触媒を用いると，C2位選択的に反応が進行する．金属をパラジウムからロジウムに変えるだけで，その位置選択性が変更することは特筆すべき点である．次いで，得られた**15**に対する二核ロジウム(Ⅱ)触媒〔$Rh^2(S\text{-}TCPTAD)_4$〕を用いてC−H挿入反応を行ったところ，ピロールのC2およびC5位選択的に反応し，つづくC4位のブロモ化により**17**を収率70%で得た．このC−H挿入反応は同反応開発の第一人者であるDaviesらとの共同研究であり，配位子として彼らが開発した*S*-TCPTADを用いた場合のみ，高い選択性および良好な収率で反応が進行する．**17**の**18**との鈴木-宮浦クロスカップリング反応により高度に置換されたピロール環(ディクチオデンドリン類共通合成中間体)を迅速に合成することに成功した．共通中間体**19**に対して，強塩基を作用させると，形式的な6π電子環状反応が低温で進行し，ディクチオデンドリンAのピロロカルバゾール環**21**を構築できた．**21**からのメチル化，Boc基とベンジル基の除去を経て化合物**23**を合成した．**23**は徳山らにより3工程でディクチオデンドリンAに誘導できることが報告されており[12]，それを含めて12工程でディクチオデンドリンAの形式全合成を達成した．これは以前報告された21工程の合成と比較して大幅に工程数の少ない合成法である．また，紙面の都合上省略するが，共通合成中間体から酸化と側鎖の切断を経ることにより10工程でディクチオデンドリン類であるディクチオデンドリンFの全合成も達成している．

6 まとめと今後の展望

以上，筆者らの芳香環直接連結法を用いた芳香族天然分子の合成研究について述べた．分子モデルを組み立てるようにつくるという目標には程遠いが，余分な官能基化を短縮し，直接つなぐことにより，それに近い合成が実現できたと思っている．その特異な変換反応を実現したのは，独自で開発した分子触媒の力である．今回利用した分子触媒の構造と特徴を図1-5に示す．実は合成のみための簡便さに相

チオフェンβ位選択的直接アリール化触媒　$PdCl_2/P[OCH(CF_3)_2]_3Ag_2CO_3$

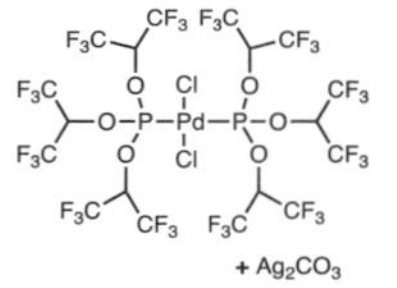

- チオフェンのβ位C−H結合選択的なアリール化反応を促進する
- 高い求電子性をもつホスファイトを配位子として用いることが鍵
- 炭酸銀を添加しないと反応が進行しない
- アリール化剤にヨードアリールを用いることができる

インドールとアジン類との直接カップリング触媒　$Pd(OAC)_2/AgOAC$

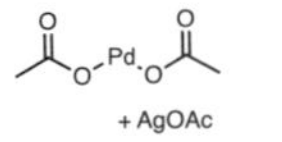

- 酸化的なC−Hアリール化反応によく用いられる
- インドールC3位とアジン*N*-オキシドのC3位で反応が進行
- 基質によってはピリジンやその誘導体を添加すると触媒安定により収率が向上する

脱カルボニル型C−Hカップリング触媒　Ni/dcype

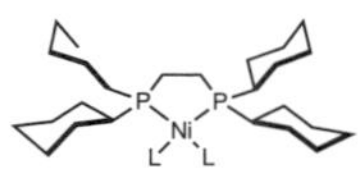

- C−O結合活性化に有効
- エステルだけでなく，フェノール誘導体をアリール化剤として用いたカップリング反応にも有効
- エチレン鎖をチオフェン環に変えたdcyptは関連反応により効果的であり，現在，関東化学から発売されている

ピロールのβ位選択的直接アリール化触媒　$RhCl(CO)\{P[OCH(CF_3)_2]_3\}_2$

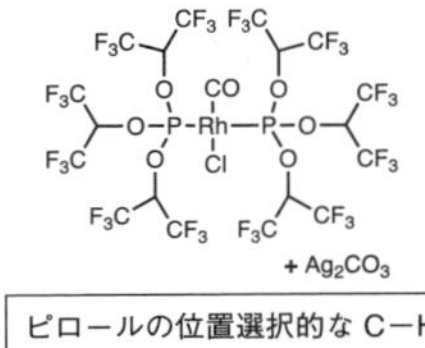

- ピロールのβ位C−H結合選択的なアリール化反応を促進する
- 他のヘテロ芳香環だと位置選択性は異なる
- 炭酸銀の添加が必須
- アリール化剤にヨードアリールを用いることができる

ピロールの位置選択的なC−H挿入反応触媒　$Rh_2(S\text{-}TCPTAD)_4$

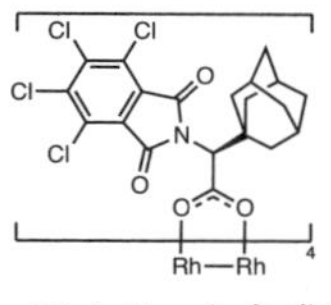

- C−H挿入反応のためのRh二核錯体
- 嵩高い配位子が位置選択性を高める
- 電子求引基であるCL基の導入により反応性も高い

図1-5　本合成に利用した分子触媒とその特徴

反して，その触媒反応開発は困難をきわめるものであった．触媒の構造や反応条件を少しでも変えると，反応がまったく進行しないか，反応が進行しても位置選択性は得られない．合成化学者特有の華麗な回避法も取れず，直裁的に合成することの困難さを知った．それにもかかわらず，いくつかの天然物合成を達成できたのは，その触媒開発に実際に携わり，触媒と最適条件を見いだした共同研究者である学生の存在のおかげである．彼らの類まれなる能力と，努力に敬意を評したい．

実は，このアプローチでの天然物合成は一定の成果を収めたため，現在は行っていない．「分子モデルを組み立てるように自在につくりたい」という夢に向かって，異なる分子の合成戦略を模索している最中である．物質の創製は合成戦略やそれを実現する反応開発から始まる．これらがルーチンワークのみになってしまうと，二度と人類による新規物質の創製は望めない．応用全盛の今，合成化学の力を養うために，次世代の合成法を考案するために，自然が授けた複雑系である天然物合成への参画をお勧めする．

◆ 文 献 ◆

[1] J. Yamaguchi, A. D. Yamaguchi, K. Itami, *Angew. Chem. Int. Ed.*, **51**, 8960 (2012).

[2] J. Yamaguchi, K. Itami, *Bull. Chem. Soc. Jpn.*, **90**, 367 (2017).

[3] D. Mandal, A. D. Yamaguchi, J. Yamaguchi, K. Itami, *J. Am. Chem. Soc.*, **133**, 19660 (2011).

[4] N. K. Garg, R. Sarpong, B. M. Stoltz, *J. Am. Chem. Soc.*, **124**, 13179 (2002).

[5] K. Ueda, S. Yanagisawa, J. Yamaguchi, K. Itami, *Angew. Chem. Int. Ed.*, **49**, 8946 (2010).

[6] A. D. Yamaguchi, D. Mandal, J. Yamaguchi, K. Itami, *Chem. Lett.*, **40**, 555 (2011).

[7] K. Amaike, K. Muto, J. Yamaguchi, K. Itami, *J. Am. Chem. Soc.*, **134**, 13573 (2012).

[8] P. Wipf, S. Venkatraman, *J. Org. Chem.*, **61**, 6517 (1996).

[9] 脱エステル化（脱カルボニル化）反応に関する総説：R. Takise, K. Muto, J. Yamaguchi, *Chem. Soc. Rev.*, **46**, 5864 (2017).

[10] A. D. Yamaguchi, K. M. Chepiga, J. Yamaguchi, K. Itami, H. M. L. Davies, *J. Am. Chem. Soc.*, **137**, 644 (2015).

[11] K. Ueda, K. Amaike, R. Maceiczyk, K. Itami, J. Yamaguchi, *J. Am. Chem. Soc.*, **136**, 13226 (2014).

[12] K. Okano, H. Fujiwara, T. Noji, T. Fukuyama, H. Tokuyama, *Angew. Chem. Int. Ed.*, **49**, 5925 (2010).

Chap 2

ロジウムカルベノイドのC−H挿入反応を基盤とする生理活性天然物の合成

Synthesis of Biological Active Natural Products by Means of Rh Carbenoid Mediated C-H Insertion Reaction

菅　敏幸（静岡県立大学薬学部）
浅川　倫宏（東海大学創造科学技術研究機構）

Overview

通常，有機化学では電子豊富な炭素から電子不足の炭素に電子が流れることで結合が形成する．しかし，ロジウムカルベノイドのC−H挿入反応は，不活性なC−H結合に対しても結合が形成する（**A** + **B** → **C**）．そのため，電子供与側（**B**）に一切の官能基を必要としない画期的な反応である．本章では，複雑な天然物の効率的全合成にて活躍した，この画期的な「飛び道具」を紹介する．

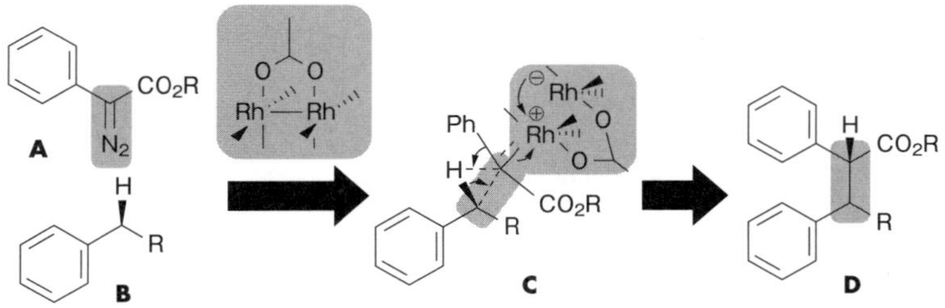
A
B
C
D
CO_2R
N_2
H
R
Rh
O
Ph

▲ C−H挿入反応［カラー口絵参照］

■ **KEYWORD** 📖マークは用語解説参照

- ■ロジウムカルベノイド（Rhodium carbenoid）📖
- ■C−H挿入（—— insertion）
- ■天然物合成（natural product synthesis）
- ■Ns-strategy（Ns-strategy）
- ■エフェドラジンA（Ephedradine A）
- ■ジヒドロベンゾフラン環（dihydrobenzofuran ring）
- ■Rh_2(S-DOSP)$_4$触媒（—— catalyst）
- ■不斉補助基（chiral auxiliary group）📖
- ■分子間C−H挿入反応（intramolecular —— insertion reaction）
- ■不斉非対称化（asymmetric desymmetrization）📖

はじめに

複雑な天然物を短工程かつ確実に合成したいとは誰でも望むことだが，そんな夢を実現する「飛び道具」と巡りあうことは滅多にない．しかし，クロスカップリングやオレフィンメタセシスなどの革新的な反応により，複雑な天然物の簡便かつ高効率的な全合成が可能になった．たとえば，クロスカップリング反応は sp^2 炭素同士を，メタセシス反応は二重結合同士を結合させ，鎖状化合物のみならず多環性化合物の画期的な合成を可能にした．そのため，天然物合成と反応開発は車の両輪にたとえられるように，互いが必須の存在で，これらの相乗的な発展が有機合成化学の進歩を強く推進してきた．

筆者らも，2003年のエフェドラジンA(**1**)の全合成の際，ジヒドロベンゾフラン環構築にロジウムカルベノイドのC−H挿入反応(**2** → **3**)という「飛び道具」と出会った[1](スキーム2-1)．この不活性なC−H結合への挿入反応は，炭素−炭素結合形成反応の際に，求電子側に脱離基やカルボニル基を一切必要としない．そのため，前駆体となるヒドロキシ基などからの変換の必要もなく，煩雑な保護や脱保護の段階も軽減する，魅力的かつ力量のある合成方法論である．そこで筆者は，天然物の全合成にこの革新的な合成方法論を積極的に取り入れて，複雑な天然物合成の効率化を可能にすることを実証してきた．天然物全合成の詳細は有機合成化学協会誌に発表済み[2]のため，本章ではこの画期的な反応と出会うきっかけから，その後のC−H挿入反応を利用した天然物の合成の詳細について紹介したい．

1 C−H挿入反応との出会い

筆者(菅)が東京大学薬学部に在籍時に，当時のボスである福山透先生(現 名古屋大学大学院特任教授)がライス大学にて開発したニトロベンゼンスルホン(Ns)アミドのアルキル化や光延反応の活用について研究を行っていた．その結果，Nsアミドを用いた諸反応が，含窒素化合物の合成に非常に優れていることを見いだし，本合成方法論をNs-strategyと名付けて生理活性天然物の全合成に展開していた．その過程で，本合成法が大中員環の構築においても，高希釈条件を必要としない非常に有効な方法であることを明らかにした[3]．

また，1990年代の後半からNs-strategyの天然物合成への展開としてエフェドラジンA(**1**)の合成を行っていた．当初，**1**のジヒドロベンゾフラン環はベンジルアルコールとフェノールの分子内光延反応を計画していた．しかし，電子豊富なベンジルアルコールの不安定性のため，光学活性なジヒドロベンゾフラン環の合成は困難をきわめた．そんな折，東京大学に来学されたDavies教授が講演で，ベンジルアルコールとフェニルジアゾ酢酸エステルに彼らが開発した Rh_2(*S*-DOSP)$_4$(*S*-**4**)触媒を作用させると，分子間C−H挿入反応が進行することを話された[4]．講演を拝聴して，この反応が分子内反応にも適用可能であれば，ジヒドロベンゾフラン環構築の壁を突破してくれると考えた．

早速，ジアゾエステル**5a**を合成し，C−H挿入反応を試したところ，反応は一瞬で終了した．反応の収率も70%と合格点に達していたが，トランス体**6a**とシス体**7a**が2：3の混合物として得られ

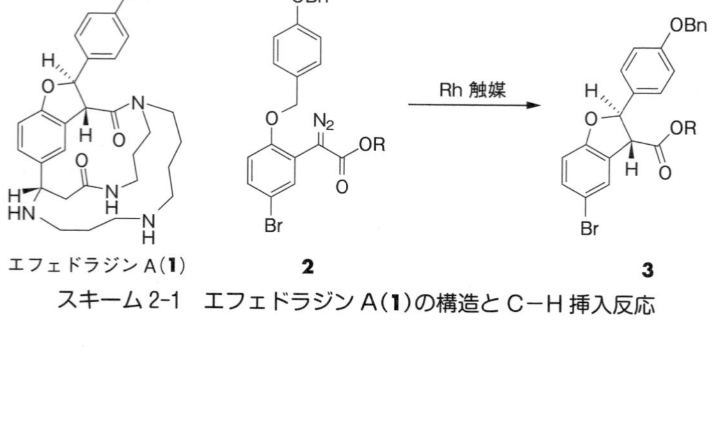
OH
H
O
N
H
O
O
H
HN
N
H
N
H
OBn
O
N2
OR
O
Br
Rh 触媒
OBn
H
O
OR
H
O
Br

エフェドラジンA(**1**)　**2**　**3**

スキーム2-1　エフェドラジンA(**1**)の構造とC−H挿入反応

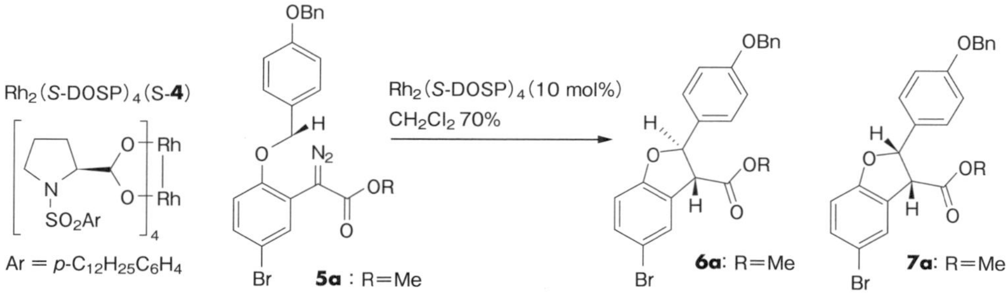
Rh2(S-DOSP)4(S-4)
Ar = p-C12H25C6H4
Rh2(S-DOSP)4(10 mol%)
CH2Cl2 70%
5a : R=Me
6a: R=Me
7a: R=Me

6a : **7a** = 2 : 3, **6a**(32% ee)

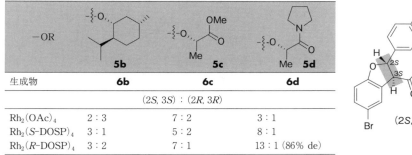

スキーム 2-2 最初の分子内 C−H 挿入反応の試み

表 2-1 不斉補助基と触媒の最適化

−OR	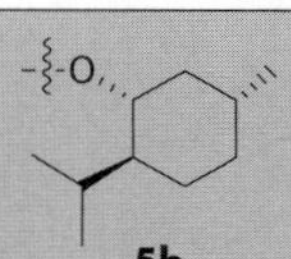 **5b**	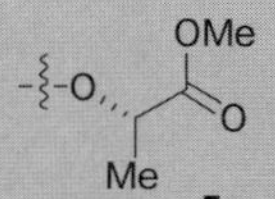 **5c**	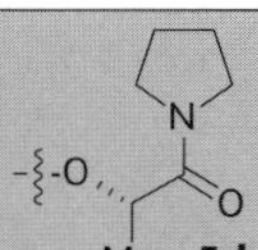 **5d**
生成物	**6b**	**6c**	**6d**
	(2*S*, 3*S*) : (2*R*, 3*R*)		
$Rh_2(OAc)_4$	2 : 3	7 : 2	3 : 1
Rh_2(*S*-DOSP)$_4$	3 : 1	5 : 2	8 : 1
Rh_2(*R*-DOSP)$_4$	3 : 2	7 : 1	13 : 1 (86% de)

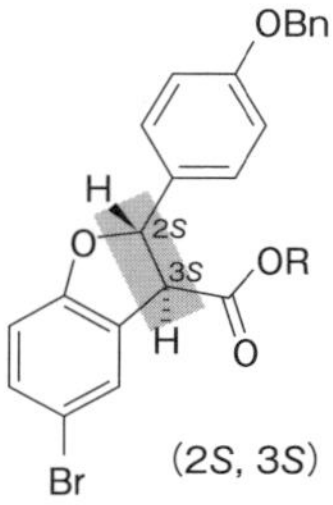
(2*S*, 3*S*)

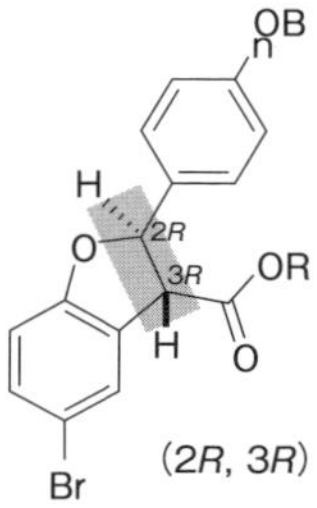
(2*R*, 3*R*)

た(スキーム 2-2). 望みのトランス体 **6a** は 32% ee と光学収率も満足のいくものではなかったが，この強力な反応に驚いた．なぜなら，本 C−H 挿入反応では求電子剤側に脱離基やカルボニルが存在しないのにもかかわらず，炭素−炭素結合を形成する反応が進行した．さらに，この反応を近くで見た〔実際，筆者が学生からフラスコを取り上げて試薬を加え，薄層クロマトグラフィー（TLC)を見た〕感じでは，この遷移金属触媒反応はグローブボックスも使えないわれわれのような化学者でも実施可能な反応と判断した．

2 光学活性なジヒドロベンゾフランの合成

C−H 挿入反応の魅力に取りつかれ，本反応の光学収率の向上を目指して光学活性な第二級アルコールを導入したジアゾエステルを合成し，挿入反応を検討した．立体障害の大きな不斉補助基をもつジアゾエステルの C−H 挿入反応ではジヒドロベンゾフラン環の二つの置換基に関してトランス体のみが選択的に得られた．二つのトランス体の間の選択制に関して表 2-1 に示したように，メントールを導入した **5b** では満足のいく結果が得られなかったが，乳酸誘導体 **5c**, **5d** ではよい結果が得られた．また，本反応では不斉補助基のみでは満足のいく選択性は得られなかった．しかし，不斉補助基の選択性を増強させる触媒の相乗効果は観測された．さらに，**5c** のメチルエステルをアミドに変換した **5d** では選択性が向上した．後述するように本反応の不斉補助基ではカルボニルの電子密度が重要であることも明らかとなった．

天然物の全合成では初期段階には大量合成が要求されるが，本挿入反応は 100 グラムスケールでの実施も可能であった．実際に，大量スケールでは 0.3 mol% の Rh_2(*R*-DOSP)$_4$(*R*-**4**)触媒の塩化メチレン溶液に **5d** を滴下した．得られた 89% ee のトランス体の **6d** は芳香環上の臭素原子の影響で結晶性が高く，再結晶により光学的に純粋とすることが可能であった．大量に合成可能となった **6d** よりエ

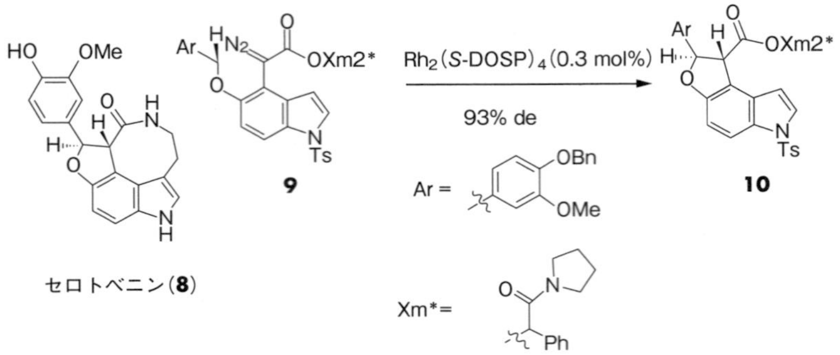
HO
OMe
セロトベニン(8)
9
Rh2(S-DOSP)4(0.3 mol%)
93% de
Ar =
OBn
OMe
Xm*=
Ph
10
OXm2*
Ts

スキーム 2-3　セロトベニンと C−H 挿入反応

フェドラジン A の全合成を達成した[1].

筆者らは，次の標的化合物としてセロトベニン(**8**)を選定した[5]．紅花の種子より単離されたセロトベニン(**8**)は，ジヒドロベンゾフラン環，8 員環ラクタム，インドール環が縮環した多環式天然物である．まず，Leimgruber-Batcho 法にてインドール環を構築後，ジアゾエステルの乳酸アミドエステル誘導体 **9a** を合成した．このジアゾエステルに対する C−H 挿入反応は反応性と立体選択性の低下が観測されたため，不斉補助基の改良が必要となった．さまざま検討した結果，乳酸のメチル基をフェニル基に変更したマンデル酸がよい結果を与えることがわかった．さらに，アミド部分は 5 員環のピロリジンよりも 6 員環のピペリジンがよい結果を示した．すなわち，不斉補助基として Xm2*をもつジアゾエステル **9b** に 0.3 mol%の *S*-**4** 触媒を作用させるとジヒドロベンゾフラン環をもつ **10b** が高立体選択的に高収率で得られた[5](スキーム 2-3).

また，嵩高いフェニル基により選択性が向上したことから，本反応ではカチオン性のカルベノイドにカルボニル基が配位した **11** のような中間体を経由していると考えられる．さらに，エステル **5c** よりもアミド **5d** がよい結果を与えたことからも本中間体 **11** の関与が示唆される(図 2-1)．さらに，本反応では **11** のような空間的配置をとったロジウムカルベノイドが遷移状態 **12** を経由して，C−H 挿入反応とロジウム触媒の再生が進行すると考えられる.

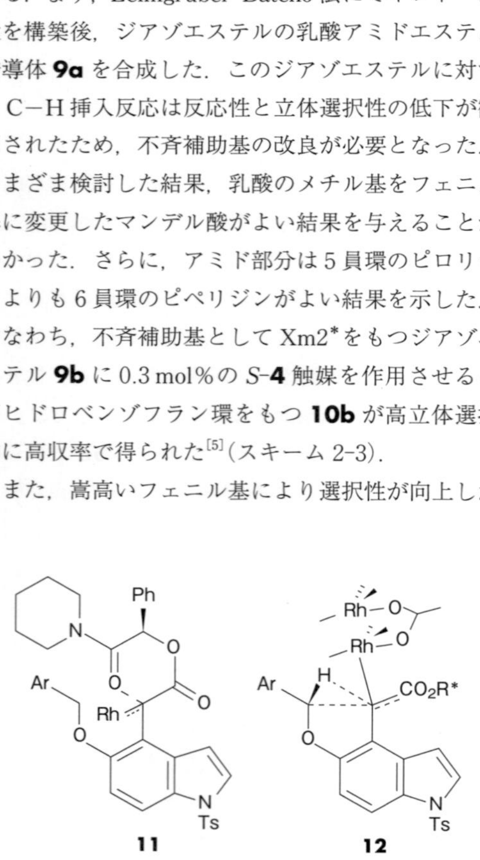
Ph
N
Ar
Rh
O
11
Rh
CO2R*
12
Ts

図 2-1　推定反応中間体

3 天然物合成への応用

筆者らのマンデル酸アミド型の不斉補助基と *S*-**4** 触媒による C−H 挿入反応は，さまざまな官能基をもつジヒドロベンゾフラン環構築を可能とした．図 2-2 に示したように，植物由来のリグナンのデヒドロジコニフェリルアルコール(DHDA：**13**)[6]，ハイブリッドリグナンの一種であるヘジオトール A (**14**)[7]やビールに含まれる食欲増強活性化合物のアペリジン(**15**)[8]の全合成も達成した.

また，スキーム 2-4 に示したように，筆者らが行ったマンデル酸アミド型の不斉補助基をもつジアゾエステルとロジウム触媒による C−H 挿入反応は，求電子剤としてアリル位での挿入反応が進行した．すなわち，不斉補助基をもつジアゾエステル **16** に，5 当量の 1,4-シクロヘキサジエン(**17**)存在下 *R*-**4** 触媒を作用させると分子間 C−H 挿入反応が進行し，**18** が得られた．また，*β*-ケトジアゾエステル **19** に *S*-**4** 触媒を作用させると，不斉非対称化を伴った C−H 挿入反応が進行し，ビシクロ[3.3.0]環 **20** が得られた．本反応では，シクロプロパン化反応が

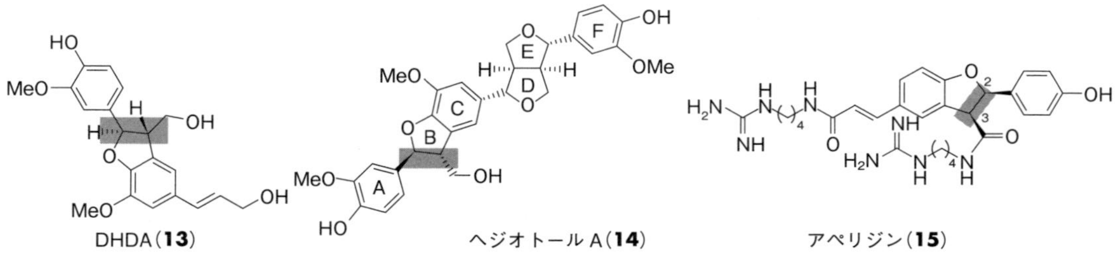
HO
MeO
OH
MeO
OH
A
B
C
D
E
F
OMe
H₂N
NH
O
OH

DHDA(**13**)　ヘジオトール A(**14**)　アペリジン(**15**)

図 2-2　C−H 挿入反応にて全合成を達成したジヒドロベンゾフラン系天然物

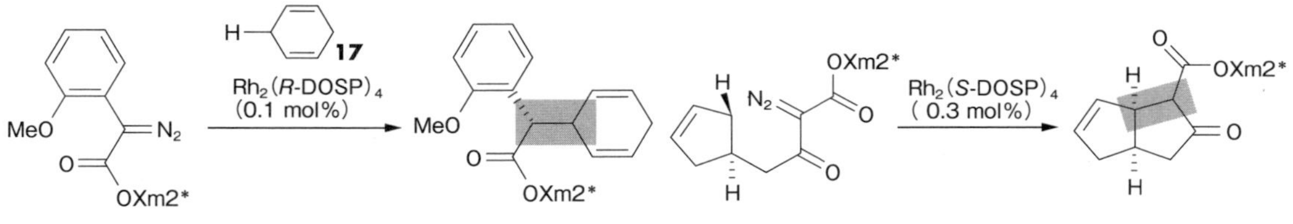
MeO
N₂
OXm2*
17
Rh₂(R-DOSP)₄
(0.1 mol%)
Rh₂(S-DOSP)₄
(0.3 mol%)

16　**18**　**19**　**20**

スキーム 2-4　アリル位 C−H 結合への挿入反応

懸念されたが，C−H 挿入反応が特異的に進行した．

これらの反応も，マンデル酸アミド型の不斉補助基のカルボニル基酸素のカルベンへの配位が，立体選択性の発現と反応の加速に重要な役割を果たした．近年，多くの遷移金属触媒による C−H 結合活性化反応の報告が存在するが，それらの多くは高価な酸化剤を必要とする．筆者らのプロトコールは，比較的安価な試薬によりジアゾエステルを合成している．また，本反応では触媒量のロジウム試薬のみで C−H 挿入反応が可能なため，大量スケールでの合成が容易であり，天然物合成の原料提供に適している．その結果，ジエン **18** からは強力なグルタミン酸受容体アゴニスト活性をもつ MFPA(**21**)[9]，ビシクロ[3.3.0]骨格 **20** からはイソロイシル *t*RNA 合成酵素阻害剤 SB-203207(**22**)[10]の全合成をそれぞれ達成した(図 2-3)．

4 おわりに

本章では，幸運にも当研究室の天然物合成にて活躍できた C−H 挿入反応を紹介した．しかし，反応が全然進行しない，あるいは副反応しか進行しないという経験も多くもつ．また，ジアゾ化合物の合成ができない場合も多い．C−H 挿入反応はいまだ発展途上にあるが，可能性を秘めた，夢にあふれる反応である考えている．

◆ 文 献 ◆

[1]（a）W. Kurosawa, T. Kan, T. Fukuyama, *J. Am. Chem. Soc.*, 125, 8112 (2003);（b）W. Kurosawa, H. Kobayashi, T. Kan, T. Fukuyama, *Tetrahedron*, 60, 9615

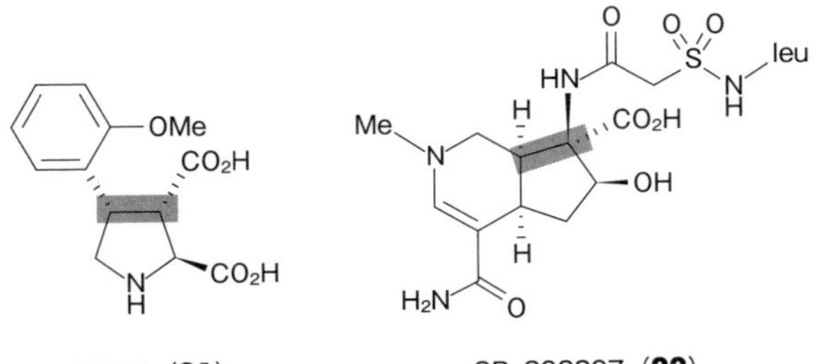
OMe
CO₂H
CO₂H
N
H
Me
HN
O
S
leu
OH
H₂N

MFPA (**21**)　SB-203207 (**22**)

図 2-3　MFPA(**21**)と SB-203207(**22**)の構造式

(2004).
[2] 菅 敏幸，有機合成化学協会誌，**72**, 171 (2014).
[3] Ns-strategy の総説：（a）T. Kan, T. Fukuyama, *J. Syn. Org. Chem., Jpn.*, **59**, 779 (2001);（b）T. Kan, T. Fukuyama, *Chem. Commun.*, **2004**, 353.
[4]（a）H. M. L. Davies, E. G. Antoulinakis, *J. Organomet. Chem.*, **617**, 47 (2001);（b）H. M. L. Davies, R. E. J. Beckwith, *Chem. Rev.*, **103**, 2861 (2003).
[5] Y. Koizumi, H. Kobayashi, T. Wakimoto, T. Furuta, T. Fukuyama, T. Kan, *J. Am. Chem. Soc.*, **130**, 16854 (2008).
[6] S. Matsumoto, T. Asakawa, Y. Hamashima, T. Kan, *Synlett*, **2012**, 1082.
[7] Y. Kawabe, R. Ishikawa, Y. Akao, A. Yoshida, M. Inai, T. Asakawa, Y. Hamashima, T. Kan, *Org. Lett.*, **16**, 1976 (2014).
[8] T. Wakimoto, K. Miyata, H. Ouchi, T. Asakawa, H. Nukaya, Y. Suwa, T. Kan, *Org. Lett.*, **13**, 2789 (2011).
[9] T. Higashi, Y. Isobe, H. Ouchi, H. Suzuki, Y. Okazaki, T. Asakawa, T. Furuta, T. Wakimoto, T. Kan, *Org. Lett.*, **13**, 1089 (2011).
[10]（a）T. Kan, Y. Kawamoto, T. Asakawa, T. Furuta, T. Fukuyama, *Org. Lett.*, **10**, 169 (2008);（b）Y. Hirooka, K. Ikeuchi, Y. Kawamoto, Y. Akao, T. Furuta, T. Asakawa, M. Inai, T. Wakimoto, T. Fukuyama, T. Kan, *Org. Lett.*, **16**, 1646 (2014).

Chap 3

パラジウム触媒反応による8員環形成を鍵としたタキソールの形式不斉全合成

Formal Total Synthesis of (−)-Taxol through Pd-Catalyzed Eight-Membered Ring Formation

中田　雅久
（早稲田大学先進理工学部）

Overview

タキソールは，セイヨウイチイの樹皮から単離・構造決定されて以来，抗がん剤として使用されている．一般的に中環状化合物（8～11員環）は立体ひずみ，渡環相互作用，およびエントロピー的要因のため，反応点が接近しにくく，構築は困難である．タキソールの場合，8員環に加え，連続する不斉中心および多種多様な官能基と歪んだ多環式構造が，その全合成をきわめて困難にしている．しかし，タキソールはそれゆえに有機合成化学者の挑戦心を喚起してやまない化合物である．

筆者らはパラジウム触媒反応が8員環形成にきわめて有効であることを見いだし，パラジウム触媒を用いたメチルケトンの分子内アルケニル化を鍵工程とするタキソールの形式不斉全合成を達成した．本章では，その経緯について紹介する．

■ **KEYWORD** 📖マークは用語解説参照

- ■抗がん剤（anticancer drug）
- ■橋かけ構造（bridged structure）
- ■橋頭位二重結合（bridgehead double bond）
- ■中環状化合物（medium-sized ring compound）
- ■渡環相互作用（transannular interaction）📖
- ■収束的合成（convergent synthesis）
- ■環形成（ring formation）
- ■パラダサイクル（palladacycle）
- ■分子内アルケニル化（intramolecular alkenylation）
- ■Thorpe-Ingold 効果（—— effect）📖

はじめに

タキソール(図 3-1)は，1971 年に Wani らによりセイヨウイチイの樹皮から単離・構造決定され，現在では 20 世紀最高の抗がん剤として利用されている[1].

タキソールは橋かけ構造を含む高度に歪んだ 6-8-6 の三環式炭素骨格にオキセタンが縮環した構造をもつ．その構造には 3 個の不斉第四級炭素を含む 11 個の不斉炭素が含まれ，B 環には不斉第三級アルコール，トランス-1,2-ジオール，トランス縮環，アシロイン，橋頭位二重結合が集中し，エステル側鎖にはアミノアルコールが含まれている.

このような医薬品たりうる生物活性および特徴的構造は，人の手でタキソールが合成できないかという挑戦心を喚起するのに十分である．しかし，一般的に中員環化合物(8 ～11 員環)は立体ひずみ，渡環相互作用，およびエントロピー的要因のために，反応点が接近しにくいので構築困難である．さらにタキソールの場合，連続する不斉中心，および多種多様な官能基と歪んだ多環式構造が全合成をきわめて困難にしている.

タキソールの合成においては，8 員環の効率的構築が課題の一つであるが，とくに収束的合成，すなわち，別途合成した A，C 環をカップリングし，B 環を構築する合成において，8 員環の効率的構築が大きな問題であることは全合成例から明らかである．Nicolaou らによるピナコールカップリングによる環化収率は 23～25% 程度であった〔図 3-2(a)〕[2]．Danishefsky らによる C10-C11 位間の溝呂木-Heck 反応では化学量論量以上のパラジウム錯体を必要とし，環化収率は 46%であった〔図 3-2(b)〕[3]．桑島らは比較的単純な構造の基質を用い，シリルエノールエーテルとアセタールの分子内反応により B 環の構築に成功しているが，環化収率は 2 工程で 59%であった〔図 3-2(c)〕[4]．高橋らによるシアノヒドリンを用いたアルキル化による環化収率は 49%であったが，マイクロ波の使用を必要としている〔図 3-2(d)〕[5]．千田らは SmI_2 を用いた環化により 66%で B 環構築に成功しているが，その後の橋頭位二重結合の導入に工程数を要している〔図 3-2(e)〕[6].

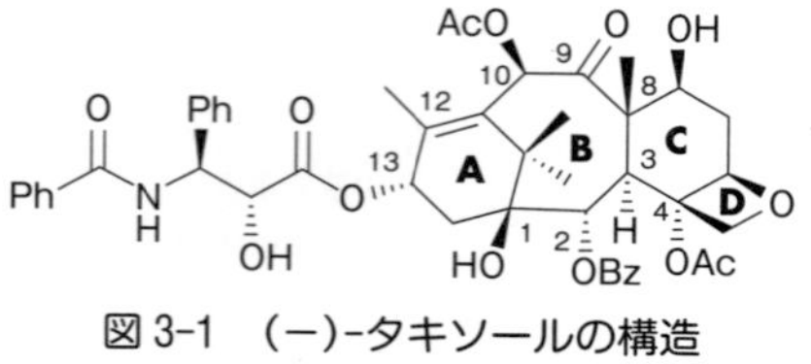

図 3-1　(－)-タキソールの構造

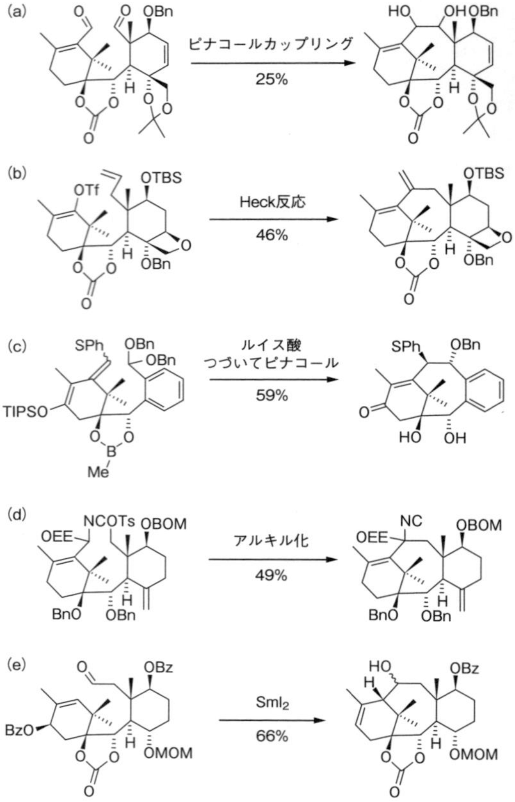
(a)
ピナコールカップリング
25%
(b)
Heck反応
46%
(c)
ルイス酸
つづいてピナコール
59%
(d)
アルキル化
49%
(e)
SmI_2
66%

図 3-2　タキソールの収束的全合成における 8 員環形成

1　分子内 *B*-アルキル鈴木-宮浦カップリングによる 8 員環形成[7]

中員環を含む多環式構造をもつテルペノイドは多く存在するため，強力な中員環形成反応の開発は非常に価値がある．筆者らはパラジウム触媒反応による 8 員環形成に注目した．なぜならパラジウムを用いたカップリング反応は温和な条件で進行し，反応効率も高いからである．実際，その有用性は溝呂木-Heck 反応，小杉-右田-Stille カップリング，鈴木-宮浦カップリング，根岸カップリング，辻-Trost 反応など強力な炭素-炭素結合形成反応を活用した多くの天然物の全合成において実証されている．

B-アルキル鈴木-宮浦カップリングは1986年に報告された[8]．分子内反応も研究されており，小員環，大員環の構築にも有効で，天然物合成への応用例が多く報告されている．しかしながら，筆者らの知る限り，中員環では10員環以外の構築例はまったくなかった．それでも筆者らは，パラジウム触媒による環化反応は，より不安定な9員環パラダサイクルからの還元的脱離を経由するため，8員環形成に有効であると予想し，分子内*B*-アルキル鈴木-宮浦カップリングによる8員環形成を検討した．

9-BBNは電子豊富なボランであるため，トランスメタル化の促進が期待できる．そこで，構造が単純な**1**(図3-3)を用い，9-BBNによる位置選択的なヒドロホウ素化とつづく*B*-アルキル鈴木-宮浦カップリングを検討した．まず，最もよく用いられる反応条件として，Johnson's conditions〔$PdCl_2$(dppf), $AsPh_3$, Cs_2CO_3〕[9]をone-potで適用したが，長い反応時間を必要とし，低収率(32%)であった．Tl_2CO_3を用いると生じるTlXが析出することにより，反応の律速段階であるボレートもしくはL_2PdOHの生成が促進されることが報告されていた[10]．しかしながら，Tl_2CO_3を用いても収率はわずかしか改善しなかった(37%)．溶媒をMeCN/H_2O(10：1)にすると，収率は向上した(41%)．そこで溶媒をCH_3CN/H_2O(10：1)に固定し，パラジウム錯体の検討を行った．その結果，$Pd(PPh_3)_4$を用いて行った反応においては，塩基としてTl_2CO_3を用いた場合はきわめて低収率(8%)であったが，NaOHを用いた場合は33%，弱塩基であるCsFを用いた場合は最大51%で**2**を得た．

そこで，次にタキソールのモデル化合物**4**を与える**3**の反応を検討した．**3a**の反応においてはNaOHを用いた場合，驚くべきことに収率70%で**4a**が得られた．Johnson's conditionsを適用した場合，**1**の反応と同様に中程度の収率(50%)であった．非環状保護基をもつ**3b**の反応においてもNaOHが効果的であり，これまでで最高の収率(82%)で環化体**4b**を得ることに成功した．

同じ反応条件下，**5**の環化によりタキサン骨格に近い構造をもつ**6**の合成に収率85%で成功したので，タキソールの合成につながる**7**の環化を検討した．**7**のヒドロホウ素化は，これまでの最適化条件下では反応の完結に長時間を要し，基質の分解を伴った．つづく環化は低収率(35%)であり，**7**の脱ヨウ素体が副生した．ヒドロホウ素化を促進するため，THFよりも極性が低く，沸点の高いシクロペンチルメチルエーテル(CPME)を溶媒に用い，還流して反応を行ったところ反応は12時間で完結し，収率は62%に向上した．さらに，CH_3CNよりも沸点の高いEtCNは脱ヨウ素化の高い抑制効果を示すことを見いだし，収率は71%に向上した．しかし，残念なことに**8**のB環への酸素官能基の導入は困難であった．それでも筆者らは，パラジウム触媒反応による8員環形成に手応えを感じ，効率的環化への挑戦をつづけた．

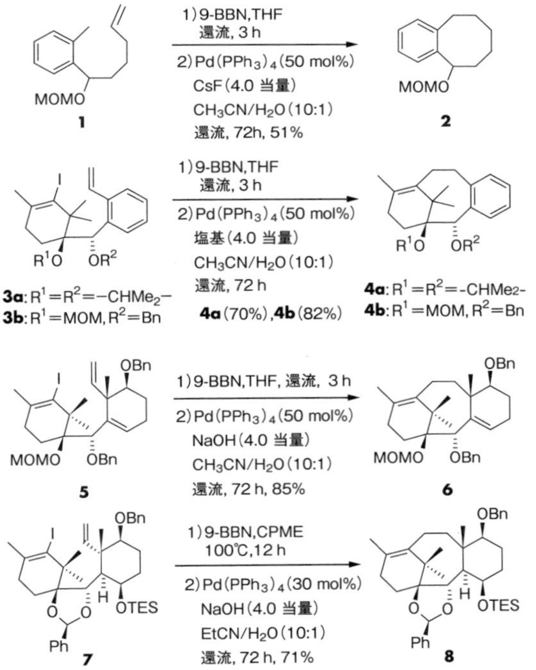
1)9-BBN,THF 還流, 3 h
2)Pd(PPh3)4(50 mol%) CsF(4.0 当量) CH3CN/H2O(10:1) 還流, 72h, 51%
MOMO
1
2
1)9-BBN,THF 還流, 3 h
2)Pd(PPh3)4(50 mol%) 塩基(4.0 当量) CH3CN/H2O(10:1) 還流, 72 h
4a(70%),4b(82%)
3a: R1=R2=-CHMe2-
3b: R1=MOM, R2=Bn
4a: R1=R2=-CHMe2-
4b: R1=MOM, R2=Bn
1)9-BBN,THF, 還流, 3 h
2)Pd(PPh3)4(50 mol%) NaOH(4.0 当量) CH3CN/H2O(10:1) 還流, 72 h, 85%
5
6
1)9-BBN,CPME 100℃,12 h
2)Pd(PPh3)4(30 mol%) NaOH(4.0 当量) EtCN/H2O(10:1) 還流, 72 h, 71%
7
8

図3-3　分子内*B*-アルキル鈴木-宮浦カップリングによる8員環形成

2 パラジウム触媒を用いた分子内アルケニル化反応による8員環形成[11]

A環のヨードアルケンは容易に酸化的付加が進行するため，パラジウムを用いたカップリング反応が有効である．そこで，パラジウムを用いたメチルケトンの分子内アルケニル化による8員環形成を目指した．エノラートのアルキル化は古くから知られた反応であるが，アリール化，アルケニル化は困難であった．しかし，1997年に三浦，Buchwald，Hartwigらは，それぞれ独立にパラジウムを触媒としたアリールハライドとケトンとの分子間カップリングを報告した[12]．その後，Soléらによりアルケニルハライドを用いた検討や分子内反応への展開も研究され，天然物合成への応用も報告されている[13]．しかし，一般的にこの分子内反応の収率は中程度で8員環の構築は報告例がなかった．そこで，筆者らはまずモデル化合物を用いて，パラジウムを用いた分子内アルケニル化が8員環形成に適しているか否かを検討した．

9を用いてパラジウム触媒を用いたアルケニル化を検討した(図3-4)．Soléらの条件を参考にTHF中30 mol%の$Pd(PPh_3)_4$，3当量の*t*-BuOKを用いて反応を行ったところ収率58%で**10**を得ることに成功した．しかし，**9**の脱ヨウ素体が多量に副生したため，反応条件の最適化を行った．その結果，トルエン中では82%で**10**を得た．また塩基としてCs_2CO_3を用いると，収率は91%に向上した．さらに，PhOKを用いた場合，これまでで最高の収率(96%)で**10**を得ることに成功した[14]．エノラートのアルケニル化反応においては，Pd(0)にアルケニルハライドが酸化的付加し，ケトンから生じたエノラートと配位子交換したのち，還元的脱離によりケトンのα-アルケニル化が進行する機構が提唱されている．PhOKは中間体として生じるL_nPdOPhを安定化する効果とケトンからエノラートへの変換を促進する効果が提唱されている．配位子の検討は収率向上につながらなかったが，Pd/Cではまったく反応が進行しなかったことから，配位子の存在は必須であった．

上述のように，きわめて高い収率で8員環構築に成功した要因として，Thorpe-Ingold効果により反応点が接近していること，およびメチルケトンの反応のためにケトンの反応点が1点であることが挙げられる．ケトンのα位が多置換のパラジウム錯体やパラジウムエノラートはより不安定な中間体である．

以上のようにパラジウムを用いた分子内アルケニル化による効率的な8員環構築法を見いだすことができた．筆者らの知る限り，本手法での8員環構築は初めての例である．

3 パラジウム触媒を用いた分子内アルケニル化を鍵工程とするタキソールの形式不斉全合成[15]

効率的な8員環構築法の開発に成功したので，実際の系でその有効性を検証した．C環フラグメント**11**とA環フラグメント**12-I**をカップリングし，単一異性体として**13-I**を得た(図3-5)．生じたヒドロキシ基を足掛かりとしたエポキシ化も単一異性体として**14-I**を与えた．**14-I**を$BF_3 \cdot OEt_2$で処理すると，連続的な1,5-ヒドリドシフト-ベンジリデン形成反応が立体選択的に進行した．この連続反応は**7**の合成においてすでに見いだしていたが，エトキシエチル(EE)基で保護した**14-I**の反応でも問題なく進行した．しかし，生成物は脱EE体と不純物を含んでいたため，EE基の脱保護を行い，**15-I**として精製した(61%，2工程)．つづいて**15-I**の一級ヒドロキシ基の選択的酸化，二級ヒドロキシ基の

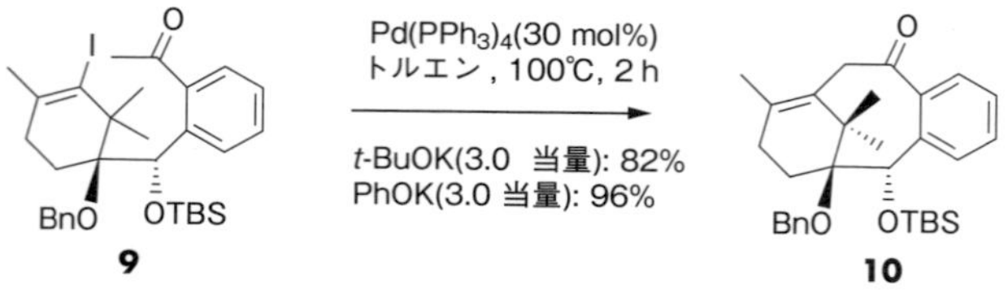

I
O
BnO
OTBS
Pd(PPh3)4(30 mol%)
トルエン, 100℃, 2 h
t-BuOK(3.0 当量): 82%
PhOK(3.0 当量): 96%
O
BnO
OTBS

9 **10**

図3-4 パラジウム触媒を用いた分子内アルケニル化による8員環形成

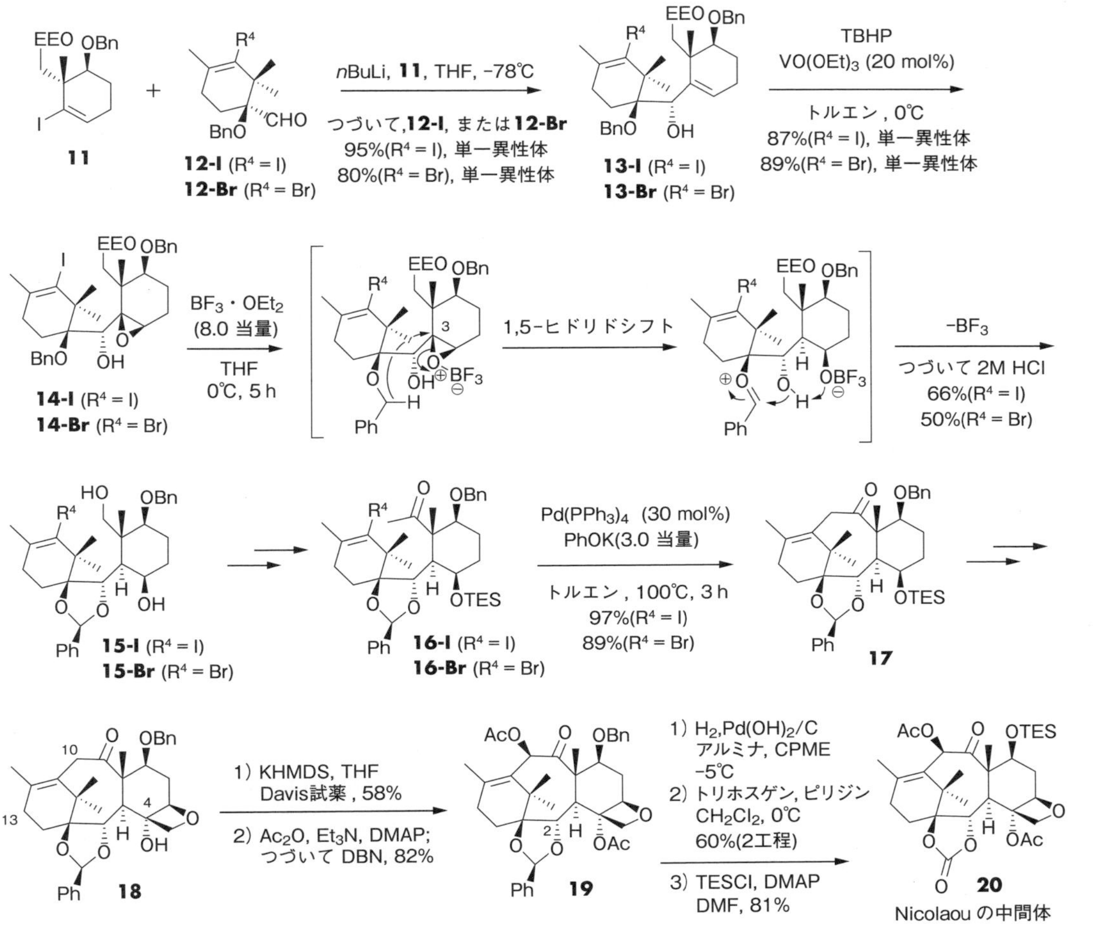

図 3-5　パラジウム触媒を用いた分子内アルケニル化を鍵工程とするタキソールの形式不斉全合成

TES 基による保護，MeMgI との反応，Dess-Martin 酸化によりメチルケトン **16-I** を得た．

鍵工程であるパラジウムを用いた **16-I** の分子内アルケニル化反応は速やかに進行し，所望の環化体 **17** をきわめて高い収率(97%)で得ることに成功した．本結果は，これまでのタキソールの収束的全合成における B 環構築の最高収率が 66%であることから，驚異的な結果であるといえる．

タキソールの全合成における問題点は，８員環の構築だけではない．6-8-6 のタキサン骨格構築に成功しても全合成達成までに 20 工程近くを要すること，しかもタキソールの特殊な環システムのため，合成ルートのいたるところに落とし穴が潜んでいることがタキソールの全合成をさらに困難にしている．

たとえば，C10 位ヒドロキシ基は限られた化合物にのみ導入可能であり，タキサン骨格の特性上，導入後に C10 位のエピマー化が必要である．桑島らは **21** の C10 位のエピマー化により **22** を得ているが，筆者らの合成した類似化合物である **23** のエピマー化はまったく進行せず，**24** は生成しなかった(図 3-6)．**21** と **23** との構造の違いはわずかであるが，重水を用いた重水素化実験により **23** のエノラートが生成しないことを確認している．

また，C4 位ヒドロキシ基はアセチル化が困難であり，限られた化合物しかアセチル化は進行しない．多くの検討の結果，**17** から誘導した **18** の C10 位

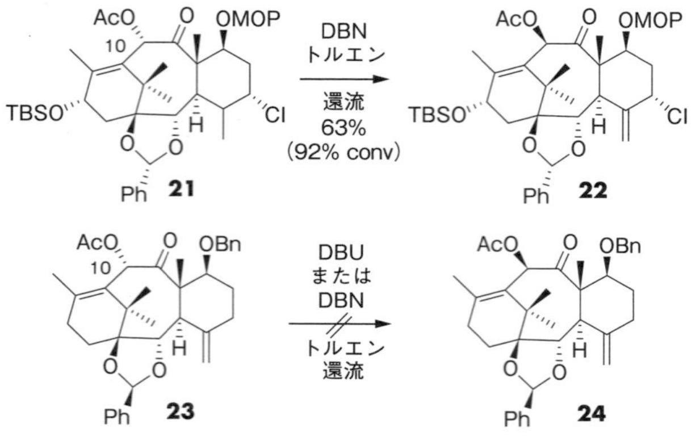
DBN
トルエン
還流
63%
(92% conv)
21
22
DBU
または
DBN
トルエン
還流
23
24

図 3-6　桑島らの **21** と筆者らが合成した **23** のエピマー化反応

にヒドロキシ基の導入が可能であり，その後，アセチル化とそれにつづく C10 位エピマー化が進行することを見いだした．

19 の接触水素化においても，生じた C2 位ヒドロキシ基が近傍のオキセタンを攻撃してテトラヒドロフラン(THF)環が生成するという問題があった．しかし，接触水素化に用いられる多くのパラジウム触媒は $PdCl_2$ から調製されていることから，触媒中に残存する $PdCl_2$ がルイス酸としてオキセタンを活性化しているのではないかと筆者らは考えていた．

そこで，各種塩基存在下で **19** の接触水素化を検討したところ，CPME 中でアルミナ存在下，$Pd(OH)_2/C$ を用いて -5 ℃で反応を行うと THF 環の生成を伴うことなく所望の生成物が得られることを見いだした(図 3-5)．そして，環状炭酸エステルと TES エーテルの形成により Nicolaou らの合成中間体の合成に成功し，タキソールの形式不斉全合成を達成した．

なお，**19** は 3 工程で Nicolaou らの別の合成中間体 **25** に変換可能であることも見いだしており(図 3-7)，また，**12-I** の代わりに **12-Br** を用いてもパラジウム触媒による分子内アルケニル化反応は 89% で進行することも確認している(図 3-5)．

4 おわりに

筆者らはパラジウム触媒反応が 8 員環形成に有効であることを見いだし，タキソールの形式不斉全合成に成功した．その他にも閉環メタセシスによる 8 員環形成を鍵工程としたオフィオボリン A の不斉全合成[16]，分子内 Liebeskind-Srogl カップリングによる 8 員環形成[17]を通じて遷移金属触媒反応は中員環形成に有効であることを示してきた．反応点同士を引き寄せ，炭素-炭素結合を形成する強力な遷移金属触媒反応は今後ますます中員環形成に活用されると予測される．

末筆ながら，タキソールの形式不斉全合成達成に貢献した学生達の努力を称えたい．確かにタキソールの合成は困難の連続であったが，前例のないパラジウム触媒を用いた 8 員環形成にあえて挑戦し，好結果をつかんだこと以外にも，直面した多くの問題に挑戦して解決したことは，学生達のかけがえのない成功体験となったに違いない．

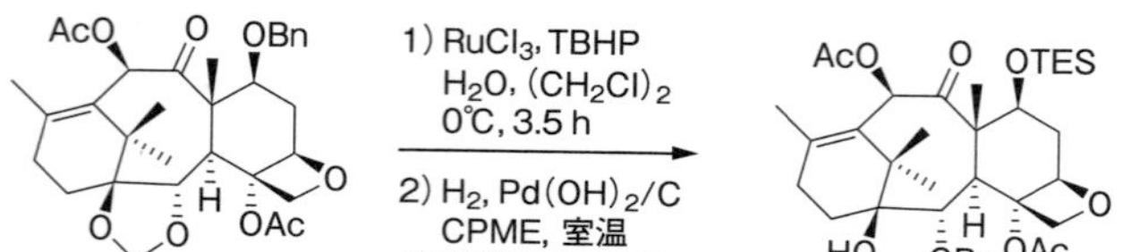
1) RuCl3, TBHP
H2O, (CH2Cl)2
0℃, 3.5 h
2) H2, Pd(OH)2/C
CPME, 室温
3) TESCl, DMAP
室温, 7 h, 28%(3工程)
19
25

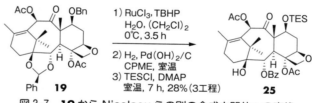

図 3-7　**19** から Nicolaou らの別の合成中間体への変換

+ COLUMN +

★いま一番気になっている研究者

Amir Hoveyda
（ボストン大学 教授）

今やオレフィンメタセシスは有機合成化学において欠かせない反応となっているが，生成するオレフィンの幾何配置（*E*, *Z*）の制御は解決すべき課題である．２位に置換基をもつ二置換ハロゲン化アルケンは，立体電子効果のため *Z* 体が熱力学的に有利である．Hoveyda らは，熱力学的に不利な *E* 体のクロロアルケン，フルオロアルケンを高収率で高立体選択的に与えるクロスメタセシス反応を報告した．この反応は配位子を巧みにチューニングしたモリブデン触媒（1.0〜5.0 mol%）により，室温で４時間以内に完結する〔T. T. Nguyen, M. J. Koh, X. Shen, F. Romiti, R. R. Schrock, A. H. Hoveyda, *Science*, 352（6285），569（2016）〕．モリブデン触媒は空気中で取り扱いにくいという短所があったが，本研究では用いる触媒をパラフィンペレットとして空気中で扱いやすくしている．本触媒反応により末端アルケンから合成中間体として有用な *E* 体のクロロアルケン，フルオロアルケンが直截的かつ高立体選択的に合成可能であり，多くの活用が期待される．また本研究はメタセシス触媒の開発指針となるのみならず，反応制御がより困難な多置換アルケンの立体選択的合成につながる研究であり，今後のさらなる展開が注目される．

◆ 文 献 ◆

［１］（ａ）M. C. Wani, H. L. Taylor, M. E. Wall, P. Coggon, A. T. McPhail, *J. Am. Chem. Soc.*, **93**, 2325（1971）;（ｂ）Y.-F. Wang, Q.-W. Shi, M. Dong, H. Kiyota, Y.-C. Gu, B. Cong, *Chem. Rev.*, **111**, 7652（2011）.

［２］K. C. Nicolaou, Z. Yang, J. J. Liu, H. Ueno, P. G. Nantermet, R. K. Guy, C. F. Claiborne, J. Renaud, E. A. Couladouros, K. Paulvannan, E. J. Sorensen, *Nature*, **367**, 630（1994）.

［３］J. J. Masters, J. T. Link, L. B. Snyder, W. B. Young, S. J. Danishefsky, *Angew. Chem. Int. Ed. Engl.*, **34**, 1723（1995）.

［４］K. Morihira, R. Hara, S. Kawahara, T. Nishimori, N. Nakamura, H. Kusama, I. Kuwajima, *J. Am. Chem. Soc.*, **120**, 12980（1998）.

［５］T. Doi, S. Fuse, S. Miyamoto, K. Nakai, D. Sasuga, T. Takahashi, *Chem. Asian J.*, **1**, 370（2006）.

［６］K. Fukaya, Y. Tanaka, A. C. Sato, K. Kodama, H. Yamazaki, T. Ishimoto, Y. Nozaki, Y. M. Iwaki, Y. Yuki, K. Umei, T. Sugai, Y. Yamaguchi, A. Watanabe, T. Oishi, T. Sato, N. Chida, *Org. Lett.*, **17**, 2570（2015）.

［７］H. Kawada, M. Iwamoto, M. Utsugi, M. Miyano, M. Nakada, *Org. Lett.*, **6**, 4491（2004）.

［８］N. Miyaura, T. Ishiyama, M. Ishikawa, A. Suzuki, *Tetrahedron Lett.*, **27**, 6369（1986）.

［９］C. R. Johnson, M. P. Braun, *J. Am. Chem. Soc.*, **115**, 11014（1993）.

［10］J-i. Uenishi, J.-M. Beau, R. W. Armstrong, Y. Kishi, *J. Am. Chem. Soc.*, **109**, 4756（1987）.

［11］M. Utsugi, Y. Kamada, H. Miyamoto, M. Nakada, *Tetrahedron Lett.*, **49**, 4754（2008）.

［12］（ａ）T. Satoh, Y. Kawamura, M. Miura, M. Nomura, *Angew. Chem. Int. Ed. Engl.*, **36**, 1740（1997）;（ｂ）M. Palucki, S. L. Buchwald, *J. Am. Chem. Soc.*, **119**, 11108（1997）;（ｃ）B. C. Hamann, J. F. Hartwig, *J. Am. Chem. Soc.*, **119**, 12382（1997）.

［13］D. Solé, L. Vallverdú, E. Peidro, J. Bonjoch, *Chem. Commun.*, **2001**, 1888.

［14］J. L. Rutherford, M. P. Rainka, S. L. Buchwald, *J. Am. Chem. Soc.*, **124**, 15168（2002）.

［15］S. Hirai, M. Utsugi, M. Iwamoto, M. Nakada, *Chem. Eur. J.*, **21**, 355（2015）.

［16］K. Tsuna, N. Noguchi, M. Nakada, *Angew. Chem. Int. Ed.*, **50**, 9452（2011）.

［17］K. Tsuna, N. Noguchi, M. Nakada, *Tetrahedron Lett.*, **52**, 7202（2011）.

CSJ Current Review
★
Part II
研究最前線

Chap 4

連続環化反応を鍵とした palau'amine の全合成

Total Synthesis of Palau'amine Based on Tandem Cyclization Reaction

難波 康祐
(徳島大学大学院医歯薬学研究部)

Overview

本章では，最も複雑な天然物の一つとして知られる海洋性天然物 palau'amine の全合成について紹介する．palau'amine は，1993 年に単離されてから約 20 年間，合成が困難な天然物の一つとして世界中の合成化学者の注目を集めた天然物である．本全合成における最も重要な課題は，5 員環と 5 員環がトランスに縮環した非常に歪んだ *trans*-アザビシクロ[3.3.0]オクタン骨格(D/E 環)の構築にあった．筆者らは，独自に開発した $Hg(OTf)_2$-触媒的オレフィン環化反応を用いて，まずヒドラジドを E 環上に導入しながら含窒素 4 置換炭素を構築した．次いで，ヒドラジドの互いにつながった二つの窒素原子を切り離しながら，B 環と D 環の二つの環構造を連続して形成させることで，palau'amine の主要構造となる ABDE 環を 1 段階で得ることに成功した．基本骨格となる ABDE 環から，CF 環の導入と各種官能基変換を経て palau'amine の全合成を達成した．

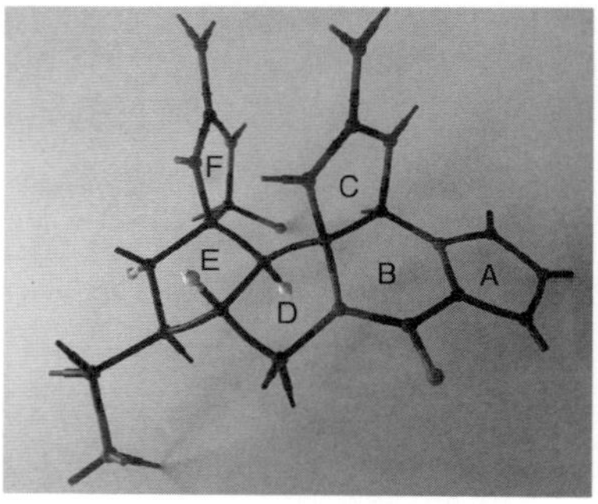
F
C
E
B
A
D

▲ palau'amine の分子模型
DE 環が大きく歪んでいる(口絵参照).

■ ***KEYWORD*** 📖マークは用語解説参照

- ■パラウアミン(palau'amine)
- ■ピロール・イミダゾールアルカロイド(pyrrole-imidazole alkaloid)
- ■免疫抑制活性(immunosuppressive activity)
- ■*trans*-アザビシクロ[3.3.0]オクタン骨格(*trans*-azabicyclo[3.3.0]octane skeleton)📖
- ■水銀トリフラート(mercury triflate)
- ■含窒素 4 置換炭素(tetra-substituted carbon center possessing nitrogen)
- ■*N,N*-アシルトシルヒドラジン(*N,N*-acyl-tosylhydrazine)📖
- ■N-N 結合開裂(N-N bond cleavage)
- ■連続環化反応(cascade cyclization reaction)
- ■反応平衡(reaction equilibrium)
- ■トリアニオン(tri-anion)

Current Review

はじめに

近年，革新的な分子変換法が相次いで開発されてきたことに伴い，複雑な天然物に対する合成戦略の幅は大きく広がった．とくに近年の触媒反応の著しい発展は，天然物合成を強力に推進してきた．複雑な天然物の全合成は原料供給との戦いでもある．最先端の化合物をいかに安定に供給できるかが全合成達成の鍵でもあるため，スケールアップが容易な触媒反応を全合成経路に組み込むことは重要な合成戦略の一つでもある．次つぎと開発される革新的かつ実用的な新反応を積極的に取り入れることによって，天然物合成は飛躍的に進歩しており，最近では非常に短い工程数で全合成を達成することが一つの潮流ともなっている．したがって，今後の天然物合成は，ただ単に合成に到達することのみを目的とするのではなく，その天然物を合成する意義や目的がより重要になってくると考えられる．

たとえば，生物活性微量天然物の医薬・農薬としての実用化や興味深い生物活性の作用機序解明など，全合成の先にある生命科学領域研究とのタイアップを見据えた研究を展開することなどが求められる．しかしながら，合成標的となる化合物が複雑な炭素骨格と多様な官能基を併せもつ場合，優れた反応が数多く開発された現在においても，その合成はきわめて困難な課題である．生命科学領域研究への貢献を視野に入れた複雑天然物の全合成を達成するためには，対象構造に対する深い理解と考察に基づいた合理的な合成経路の設計，および対象構造を効率的に構築するための新たな反応開発などが必要となる．本章では，最も合成が困難な複雑天然物の一つとして知られたpalau'amineの機能解明を志向した筆者らの全合成について紹介する[1]．

1 palau'amine

palau'amine(**1**)は，1993年にハワイ大学のScheuerらによって西カロリン諸島に生息するカイメン*Stylotella agminata*から単離・構造決定されたピロール・イミダゾールアルカロイドであり，強力な免疫抑制活性を示すことが報告されている[2,3]．2007年に提出構造が改訂されたものの[4-6]，その複雑な化学構造と顕著な免疫抑制活性から，palau'amineはその発見以降世界中の合成化学者の高い関心を集めた．その構造的特徴として，スピロおよびビシクロ環が混在する複雑な6環性骨格，C16位含窒素4置換炭素を含む8連続不斉中心，高度に官能基化された複雑なシクロペンタン環(E環)などが挙げられ，とくに5員環と5員環がトランスに縮環した*trans*-アザビシクロ[3.3.0]オクタン骨格(D/E環)は分子模型が折れそうなほどに大きく歪んでいる．したがって，この*trans*-アザビシクロ[3.3.0]オクタン骨格の構築が本全合成の鍵となると考えられていた．palau'amine(**1**)の全合成研究は単離された当時から世界中で精力的に行われ，合成研究として30報を超える原著論文が報告されたあと，ついに2010年にアメリカScripps研究所のBaranらがpalau'amineの全合成を達成した[7,8]．

2 合成計画

Baranらの全合成の特徴は，最も合成が困難と予想された*trans*-アザビシクロ[3.3.0]オクタン骨格を全合成の最終工程で構築している点にある．すなわち，macro-palau'amineと呼ばれる9員環マクロラクタム**2**を合成し，アミド窒素からC環部位への渡環反応によってpalau'amineの6環性骨格**3**を構築するとともに**1**を得るというものである．一方筆者らは，全合成の達成後にpalau'amineの作用機序解明研究へと展開することを目的とし，誘導体化やプローブ化への展開が容易な合成経路の構築に取り組むことにした．すなわち，palau'amineの6環性骨格を先に構築したのち，さまざまな官能基変換を経て**1**へと導く経路を立案した．

6環性化合物**3**は4環性化合物(ABDE環)**4**の二つのアミノ基を足がかりとして，CF環を順次導入することで構築できると考えた(図4-1)．本合成経路では，さまざまな多環式構造をもつ類縁体の合成やさまざまな官能基の導入が容易となるため，構造活性相関研究への展開によってpalau'amineのファーマコフォア(活性発現に必要な最小構造単位)の解明が期待できる．また，**3**にはそれぞれ異なる保護基(PG)を用いることで，官能基特異的にさま

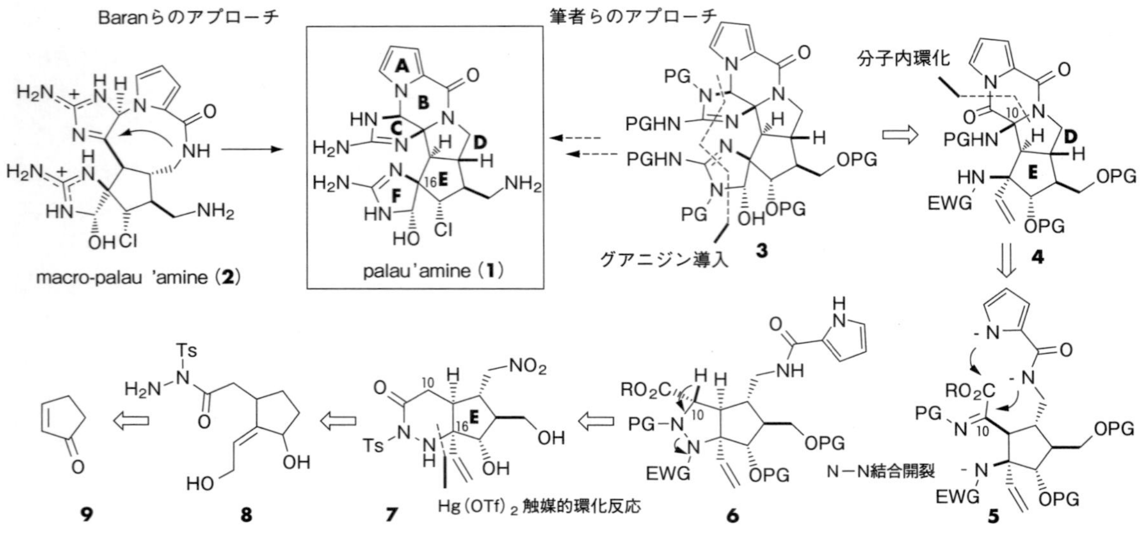
Baranらのアプローチ
筆者らのアプローチ
macro-palau 'amine (2)
palau'amine (1)
分子内環化
グアニジン導入
N−N結合開裂
Hg(OTf)2 触媒的環化反応
9
8
7
6
5
4
3

図 4-1　合成計画

ざまな標識基が導入可能と期待できる．これにより，生物活性を損なうことなく **1** およびその誘導体をプローブ化することも可能となり，免疫抑制機構の詳細な機能解明に大きく貢献できると期待した．しかしながら，*trans*-アザビシクロ[3.3.0]オクタン骨格を含む 4 環性骨格(ABDE 環)の合成は，数多く報告されている palau'amine の合成研究においても例がなく，macro-palau'amine からの渡環反応を利用せずに D/E 環を構築できるかが本全合成の課題であった．

この問題に対し筆者らは，**5** の非常に反応性の高いアシルイミノエステル部位へのアミドアニオンの付加による D 環の構築を計画した．さらに，ピロールアニオンも同時に発生させておくことで，エステルとの縮合による B 環構築も一挙に行えると期待した．高活性な **5** は，鍵中間体となるヒドラジド **6** を強塩基で処理することによって，反応系中で発生させることが可能と考えた．すなわち，C10 位の脱プロトン化とそれにつづくヒドラジド窒素の脱離によって，N−N 結合の開裂と C10 位の酸化が同時に進行すると考えた．**6** は E 環中間体 **7** から C10 位の酸化的修飾を伴う環縮小反応により合成することを計画した．**7** の C16 位含窒素 4 置換炭素は，筆者らが開発した $Hg(OTf)_2$-触媒的オレフィン環化反応[9, 10]を *N,N*-アシルトシルヒドラジン **8** に適用することにより構築できるものとし，**8** は市販のシクロペンテノン **9** から導くことにした．

3　E 環中間体の合成

シクロペンテノン **9** を出発物質とし，Baylis-Hillman 反応につづくアセチル化，Luche 還元，TBS 保護により **10** としたあと，Ireland-Claisen 転位によってカルボン酸 **11** へと導いた．**11** と *N*-トシルヒドラジンとの縮合は位置選択的に進行し，トシル基をもつ窒素と縮合した *N,N*-アシルトシルヒドラジン **12** を単一の生成物として得た．本反応では，DMAP 触媒の添加によって位置選択性が逆転することをすでに明らかにしている[11]．環化前駆体 **12** が得られたので，筆者らが開発した $Hg(OTf)_2$-触媒的オレフィン環化反応の適用を試みた．

12 を 1 mol％の水銀トリフラートで処理したところ，予期した通りアミノマーキュレーション反応，メチルエーテル酸素のプロトン化，脱水銀過程が円滑に進行し，C16 位に相当する含窒素四置換炭素をもつ環化体 **13** を与えた．**13** は単離することなく，one-pot で水と 2 mol％の水銀トリフラートをさらに加えることで TBS 基を除去し，アルコール体 **14** へと導いた．次に，**14** の二級ヒドロキシ基の酸化，次いで IBX 酸化によりエノン **15** とした．Baylis-

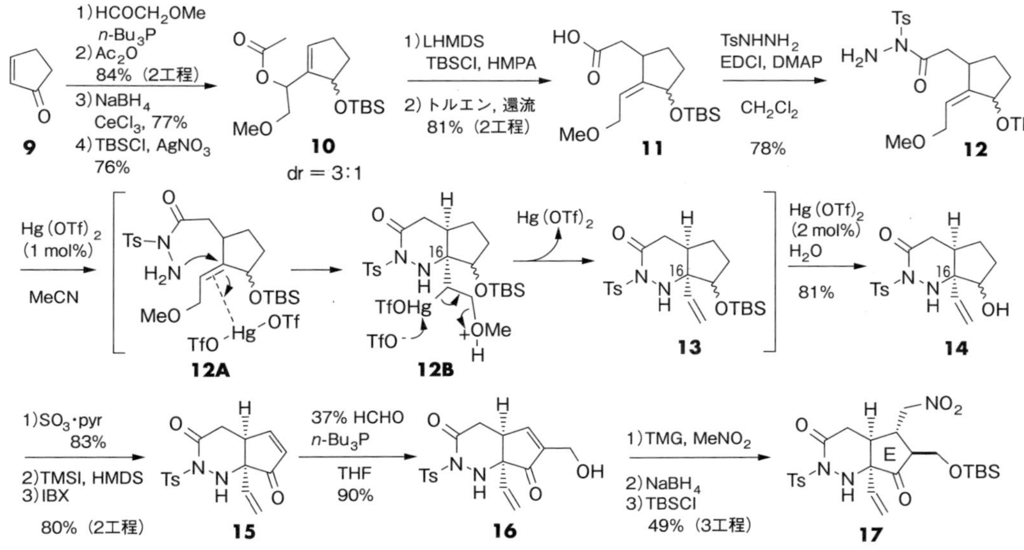
1) HCOCH2OMe
n-Bu3P
2) Ac2O
84%（2工程）
3) NaBH4
CeCl3, 77%
4) TBSCl, AgNO3
76%
dr = 3:1
1) LHMDS
TBSCl, HMPA
2) トルエン，還流
81%（2工程）
TsNHNH2
EDCI, DMAP
CH2Cl2
78%
Hg(OTf)2
(1 mol%)
MeCN
Hg(OTf)2
Hg(OTf)2
(2 mol%)
H2O
81%
1) SO3・pyr
83%
2) TMSI, HMDS
3) IBX
80%（2工程）
37% HCHO
n-Bu3P
THF
90%
1) TMG, MeNO2
2) NaBH4
3) TBSCl
49%（3工程）
9
10
11
12
12A
12B
13
14
15
16
17

図 4-2　E 環の合成

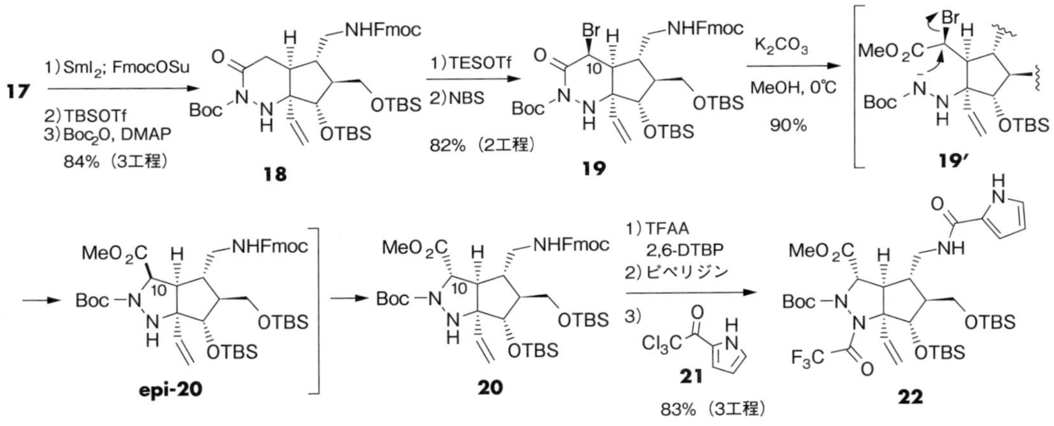
17
1) SmI2; FmocOSu
2) TBSOTf
3) Boc2O, DMAP
84%（3工程）
1) TESOTf
2) NBS
82%（2工程）
K2CO3
MeOH, 0℃
90%
1) TFAA
2,6-DTBP
2) ピペリジン
3)
21
83%（3工程）
18
19
19′
epi-20
20
22

図 4-3　環化前駆体 **22** の合成

Hillman 反応により **16** としたあと，ニトロメタンの Michael 付加，次いでケトンの還元，一級ヒドロキシ基の TBS 保護を行った．このときニトロメタンの付加は convex 面から進行し，ヒドロキシメチル基は側鎖との反発を避けて anti に制御されることで，望みの立体配置をもつ E 環中間体 **17** が合成できた[12]．

4 鍵中間体の合成

すべての炭素骨格を備えた E 環中間体 **17** が得られたことから，次に環縮小に伴う C10 位の酸化的修飾とピロールの導入を行った．**17** のヨウ化サマリウム処理と保護基の順次導入によって **18** とした．次いで **18** をシリルケテンアミナールへと変換後，NBS で処理することで C10 位に臭素を導入した **19** を得た．次いで，**19** を MeOH 中 K_2CO_3 で処理すると，メタノリシスによって生じたアミドアニオン **19′** の分子内求核置換反応によって C10 に窒素が導入された環縮小体 **20** を与えた．なお，C10 位のメトキシカルボニル基の立体化学は，環化後に生じた β 配置(**epi-20**)から安定な α 配置(**20**)へと異性化したと考えられる．つづいて，ヒドラジド窒素への電子求引基の導入をさまざまに検討したところ，トリフルオロアセチル基のみ良好な収率で導入できた．このとき，カルバメート窒素(-NHFmoc)にもトリフルオロアセチル基が導入された副生成物が生じるが，粗生成物を MeOH 中 40 ℃で加熱処理することで除去可能である．さらに Fmoc 基をピペリジンで除去し，生じた第一級アミンとピロールトリクロロメチルケトン **21** との縮合により，ABDE 環構築の鍵中間体である **22** を得ることができた．

5 ABDE 環の一段階構築

前駆体が合成できたことから，次に本全合成の鍵となる歪んだ *trans*-アザビシクロ[3.3.0]オクタン骨格を含む ABDE 環の一段階構築を試みた．はじめに **22** を 3.0 当量の LHMDS で処理したところ，予期した連続的環化反応が進行し，目的とする 4 環性化合物 **23** を単一の立体異性体で与えた(図 4-4，条件 A)．本反応は以下のように進行する．すなわち，N−N 結合の開裂によるイミノエステルの生成(**22 → 22A**)，アミドアニオンの付加(**22A → 22B**)，ピロールとの縮合反応(**22B → 22C**)が連続的に進行し，ABDE 環をもつ **23** を一段階で与えるというものである．これにより，*trans*-アザビシクロ[3.3.0]オクタン骨格の構築および基本骨格となる ABDE 環の構築を達成することができた．

しかしながら，本反応条件は低収率かつスケールアップ条件下での再現性の乏しさに問題があった．全合成を達成するためには，スケールアップ条件下での再現性の確保は必要不可欠である．そこで，本反応メカニズムを基に再現性が得られない要因を以

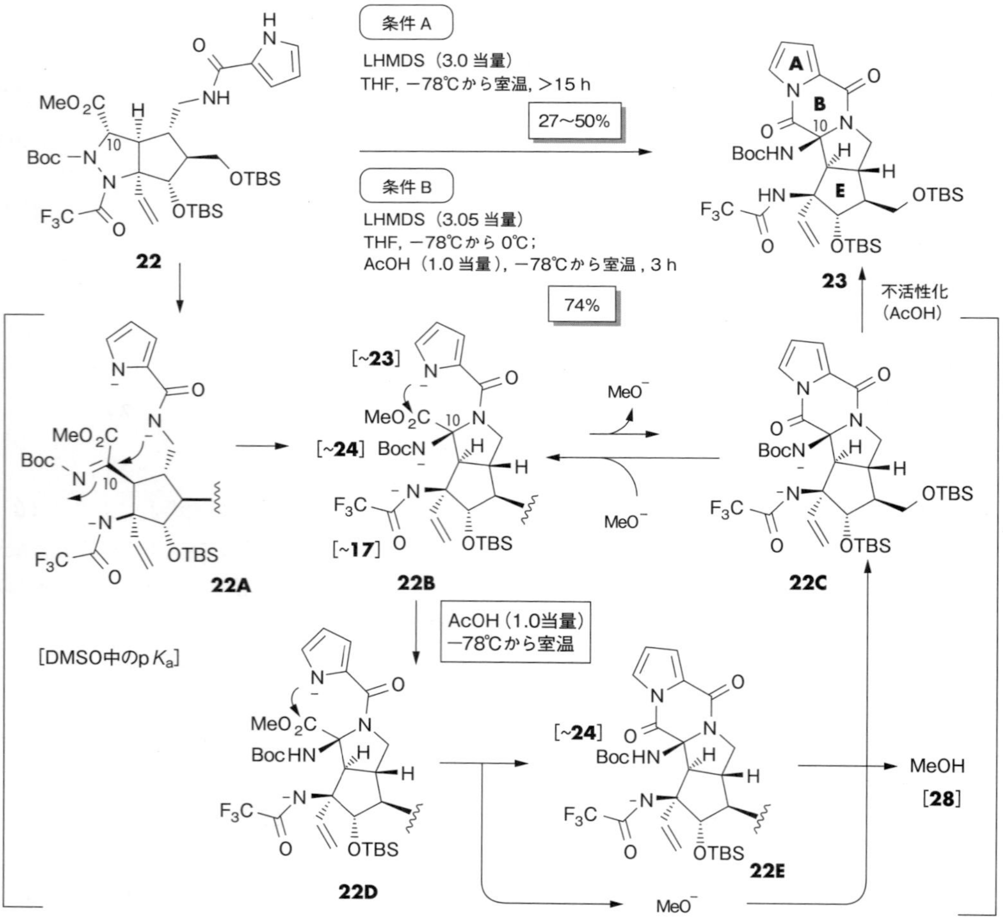
条件 A
LHMDS (3.0 当量)
THF, −78℃から室温, >15 h
27〜50%
条件 B
LHMDS (3.05 当量)
THF, −78℃から 0℃;
AcOH (1.0 当量), −78℃から室温, 3 h
74%
22
23
不活性化
(AcOH)
[~23]
[~24]
[~17]
22A
22B
22C
MeO⁻
AcOH (1.0当量)
−78℃から室温
[DMSO中のpK_a]
22D
22E
MeOH
[28]

図 4-4　ABDE 環の一段階構築

下のように考察した．TLC 解析により，**22** から DE 環 **22B** への変換は速いが，**22B** から四環体 **22C** への縮合反応は遅いことがわかった．この過程ではピロールアニオンよりもさらに塩基性の高いメトキシドが生成するため，生じたメトキシドがピロールカルボニル基を攻撃し，**22B** へ戻る逆反応が存在すると予想された．pK_a の差からこの平衡は **22B** に偏っており，この間に中間体が次第に分解するため低収率かつ再現性に乏しくなると考えた．したがって，本カスケード反応を **22C** へと偏らせるためには，ピロールアニオンを損なうことなく生じるメトキシドのみを不活性化する必要があることに思い至った．そこで，この考察に基づき次のような解決策を見いだした（図 4-4，条件B）．すなわち，3 当量の塩基処理によって DE 環が構築されたことを TLC で確認したのち，トリアニオン **22B** に対し，1 当量の酢酸を添加する．このとき，三つの窒素アニオンのうち最も塩基性の強いカルバメート窒素（−NBoc）がプロトン化を受け，ジアニオン **22D** となる．次に，メトキシドの脱離を伴う縮合反応が進行し，モノアニオン **22E** が得られる．メタノールの pK_a はカルバメートより大きいため，このとき生じたメトキシドはカルボニル炭素を攻撃することなくカルバメートの活性プロトンによってプロトン化される．これにより逆反応は抑制され，**23** を再現性よく得ることができ，収率は 74% まで向上することができた．また，非常に歪んだ *trans*-アザビシクロ[3.3.0]オクタン骨格の構築および C10 位の立

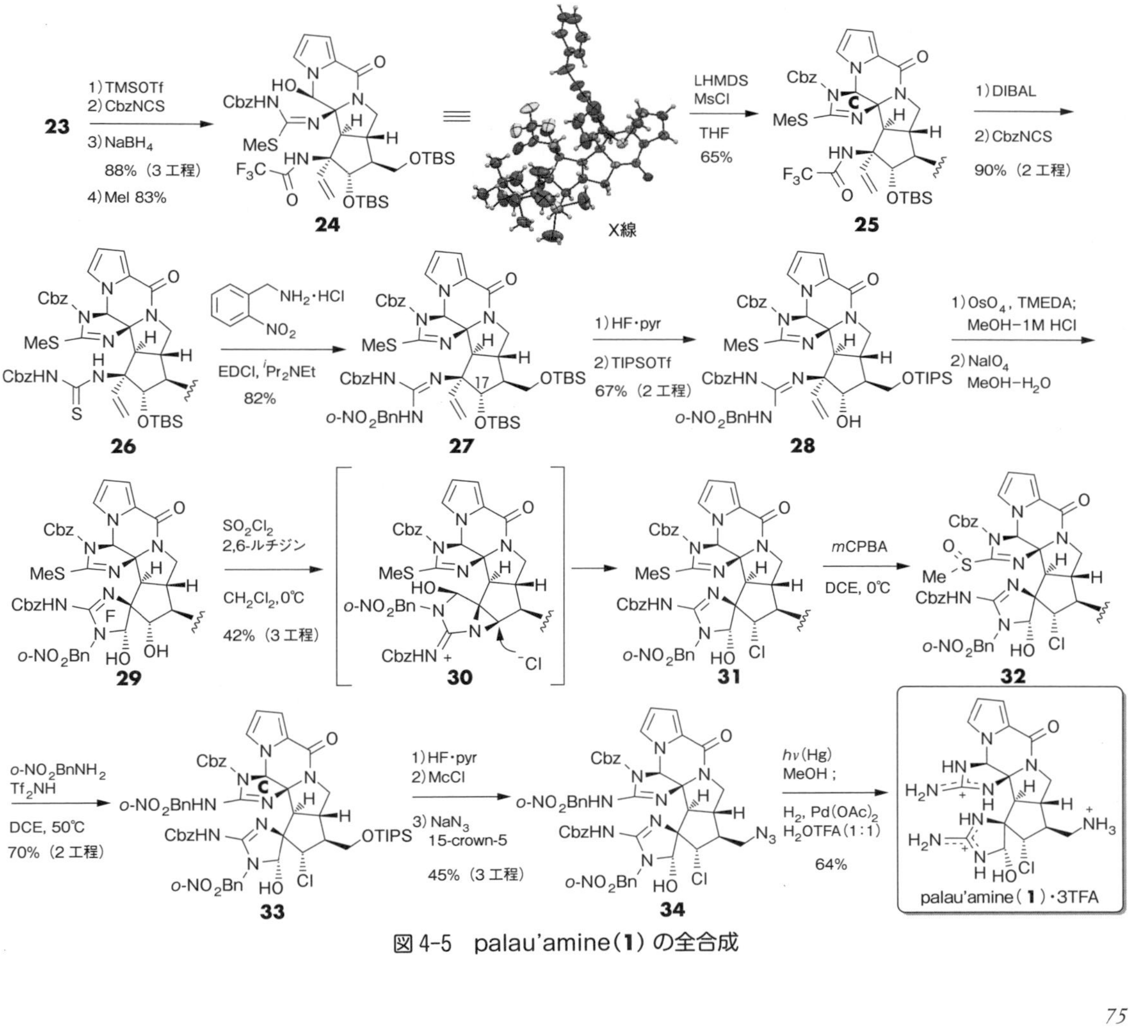
23
1) TMSOTf
2) CbzNCS
3) NaBH4
88%（3 工程）
4) MeI 83%
24
X線
LHMDS
MsCl
THF
65%
25
1) DIBAL
2) CbzNCS
90%（2 工程）
26
EDCI, iPr2NEt
82%
27
1) HF・pyr
2) TIPSOTf
67%（2 工程）
28
1) OsO4, TMEDA;
MeOH−1M HCl
2) NaIO4
MeOH−H2O
29
SO2Cl2
2,6-ルチジン
CH2Cl2, 0℃
42%（3 工程）
30
31
mCPBA
DCE, 0℃
32
o-NO2BnNH2
Tf2NH
DCE, 50℃
70%（2 工程）
33
1) HF・pyr
2) McCl
3) NaN3
15-crown-5
45%（3 工程）
34
hν(Hg)
MeOH ;
H2, Pd(OAc)2
H2OTFA（1:1）
64%
palau'amine（1）・3TFA

図 4-5　palau'amine（**1**）の全合成

COLUMN

★今一番気になっている研究者

Tristan H. Lambert

（アメリカ・コロンビア大学 教授）

Lambertらは最近，安価かつ大量に供給可能な不斉ブレンステッド酸触媒を*Science*誌に報告した〔C. D. Gheewala, B. E. Collins, T. H. Lambert, *Science*, 351, 961 (2016)〕．本不斉ブレンステッド酸触媒は，容易に入手可能なシクロペンタジエン誘導体と安価なメントールから一段階で得られ，かつ0.01 mol%の触媒量でも向山型–Mannich反応を高収率かつ高エナンチオ選択的に進行させる．本触媒は1g当たり4～6ドルの合成コストで供給可能であることから，今後は安価な価格で市販され，多くの合成化学者に本酸触媒を試す機会があると思われる．

本不斉触媒のプロトン源は，従来の酸触媒とは異なり，シクロペンタジエン誘導体がプロトンを放出してシクロペンタジエニルアニオン，すなわち芳香族イオンになることで供給される．Lambertは以前からさまざま芳香族イオンを用いた研究を精力的に展開しており，芳香族イオンの特性を上手く利用した興味深い反応を次つぎと報告している．本論文では，シクロペンタジエニルアニオンの不斉ブレンステッド酸触媒への応用であるが，これまでもトロピニウムカチオンを用いたアミンの温和な酸化反応，またシクロプロペニルカチオンの特性を利用した触媒的環化反応，触媒的S_N2反応，不斉ブレンステッド塩基触媒への展開などを報告している．いずれも芳香族イオンへの深い考察と理解のもとに最新のケミストリーを展開しており，彼の芳香族イオンにかける熱い想いが感じられる．

体選択性の発現には，リチウム塩のキレーション効果が重要であることをDFT計算より明らかにしており，実際にHMPAを添加した条件では本反応は進行しない．この詳細については文献1を参照されたい．

6 palau'amineの全合成

以上のようにpalau'amineの基本骨格となるABDE環の構築を完了したので，**23**からの全合成を検討した．**23**のBoc基の除去，チオウレアへの誘導，ピロールアミド基の還元，イソチオウレアへの変換を経由し**24**を得た．なお，**24**の構造はX線結晶構造解析により確認している．次いで，**24**に強塩基性条件下でMsClを作用させるとメシラートの脱離と窒素からの環化が順次進行し，環状イソチオウレア**25**を与え，C環の構築に成功した．C環が構築できたことから，F環の構築に取り組んだ．**25**のトリフルオロアセチル基の除去はDIBALを用いたときのみ進行し，生じた第一級アミンをチオウレア**26**へと誘導，つづくグアニジノ化により**27**を得た．**27**のオレフィン部の酸化的開裂を試みたが，C17位のTBS基の立体障害のためオレフィン部の酸化反応はまったく進行しなかった．そこで，二つのTBS基を除去したのち，一級ヒドロキシ基にTIPSを導入し**28**へと導いた．二級ヒドロキシ基がフリーの**28**でのオスミウム酸化は円滑に進行し，目的のジオールを与え，つづく過ヨウ素酸開裂によりF環が構築された**29**を得た．以上のようにして，palau'amineのすべての環構造(ABCDEF環)の構築に成功した．

合成計画通りに基本炭素骨格が構築できたので，最後に官能基変換を経てpalau'amineに導く検討を行った．**29**の二級ヒドロキシ基の塩素化はF環の隣接基関与によりアジリジン**30**を経由して立体保持で進行し，塩素体**31**を与えた．次に，C環のグアニジノ基への変換を試みた．さまざまに検討した結果，**31**を*m*CPBAによりスルホキシド**32**へと変換後，第一級アミンとTf_2NHを加えて50℃に加熱したところ，ニトロベンジルアミンを良好な収率で導入できた．つづいて，**33**の一級ヒドロキシ基をクロロメタンスルホネート化[13]したのちにアジド化反応を試みたところ，二級塩素を保持したまま置換反応が円滑に進行し，palau'amine の保護体 **34** を得ることに成功した．最後に，光照射により **34** の *o*-ニトロベンジル基の除去，次いで Cbz 基の除去とアジド基の還元を同時に行い，palau'amine(**1**)の全合成を達成した．合成した **1** の免疫抑制活性試験を行ったところ，シクロスポロン A と同等の免疫抑制活性が認められ，天然物と同じく強力な免疫抑制活性を示すことが確認できた．

7 まとめと今後の展望

以上，筆者らは $Hg(OTf)_2$-触媒的オレフィン環化反応による C16 位含窒素四置換炭素の構築法，N−N 結合開裂を伴う ABDE 環の一段階構築法，酸性条件で行える新規グアニジノ化法を開発し，palau'amine(**1**)の全合成を達成した(44 工程，収率 0.050％)．基本骨格の構築を先に行う本全合成法の確立によって，palau'amine の類縁体やプローブ体の供給が可能となった．しかしながら，本全合成は 44 工程と多くの工程数を要するため，実際に palau'amine の類縁体やプローブ体を必要な量だけ供給するためには，さらなる工程数の短縮化が求められる．

現在，筆者らは今回の palau'amine の全合成経路をもとに，必要十分量の **1** やその類縁体を供給するための実践的な第二世代合成研究へと展開している．すなわち，**1** のすべての官能基をあらかじめ導入した前駆体で同様の連続環化反応を行い，palau'amine に必要なすべての環構造を一挙に構築する計画である．また，その環化前駆体の効率的な合成法を新たに検討することで，全体として大幅な工程数の削減が達成できると考えている．このような第二世代実践的合成への展開が可能となったのは，今回(第一世代)の合成研究で *trans*-アザビシクロ[3.3.0]オクタン骨格(D/E 環)を含む多環式骨格の構築法が確立できたことに他ならない．複雑な微量生物活性天然物の機能解明や医薬・農薬としての実用化にはいまだ困難な課題が山積しているが，全合成の達成はそういった数多くの問題を解決するための第一歩となるだろう．

複雑な天然物の全合成研究に取り組んでいる若手研究者は，「それつくって何になるの？」「そんな微量しかつくれないのに本当に実用化できるの？」などの批判を受けるかもしれない．しかしながら，生命科学領域とのタイアップを果たすための実践的な合成研究を展開するためには，まずは全合成を達成することが重要である．そのうえで量的供給を指向した実践的な合成研究へと展開することにより，生命科学領域研究への貢献が果たせるものと考えている．

◆ 文 献 ◆

[1] K. Namba, K. Takeuchi, Y. Kaihara, M. Oda, A. Nakayama, A. Nakayama, M. Yoshida, K. Tanino, *Nat. Commun.*, **6**, 8731 (2015).

[2] R. B. Kinnel, H.-P. Gehrken, P. J. Scheuer, *J. Am. Chem. Soc.*, **115**, 3376 (1993).

[3] R. B. Kinnel, H.-P. Gehrken, R. Swali, G. Skoropowski, P. J. Scheuer, *J. Org. Chem.*, **63**, 3281 (1998).

[4] A. Grube, M. Köck, *Angew. Chem. Int. Ed.*, **46**, 2320 (2007).

[5] M. S. Buchanan, A. R. Carroll, R. J. Quinn, *Tetrahedron Lett.*, **48**, 4573 (2007).

[6] H. Kobayashi, K. Kitamura, K. Nagai, Y. Nakao, N. Fusetani, R. W. M. van Soest, S. Matsunaga, *Tetrahedron Lett.*, **48**, 2127 (2007).

[7] I. B. Seiple, S. Su, I. S. Young, C. A. Lewis, J. Yamaguchi, P. S. Baran, *Angew. Chem. Int. Ed.*, **49**, 1095 (2010).

[8] I. B. Seiple, S. Su, I. S. Young, A. Nakamura, J. Yamaguchi, L. Jorgensen, R. A. Rodriguez, D. P. O'Malley, T. Gaich, M. Köck, P. S. Baran, *J. Am. Chem. Soc.*, **133**, 14710 (2011).

[9] K. Namba, H. Yamamoto, I. Sasaki, K. Mori, H. Imagawa, M. Nishizawa, *Org. Lett.*, **10**, 1767 (2008).

[10] K. Namba, Y. Nakagawa, H. Yamamoto, H. Imagawa, M. Nishizawa, *Synlett*, **2008**, 1719.

[11] K. Namba, I. Shoji, M. Nishizawa, K. Tanino, *Org. Lett.*, **11**, 4970 (2009).

[12] K. Namba, Y. Kaihara, H. Yamamoto, H. Imagawa, K. Tanino, R. M. Williams, M. Nishizawa, *Chem. Eur. J.*, **15**, 6560 (2009).

[13] T. Shimizu, S. Hiranuma, T. Nakata, *Tetrahedron Lett.*, **37**, 6145 (1996).

Chap 5

生合成を参考にしたアルカロイドの全合成
Bioinspired Total Synthesis of Alkaloid

石川 勇人
（熊本大学大学院先端科学研究部）

Overview

自然界で行われている生合成を参考にした分子変換反応は，20 世紀初頭から今日までアルカロイド全合成に数多く取り入れられてきた．複雑かつ効率的なドミノ反応やラジカル反応などを利用している生合成の魅力に，化学者が惹きつけられてきたゆえである．本章では，近年報告された，生合成から着想を得た骨格構築反応を鍵工程とするアルカロイド全合成のなかから，ビンブラスチン，トリプトファン由来二量体型ジケトピペラジンアルカロイド，リコポジウムアルカロイド，ピロール-イミダゾールアルカロイドの合成について紹介する．いずれの合成も生合成を熟考しなければ導きだすことが難しい高度な化学変換を含み，きわめて短工程で全合成を達成している．

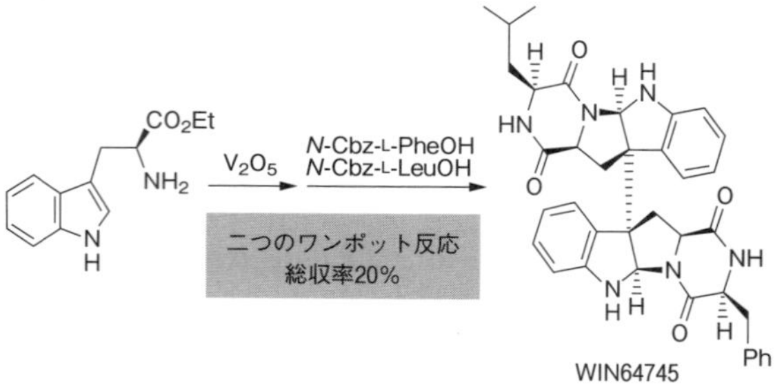
CO2Et
NH2
N
H
V2O5
N-Cbz-L-PheOH
N-Cbz-L-LeuOH
二つのワンポット反応
総収率20%
WIN64745
Ph

▲ WIN64745 の生合成模擬的全合成

■ KEYWORD □マークは用語解説参照

- ■アルカロイド（alkaloid）
- ■生合成模擬的全合成（bioinspired total synthesis）
- ■水中反応（reaction in water）
- ■ドミノ反応（domino reaction）
- ■ラジカル反応（radical reaction）
- ■ビンブラスチン（vinblastine）
- ■ジケトピペラジンアルカロイド（diketopiperazine alkaloid）
- ■リコポジウムアルカロイド（lycopodium alkaloid）
- ■ピロール-イミダゾールアルカロイド（pyrrole-imidazole alkaloid）

1 生合成を参考にしたアルカロイド合成の背景

Part Ⅰの chapter 4-4 で取り上げられているように，生合成を参考にした分子変換反応は古くから天然物全合成に取り入れられてきた．仮想段階の生合成をフラスコ内で再現することは，その仮説を化学的に強く支持することにつながるため，生化学的にも重要な意味をもっている．この方法論を歴史上最初に提示した Robinson らによるトロパンアルカロイドの全合成や，金字塔といえる Heathcook らによるユズリハアルカロイドの全合成などからわかるように，天然物全合成の黎明期より，アルカロイドは生合成模擬的全合成の標的分子として注目を集めてきた．アミンのもつ非共有電子対が，生合成におけるエレガントかつ効率的な天然物の骨格構築に重要な役割を果たしてきたゆえである．現代においても，生合成を模倣するアルカロイド全合成の魅力は決して衰えず，学術論文として次つぎと報告されている．本章では，近年報告された生合成から着想を得た骨格構築反応を鍵工程とするアルカロイド全合成について，筆者らの研究を交えて解説する．

2 酸化的ラジカルカップリングおよび空気酸化/還元反応によるビンブラスチンの合成

ビンブラスチン(**1**)はキョウチクトウ科の植物から単離されたビスインドールアルカロイドであり，抗がん剤として現在臨床で用いられている．本薬剤は，その供給が植物からの抽出・単離に依存しているため，全合成による供給が求められている．加えて，作用発現機構の詳細な解明のための構造活性相関研究が望まれていた．

ビスインドールアルカロイドである **1** の生合成では，同じキョウチクトウ科植物に含有されるカタランチン(**2**)とビンドリン(**3**)が，酸化的に二量化し，つづいて，上部フラグメントの C20′ 位選択的にヒドロキシ基が導入されると提案されていた．Boger らは独自の手法で合成した **3** と文献既知の方法で調達した **2** を基質として，**1** の生合成仮説をフラスコ内で忠実に再現することに成功した(図 5-1)[1-3]．すなわち，当量の **2** と **3** を塩酸水溶液とトリフルオロエタノールの混合溶媒中，塩化鉄(Ⅲ)を酸化剤として反応させると，**2** のインドール環部が一電子酸化を受け，つづいてビシクロ環が開環し，C16′ 位にラジカルが局在化した中間体 **4** へと導かれた．このラジカルと **3** の芳香環部が新たに生じる C16′ 位の立体を完全に制御しながら結合を形成し，**5** となった．

生じた芳香族ラジカルは鉄(Ⅲ)により酸化され，カチオン **6** となったのちプロトンが脱離し，二量化体 **7** へと変換された．さらに C15-C20′ 位の不飽和結合の水和反応は，同じく鉄(Ⅲ)によるラジカル経由の酸素酸化反応とヒドリド還元によって達成された．すなわち，オキサリル酸鉄(Ⅲ)錯体と水素化ホウ素ナトリウムを先の反応と同じ溶媒中，空気雰囲気下で処理すると，共役イミニウムイオンの 1,2-還元につづいて三置換二重結合に属していた C20′ 位選択的にラジカルが生じ，このラジカルが酸素を補足する．その結果として生じるヒドロキシペルオキシド **8** はさらに還元を受け，ヒドロキシ基へと変換される．立体選択性は β-OH：α-OH が 2：1 であり，双方合わせた収率は 62% である．なお，β-ヒドロキシ基をもつ化合物がビンブラスチンであり，α-ヒドロキシ基をもつ化合物はキョウチクトウ科植物に含まれるリューロシジン(leurosidine, **9**)である．

一連の多段階反応はワンポットで行われており，生合成と同様に水を主溶媒として用いている．Boger らはこの簡便かつ効率的な手法を駆使して，40 種以上のビンブラスチン誘導体を迅速に調製し，つづく生物活性評価により，構造活性相関研究に展開している．その詳細については文献 1 を参照されたい．なお，本合成後半部に相当するラジカル経由のヒドロキシ基導入反応は，さまざまな三置換二重結合に適用可能で，酸素官能基だけでなく，窒素官能基を導入することもできる[1]．まさに，生合成模擬的全合成研究から生まれた新しい化学反応である．

3 水中インドール二量化反応を利用するトリプトファン由来ジケトピペラジンアルカロイド類の全合成

おもに水中もしくは水が近傍に大量に存在する環境で行われている生合成をフラスコ内で再現しよう

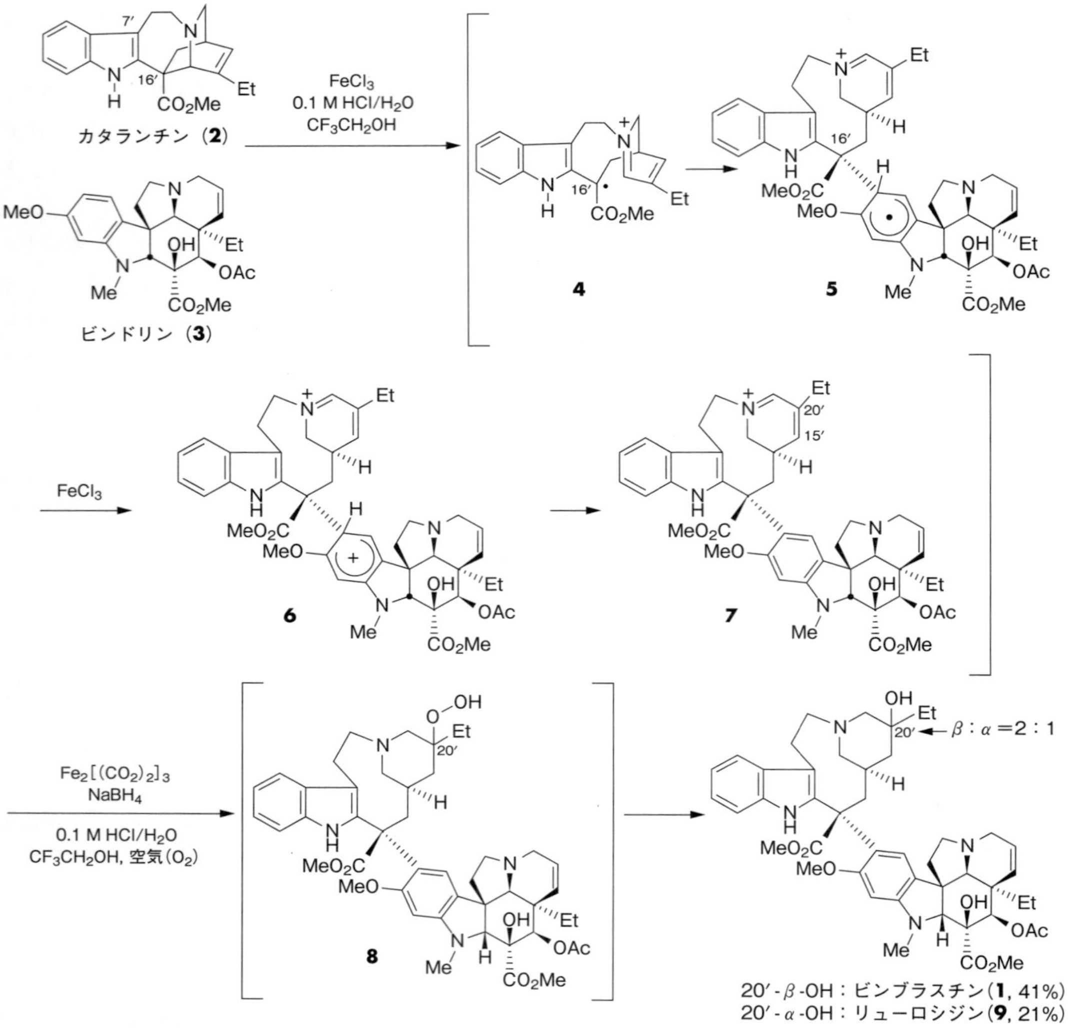

カタランチン (2)
ビンドリン (3)
FeCl3
0.1 M HCl/H2O
CF3CH2OH
4
5
FeCl3
6
7
Fe2[(CO2)2]3
NaBH4
0.1 M HCl/H2O
CF3CH2OH, 空気(O2)
8
β : α =2 : 1
20′-β-OH：ビンブラスチン(1, 41%)
20′-α-OH：リューロシジン(9, 21%)

図 5-1　Boger らによる生合成を参考にしたビンブラスチンの合成

とする場合，基質となる有機化合物は水に溶解しない場合が多く，さらに用いる試薬によっては水により失活してしまうという問題が生じる．したがって，これまでに報告されている生合成を考慮した骨格変換反応において，水を溶媒として用いている例はきわめて少ない．一方，筆者らは生合成においてアルカロイドを基質とする場合，酸を添加剤とすることで水中反応が行えると考えた．すなわち，塩基性部位をもつアルカロイドは，酸性条件下では塩を形成して極性分子となるため，水に可溶となる．また，塩形成により求核性をもつアミン部位の非共有電子対は失活する．自然界においても，このような状況下でアルカロイドが生合成されている可能性が高いと着想した．

トリプトファン由来二量体型ジケトピペラジンアルカロイド類はおもに細菌より見いだされるアルカロイド群であり，特異な結合様式および生物活性が知られている．たとえば，インドール環3位同士で二量化した WIN64745(**10**)，ジトリプトフェナリン(**11**)，3位と7位で結合したナセセアジン B(**12**)などの単離が報告されている(図 5-2)．筆者らはこれらアルカロイドの生合成では，酸性水溶液中，

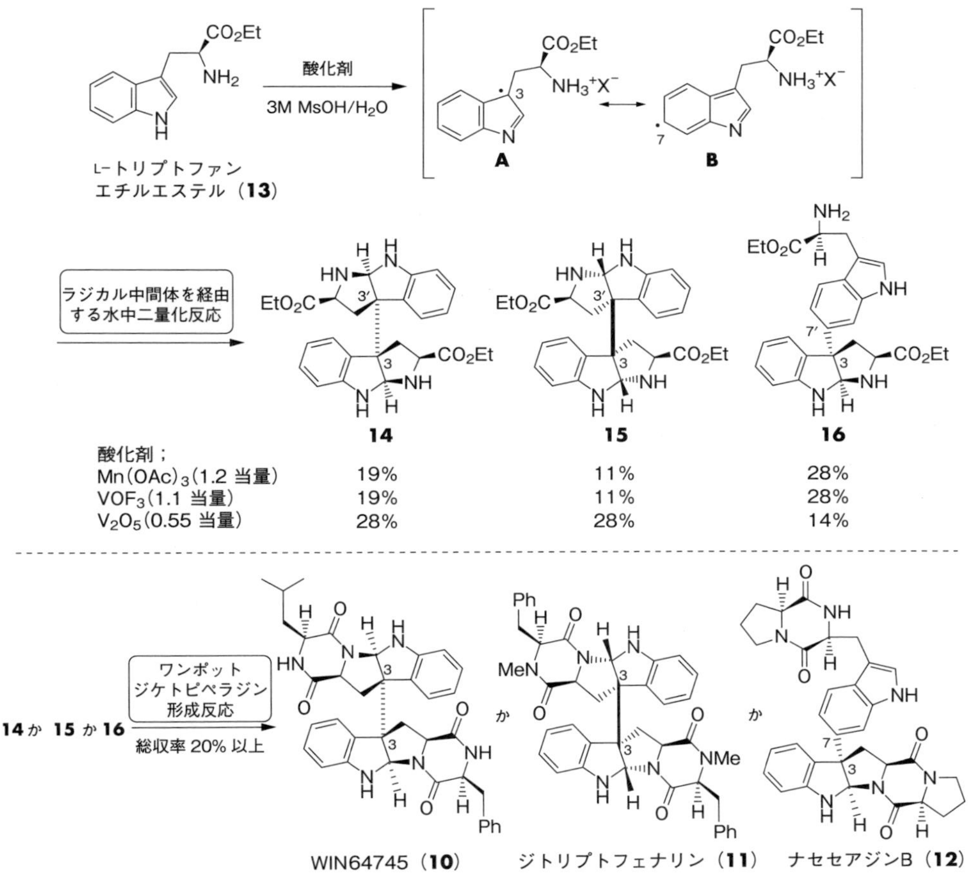
L-トリプトファンエチルエステル（13）
酸化剤
3M MsOH/H2O
A
B
ラジカル中間体を経由する水中二量化反応
14
15
16
酸化剤；
Mn(OAc)3(1.2 当量) 19% 11% 28%
VOF3(1.1 当量) 19% 11% 28%
V2O5(0.55 当量) 28% 28% 14%
ワンポットジケトピペラジン形成反応
14か 15か 16
総収率 20% 以上
か
か
WIN64745（10）
ジトリプトフェナリン（11）
ナセセアジンB（12）

図 5-2　石川らによるトリプトファン由来二量体型ジケトピペラジンアルカロイドの全合成

トリプトファンのインドール環が一電子酸化され，ラジカル中間体 **A** および **B** が生じ，つづいて自発的二量化反応により天然物に見られる骨格が一段階で効率的に構築されていると考えた（図 5-2）[4-6].

予想した生合成をフラスコ内で再現すべく，市販されているトリプトファンエチルエステル（**13**）をメタンスルホン酸水溶液に溶解させた．**13** は塩となり，溶液は予想通り完全均一系となった．得られた溶液にさまざまな一電子酸化剤を作用させたところ，酢酸マンガンおよび 5 価のバナジウム試薬を用いた場合にラジカル経由の二量化反応が進行し，天然物と同様の結合様式をもつ二量体 **14**～**16** が得られることを見いだした．酸化剤により，わずかではあるが，二量化様式の選択性が観測された．すなわち，酢酸マンガンや三フッ化酸化バナジウムを用いた場合は C3 位と C7 位で結合した二量化生成物 **16** が主生成物として得られ，五酸化バナジウムを用いた場合には C3 位同士で結合した対称性をもつ二量体 **14** および **15** が主生成物として得られた（それぞれ 28%）．つづいて迅速な天然物への誘導のため，それぞれの中間体から対応するアミノ酸との脱水縮合，ジケトピペラジン形成反応をワンポット反応に展開した．これにより，中間体 **14** からは **10**，**15** からは **11**，**16** からは **12** がワンポットで合成できた．なお，**10** のような非対称に異なるアミノ酸が縮合した場合でも，工夫を重ねることで，収率を落とすことなくワンポット反応にすることができた（4 段階，ワンポット収率 70%）．その詳細については文献 6 を参照されたい．

この 2 ポット全合成法を用いて，天然より見いだ

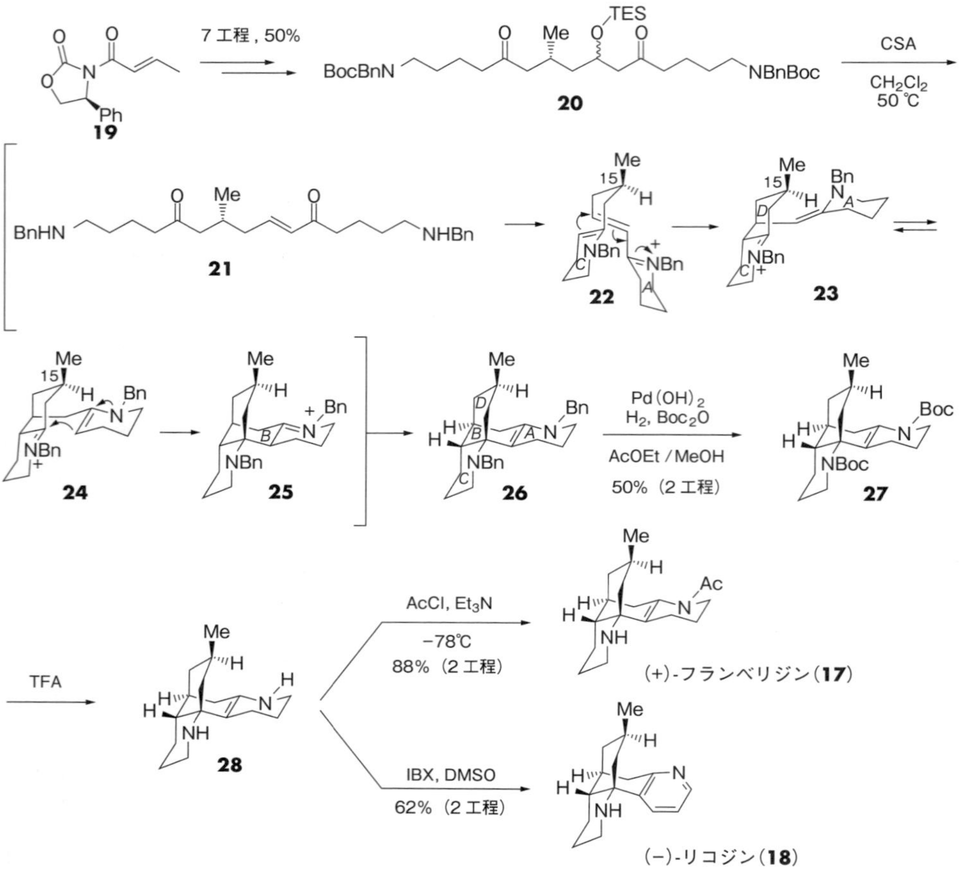
7 工程，50%
CSA
CH2Cl2
50℃
BocBnN
NBnBoc
TES
Me
19
20
Ph
BnHN
NHBn
21
22
23
24
25
26
27
28
Pd(OH)2
H2, Boc2O
AcOEt / MeOH
50%（2 工程）
TFA
AcCl, Et3N
−78℃
88%（2 工程）
IBX, DMSO
62%（2 工程）
(+)-フランベリジン(17)
(−)-リコジン(18)

図 5-3　高山らによるフラベリジンおよびリコジンの全合成

されている 11 種のアルカロイドの網羅的全合成を達成した．**13** からの総収率は，ほとんどの場合で 20%を上回っている．加えて，これまでに得られた天然物ライブラリーの生物活性スクリーニングを行い，新規生物活性としてマクロファージ泡沫化阻害活性に起因する静脈硬化抑制作用，およびプロテアソーム阻害活性を介した抗がん活性を見いだした[6]．

4 イミン-エナミン平衡に基づいた連続環化反応を鍵工程とするリコポジウムアルカロイドの全合成

ヒカゲノカズラ科リコポジウム属植物は，複雑な環構造をもった多様なアルカロイドを産生することが知られている．提唱されている本アルカロイド類の生合成では，イミン-エナミン平衡を巧みに利用する連続環化反応により多環構造へと導かれる．高山らはこの生合成仮説をフラスコ内で見事に再現し，リコポジウムアルカロイドの重要な基本骨格である四環性構造の構築につづく，フラベリジン(**17**)とリコジン(**18**)の全合成を達成した(図 5-3)[7]．

高山らの合成は既知のクロトンアミド **19** から始まった．**19** から 7 段階 50%の化学変換を経て，不斉中心をもつメチル基，両末端に窒素官能基，β-シロキシカルボニル基を含む二つのカルボニル基をもつ直鎖環化反応前駆体 **20** を合成した．この前駆体 **20** をカンファースルホン酸(CSA)で処理すると，シロキシ基が脱離して α，β-不飽和ケトンとなるとともに両末端の Boc 基が除去され，ベンジル基をもつ第二級アミンへと変換される．この両末端の第二級アミンはそれぞれ分子内に存在する二つのカルボ

+ COLUMN +

★いま一番気になっている研究者

Dirk Trauner

（アメリカ・ニューヨーク大学 教授）

Trauner 教授は 1997 年ウィーン大学で学位を取得後，メモリアル・スローン・ケタリング癌センターの S. J. Danishefsky 教授のもとでポスドクとして研鑽を積まれた．その後，2000 年からカリフォルニア大学バークレー校でアカデミックキャリアをスタートし，2008 年にルートヴィヒ・マクシミリアン大学ミュンヘンの教授を経て，2016 年から現職に着いた．

彼は複雑な環構造をもつ芳香族ポリケチド類の生合成に深く精通し，無駄のないエレガントな生合成模擬的全合成を数多く達成している．これまでに全合成を達成した天然物は 80 種以上に及び，天然物全合成研究分野のフロントランナーである．また，化学合成により導きだした光応答性生物活性化合物を利用したケミカルバイオロジー研究の第一人者でもあり，遺伝子操作と光学的手法を組み合わせたオプトジェネティクス（optogenetics）や光異性体を薬剤開発や細胞内シグナル伝達の解明に利用するフォトファーマコロジー（photopharmacology）分野で非常に著名な功績を残している．化学から生物学まで幅広い研究を展開されており，有機化学，光化学，ケミカルバイオロジー，遺伝学といった多岐にわたる分野で目が離せない研究者である．

ニル基とシッフ塩基を形成しながら環化し，天然物の A，C 環に相当する環構造を与える．C 環部はエナミンとなり，A 環部は共役イミニウムイオンとなるため，C 環部からの分子内共役付加反応が進行し，D 環部がジアステレオ選択的に構築される（**22** → **23**）．つづいて A 環部のエキソオレフィンは環内へ互変異性化し，生じたエナミンから C 環のイミニウムイオンへのマンニッヒ型反応が進行し，B 環が構築される（**23** → **24** → **25**）．最後に A 環に生じたイミニウムイオンが四置換エナミンへと異性化し，**26** となることで本ドミノ反応は終結する．

本合成は，酸を添加するだけで，次つぎと環化反応が進行し，天然物の骨格を一挙に与える，きわめてエレガントな手法となっている．保護基を Boc 基へと変更し，ジアステレオマーを分離したのち，**27** から天然物へは 2 段階で導いている．すなわち，酸により Boc 基を除去したのち，低温条件下アセチルクロリドを作用させれば，フラベリジンが得られ，選択的に A 環部を酸化してピリジン環とすればリコジンが得られる．生合成をフラスコ内で再現することにより，複雑なアルカロイドがきわめて効率的かつ，短段階で合成できることを示す好例である．

5 生合成模擬的環拡大反応を鍵工程としたアゲリフェリンの全合成

ピロール-イミダゾールアルカロイド類はおもにカイメンから見いだされる海洋天然物であり，構造多様性に富み，加えてさまざまな興味深い生物活性が報告されている．本節で述べるアゲリフェリン（**30**）も抗菌および抗ウイルス活性などの有益な生理活性を示すことが知られている．

Baran らはカイメンから単離されるピロール-イミダゾールアルカロイド類のデータ解析を行い，アゲリフェリンが常にセプトリン（**29**）とともに単離されている事実に着目した[8]．すなわち，一見まったく異なる構造をもつ両化合物間には生合成的に関連があり，セプトリンはアゲリフェリンの前駆体であると考えた．なお，セプトリンの生合成は，同種のカイメンから単離されるヒメニジン（**31**）の[2 + 2]付加環化反応による二量化によってなされていることが提唱されている．

Baran らは自ら着想した生合成仮説を立証するため，セプトリンの化学合成に取り組んだ（図 5-4）[9]．**29** を合成するにあたり，すべてトランスに官能基が配置されたシクロブタン環の構築が必要となった．

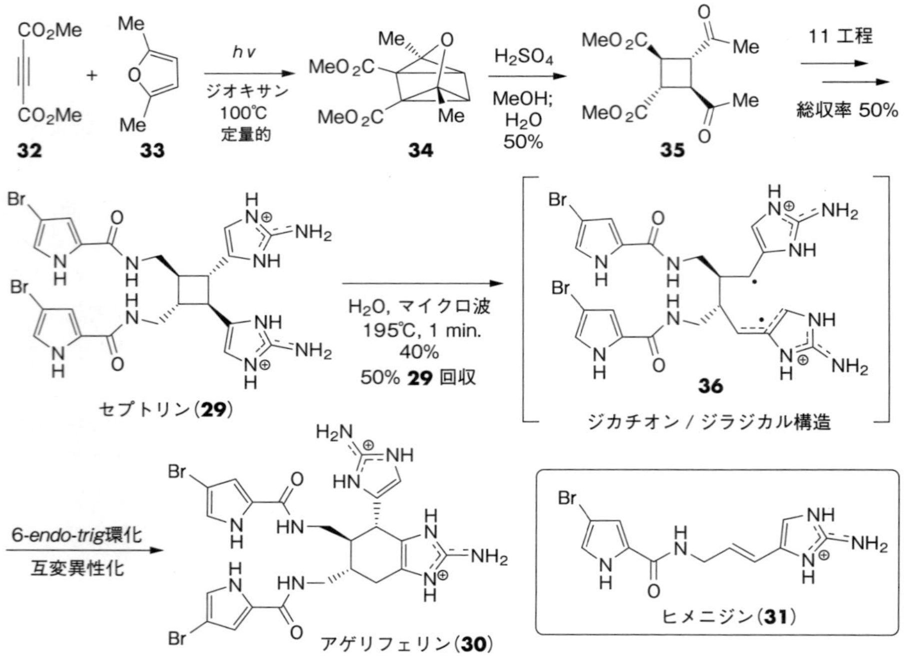

図 5-4　Baran らによるセプトリンおよびアゲリフェリンの全合成

彼らは 3-オキソクアドリシクラン骨格からの転位反応を利用した．すなわち，アルキン **32** とフラン **33** の[4 + 2]/[2 + 2]連続付加環化反応により 3-オキソクアドリシクラン **34** を定量的に得たのち，硫酸処理につづく水による後処理で転位反応を進行させ，シクロブタン **35** を得た．その後，11 段階の化学変換によりブロモピロール環およびイミダゾール環を導入し，セプトリン(**29**)の全合成を達成した．その総収率は 24%であり，非常に効率的な合成となっている．なお，Baran らは酵素による不斉非対称化を利用し，光学活性 **29** の全合成も達成している[10]．

29 から **30** への生合成模擬的変換は，水中，マイクロ波照射下，195℃に加熱することで達成され，収率 40%で **30** が得られた．計算化学的手法により反応機構解析を行った結果，シクロブタン環が熱的に開裂し，ジカチオン/ジラジカル構造 **36** を経て，6-*endo*-*trig* 環化反応が進行することが示された[11]．同じカイメンから単離されている天然物の生合成を熟考した結果なしうる合成経路であり，連続的に有用天然物が得られるエレガントな全合成となっている．

6 まとめとこれからの展望

本章では，生合成から着想を得た骨格変換反応が，どのように有用アルカロイドの全合成に応用されているのかを，ビンブラスチン，トリプトファン由来二量体型ジケトピペラジンアルカロイド，リコポジウムアルカロイド，ピロール-イミダゾールアルカロイドを例に挙げて解説した．いずれの合成も生合成を熟考しなければ導きだすことが難しい高度な化学変換を含み，インパクトのある全合成となっている．また，通常行われている人工的な反応を組み合わせた全合成に比べて，格段に短工程かつ効率的に目的天然物が得られていることは，一目瞭然である．

自然界で行われている化学反応には，いまだ人知の及ばない事例が数多く存在している．有機合成化学者は遷移金属反応などの人類が独力で切り拓いた化学に依存するだけではなく，天然物化学や生化学の最新研究成果にも精通し，有機合成化学に取り入れることが，今後の当該分野の発展に重要であろう．筆者らも生合成を考慮した全合成を主題とすることで，今後の有機合成化学に新たな概念や価値を提言できるような研究を展開していきたいと考えている．

◆ 文 献 ◆

[1] H. Ishikawa, D. A. Colby, S. Seto, P. Va, A. Tam, H. Kakei, T. J. Rayl, I. Hwang, D. L. Boger, *J. Am. Chem. Soc.*, **131**, 4904 (2009).

[2] H. Ishikawa, D. A. Colby, D. L. Boger, *J. Am. Chem. Soc.*, **130**, 420 (2008).

[3] H. Gotoh, J. E. Sears, A. Eschenmoser, D. L. Boger, *J. Am. Chem. Soc.*, **134**, 13240 (2012).

[4] Review; S. Tadano, H. Ishikawa, *Synlett*, **25**, 157 (2014).

[5] S. Tadano, Y. Mukaeda, H. Ishikawa, *Angew. Chem. Int. Ed.*, **52**, 7990 (2013).

[6] S. Tadano, Y. Sugimachi, M. Sumimoto, S. Tsukamoto, H. Ishikawa, *Chem. Eur. J.*, **22**, 1277 (2016).

[7] M. Azuma, T. Yoshikawa, N. Kogure, M. Kitajima, H. Takayama, *J. Am. Chem. Soc.*, **136**, 11618 (2014).

[8] P. S. Baran, D. P. O'Malley, A. L. Zografos, *Angew. Chem. Int. Ed.*, **43**, 2674 (2004).

[9] P. S. Baran, A. L. Zografos, D. P. O'Malley, *J. Am. Chem. Soc.*, **126**, 3726 (2004).

[10] P. S. Baran, K. Li, D. P. O'Malley, C. Mitsos, *Angew. Chem. Int. Ed.*, **45**, 249 (2006).

[11] B. H. Northrop, D. P. O'Malley, A. L. Zografos, P. S. Baran, K. N. Houk, *Angew. Chem. Int. Ed.*, **45**, 4126 (2006).

CSJ Current Review
★
Part II
研究最前線

Current Review

Chap 6

カスケード型環化反応による環状グアニジン天然物の合成

Synthesis of Natural Products Having Cyclic Guanidine by Cascade Cyclization

西川 俊夫　中崎 敦夫
（名古屋大学大学院生命農学研究科）

Overview

フグ毒テトロドトキシン（tetrodotoxin：TTX）や麻痺性貝毒サキシトキシン（saxitoxin：STX）は，古くから知られた天然物である．これらは電位依存性ナトリウムチャネル（voltage-gated sodium channel：VGSC）を特異的に阻害するため，今日まで生理学・薬理学実験で広く試薬として利用されている．近年，VGSC の機能解明・精密制御のための新規阻害剤の開発が活発で，これら海産毒がその基盤化合物として注目を集めている．本章では，新規イオンチャネル阻害剤の開発に向けて当研究室で展開しているカスケード型ブロモ環化反応による二つのグアニジン系天然物 STX とクランベシン B カルボン酸の合成研究を取りあげ，これら分子の合成の効率化をどのように実現しようとしているかを紹介する．

■ **KEYWORD** 📖マークは用語解説参照

- ■サキシトキシン（saxitoxin, STX）
- ■クランベシン B（crambescin B）
- ■グアニジン（guanidine）
- ■イオンチャネル阻害剤（ion channel inhibitor）
- ■電位依存性ナトリウムチャネル（voltage-gated sodium channel）📖
- ■ブロモ環化反応（bromocyclization reaction）
- ■カスケード反応（cascade reaction）📖
- ■アセチレン（acetylene）

1 天然物合成の重要性

近年，医学，薬学，農学，生物学などからの天然物合成に対する期待がより一層大きくなっている．なぜなら，天然物にはこれら生物学関連研究分野で有効活用できそうなユニークで魅力的な生物活性を示すものが多いが，その入手の困難さから天然物を使った研究が展開できないためである．天然物合成は，この天然物供給の問題を解決することのできる技術として期待されている．しかし，天然物を有機合成で供給し，周辺学問領域で有効利用するためには，さまざまな類縁体も合成可能な真に効率のよい合成法が必須であり，本書のようなさまざまな試みがなされている．ここでは，筆者らの研究室で展開してきたカスケード型環化反応によるグアニジン系天然物の合成研究を取りあげ，合成の効率化をどのようにして解決しようとしているか紹介する．

2 イオンチャネル阻害剤としての環状グアニジン天然物の重要性

海洋生物からは，グアニジンを含むきわめて複雑な構造をもつ天然物が数多く見つかっている．そのなかで最も重要な分子は，フグ毒として有名なテトロドトキシン(TTX)と麻痺性貝毒サキシトキシン(STX)だろう．これら海産天然物は，1960〜70年代に発見・構造決定された古典的天然物というべきものであり，電位依存性ナトリウムチャネル(VGSC)を特異的かつ強力に阻害するため，現在に至るまで生理学・薬理学実験で欠かすことのできない試薬として広く使われている[1](STXは化学兵器に指定されており，現在使用できない)．

TTXの標的タンパクであるVGSCには9種類(Nav1.1〜1.9)のサブタイプが知られており，それぞれ異なる生物機能を担っていると考えられている．しかしその詳細は明らかではなく，機能解明と制御のためにサブタイプ選択的な阻害剤が望まれている．たとえば，Nav1.7と1.8は痛みの伝達にかかわるVGSCであることから，製薬業界では末期がん患者のためのモルヒネに代わる鎮痛剤としてこれらサブタイプ選択的阻害剤の開発研究が盛んである[2]．

TTXは9種類のサブタイプのうち三つ(Nav1.5, 1.7, 1.9)を阻害しない．近年，天然類縁体4,9-anhydro TTXが，サブタイプNav1.6を選択的に阻害することが報告され[3]，TTXの構造改変によってサブタイプ選択的な阻害剤が開発できることが期待された．そこで，筆者らは天然に存在する数多くのTTX類縁体のなかにVGSCのサブタイプ選択的な阻害活性を示す分子があることを期待し，その合成研究を精力的に進めている[4]．

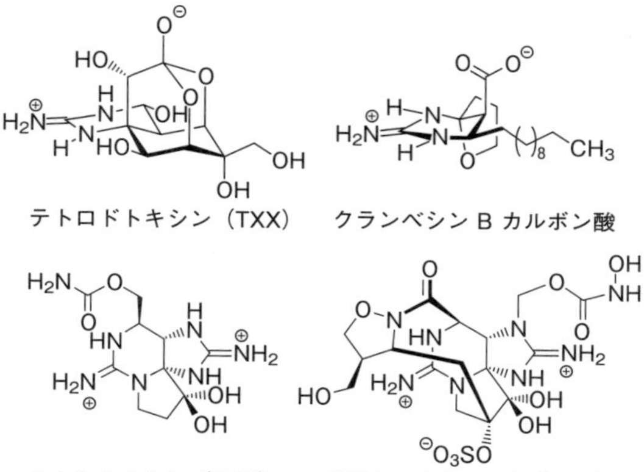

テトロドトキシン（TXX）
クランベシン B カルボン酸
サキシトキシン（STX）
ゼテキトキシン AB（ZTX）

図6-1　イオンチャネル阻害活性を示すグアニジン系天然物

筆者らは，この研究を進めるなかでパナマ産ヤドクガエルから単離されたゼテキトキシン(zetekitoxin: ZTX)というSTXの天然類縁体に注目した[5]．この分子はTTX，STX類縁体のなかで唯一，心筋に発現するVGSC(Nav1.5)も強力に阻害すると報告されており，各種VGSCのサブタイプ選択的な阻害剤を開発するにあたって，ZTXのサブタイプ選択性を詳しく調べてみたいと考えた．しかし，本化合物を保有するヤドクガエルは絶滅危惧種に指定されており，ZTXの研究には化学合成による供給が欠かせない．そのため，まずZTXのコア構造であるSTX三環性骨格の合成法の開発に着手した．またこの研究途上で，地中海産のカイメンから単離されたクランベシンB[6]のエステルを加水分解して得られるカルボン酸部分(クランベシンBカルボン酸)が，TTXと類似した双極イオン構造をもつことに注目し，そのVGSCの阻害活性を調べるために化学合成を計画した．以下にその詳細を紹介する．

3 カスケード反応によるSTX骨格の合成戦略

サキシトキシン(STX)は，分子量301と小さいが，分子式($C_{10}H_{19}O_4N_7$)からも明らかなように典型的な「多官能性小分子(densely functionalized small molecule)」である．二つのグアニジン環が縮環し，12位ケトンが水和体として存在する他に類例のない化学構造をもつ．この化学構造と強力な生物活性は，構造決定されて間もなく有機合成化学者の注目を集め，すでに1970年代に，岸義人らやJ. A. Jacobiらによって優れた合成法が報告された．また2000年代に入って，J. Du Boisや長澤和夫が独自の全合成法を開発し，それぞれ新規なVGSC阻害剤の開発を目指して活発な研究を展開している．筆者らの報告の直後にはR. E. LooperらもSTXの全合成を報告した[7]．

筆者らは，STX骨格を構築するために以下の二つの合成戦略を検討した(スキーム6-1)．STX骨格のAC環を含む前駆体**A**を合成し，のちに**B**環を構築する「合成戦略1」，BC環を含むスピロ化合物**D**を合成し，最後にA環を構築する「合成戦略2」，である．これらの二つの前駆体**A**，**D**には一本の鎖状炭素構造が含まれており，C-4，C-12位はカルボニルの酸化段階である．この1,2-ジカルボニルをアセチレンと合成的に等価と見なせば，これら前駆体はグアニジンを含んだ鎖状の内部アセチレン化合物から合成できると考えた．実際には，合成戦略1の三環性化合物**A**と合成的に等価な化合物**B**をアルキン**C**から，合成戦略2のスピロアミナール**D**と合成等価な化合物**E**をアルキン**F**から，それぞれ「カスケード型ブロモ環化反応」[8]によって合成し，このアイデアを実現した．

3-1 合成戦略1——AC環を含む三環性中間体を鍵化合物とする合成[9]

カスケード型ブロモ環化反応の前駆体**8**(**C**)は，Garnerアルデヒド**1**とホモプロパルジルアルコール誘導体からスキーム6-2に示すように合成した．リチウムアセチリド**2**の**1**への付加は，HMPA存在下で高ジアステレオ選択的(> 10：1)に進行し，**3**を与えた．ここで生成したヒドロキシ基をメシル化後，すべての保護基をTFAで除去し，得られたアミノアルコールをトリエチルアミンで処理しアジリジンを合成した．アジリジンを*S*-メチルイソチオウレア誘導体によってグアニジニル化すると，驚いたことに隣接したヒドロキシ基がグアニジン炭素に付加した**5**が得られた．しかしこの異常構造によって，二つの一級ヒドロキシ基が容易に区別できるようになった．すなわち，下部ヒドロキシ基を常法によってTBS化，次いで上部のヒドロキシ基をアセチル化し，**6**とした．アジ化ナトリウムによるアジリジンの開環はプロパルギル位選択的に起こり，TBS化された一級ヒドロキシ基をメシル基に変換してアセテートとBocを順次脱保護し，環化前駆体**8**を調製した．

この化合物のカスケード型ブロモ環化反応は，CH_2Cl_2-H_2Oの二相系溶媒中，K_2CO_3の存在下，Br^+源として$PyHBr_3$を加えるだけで進行し，目的

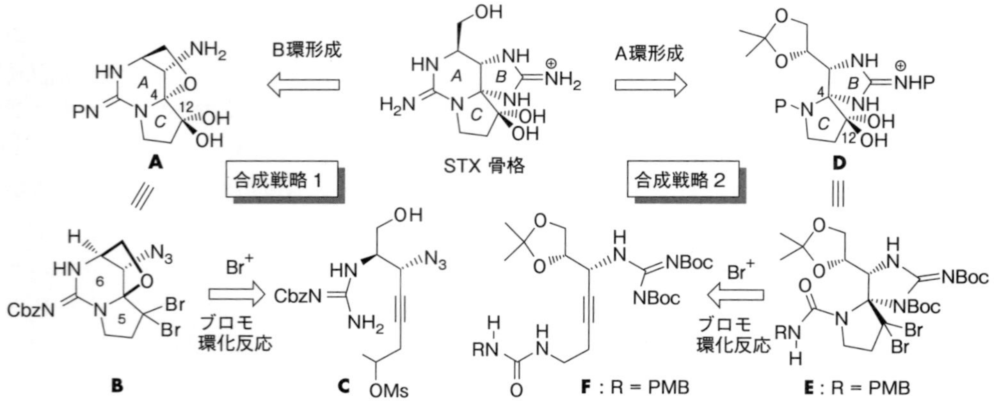
B環形成
A環形成
A
STX 骨格
D
合成戦略 1
合成戦略 2
Br+
ブロモ
環化反応
B
C
F：R = PMB
E：R = PMB

スキーム6-1 STX骨格の合成戦略

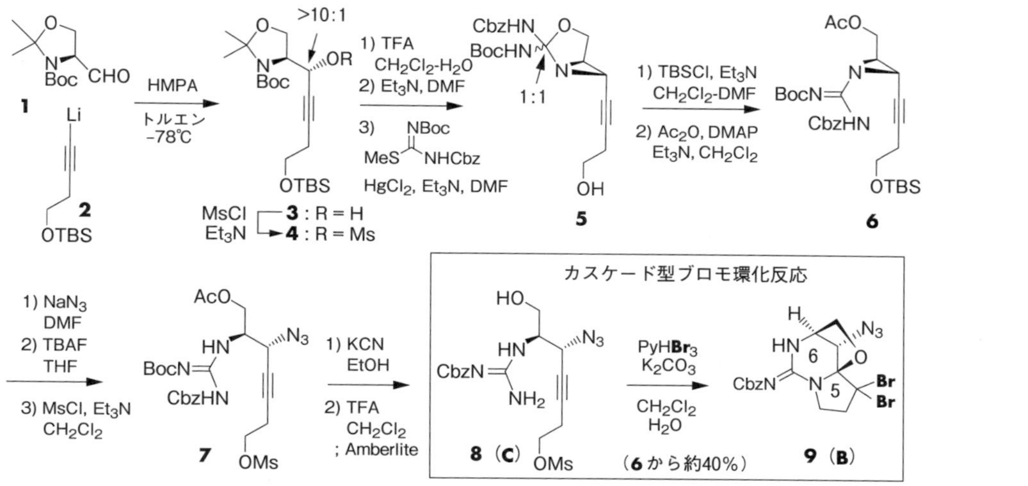

1
2
OTBS
HMPA
トルエン
−78℃
>10:1
OR
OTBS
MsCl
Et₃N
3 : R = H
4 : R = Ms
1) TFA
CH₂Cl₂-H₂O
2) Et₃N, DMF
3) NBoc MeS NHCbz
HgCl₂, Et₃N, DMF
CbzHN
BocHN
1:1
OH
5
1) TBSCl, Et₃N
CH₂Cl₂-DMF
2) Ac₂O, DMAP
Et₃N, CH₂Cl₂
AcO
BocN
CbzHN
OTBS
6
1) NaN₃
DMF
2) TBAF
THF
3) MsCl, Et₃N
CH₂Cl₂
AcO
BocN
CbzHN
N₃
7
OMs
1) KCN
EtOH
2) TFA
CH₂Cl₂
; Amberlite
カスケード型ブロモ環化反応
HO
CbzN
NH₂
N₃
8 (C)
OMs
PyHBr₃
K₂CO₃
CH₂Cl₂
H₂O
(6から約40%)
CbzN
Br
Br
9 (B)

スキーム 6-2　カスケード型環化反応による中間体 **B** の合成

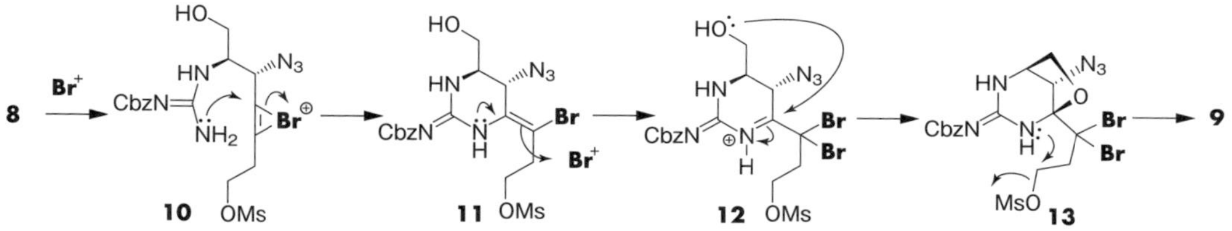

8
Br⁺
10
OMs
Br
11
Br⁺
12
13
MsO
9

スキーム 6-3　カスケード型環化反応の推定反応機構

とする AC 環をもつ化合物 **9**(**B**)が一挙に得られた．推定反応機構をスキーム 6-3 に示す．Br^+ によるアセチレンの活性化(**8** → **10**)が引き金となって進行するカスケード反応である．本反応では二相系溶媒が重要であり，CH_2Cl_2 だけで反応させると環化せず，単にアセチレンが臭素化される．

残る課題は *gem*-CBr_2 の加水分解と二つ目のグアニジン導入である(スキーム 6-4)．前者の変換のために通常使われている硝酸銀を使う条件では，まったく反応が進行しないことがわかった．ここでグアニジンをトリエチルアミンと無水酢酸でアセチル化しようとしたところ，まったく予期しない反応が進行した．すなわち，*gem*-CBr_2 がエノールアセテートに変換された生成物 **14** が得られた．当初，本反応は隣接基関与による異常反応だと考えていたが，その後の詳細な条件最適化と機構研究によって，酸

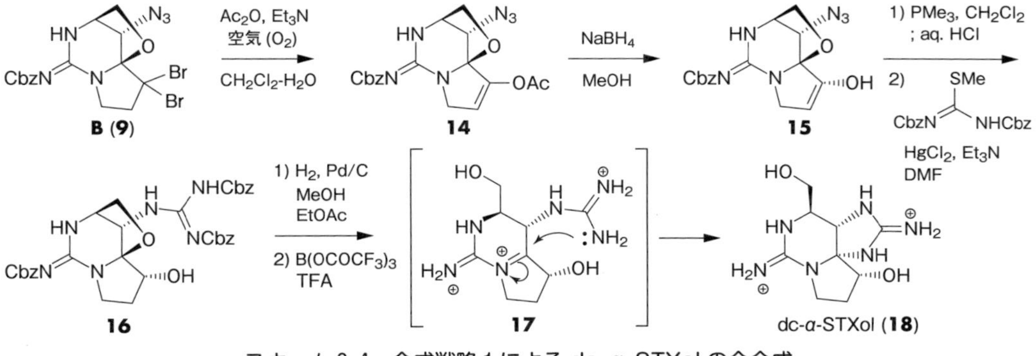

B (9)
Ac₂O, Et₃N
空気 (O₂)
CH₂Cl₂-H₂O
OAc
14
NaBH₄
MeOH
OH
15
1) PMe₃, CH₂Cl₂
; aq. HCl
2) SMe CbzN NHCbz
HgCl₂, Et₃N
DMF
NHCbz
NCbz
16
1) H₂, Pd/C
MeOH
EtOAc
2) B(OCOCF₃)₃
TFA
17
dc-α-STXol (18)

スキーム 6-4　合成戦略 1 による dc-α-STXol の全合成

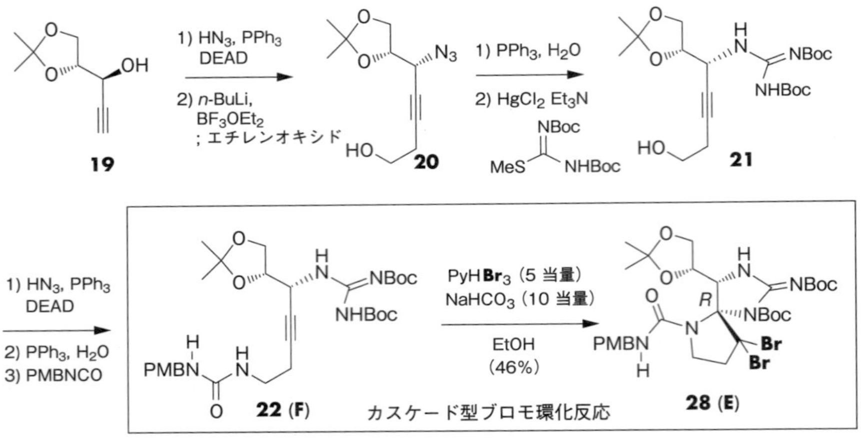

スキーム 6-5 カスケード型環化反応によるスピロ中間体 **23** の合成

素原子は分子状酸素由来であり，この反応がラジカル連鎖型反応であることがわかった[10]．そして，構造の単純な基質では *gem*-CBr_2 はケトンに変換されたことから，基質 **9** では生成したケトンがきわめてエノール化しやすいため，それがアセチル化されて **14** として生成したことがわかった．得られたエノールアセテートは，$NaBH_4$ による還元でヒドロキシ基へと変換した．最後に **15** のアジドを Staudinger 反応の条件で還元，グアニジニル化することで **16** とし，Cbz 基を接触水素化条件で脱保護したのち，TFA 中 $B(OCOCF_3)_3$ で処理するとイミニウムイオン **17** を経由して B 環が形成され，STX の天然類縁体デカルバモイル-*α*-サキシトキシノール（**18**，dc-*α*-STXol）の全合成を完了した．

3-2 合成戦略 2 ——BC 環を含む spiroaminal 中間体を鍵化合物とする合成[11]

カスケード型環化反応の前駆体 **22**（**F**）は，スキーム 6-5 に示すように既知のプロパルギルアルコール **19** から 7 段階で合成した．実際にはさまざまな窒素官能基をもつ基質 **F** を合成してカスケード反応を試みたが，ここでは最終的に STX 骨格合成に利用した前駆体 **22** の合成法を示す．まず，**19** のプロパルギル位のヒドロキシ基に光延反応条件でアジドを立体反転で導入し，リチウムアセチリドを発生させエチレンオキシドによって増炭して **20** を得た．アジドを還元，グアニジニル化して **21** としたのち，一級ヒドロキシ基を，再度，光延反応によるアジド導入，還元によってアミノ基へ変換し，イソシアネートによって，PMB ウレア **22** に変換した．この基質を使ったカスケード型ブロモ環化反応は，先に示した条件では低収率でしか反応が進行しなかったが，反応条件の再検討の結果，スキーム 6-5 に示した条件下で反応は速やかに進行し，**23** を単一の異性体として良好な収率で得ることに成功した．スピロ不斉中心の立体配置は，**22** から発生したイミニウムイオンに対するウレア窒素の付加反応で決まる．一見するとこの付加反応はアセトニド側鎖との立体障害を避けるように進むと考えられるが，実際には生成物のアセトニド側鎖と *gem*-CBr_2 基間に生じる大きな立体障害を避けるように，遅い遷移状態を経由して生成物 **23** を与えたと考えている．

カスケード反応の生成物 **23** から STX 骨格への変換をスキーム 6-6 に示す．まず，グアニジン上の一つの Boc を脱保護し，*gem*-CBr_2 を上述のラジカル的酸素化反応でエノールアセテートとし，その還元によって **25** へと変換した．次いでアセトニドを過ヨウ素酸で切断して得られた *N,O*-アセタール **26** に光延反応条件下，シアニドを立体選択的に付加させて **27** とした．ニトリルを酸加水分解，メチルエステル化し，得られたウレア **28** を *O*-エチルイソウレア **30** に変換した．最後にエステルを還元後，イソウレア **31** をアンモニア分解によってグアニジンへ変換し，STX 骨格を完成した．

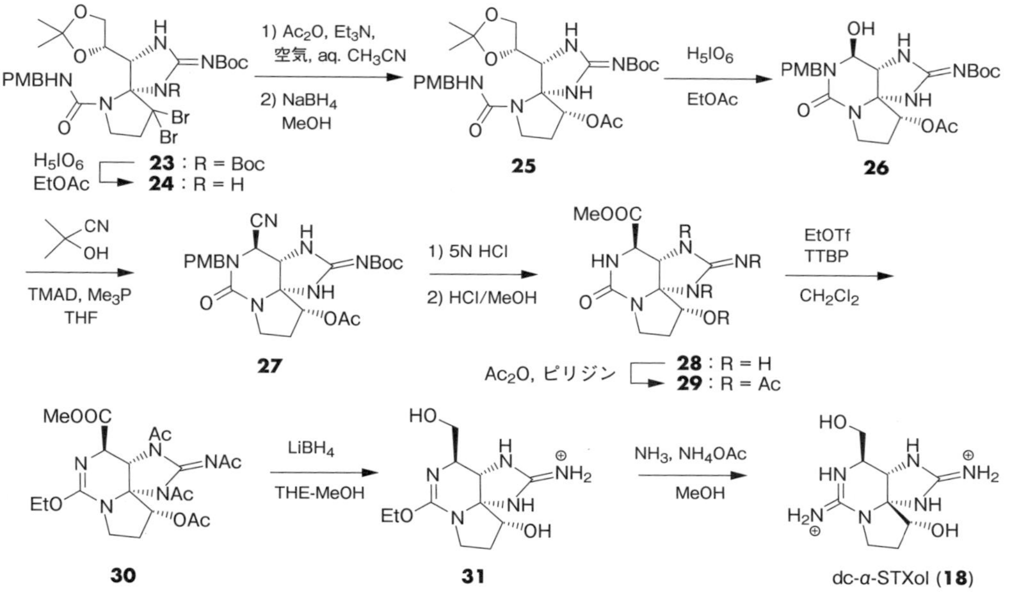
1) Ac₂O, Et₃N, 空気, aq. CH₃CN
2) NaBH₄ MeOH
H₅IO₆ EtOAc
23 : R = Boc
24 : R = H
25
26
TMAD, Me₃P THF
27
1) 5N HCl
2) HCl/MeOH
Ac₂O, ピリジン
28 : R = H
29 : R = Ac
EtOTf TTBP CH₂Cl₂
30
LiBH₄ THF-MeOH
31
NH₃, NH₄OAc MeOH
dc-α-STXol (18)

スキーム 6-6　合成戦略 2 による dc-α-STXol の全合成

4　カスケード型環化反応を用いたクランベシン B カルボン酸の合成[12]

クランベシン B カルボン酸のスピロ *N,O*-アセタール構造は，STX 合成で開発したカスケード型環化反応を利用して構築することとし，以下のような合成計画を立案した（スキーム 6-7）．ここでの合成課題は，カスケード反応の前駆体 **H** の立体選択的合成，とくにプロパルジル位へのヒドロキシメチル基の導入と連続環化反応（**H** → **G**）で生成するスピロ不斉中心の立体制御にあった．

実際の合成をスキーム 6-8 に示す．*cis*-エンイン **32** を香月らのキラルサラン触媒を使った不斉エポキシ化で **33** とし，これをアジドアルコールの立体反転を伴うアジリジン形成反応で **34** へ変換した．これをグアニジニル化してから課題であるヒドロキシメチル基の導入を検討した．その結果，大野らのパラジウム触媒とヨウ化インジウムを使う方法によって目的とする **37** をほぼ単一の生成物として得ることができた．保護基の変換によって環化前駆体 **38** へと導き，カスケード型ブロモ環化反応を試みたところ，目的とする *spiro*-生成物 **39** を単一のジアステレオマーとして得た．本反応では，**38** のヒドロキシメチルのヒドロキシ基が無保護だと生成物がジアステレオマーの混合物（約 1：1）として得られ，アセテートがこの立体制御に重要な役割を果たしている．最後に，**39** の *gem*-CBr_2 の臭素をラジカル還元し，一級ヒドロキシ基を Jones 酸化でカルボン酸に変換し，脱保護によってクランベシン B カルボン酸を合成した．なお，ここで合成した化合物は，Neuro-2A 細胞を使った VGSC の評価系で，期待通り TTX に匹敵する強力な阻害活性を示した．しかし，その阻害機構は，TTX や STX とはまった

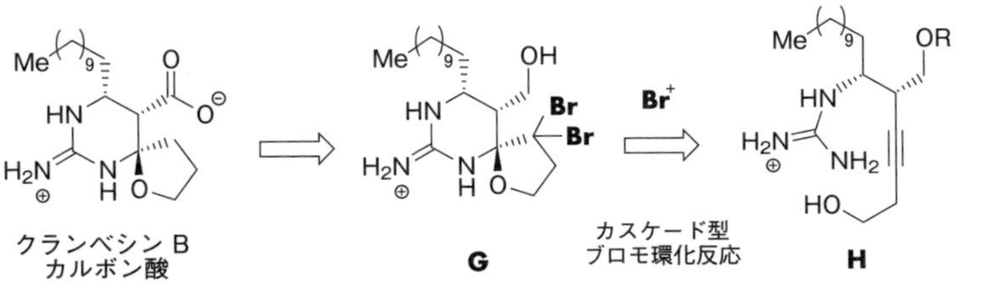
クランベシン B カルボン酸
G
カスケード型 ブロモ環化反応
H

スキーム 6-7　クランベシン B カルボン酸の合成計画

+ COLUMN +

★いま一番気になっている研究

Ryan A. Shenvi

（アメリカ・スクリプス研究所 准教授）

彼は，スクリプス研究所の P. S. Baran 教授の下で Chartelline C と Cortistatin A の全合成によって 2008 年に PhD. を取得した．その後，ハーバード大学の E. J. Corey 教授の下で博士研究員として研鑽を積み，2010 年からスクリプス研究所において独立したポジションを取得，2014 年に准教授になり現在に至る．これまでに，彼は医薬品やその候補として有用な生物活性天然物の短工程合成を目指し，独自の反応や方法論の開発に成功している．代表的な研究としては，（1）水素原子転移反応を使った不活性アルケンの還元および官能基化，（2）第三級アルコールの立体反転を伴うイソニトリルおよびアミンの合成，および（3）神経成長因子(NGF)増強活性をもつ(−)-Jiadifenolide のグラムスケールでの 8 工程合成などがあり，いずれもインパクトの高いものである．（2）については，簡便かつ有用なイソニトリルの導入反応であり，アミノ基の導入法としても利用できることから他の研究グループによっても利用されている．

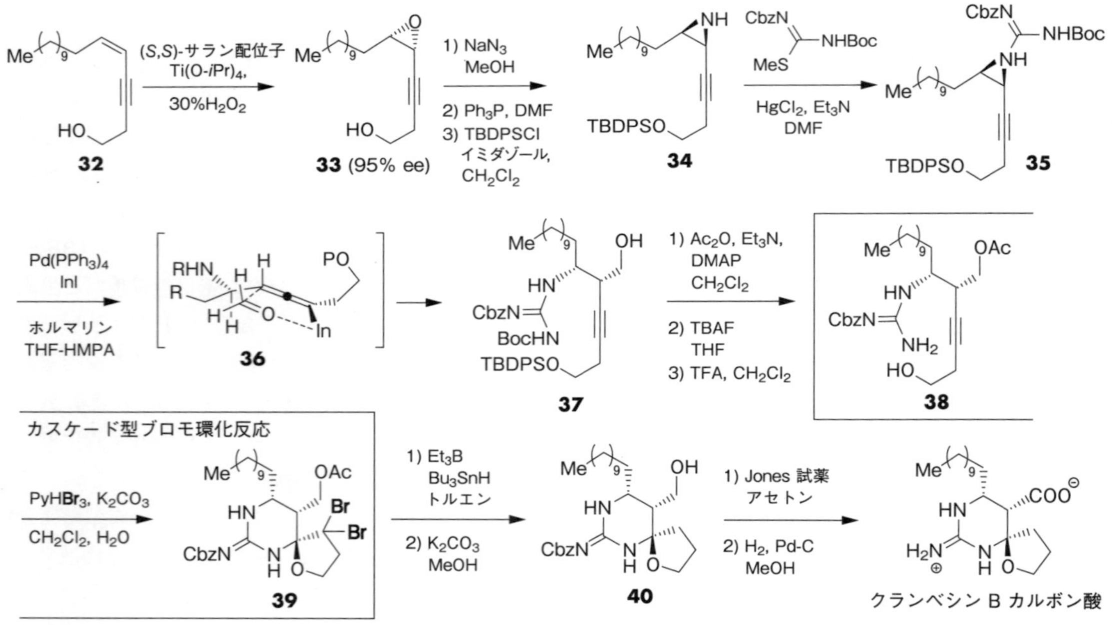

スキーム 6-8　クランベシン B カルボン酸の合成

く異なるものであった[13]．

5 まとめと今後の展望

以上のように，もともと STX の骨格合成のために開発したカスケード型環化反応は，さまざまなヘテロ環構造を構築できる簡便な反応となった．ここでは紹介しなかったが，この反応は一般にはきわめて不安定な spiro-オキセタンアセタールの合成にも利用可能である[14]．単一操作でグアニジン環を含む多官能性化合物を一挙に合成できる方法論は，アナログ合成においても強力な手段を提供する．実際，クランベシン B カルボン酸の合成では，カスケード

生成物 **39** を共通中間体としてさまざまな類縁体を合成して，構造活性相関研究を実施した．今後，VGSC の新規阻害剤の開発に重要な役割を果たすことが期待される．

◆ 文 献 ◆

[1] V. L. Salgado, J. Z. Yeh, T. Narahashi, *Ann. N. Y. Acad. Sci.*, **479**, 84 (1986).

[2] M. L. Ruiz, R. L. Kraus, *J. Med. Chem.*, **58**, 7093 (2015).

[3] C. Rodker, B. Lohberger, D. Hofer, B. Steinecker, S. Quasthoff, W. Schreibmayer, *Am. J. Physiol. Cell. Physiol.*, **293**, C783 (2007).

[4] (a) T. Nishikawa, M. Isobe, *Chem. Rec.*, **13**, 286 (2013); (b) T. Nishikawa, D. Urabe, M. Adachi, M. Isobe, *Synlett.*, **26**, 1930 (2015).

[5] M. Yotsu–Yamashita, Y. H. Kim, S. C. Dudley, G. Choudhary, A. Pfahnl, Y. Oshima, and J. W. Daly, *Proc. Nalt. Acad. Sci. USA*, **101**, 4346 (2004).

[6] (a) R. G. S. Berlinck, J. C. Braekman, D. Daloze, K. Hallenga, R. Ottinger, I. Bruno, R. Riccio, *Tetrahedron Lett.*, **31**, 6531 (1990); (b) E. A. Jares–Erijman, A. A. Ingrum, F. Sun, K. L. Rinehart, *J. Nat. Prod.*, **56**, 2186 (1993).

[7] A. P. Thottumkara, W. H. Parsons, J. Du Bois, *Angew. Chem. Int. Ed.*, **53**, 5760 (2014).

[8] Y. Sawayama, T. Nishikawa, *Synlett.*, 651 (2011).

[9] (a) Y. Sawayama, T. Nishikawa, *Angew. Chem. Int. Ed.*, **50**, 7176 (2011); (b) Y. Sawayama, T. Nishikawa, *J. Synth. Org. Chem. Jpn.*, **70**, 1178 (2012).

[10] R. Kimura, Y. Sawayama, A. Nakazaki, K. Miyamoto, M. Uchiyama, T. Nishikawa, *Chem. Asian J.*, **10**, 1035 (2015).

[11] S. Ueno, A. Nakazaki, T. Nishikawa, *Org. Lett.*, **18**, 6368 (2016).

[12] (a) A. Nakazaki, Y. Ishikawa, Y. Sawayama, M. Yotsu–Yamashita, T. Nishikawa, *Org. Biomol. Chem.*, **12**, 53 (2014); (b) A. Nakazaki, Y. Nakane, Y. Ishikawa, M. Yotsu–Yamashita, T. Nishikawa, *Org. Biomol. Chem.*, **14**, 5304 (2016).

[13] T. Tsukamoto, Y. Chiba, A. Nakazaki, Y. Ishikawa, Y. Nakane, Y. Cho, M. Yotsu-Yamashita, T. Nishikawa, M. Wakamori, K. Konoki, *Bioorg. Med. Chem. Lett.*, **27**, 1247 (2017).

[14] A. Nakazaki, Y. Nakane, Y. Ishikawa, T. Nishikawa, *Heterocycles.*, **91**, 1157 (2015).

Chap 7

縮環骨格構築法の開発とソラノエクレピンの全合成

Total Synthesis of SolanoeclepinA Based on New Methods for Constructing Polycyclic Frameworks

谷野 圭持
（北海道大学大学院理学研究院）

Overview

炭素環骨格をいかに効率的に構築するかは，天然物合成の成否を左右する重要事項である．なかでも，複数の炭素環が入り組んだ縮環骨格の構築は，大きな立体障害を克服しつつ立体選択的に炭素-炭素結合を形成する必要があり，とくに難易度が高い．筆者らは，この問題点を解決するいくつかの炭素環構築法を開発し，それらの有用性を天然物合成において実証してきた．本章では，３～７員環までのすべての大きさの炭素環を含む高次構造天然物であるソラノエクレピンＡの不斉全合成について紹介する．また，この目的で新たに開発したシクロペンテンアヌレーション法に続き，エポキシニトリルの分子内環化による４員環構築および，分子内 Diels-Alder 反応による６～７縮環系構築を経て，全合成が完成されるまでの経緯についても述べる．

■ ***KEYWORD*** マークは用語解説参照

- ソラノエクレピン(solanoeclepin)
- グリシノエクレピン(glycinoeclepin)
- ジャガイモシストセンチュウ(potato cyst nematode)
- ダイズシストセンチュウ(soybean cyst nematode)
- ふ化促進物質(hatch-stimulating agent)
- 全合成(total synthesis)
- 環化反応(annulation reaction)
- 分子内アルドール縮合(intramolecular aldol condensation)
- エポキシニトリル(epoxy nitrile)
- 分子内 Diels-Alder 反応(intramolecular—— reaction)

はじめに

効率的かつ立体選択的な炭素環構築法の開発は，天然物合成における中心的課題の一つである．単環性炭素環の多くは，分子内に二つの反応点をもつ鎖状分子を基質として，分子内アルドール反応，分子内アルキル化反応，分子内カップリング反応，あるいは閉環メタセシス反応などを適用することで構築される．また，Simmons–Smith 反応による 3 員環構築や Diels–Alder 反応による 6 員環構築など，特定の大きさの炭素環構築に有用な環化付加反応の例も多く知られている．一方，複数の炭素環が，互いに隣接する二つの炭素原子(核間位炭素)で連結されたオルト縮合系や，より遠い位置にある二つの炭素原子(橋頭位炭素)を共有する架橋系の縮環骨格については，その構築法は限定されたものとなる．炭素環の上に新たな炭素環を構築する方法は，（a）2 本の側鎖上の反応点を結ぶ，（b）側鎖上の反応点と環炭素を結ぶ，（c）二つの環炭素を別分子により結ぶ(環化付加反応)，の 3 通りに分類できる(図 7-1)．

図 7-1（a）と（b）では，側鎖の根元の炭素が生成物の核間位や橋頭位に相当するため，反応基質をいかに立体選択的に合成するかが重要となる．一方，図 7-1（c）ではそのような配慮が必要なく，環化付加反応の面選択性を制御する必要が生じる．それぞれの方法には長所と短所があり，これらを必要に応じて組み合わせることで，複雑な縮環骨格が構築可能である．本章では，3 ～ 7 員環までのすべての大きさの炭素環を含む高次構造天然物ソラノエクレピン A の不斉全合成を紹介する[1]．また，この目的で新たに開発されたシクロペンテンアヌレーション法〔図 7-1（b）〕に続き，エポキシニトリルの分子内環化〔図 7-1（b）〕による 4 員環構築および，分子内 Diels–Alder 反応による 6 ～ 7 縮環系構築〔図 7-1（a）と（c）の複合型〕を経て，全合成に到達するまでについても述べる．

1 ソラノエクレピン A とグリシノエクレピン A

ジャガイモシストセンチュウ(potato cyst nematode: PCN)はジャガイモの根に体ごと侵入して養分を収奪する体長 1 mm ほどの寄生虫である．PCN は，ジャガイモやトマトなどのナス科植物におもに寄生する寄主特異性を示し，これらの農作物に甚大な損害を与える．メスは体内に数百個の卵を内包したまま死に，ミイラになった死骸はシストと呼ばれ，卵を保護するカプセルとして機能する．シストのなかで卵は乾燥や農薬に耐え，次に寄主作物が植えつけられるまで 10 年以上も土中で生き残ることができる．この特異な生態から PCN の駆除は困難であり，その被害は全世界に拡大している．

ソラノエクレピン A は 1986 年にオランダの Mulder らによってジャガイモの水耕栽培液より単離され，PCN のふ化促進に顕著な活性を示すことが報告された[2]． 3 ～ 7 員環まですべての大きさの炭素環を含むそのユニークな構造は，1999 年にアムステルダム大学の Schenk らにより X 線結晶構造解析を用いて決定された[3]．興味深いことに，このソラノエクレピン A はダイズシストセンチュウのふ化促進物質であるグリシノエクレピン A[4] と類似の部分構造(エーテル渡環部を含む 6 員環，ヒドロインダン骨格，側鎖末端のカルボン酸)を含んでいる(図 7-2)．

グリシノエクレピン A の全合成が複数のグループから報告されているものの[5]，ソラノエクレピン A の全合成は筆者らの例のみである[6]．ソラノエクレピン A は，グリシノエクレピン A には存在しな

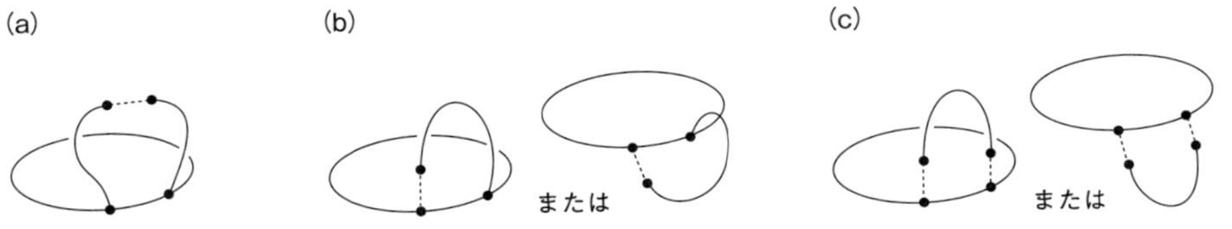
(a)
(b)
または
(c)
または

図 7-1　縮環骨格構築法の分類
（a）2 本の側鎖上での反応，（b）側鎖と環炭素の反応，（c）環化付加反応．

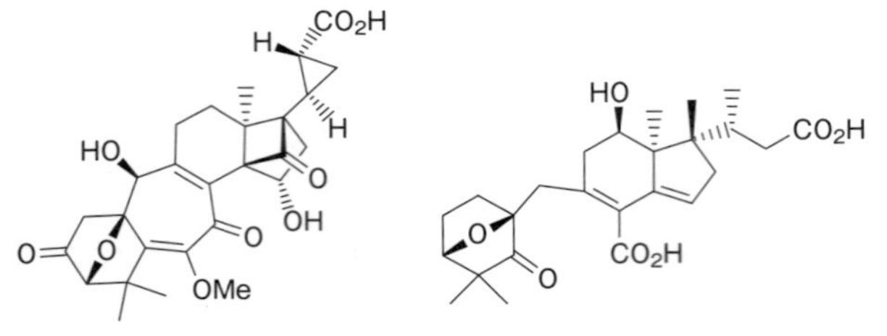
ソラノエクレピン A
グリシノエクレピン A

図 7-2　シストセンチュウふ化促進物質の分子構造

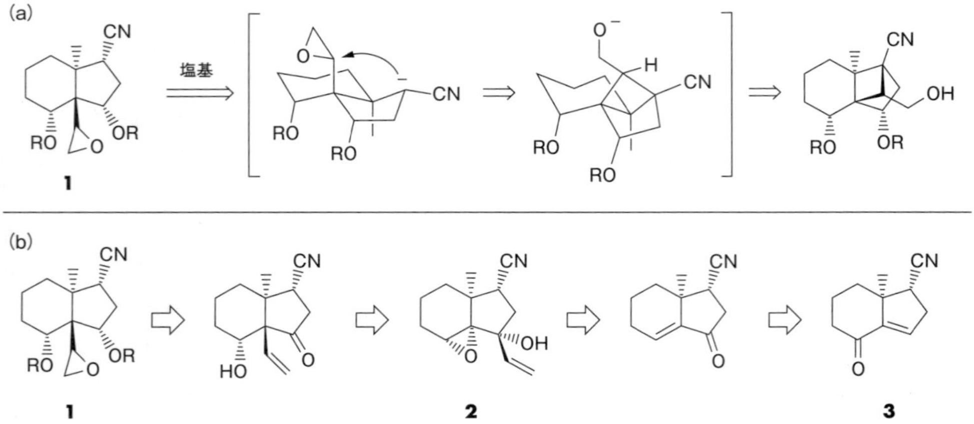
(a)
塩基
(b)

図 7-3　トリシクロ[5.2.1.0^{1,6}]デカン骨格の合成戦略

い高度に歪んだトリシクロ[5.2.1.0^{1,6}]デカン骨格を含むため，これをいかにして構築するかが全合成へ向けての最重要課題となる．実際にプラスチック製の分子模型でトリシクロ[5.2.1.0^{1,6}]デカン骨格を組んでみると，5 員環上に架橋した 4 員環ケトンは模型が折れそうなほど歪んでいることがわかる．この点に関して，分子内光[2 + 2]付加環化反応によるモデル化合物合成が報告されていたが[7]，筆者らは Stork により開発されたエポキシニトリルの分子内環化反応[8]を基軸とする新たな合成戦略を立案した．すなわち，エポキシド部とニトリル部を合わせもつトランスビシクロ[4.3.0]ノナン誘導体 **1** に塩基を作用させて，4 員環を構築する計画であった〔図 7-3(a)〕．

この環化前駆体において，アキシアル位に固定された核間位エポキシドとシアノ基の α 位炭素は空間的に近接しており，α-シアノカルバニオンの S_N2 反応に必要な立体配座をとりやすいと考えられた．むしろ困難が予想されたのは，5 員環と 6 員環が互いにトランス縮環し，かつ両方の核間位が第四級炭素である環化前駆体 **1** の合成であった．筆者らは，ビニル基をもつエポキシアルコール **2** の 1,2-転位反応を用いる合成計画を立案し〔図 7-3(b)〕，その鍵中間体となる双環性エノン **3** の大量供給法をまず確立することにした．

2 シクロペンテンアニュレーション反応の開発

環状エノンに共役付加反応を用いて適当な側鎖を導入後，分子内環化反応により新たな炭素環を構築するアニュレーション法は，縮環骨格の重要な構築法である．とくに，分子内アルドール縮合により 5 員環形成を行うシクロペンテンアニュレーション法は数多く報告されている．その典型例として，アセタール部位をもつ Grignard 試薬を銅塩の存在下でエノン **4** に共役付加させたのち，酸性条件で環化反応を行う Helquist らの方法が挙げられる[9]（図 7-4）．

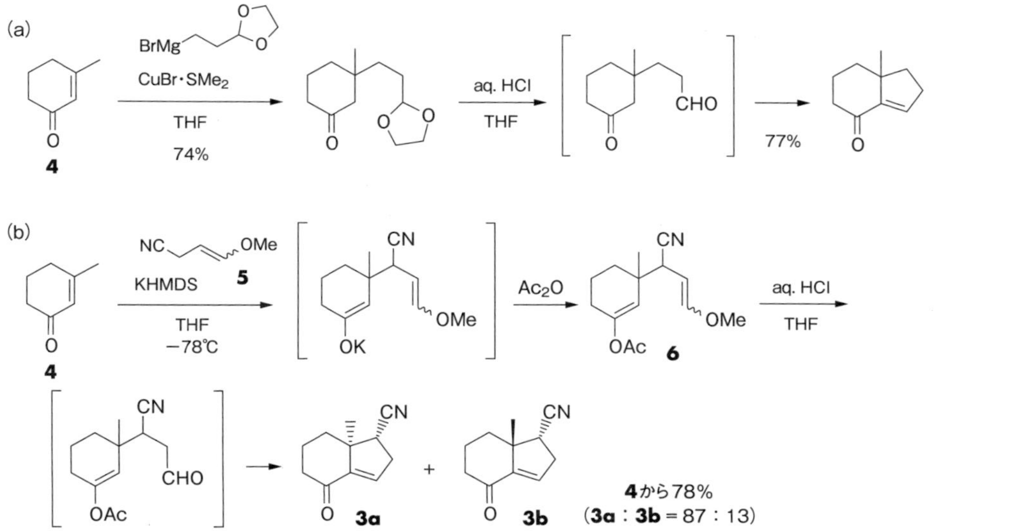
(a)
BrMg
CuBr・SMe2
THF
74%
4
aq. HCl
THF
CHO
77%
(b)
NC
OMe
KHMDS
5
THF
−78℃
OK
Ac2O
OAc
6
aq. HCl
THF
CN
CHO
3a
3b
4から78%
(3a : 3b = 87 : 13)

図 7-4　Helquist らによる報告(a)と筆者らが開発した新規シクロペンテンアニュレーション法(b)

これにヒントを得て，筆者らはニトリル部位をもつビシクロエノン **3** の合成法を新たに開発した．すなわち，エノールエーテル部位をもつニトリル **5** とカリウムビス(トリメチルシリル)アミド(Potassium hexamethyldisilazide：KHMDS)から調製されるアニオンをエノン **4** に作用させたのち，無水酢酸を加えてエノールエステル **6** を合成した．さらに **6** を希塩酸とともに加熱すると，エノールエーテル部位の加水分解につづいて分子内アルドール縮合が進行し，目的のエノン **3** が好収率で得られた．5 員環上のメチル基とシアノ基の相対立体配置に関しては，87：13 の比でシン体 **3a** が主生成物となった．

この新規シクロペンテンアニュレーション法が完成するまでの検討過程を，以下に示す．

アセタール部位をもつ市販のニトリル **7** を用いると 1,2-付加体 **8** のみが生成し，銅塩共存下でさえ共役付加体はまったく得られなかった〔図 7-5(a)〕．一方，アセタール **7** を熱分解反応に付してエノールエーテル **5** に変換後[10]，調製したアリルアニオンは「soft な求核剤」として挙動し，共役付加体 **9** を与えた〔図 7-5(b)〕．

そこで，共役付加体ケトン **9** を酸で処理すれば，エノールエーテルの加水分解と分子内アルドール縮合を経てエノン **3** が得られると予想した．ところが，目的物の生成は少量のみであり，エノールエーテルがケト基と反応したアルデヒド **10** が主生成物と

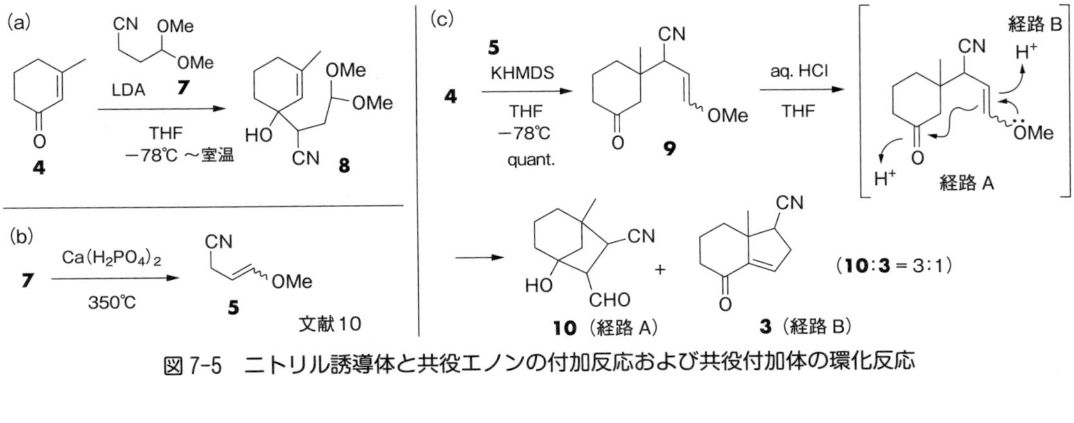
(a)
CN
OMe
OMe
LDA
7
THF
−78℃ ～室温
4
HO
CN
8
(b)
7
Ca(H2PO4)2
350℃
5
文献 10
(c)
5
KHMDS
THF
−78℃
quant.
9
aq. HCl
THF
経路 B
H+
経路 A
10 (経路 A)
3 (経路 B)
(10:3 = 3:1)

図 7-5　ニトリル誘導体と共役エノンの付加反応および共役付加体の環化反応

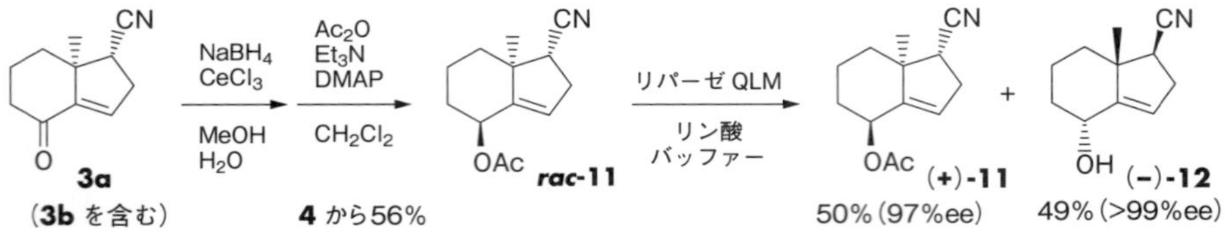
NaBH4
CeCl3
MeOH
H2O
Ac2O
Et3N
DMAP
CH2Cl2
リパーゼ QLM
リン酸
バッファー
3a
(3b を含む)
rac-11
4 から56%
(+)-11
50% (97%ee)
(−)-12
49% (>99%ee)

図 7-6 鍵中間体の酵素による速度論的光学分割

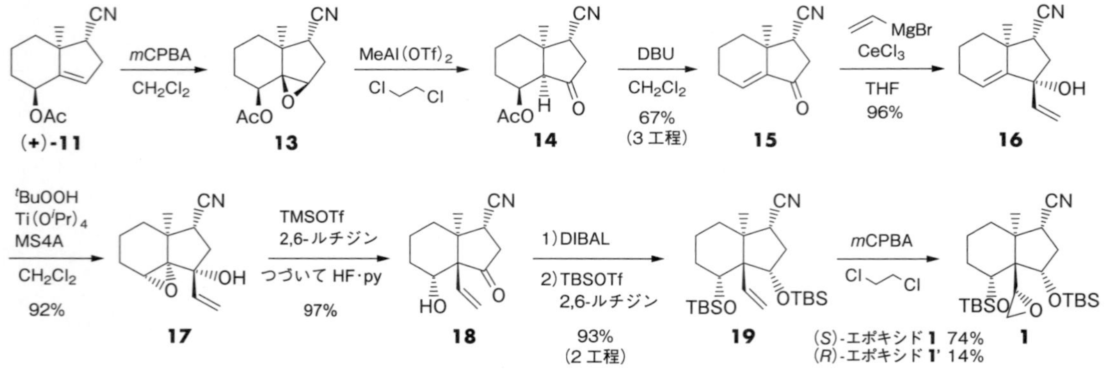
mCPBA
CH2Cl2
MeAl(OTf)2
DBU
CH2Cl2
67%
(3 工程)
MgBr
CeCl3
THF
96%
(+)-11
13
14
15
16
tBuOOH
Ti(OiPr)4
MS4A
CH2Cl2
92%
17
TMSOTf
2,6-ルチジン
つづいて HF·py
97%
18
1) DIBAL
2) TBSOTf
2,6-ルチジン
93%
(2 工程)
19
mCPBA
(S)-エポキシド 1 74%
(R)-エポキシド 1' 14%
1

図 7-7 セミピナコール転位を鍵とするエポキシニトリルの合成

なった．この問題を解決するために考案したのが，共役付加で生じるエノラートを無水酢酸により捕捉する方法であった〔図 7-4(b)〕．生成物 **6** のエノールエステル部位は，側鎖上のエノールエーテルが加水分解されるまではケトンの保護基として機能し，アルデヒドが生じたのちは活性な求核部位として働くと考えられる．

エノン **3a** の Luche 還元で得たアルコールをエステル ***rac*-11** に導いた(図 7-6)．エノン **4** からの 4 工程ではシリカゲルカラムクロマトグラフィーは必要なく，***rac*-11** を再結晶することでジアステレオマーを除去した．次いで，リパーゼによる加水分解反応に付して両鏡像異性体の分割に成功し，ソラノエクレピン A の不斉全合成の鍵中間体 **(+)-11** が 10 g スケールで入手可能となった[11]．

3 右側セグメントの合成

つづいて，ソラノエクレピン A の全合成における最重要課題であるトリシクロ[5.2.1.0^{1,6}]デカン骨格の構築に着手した．先述のとおり，5 員環と 6 員環が互いにトランスにフューズし，かつ両方の核間位が第四級炭素である環化前駆体 **1** の合成は容易ではない．筆者らは，エポキシアルコールのセミピナコール転位反応を用いる戦略でこの問題を解決した(図 7-7)．まず，エステル **(+)-11** を *m*CPBA 酸化し，エポキシド **13** を単一の立体異性体として得た．MeAl(OTf)$_2$ を用いて **13** をケトン **14** へ異性化させたのち，DBU (1,8-Diazabicyclo[5.4.0]-7-undecene：1,8-ジアザビシクロ[5.4.0]-7-ウンデセン) 処理をしてエノン **15** に導いた．塩化セリウム存在下，**15** に臭化ビニルマグネシウムを作用させると，付加反応はメチル基およびシアノ基との立体反発を避けるように進行し，第三級アルコール **16** が選択的に生成した．Sharpless 条件で **16** の環内アルケンを立体選択的に酸化し，生じたエポキシアルコール **17** に 2,6-ルチジンおよび TMSOTf を作用させてセミピナコール転位反応を行った．one-pot でのシリル基除去を経て，目的のトランスビシクロ骨格をもつケトン **18** を高収率で合成することに成功した．DIBAL 還元で生じたジオールを TBS 基で保護し，得られた **19** を *m*CPBA 酸化して環化前駆体へと変換した．エポキシドは互いに分離可能なエピマー混合物として得られ，*S* 体の **1** が 74%，*R* 体の **1'** が 14% の収率でそれぞれ単離された．

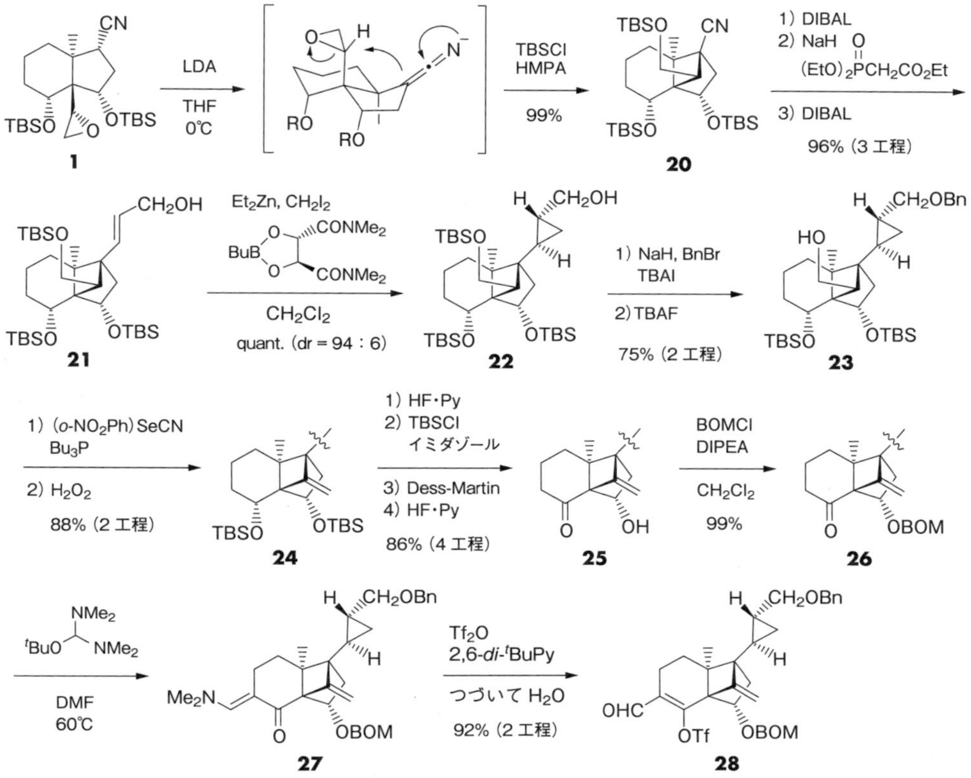

図 7-8　右側セグメント **28** の不斉合成

エポキシニトリル **1** の分子内環化反応は，LDA を作用させることで円滑に進行し，one-pot でのシリル化を経て目的物 **20** が定量的に得られた（図 7-8）．本反応においては 4-exo 環化体が高選択的に得られ，5-endo 環化体の副生はまったく見られない．ニトリル **20** を DIBAL 還元して得たアルデヒドを，Honor-Emmons 反応を経てアリルアルコール **21** に変換した．シクロプロパンの立体選択的な構築には，Charette 法[12]が有効であった．すなわち，酒石酸アミドから誘導された光学活性ホウ素試薬の存在下で Simmons-Smith 反応を行うことで，ジアステレオ比 94：6 で目的物 **22** を得た．第一級アルコールをベンジル基で保護したのち，4 員環上のシリル基を選択的に除去し，生じた第一級アルコール **23** を西沢-Grieco 法[13]によりアルケン **24** へ導いた．5 工程で 6 員環上のシロキシ基をケトンへ，5 員環上のシロキシ基をベンジルオキシメチル（benzyloxymethyl：BOM）基にそれぞれ変換した．このようにして得たケトン **26** と Bredereck 試薬の縮合反応で合成したエナミン **27** にトリフルオロメタンスルホン酸無水物を作用させたのち，加水分解することで，右側セグメント **28** の合成を完了した．

4 分子内 Diels-Alder 反応を鍵とするソラノエクレピン骨格の構築

複雑な構造をもつ天然物の全合成では，分子全体を数個のセグメントに分割して別途合成し，後半でそれらを相互に連結する収束的合成法を用いるのが一般的である．筆者らも当初，光学活性なセグメント **29**（図 7-9）を用いる収束的合成法の検討を行ったが，7 員環構築がきわめて困難という問題に阻まれ，冒頭で述べた分子内 Diels-Alder 反応に舵を切ることにした．それに伴い，(1) 工程数を抑制した効率的原料合成法，(2) 分子右側の遠隔不斉中心に

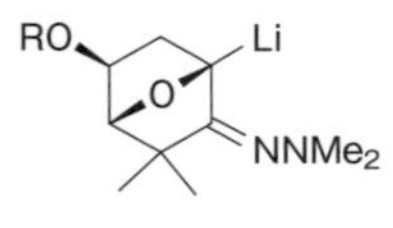

29 (R = ^{t}BuPh$_2$Si)

図 7-9　光学活性なセグメント **29**

よる反応面の制御が新たな課題となったものの，最終的にフラン誘導体 **32** を用いてこの問題を解決した(図 7-10)．すなわち，フラン誘導体 **32** から調製したアニオンとアルデヒド **28** の付加反応を行い，フラン環上のシリル基除去とヒドロキシ基の保護を経て，8：1 のジアステレオ比で中間体 **33** を合成した．主生成物の C19 位の立体配置は天然物と逆であったが，予想以上の高い選択性で遠隔不斉制御が実現できたことになる．クロスカップリングによるエノン側鎖の導入に際してマイナージアステレオマー由来の成分は失われ，環化前駆体 **34** が単一の立体異性体として，やや低収率で得られた．鍵となる Diels-Alder 反応は，加熱条件ではまったく進行せず，ルイス酸を用いることで初めて実現できた．立体選択性については，溶媒によって影響を受けることが判明し，エーテル中で望みの立体異性体 **35** が選択的に生成した．

エノールエーテル **35** を加水分解してジケトン **36** に導き，天然物と逆の α 配置をもつ C19 位ヒド

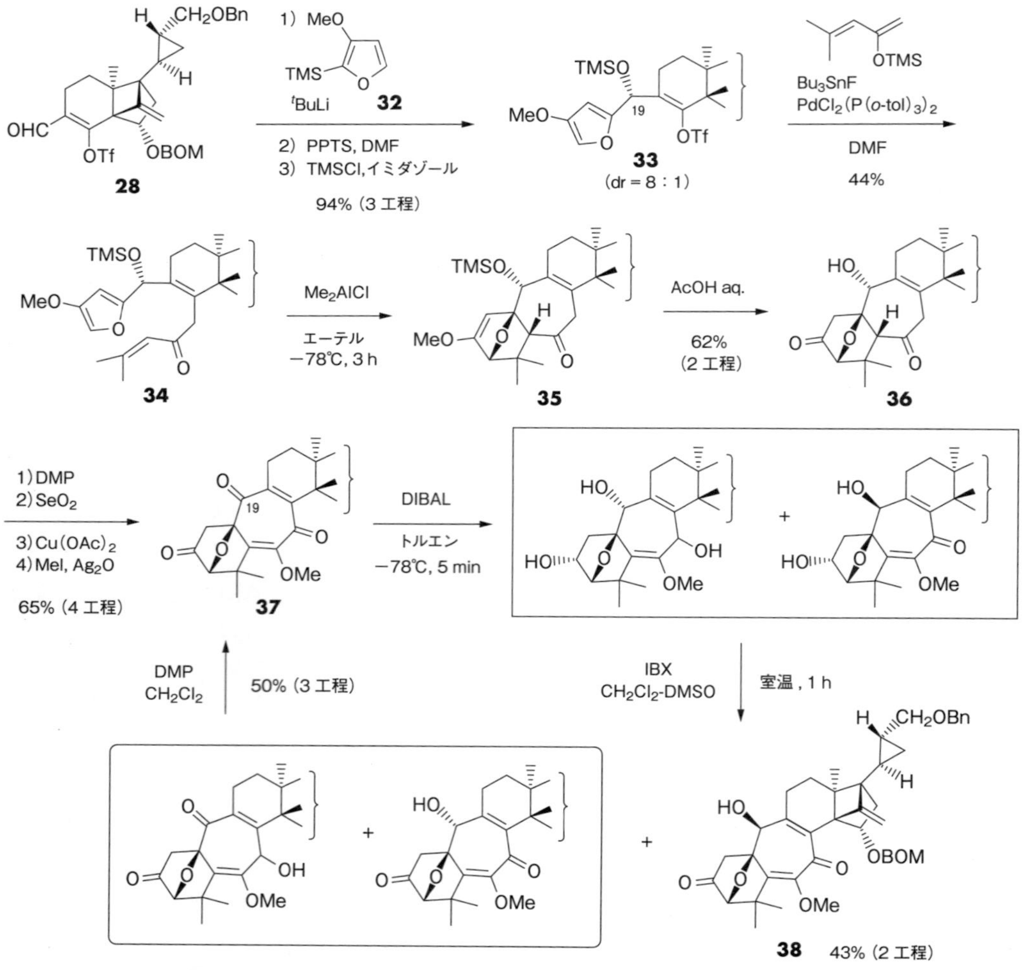
28
1) MeO / TMS / ^{t}BuLi　32
2) PPTS, DMF
3) TMSCl, イミダゾール
94% (3 工程)
33
(dr = 8 : 1)
Bu$_3$SnF
PdCl$_2$(P(o-tol)$_3$)$_2$
DMF
44%
34
Me$_2$AlCl
エーテル
−78℃, 3 h
35
AcOH aq.
62%
(2 工程)
36
1) DMP
2) SeO$_2$
3) Cu(OAc)$_2$
4) MeI, Ag$_2$O
65% (4 工程)
37
DIBAL
トルエン
−78℃, 5 min
DMP
CH$_2$Cl$_2$
50% (3 工程)
IBX
CH$_2$Cl$_2$-DMSO
室温, 1 h
38　43% (2 工程)

図 7-10　分子内 Diels-Alder 反応を鍵工程とする左側構造の構築

ロキシ基をケトンに酸化した．SeO_2 および銅塩を用いて7員環ケトンを酸化し，生じた1,2-ジケトンのエノール体をメチル化してエノン **37** に変換した．次に，C19位ケトンをβ配置のアルコールに還元する必要があったが，これはきわめて困難であった．通常の還元条件では，C19位ヒドロキシ基はα配置となってしまい，他のケトンの還元も同時に進行する．唯一，トルエン中でDIBAL還元を行うと目的のβ配置をもつ化合物が生じたものの，左側6員環のケトンも還元されており，他の異性体との分離困難な混合物を与える結果となった．ここで幸いにも，これらの混合物をIBXにより穏やかな条件で酸化すると，6員環のアルコールが選択的にケトンに変換されることを見いだした．これにより，目的物 **38** が単離可能（**37** から43%回収）となった上に，副生物をまとめてDMP酸化することで原料 **37** も50%回収できた．

全合成の完成までに残された変換は，4員環メチレン基のケトンへの酸化，保護基の除去，および側鎖上の第一級アルコールのカルボン酸への酸化である（図7-11）．まず，C19位アルコールをTMS基で保護したのち，四酸化オスミウムによりエキソメチレン基をジオール **39** に変換した．なお，対応するアルコール **38** のオスミウム酸化では，7員環と6員環に共有される四置換アルケン部も酸化を受けた．つまり，C19位のTMS基は，この四置換アルケン部を上から覆うように立体的に保護していることがわかる．同様な効果は，接触水素化反応においても見られた．すなわち，ジオール **39** を過ヨウ素酸酸化してケトンに誘導する際，TMS基が部分的に除去されたが，このC19位アルコールを水素化条件に付すと，同じ四置換アルケン部の還元が併発した．このため，ベンジル基とBOM基を除去する前に，部分的に生じたC19位アルコールの再シリル化を行う必要がある．このようにして合成したトリオール **40** を過剰量のTMSClでシリル化したのち，少量の水を加えて撹拌すると，最も空いた第一級シリルエーテルのみが加水分解してアルコール **41** を与えた．DMP酸化とPinnick酸化を行い，得られたカルボン酸 **42** の立体構造をX線結晶解析により確認したのち，酸性条件下でTMS基を除去してソラノエクレピンAの不斉全合成を完了した．

通常の天然物合成では，合成品の融点や旋光度を天然物の文献値と比較するが，ソラノエクレピンAは微量しか単離されていないため，これらの物性値は未知であった．そこで，合成品の生物活性試験を行った結果，1×10^{-9} g mL^{-1} という低濃度でジャガイモシストセンチュウのふ化促進活性を示すこと

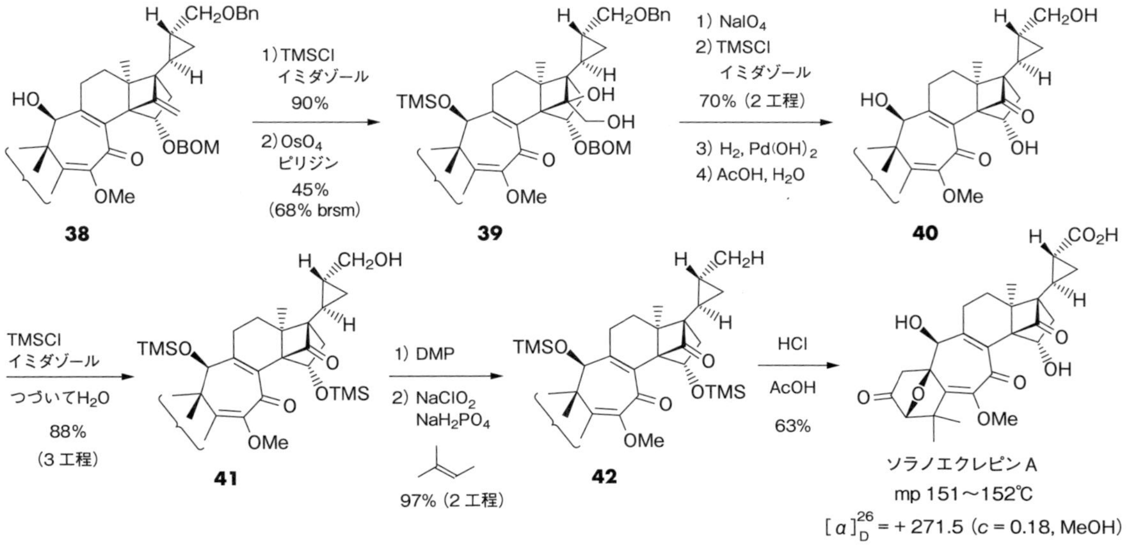
1) TMSCl イミダゾール 90%
2) OsO4 ピリジン 45% (68% brsm)
1) NaIO4
2) TMSCl イミダゾール 70% (2工程)
3) H2, Pd(OH)2
4) AcOH, H2O
TMSCl イミダゾール つづいてH2O 88% (3工程)
1) DMP
2) NaClO2 NaH2PO4 97% (2工程)
HCl AcOH 63%
38
39
40
41
42
ソラノエクレピンA
mp 151〜152℃
[α]D26 = +271.5 (c = 0.18, MeOH)

図7-11　ソラノエクレピンA不斉全合成の最終工程

が明らかとなった．これにより，ソラノエクレピンAの不斉全合成の成功を確認することができた．

5 まとめと今後の展望

以上，独自のシクロペンテンアニュレーション法，エポキシニトリルの分子内環化反応による4員環構築法，分子内Diels–Alder反応による6員環と7員環の一挙構築法を鍵工程とする新たな合成経路を確立し，市販の化合物から52工程でソラノエクレピンAの不斉全合成を達成した．その下地として，筆者らが長年にわたって研究室で積み重ねてきた，多環性天然物の全合成研究の歴史があった．

天然物の全合成の意義に関しては，以前から否定的な意見が少なくない．多大な労力と費用を必要としながら，生物による産生能には遥かに及ばず，社会に対する貢献など期待できないという見方である．確かに，逆合成解析から7年余りの歳月を要し，最初に合成したソラノエクレピンAは約2 mgに過ぎない．しかしながら，天然からの供給量があまりに少なく，また合成品のふ化促進活性が顕著であることから，筆者らの全合成はセンチュウの専門家から熱烈に歓迎され，きわめて高い評価を受けた．現在では農研機構北海道農業研究センターとの共同研究が開始され，シストセンチュウの根絶を目指したフィールドテストに至っている．もちろん農業分野に貢献するためには，多段階合成を飛躍的に効率化する必要があり，構造活性相関に基づく代替化合物の探索も不可欠である．天然物合成には，まだ多くの解決すべき課題と社会的な要請があることを，若い研究者に知ってもらえれば幸いである．

◆ 文 献 ◆

[1] K. Tanino, M. Takahashi, Y. Tomata, H. Tokura, T. Uehara, T. Narabu, M. Miyashita, *Nature Chem.*, **3**, 484 (2011).

[2] J. G. Mulder, P. Diepenhorst, P. Plieger I. E. M. Bruggemann–Rotgans, CT Int. Appl. WO 93 02 083 (1992); ibid., *Chem. Abstr.*, **118**, 185844z (1993).

[3] H. Schenk, R. A. J. Driessen, R. Gelder, K. Goubitz, H. Nieboer, I. E. M. Bruggemann–Rotgans, P. Diepenhorst, *Croat. Chem. Acta.*, **72**, 593 (1999).

[4] Glycynoeclepin Aの単離：（a）T. Masamune, M. Anetai, M. Takasugi, N. Katsui, *Nature*, **297**, 495 (1982); Glycynoeclepin Aの構造決定：（b）A. Fukuzawa, A. Furusaki, M. Ikura, T. Masamune, *J. Chem. Soc., Chem. Commun.*, 222 (1985).

[5]（a）A. Murai, N. Tanimoto, N. Sakamoto, T. Masamune, *J. Am. Chem. Soc.*, **110**, 1985 (1988);（b）K. Mori, H. Watanabe, *Pure Appl. Chem.*, **61**, 543 (1989);（c）E. J. Corey, I. N. Houpis, *J. Am. Chem. Soc.*, **112**, 8997 (1990);（d）Y. Shiina, Y. Tomata, M. Miyashita, K. Tanino, *Chem. Lett.*, **39**, 835 (2010).

[6] Solanoeclepin Aの形式全合成が最近報告された：R. A. Kleinnijenhuis, B. J. J. Timmer, G. Lutteke, J. M. M. Smits, R. de Gelder, J. H. van Maarseveen, H. Hiemstra, *Chem. Eur. J.*, **22**, 1266 (2016).

[7] [2+2] 反応による骨格構築は文献1のreferences 15–20を参照されたい．その後も別の分子内環化反応によるアプローチが報告されている．たとえば，（a）T. Komada, M. Adachi, T. Nishikawa, *Chem. Lett.*, **41**, 287 (2012);（b）K.–W. Tsao, C.–Y. Cheng, M. Isobe, *Org. Lett.*, **14**, 5274 (2012).

[8] G. Stork, J. F. Cohen, *J. Am. Chem. Soc.*, **96**, 5270 (1974).

[9] S. A. Bal, A. Marfat, P. Helquist, *J. Org. Chem.*, **47**, 5045 (1982).

[10] M. G. Katsnel'son, E. I. Leenson, S. S. Misnik, A. L. Uzlyaner–Neglo, *Zh. Prikl. Khim.*, **54**, 648 (1981).

[11] K. Tanino, Y. Tomata, Y. Shiina, M. Miyashita, *Eur. J. Org. Chem.*, 328 (2006).

[12] A. B. Charette, H. Juteau, H. Lebel, C. Molinaro, *J. Am. Chem. Soc.*, **120**, 11943 (1998).

[13] P. A. Grieco, S. Gilman, M. Nishizawa, *J. Org. Chem.*, **41**, 1485 (1976).

CSJ Current Review
★
Part II
研究最前線

Chap 8

リアノダンジテルペンの統一的全合成

Unified Total Synthesis of Ryanodane Diterpenoids

長友 優典　井上 将行
（東京大学大学院薬学系研究科）

Overview

生命現象を司る重要タンパク質の一つであるカルシウムイオンチャネル（リアノジンレセプター：RyR）は，骨格筋，心筋，平滑筋，および脳に存在し，生体内のカルシウムイオン濃度を制御する．リアノダンジテルペンに属するリアノジンは，RyR に特異的に結合する興味深い活性をもつため，生物学，薬理学，および生理学研究上の重要なツールとして広く利用されてきた．しかし，そのきわめて複雑な分子構造のため，化学合成および化学変換による構造活性相関研究は制限されてきた．

本章では，リアノジンを含む6種のリアノダンジテルペンの統一的全合成を行うための革新的合成戦略の設計と実現について紹介する．

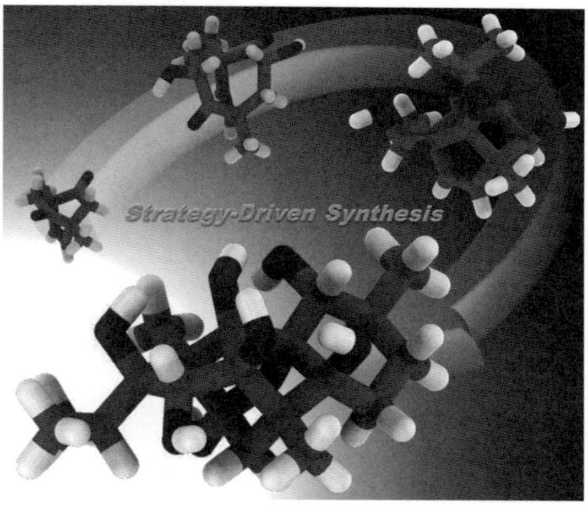
Strategy-Driven Synthesis
▲リアノダンジテルペンの統一的全合成

■ **KEYWORD** 📖マークは用語解説参照

- ■全合成（total synthesis）
- ■リアノダンジテルペン（ryanodane diterpene）
- ■リアノジンレセプター（ryanodine receptor）
- ■C_2 対称性（C_2-symmetry）📖
- ■２官能基同時変換（pairwise functionalization）
- ■環拡大反応（ring expansion）
- ■渡環反応（transannulation）
- ■非対称化（desymmetrization）
- ■橋頭位ラジカル反応（bridgehead radical）📖
- ■ピロール環形成反応（pyrrole formation）

Current Review

はじめに

多数の極性官能基を含む天然有機化合物（天然物）の合成を計画する場合，官能基をどのように組み込むか，また分子の酸化度をどのように上げるかという，合成の成否を左右する重要な問題に直面する．合成標的分子特有の三次元構造に起因した，反応性，化学選択性，および立体選択性などの制御が，往々にして問題となる．一般的にそれらを回避するためには，適切な保護基の使用，官能基変換や酸化度の調整が必須となり，工程数が増大する．また従来法では，同じ炭素骨格に対して異なる官能基をもつ類縁体の合成には，異なる合成ルートを考案しなくてはならないという大きな課題も残されている．

他方，創薬化学の分野でとくに顕著に見られるように，有機合成により大量供給が望まれる分子構造は，年々複雑化している．複雑な天然物やその誘導体の供給には，実用的な新規反応や方法論の開発と応用はもちろん，効率向上へとつながる合成戦略そのものの革新的な進歩が必要となる．

1　リアノダンジテルペンの統一的全合成

1-1　合成戦略

最大の天然物群をなすテルペノイドは，さまざまな炭素骨格に分類される．さらに，それらの共通骨格のなかには酸化度が異なる類縁体が多数存在する．その構造多様性のため，テルペノイドは広範な生物活性を示し，医薬品の発見や開発において重要な役割を果たしてきた．官能基の有無，および立体化学や酸化度に左右されない，汎用性の高い統一的合成戦略は，構造類縁体を一挙に得るうえで最適な方法である．また，天然物だけでなく，その構造を基盤とした新たな生物活性分子創製への有効利用を可能とする．

筆者らは，官能基がきわめて密集したテルペノイドである6種のリアノダンジテルペン（**1**〜**6**，図8-1）の統一的全合成を達成した[1-5]．その戦略の設計と実現について紹介する．

リアノジン（**1**）は1-*H*-ピロールカルボン酸エステルとジテルペン構造（リアノドール **2**）によって構成

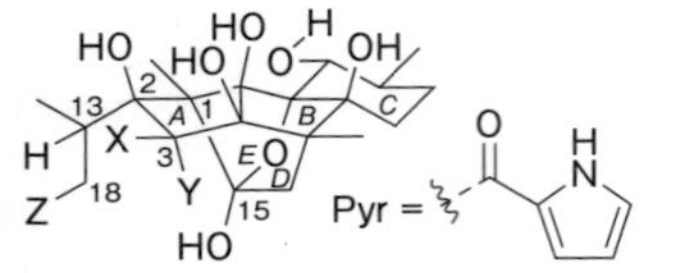

HO
HO
HO
H
OH
X
Y
Z
Pyr =

リアノダンジテルペン	X	Y	Z
リアノジン（**1**）	H	OPyr	H
リアノドール（**2**）	H	OH	H
3-エピ-リアノドール（**3**）	OH	H	H
シンゼイラノール（**4**）	H	H	H
シンカッシオールB（**5**）	H	H	OH

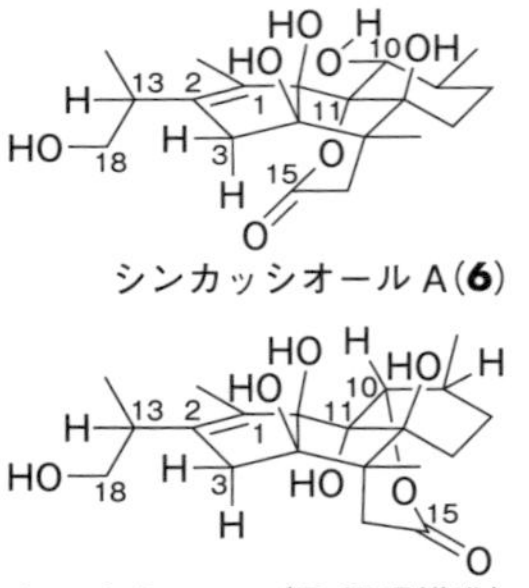
シンカッシオールA（**6**）

シンナカソール（**7**，提唱構造）

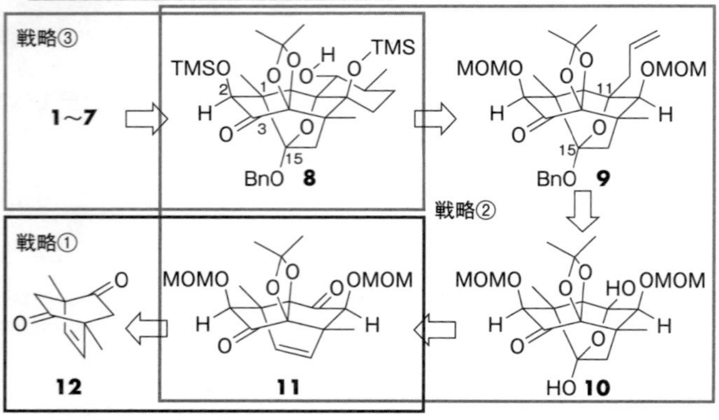

戦略③
1〜7
TMSO
TMS
MOMO
OMOM
BnO
8
9
戦略②
戦略①
12
11
HO 10

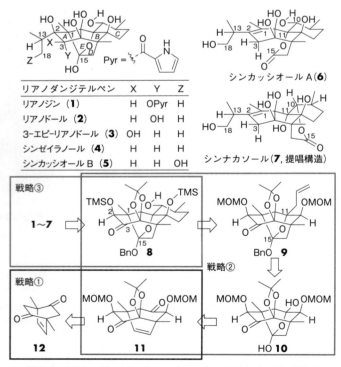

図8-1　リアノダンジテルペン（**1**〜**7**）の構造および合成戦略

される．**2** は複雑に縮環した 5 環性骨格(ABCDE 環)上に，六つのヒドロキシ基およびヘミアセタールをもち，八つの四置換炭素を含む 11 個の連続した不斉中心が存在する．**1** に代表される類縁化合物 **2**〜**7** は，共通の炭素骨格をもつが，C1，2，3，15，18 位の酸化度および結合様式が異なる．そのため，それらの生物活性も，チャネル開閉制御(**1**)，殺虫(**2**〜**4**)，抗補体(**4**〜**6**)，免疫抑制(**7**)と多岐にわたる．特異な化学構造と生物活性から，リアノダンジテルペンは多くの合成化学者の興味を惹きつけてきた[6,7]．

筆者らは **1**〜**7** の統一的全合成のために，**1**〜**5** の C2，3 位の置換基を除くすべての炭素骨格ならびに酸素官能基をもつ 5 環性化合物 **8** を共通中間体として定め(図 8-1)，三つの戦略を立案した．

① 分子の C_2 対称性を利用した 2 官能基同時変換戦略(**12** → **11**)

② ラジカル反応による非対称化および四置換炭素構築戦略(**11** → **10** → **9** → **8**)

③ C2，3 位選択的官能基変換を鍵とする統一的全合成戦略(**8** → **1**〜**7**)

以下に，本合成の概略を戦略ごとに述べる．

1-2　分子の C_2 対称性を利用した 2 官能基同時変換

標的化合物の対称性を利用する方法論は，天然物の全合成において有力な基本合成戦略の一つである[8]．これまで部分構造が C_2 あるいは C_S 対称性をもつ天然物に対して，しばしば用いられてきた本戦略は，(1) 2 官能基同時変換，(2) 非対称化反応の二つのプロセスから構成される．2 官能基同時変換は，1 分子に対して反応試剤を 2 当量以上作用させ，2ヵ所同時に官能基変換を行う方法であり，直線的な合成と比較して，合成工程数が半分となる．2 官能基が同様の反応性を示すことが重要であるため，反応試剤が作用する 2ヵ所の官能基が，反応前後に相互作用しない中間体の設計が必須となる．これに対し，非対称化反応では，二つの官能基のうち一方にだけ，反応試剤が選択的に作用する反応または中間体の設定が不可欠となる．そのため，合成中間体の非対称化は，対称性を利用した合成戦略の鍵である．一見対称性が存在しない複雑に縮環した天然物において，分子中に潜在する対称性を基盤に，全合成ルートを構築できれば，これまでにない効率的な合成方法論の開発が可能となる．

そこで，リアノダンジテルペン(**1**〜**6**)の分子骨格，とくに ABDE 環部に内在する C_2 対称性に着目した．さらに AB 環上を覆う嵩高いアセトニド基が，のちの C2，3，6 位官能基化における立体制御因子として機能すると予想し，C_2 対称 3 環性鍵中間体 **11** を設計した(図 8-1，戦略①)．その結果，2 官能基同時変換により合成工程数の大幅な削減に成功し，**11** を二つの四置換炭素(C1，5)をもつ C_2 対称ビシクロ[2.2.2]オクテン **12**[2,9]から効率的に 12 工程で合成できた(図 8-2)．すなわち，**12** から環拡大反応と C3，11 位への立体選択的な酸素官能基導入を含む 6 工程の 2 官能基同時変換でビシクロ[3.3.2]デセン **13** を得た．**13** を触媒量の強酸で処理すると，エンジオール **14** への異性化と，渡環型アルドール反応による C4，12 位間炭素-炭素結合形成反応が進行し，AB 環部をもつ **15** を得た．次いで，第三級 1,2-ジオールのアセトニド保護と C3 位ヒドロキシ基の酸化により，再び C_2 対称性をもつジケトンとしたのち，C2，6 位への立体選択的な酸素官能基導入を含む 3 工程の 2 官能基同時変換で，4 連続四置換炭素を含む鍵中間体 **11** の合成を完了した．

1-3　ラジカル反応による非対称化および四置換炭素構築

C_2 対称分子 **11** のオレフィン部位への酸素官能

1) $Me_3S(=O)I$, t-BuOK
2) aq. NH_3
3) $NaNO_2$, aq. AcOH
4) TMSOTf, Et_3N
5) m-CPBA
6) CF_3SO_3H, MeOH
環拡大反応
12 (C_2 対称)
13
CF_3SO_3H
14
渡環アルドール反応
15
1) $(MeO)_2CMe_2$ PPTS
2) Dess-Martin ox.
3) i-Pr_2NLi, TBSOTf
4) m-CPBA
5) MOMCl, NaH
MOMO
OMOM
11 (C_2 対称)

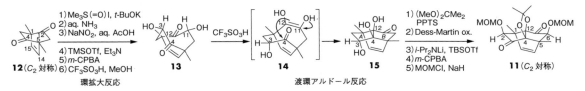

図 8-2　分子の C_2 対称性を利用した 2 官能基同時変換

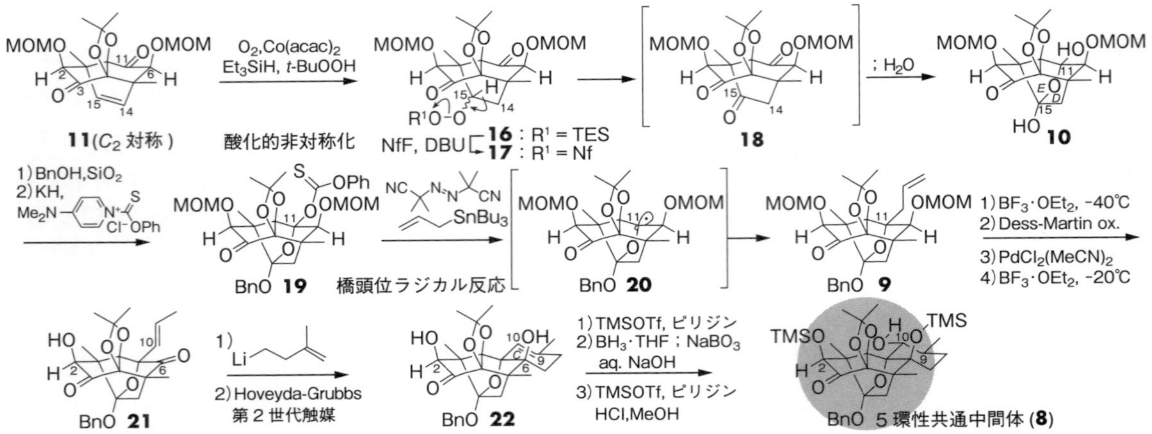

11(C2 対称)
O2,Co(acac)2
Et3SiH, t-BuOOH
酸化的非対称化
NfF, DBU
16 : R1 = TES
17 : R1 = Nf
18
; H2O
10
1) BnOH,SiO2
2) KH,
19
橋頭位ラジカル反応
20
9
1) BF3·OEt2, -40℃
2) Dess-Martin ox.
3) PdCl2(MeCN)2
4) BF3·OEt2, -20℃
21
2) Hoveyda-Grubbs
第2世代触媒
22
1) TMSOTf, ピリジン
2) BH3·THF ; NaBO3
aq. NaOH
3) TMSOTf, ピリジン
HCl,MeOH
5環性共通中間体 (8)

図 8-3　ラジカル反応による非対称化および四置換炭素構築

基導入を経た非対称化，およびC11位四置換炭素構築の双方をラジカル反応の活用で実現し，統一的合成戦略の鍵となる5環性共通中間体 **8** を合成した(図8-3)．まず，オレフィンのラジカル的過酸素化と脱離反応を組み合わせた新規ケトン形成反応を開発し，**11** の非対称化を実現した．すなわち，**11** を酸素雰囲気下，二価コバルト触媒とトリエチルシランで処理し，C15位にトリエチルシリルペルオキシドをもつ **16** を構築した[10]．つづいて，塩基存在下，フッ化物を作用させると，中間体 **17** を経由したアルコキシドの脱離が進行し，トリケトン **18** が形成された．ここでは，C14位とC15位の酸化度の相異により，非対称的な化合物となる．生じたC15位ケトンは速やかに近傍のC11位ケトンと渡環型の水和を受け，ABDE環部をもつビスヘミアセタール **10** へと変換された．

次に，立体的にきわめて混み入ったC11位での四置換炭素構築を，橋頭位ラジカルを利用して実現した．すなわち，**10** の二つのヒドロキシ基を位置選択的に官能基化し，チオ炭酸エステル **19** を得た．**19** をラジカル反応の条件に付すと，C11位に生じた *α*-アルコキシ橋頭位ラジカル **20** がアリルトリブチルスズで捕捉され，6連続不斉中心をもつ4環性化合物 **9** が合成できた．このように，橋頭位ラジカルは，反応点近傍の立体障害が最小化され，立体反転が不可能なために，立体特異的な四置換炭素の構築が可能な優れた反応性中間体である[11-13]．

つづいて，末端オレフィンの内部オレフィンへの異性化を含む4工程でジケトン **21** へと導いた．**21** に対する5炭素ユニットの求核付加は，嵩高いアセトニド基を避ける方向から，C6位ケトンに対し，位置・立体選択的に進行した．次いで，閉環メタセシス反応でC環を構築して **22** とした．**22** のC2, 6位ヒドロキシ基をトリメチルシリル(TMS)基で保護したのち，ヒドロホウ素化-酸化によるC環の官能基化を行った．その結果，嵩高いC6位TMS基を避ける方向から，ヒドロホウ素化が進行し，C9位メチル基とC10位ヒドロキシ基が立体選択的に一挙に導入できた．これにより，統一的合成戦略の鍵となる，9連続不斉中心をもつ5環性共通中間体 **8** の合成を完了した．

1-4　C2, 3位選択的官能基変換を鍵とする統一的全合成

C2, 3位立体選択的官能基化による5環性共通中間体 **8** からのリアノダンジテルペン **1**～**6** の統一的全合成を達成した(図8-4)．まず，リアノジン(**1**)およびリアノドール(**2**)の全合成について述べる．

8 のC10位ヒドロキシ基をベンジル基で保護したのち，水酸化ナトリウム水溶液を作用させ，C2位TMS基を位置選択的に除去した．つづいて，生じたヒドロキシ基を酸化し，1,2-ジケトンを合成した．これに対し，イソプロペニルリチウムを作用さ

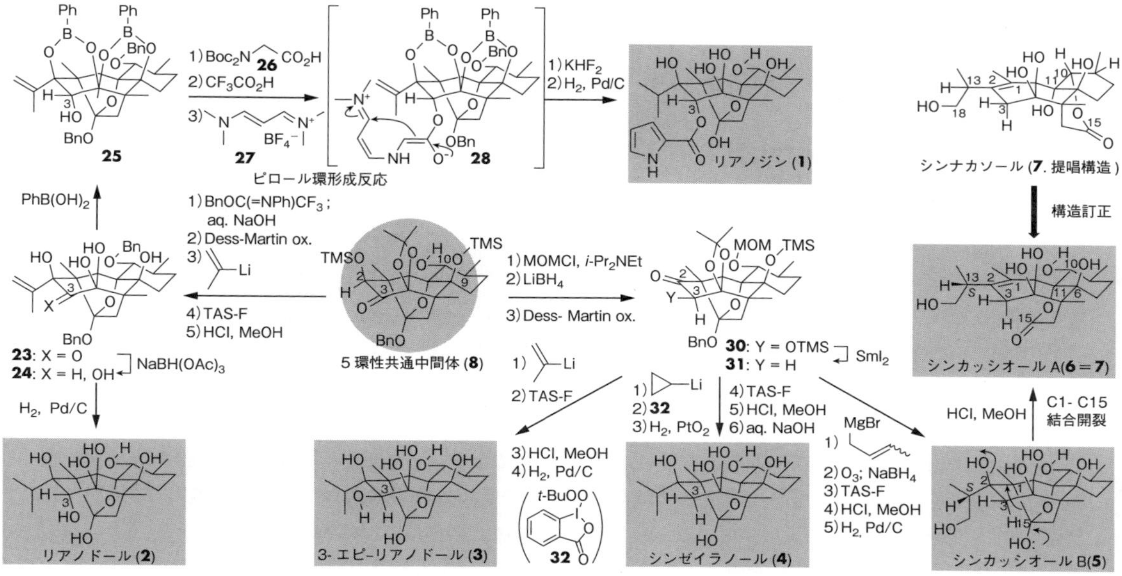
1) Boc_2N 26 CO_2H
2) CF_3CO_2H
3) 27
ピロール環形成反応
25
28
1) KHF_2
2) H_2, Pd/C
リアノジン(1)
シンナカソール(7, 提唱構造)
構造訂正
シンカッシオール A(6=7)
$PhB(OH)_2$
1) $BnOC(=NPh)CF_3$; aq. NaOH
2) Dess-Martin ox.
3) Li
4) TAS-F
5) HCl, MeOH
23: X = O
24: X = H, OH
$NaBH(OAc)_3$
H_2, Pd/C
5 環性共通中間体(8)
1) MOMCl, i-Pr_2NEt
2) $LiBH_4$
3) Dess- Martin ox.
30: Y = OTMS
31: Y = H
SmI_2
1) Li
2) TAS-F
3) HCl, MeOH
4) H_2, Pd/C
1) Li
2) 32
3) H_2, PtO_2
4) TAS-F
5) HCl, MeOH
6) aq. NaOH
1) MgBr
2) O_3; $NaBH_4$
3) TAS-F
4) HCl, MeOH
5) H_2, Pd/C
HCl, MeOH
C1- C15 結合開裂
リアノドール(2)
3- エピ-リアノドール(3)
t-BuOO
32
シンゼイラノール(4)
シンカッシオール B(5)

図 8-4 リアノダンジテルペン(**1**~**6**)の統一的全合成

せ，嵩高いアセトニド基を避ける方向から，C2 位ケトンへ位置・立体選択的にイソプロペニル基を付加した．さらに，C6 位 TMS 基を脱シリル化剤である TAS-F で除去した．次いで，これまで C2，6 位四置換炭素構築に，立体制御因子として機能したアセトニド基を，酸処理により除去し，テトラオール **23** を得た．つづく，ヒドロキシ基の配向を利用した C3 位ケトンの立体選択的還元で，ペンタオール **24** を得た．エステル化に先行し，**24** をフェニルボロン酸で処理することで，四つの第三級ヒドロキシ基を 2 対のボロン酸エステルとして位置選択的に保護し，**25** とした．非常に立体障害の高い C3 位への 1-*H*-ピロールカルボン酸エステル導入は困難をきわめたが，分子上でのピロール環形成を行うことで実現した[14]．すなわち，C3 位ヒドロキシ基にグリシン保護体 **26** を縮合後，アミン上の保護基を除去し，2 ヵ所の求電子部位をもつ 3 炭素ユニット **27** を作用させた．その結果，グリシン由来のアミンが **27** に付加することで生じた **28** から，分子内 Mannich 反応が進行し，ジメチルアミンの脱離，芳香環化によって，ピロールカルボン酸エステルが形成した．最後に，六つのヒドロキシ基の脱保護とイソプロペニル基の還元を行い，共通中間体 **8** から 12 工程の変換により，初めて **1** の全合成を達成した．また，合成中間体 **24** を接触水素化に付すことでリアノドール(**2**)の全合成を達成した．

次に，3-エピ-リアノドール(**3**)の合成を行った．**8** から C3 位ケトンの立体選択的還元を経て，**30** を合成した．**30** の C2 位ケトンへイソプロペニル基を立体選択的に付加したのち，オレフィン部位の接触水素化とヒドロキシ基の脱保護を経て，**3** の全合成を達成した．

シンゼイラノール(**4**)の合成は，**30** の C3 位酸素官能基を還元的に除去して **31** としたのち，C2 位へのシクロプロピル基の導入，3 員環の開環，ヒドロキシ基の脱保護を経て達成した．

最後に，シンカッシオール B(**5**)および A(**6**)の合成を行った．**5** の C2 位ヒドロキシイソプロピル基は，合成等価体としてクロチル基を **31** の C2 位ケトンへ付加したのち，生じたオレフィン部位をオゾン分解，およびそれにつづくヒドリド還元に付すことで構築した．ヒドロキシ基の脱保護を経て，**5** の全合成を達成した．さらに，**5** を酸性条件に曝すと，C2 位ヒドロキシ基の脱水を伴った C1~C15 結合開裂反応が進行し，**6** を全合成できた．なお，**6** とシンナカソール **7**[15]の各種スペクトルを比較し

COLUMN

★いま一番気になっている研究者

Seth B. Herzon

（アメリカ・イエール大学化学科 教授）

Herzon 教授は天然物合成化学分野における新進気鋭の研究者である．2002 年にテンプル大学を卒業後，ハーバード大学にて A. G. Myers 教授の指導の下，複雑含窒素天然物 stephacidin B の全合成を達成し，2006 年に博士号を取得した．その後，イリノイ大学アーバナ・シャンペーン校の J. F. Hartwig 教授の研究室にて博士研究員として新規触媒的ヒドロアミノアルキル化反応の開発に従事した．2008 年にイエール大学化学科に助教授として着任したのち，准教授を経て，2013 年より教授職を務める．

キナマイシン系ジアゾフルオレン化合物に代表される DNA 二重らせん構造の損傷に関与する天然物は，がん治療の観点から非常に重要である．Herzon 教授は，斬新かつ緻密な計画に基づき，これら天然物の全合成を達成している．さらに，合成物を用いたケミカルバイオロジー研究によって，その生体内作用機序の解明にも大きく貢献している．また彼は，合成困難なさまざまな含窒素天然物の全合成も達成している．抗健忘活性をもつ acutumine，抗 HIV 活性をもつ batzelladine B の全合成がその代表例である．加えて彼は，有機合成化学上きわめて重要な，触媒的遷移金属ヒドリド種を用いた炭素–炭素不飽和結合の穏和な新規官能基化反応の開発も推進している．

以上のように，Herzon 教授は重要な研究成果を発表しつづけており，今後の研究展開が楽しみである．

たところ，きわめてよい一致を示し，**7** は **6** と同一化合物であり，提唱構造が誤りであることを明らかにした．さらに，**5** の合成中間体を結晶性化合物へと誘導後，単結晶 X 線構造解析により，未決定であった **5**，**6** の C13 位立体化学を決定した．

2 まとめと今後の展望

筆者らはさまざまな合成中間体の反応性，化学選択性，および立体選択性を制御し，6 種のリアノダンジテルペン（**1**～**6**）の統一的全合成を達成した．さらに，本研究によって初めて，未決定であったシンカッシオール B（**5**）および A（**6**）の C13 位立体化学の決定に加え，シンナカソール（**7**）の提唱構造を訂正できた．本合成の特長として，（1）分子の C_2 対称性を利用した 10 回の 2 官能基同時変換（**12 → 11**），（2）連続四置換炭素を構築する渡環型アルドール反応（**13 → 15**），（3）ラジカル反応を利用した新規ケトン形成反応による酸化的非対称化（**11 → 10**），（4）橋頭位ラジカルを用いた立体特異的四置換炭素構築（**19 → 9**），（5）アセトニド基を立体制御因子とした C2，3，6 位の位置・立体選択的官能基化（**21 → 22**，**8 → 23**，**8 → 30 → 3**，**31 → 4**，**31 → 5**），（6）ヒドロキシ基の配向を利用した C3 位ケトンの立体選択的還元（**23 → 24**），（7）位置選択的エステル化および分子上でのピロール環形成（**24 → 25 → 1**），（8）共通中間体からの統一的全合成（**8 → 1**～**6**）が挙げられる．

本成果は，官能基がきわめて密集したテルペノイドの効率的な全合成における革新的な戦略の重要性，およびその戦略を実現可能とするための鍵反応開発の必要性を実証した．本研究で展開した合成戦略は強力な生物活性をもつ他のリアノダンジテルペンの網羅的全合成，および天然物を凌駕する機能を付した人工分子の創出を可能とする．これら分子の詳細な機能評価が，リアノジン（**1**）などに潜在する新たな生物活性の発見や，生体機能の新しい解析法・制御法の開発へとつながることが期待される．

◆ 文 献 ◆

[1] M. Nagatomo, M. Koshimizu, K. Masuda, T. Tabuchi, D. Urabe, M. Inoue, *J. Am. Chem. Soc.*, 136, 5916 (2014).
[2] M. Nagatomo, K. Hagiwara, K. Masuda, M. Koshimizu,

T. Kawamata, Y. Matsui, D. Urabe, M. Inoue, *Chem. Eur. J.*, **22**, 222 (2016).

[3] K. Masuda, M. Koshimizu, M. Nagatomo, M. Inoue, *Chem. Eur. J.*, **22**, 230 (2016).

[4] M. Koshimizu, M. Nagatomo, M. Inoue, *Angew. Chem. Int. Ed.*, **55**, 2493 (2016).

[5] K. Masuda, M. Nagatomo, M. Inoue, *Chem. Pharm. Bull.*, **64**, 874 (2016).

[6] A. Bélanger, D. J. F. Berney, H.-J. Borschberg, R. Brousseau, A. Doutheau, R. Durand, H. Katayama, R. Lapalme, D. M. Leturc, C.-C. Liao, F. N. MacLachlan, J.-P. Maffrand, F. Marazza, R. Martino, C. Moreau, L. SaintLaurent, R. Saintonge, P. Soucy, L. Ruest, P. Deslongchamps, *Can. J. Chem.*, **57**, 3348 (1979).

[7] K. V. Chuang, C. Xu, S. E. Reisman, *Science*, **356**, 912 (2016).

[8] M. Inoue, D. Urabe, *Strategy and Tactics in Organic Synthesis*, **9**, 149 (2013).

[9] K. Hagiwara, M. Himuro, M. Hirama, M. Inoue, *Tetrahedron Lett.*, **50**, 1035 (2009).

[10] S. Isayama, T. Mukaiyama, *Chem. Lett.*, **18**, 573 (1989).

[11] D. Urabe, H. Yamaguchi, M. Inoue, *Org. Lett.*, **13**, 4778 (2011).

[12] D. Kamimura, D. Urabe, M. Nagatomo, M. Inoue, *Org. Lett.*, **15**, 5122 (2013).

[13] D. Kamimura, M. Nagatomo, D. Urabe, M. Inoue, *Tetrahedron*, **72**, 7839 (2016).

[14] M. T. Wright, D. G. Carroll, T. M. Smith, S. Q. Smith, *Tetrahedron Lett.*, **51**, 4150 (2010).

[15] T. M. Ngoc, D. T. Ha, I.-S. Lee, B.-S. Min, M.-K. Na, H.-J. Jung, S.-M. Lee, K.-H. Bae, *Helv. Chim. Acta.*, **92**, 2058 (2009).

Chap 9

逐次活性化法を用いたオリゴフラバン類の全合成

Synthetic Study on Oligoflavans Based on the Orthogonal Activation Strategy

大森　建　鈴木啓介
（東京工業大学理学院）

Overview

「オリゴフラバン」．この聞き慣れない化合物の名称も，オリゴカテキンといいい直せば，おわかりになるだろうか．この化合物群は，バナナやリンゴの皮を剥いたときの変色や，湯飲みにこびりつく茶渋など，実は身のまわりでよく目に触れる現象や物質の正体である[1]．フラバン類は植物に多く含まれるポリフェノール類の一種であり，古来より染料や鞣皮料として利用されてきたほか，人の健康面においてもいわゆる「フレンチパラドックス」との関係が指摘される物質として注目されている[1]．また最近では，カーボンナノチューブを水溶化する効果や金との特異的相互作用[2]などの興味深い報告もあり，物質科学の領域でも注目されつつある．本章では，身近でありながらも未知の部分が多い本化合物群の合成研究を通じ，学んだことを紹介する．

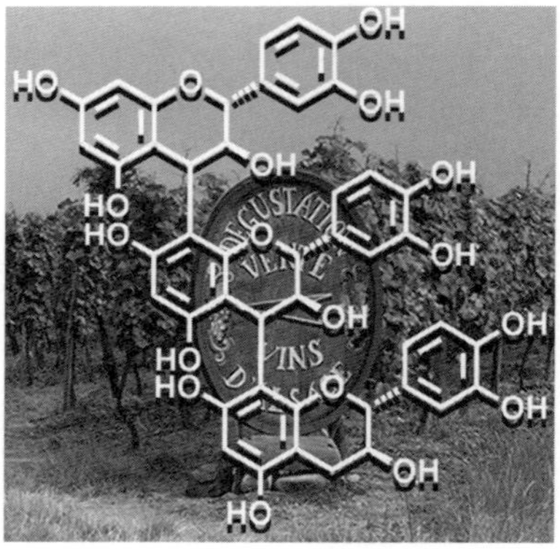

▲ワインに含まれるオリゴフラバンの一例

■ ***KEYWORD*** 📖マークは用語解説参照

- ■ポリフェノール（polyphenol）
- ■フラボノイド（flavonoid）
- ■カテキン（catechin）
- ■オルトゴナル活性化法（orthogonal activation method）
- ■アヌレーション（annulation）
- ■ S_NAr 反応（aromatic nucleophilic substitution）
- ■Friedel-Crafts 反応（――reaction）
- ■Mayr の求核パラメータ（Mayr's nucleophilicity parameter）📖

1 物質か化合物か？

オリゴフラバンは，天然有機化合物のなかで一大化合物群を成し，驚くほど多彩な類縁化合物が見いだされている．これは，基本単位であるフラバン構造の多様性(酸化度，立体化学)や，その連結様式や重合度の可能性を考えれば，納得がゆくであろう．しかし，これらは分離が困難なうえ，酸や塩基あるいは光や酸化などにより骨格変化や重合を起こして複雑な混合物となってしまうため，従来から「ポリフェノール」という，組成不明の物質として扱われてきた．そのため個々の化合物の化学的性質は，いまだベールに包まれたままである．

このようにフラボノイドは魅力的な構造の宝庫であり，未知の有用物質の発見も期待できるが，上述のような事情により現状では個々の化合物を純粋かつ潤沢に入手することは困難である．しかし，筆者らは現在の精密合成化学の力をもってすれば，この問題を解決できると考え，その合成研究に取り組むことにした．

2 多様性の要所

複雑なフラボノイドの構造に目を凝らして見てみると，こうした化合物の構造多様性の鍵がフラバン骨格の4位にあることに気がつく(図9-1)．たとえば，以下の化合物はいずれもフラバン骨格の4位に炭素—炭素結合をもつが，そこを足掛かりとして複雑な高次構造が形成されている様子がみてとれる．したがって，筆者らはこの位置の結合形成を自在に行うことが各化合物の合成に必須であると考えた．

ところで，筆者らのフラボノイド研究の出発点は漢方成分として知られていたフラバノン配糖体であるアスチルビンの合成研究であり[3]，その糖とフラボノイドが共存する構造の構築を通じて学んだことは，両者に類似性(アナロジー)があるということであった(図9-2)．すなわち，環内酸素により活性化されうる反応点(糖における1位(アノマー位)およびフラバン骨格の4位)がいずれにもある．

そのため筆者らは，これまで「糖の合成化学」で蓄積された豊富な知識がフラボノイドの化学に役立つにちがいないと考えた．この考えに基づき，実際に

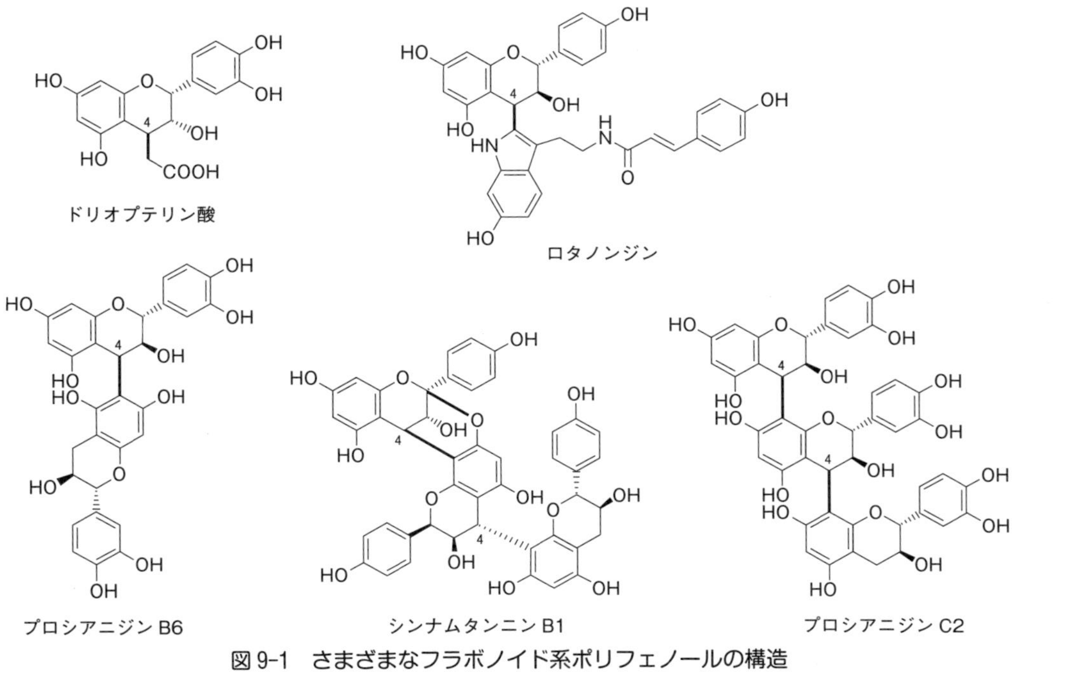
ドリオプテリン酸
ロタノンジン
プロシアニジン B6
シンナムタンニン B1
プロシアニジン C2

図9-1　さまざまなフラボノイド系ポリフェノールの構造

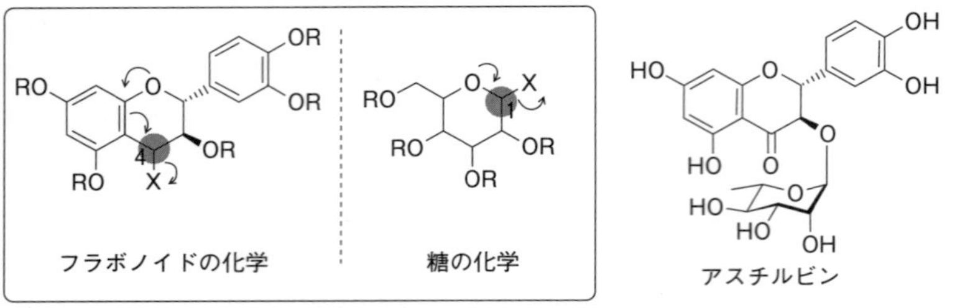
RO
OR
OR
OR
RO
X
4
フラボノイドの化学
RO
O
X
1
RO
OR
OR
糖の化学
HO
OH
OH
HO
O
O
HO
HO
OH
アスチルビン

図 9-2　糖とフラボノイドの類似性

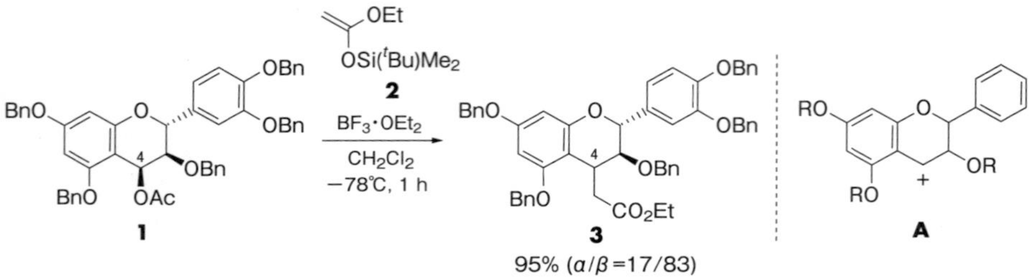
OEt
OSi(ᵗBu)Me2
2
BF3・OEt2
CH2Cl2
−78℃, 1 h
BnO
OBn
OBn
OBn
BnO
OAc
4
1
3
CO2Et
95% (α/β=17/83)
RO
OR
RO
+
A

図 9-3　ルイス酸条件下での置換反応

フラバン骨格の 4 位への脱離基(X)の導入およびその後の活性化条件を集中的に検討した結果，4 位に酸素官能基を備えた誘導体が「カテキン供与体」として有望であることを見いだした[4]．たとえば，ルイス酸存在下，アセタート **1** に対し，ケテンシリルアセタール **2** を作用させると反応が収率よく進行し，対応する生成物 **3** が得られることがわかった(図 9-3)．この反応では，ケテンシリルアセタール(KSA)以外にも，エノールシリルエーテルや電子豊富な芳香環，あるいはアジド($TMSN_3$)やチオールなども求核剤として用いることができる．一方，アリルトリメチルシラン(AllylTMS)はほとんど反応しない．この違いは，Mayr の nuleophilicity parameter(N)[5]を考慮するとうまく説明できる．すなわち，**1** の活性化により生じるカチオン種 **A** は，三つのアルコキシ基により安定化されているため反応性が低い．したがって反応相手には，それを補うのに足る強い求核性(N)をもつ反応剤が必要となる(例：KSA $N = 10.3$, cf. AllylTMS $N = 1.68$)．

3 困難の源

ここで上の反応性を利用し，フラバン二量体 **C** を合成することを考えてみよう．まず，求電子成分 **A** を活性化したのち(→ **A′**)，これにカテキン単位 **B** を求核成分として作用させ，Friedel-Crafts 型の反応を行えば，二量体 **C** が得られるはずである(図 9-4)．しかし，ことはそう単純ではない．実は求電子成分 **A** 自身も本質的に求核性を兼ね備えているため，**B** と同様に求核的に振舞う可能性がある．さらに，二量体 **C** も求核部分をもっているので同様な事情となり，事態は一層複雑となる．したがって，単に **A** と **B** を混ぜて反応させても都合よく交差反応が進行するはずもなく，自己反応や多重反応は必然となる．この問題の対処法として，求核成分を大過剰用い，確率論で突破するというやり方も考えられるが，むろんこれは合成上の痛みを伴う．

4 二つの工夫

筆者らはこの問題を次のように解決した．すなわち，受容成分の C8 位に臭素を導入(ハロキャップ)すると，この位置の求核反応性が抑制され，問題の過剰反応を回避できるようになった(図 9-5)[6]．この方法の優れた点は，大きなサイズの分子同士をほぼ 1 対 1 で反応(equimolar coupling)させることができる点にある(詳しくは後述)．一般に，天然物のような複雑な化合物の合成においては，主役となる

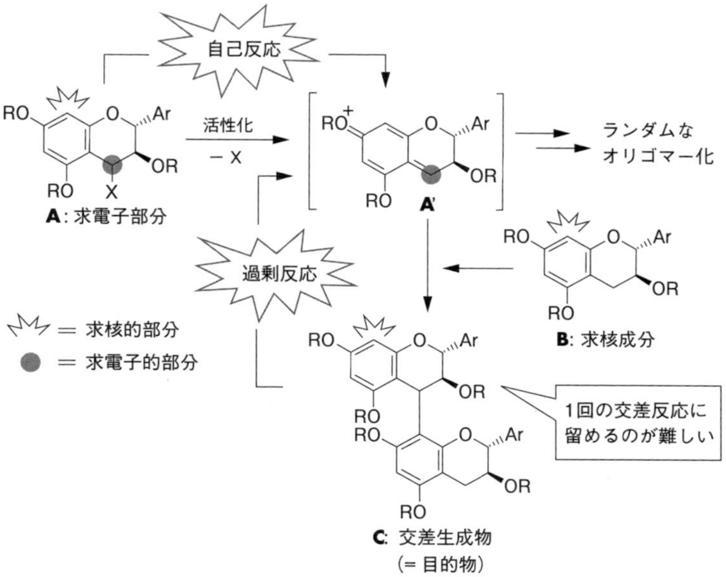
自己反応
活性化
− X
A: 求電子部分
A'
ランダムな
オリゴマー化
過剰反応
= 求核的部分
= 求電子的部分
B: 求核成分
1回の交差反応に
留めるのが難しい
C: 交差生成物
(= 目的物)

図 9-4　オリゴマー合成における本質的な問題

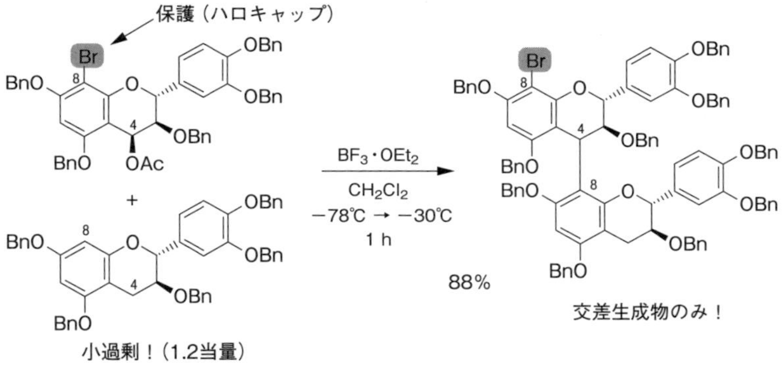
保護（ハロキャップ）
Br
$BF_3 \cdot OEt_2$
CH_2Cl_2
−78℃ → −30℃
1 h
88%
小過剰！(1.2当量)
交差生成物のみ！

図 9-5　解決法 1：C8 位の保護による反応制御

化合物に対し，比較的小さな反応相手を過剰に用い，目的生成物の収率を見かけ上かせぐといったことが行われる．しかし，今回対象とする化合物のように分子サイズの大きなものを真の意味で効率的に得るためには，同程度の大きさの分子同士を直接連結させる方が効率的であることは明白である．

もう一つの工夫も，やはり「糖とフラボノイドとの類比」からもたらされた(図 9-6)．その鍵は，糖鎖合成に用いられるオルトゴナル法である[7]．筆者らは，異なる条件(ハード・ソフト)で活性化される二種の脱離基(オキシ基とチオ基)を用いてそれぞれの選択的な活性化を繰り返すことにより，効率的にフラバン単位を伸長することに成功した[6]．この方法は，オリゴマーの先頭(8 位)にモノマーを付け足してゆく従来の「upward」なアプローチ[8]とは逆に，モノマーをオリゴマー鎖の下方(4 位)に付け足してゆく「downward」なアプローチであり効率性に優れている．

著者らは，これらの結果に意を強くし，さらに高次のオリゴマーの合成に取り組んだ．オリゴマーは，とくにその重合度が高いものの生理活性が顕著であるが[9]，そうした高次オリゴマー構造の構築には収束的なアプローチが有効であった(図 9-7)．実際，先に示したオルトゴナル法とハロキャップ法を組み

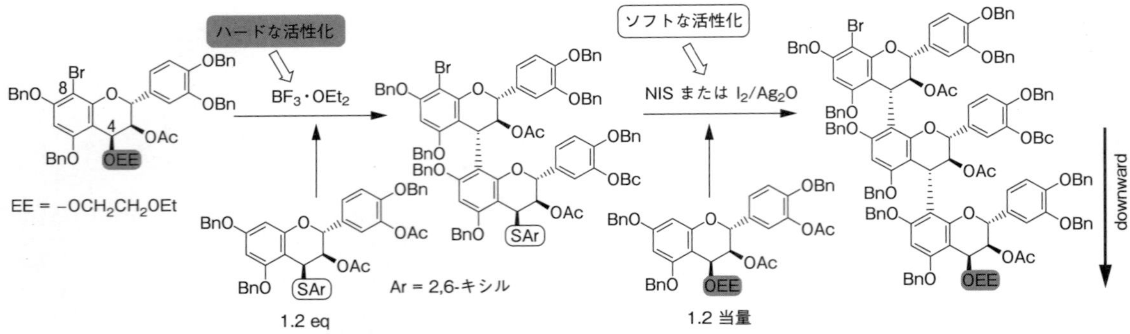

ハードな活性化
BF3・OEt2
ソフトな活性化
NIS または I2/Ag2O
EE = -OCH2CH2OEt
1.2 eq
Ar = 2,6-キシル
1.2 当量
downward

図 9-6　解決法 2：オルトゴナル法の援用

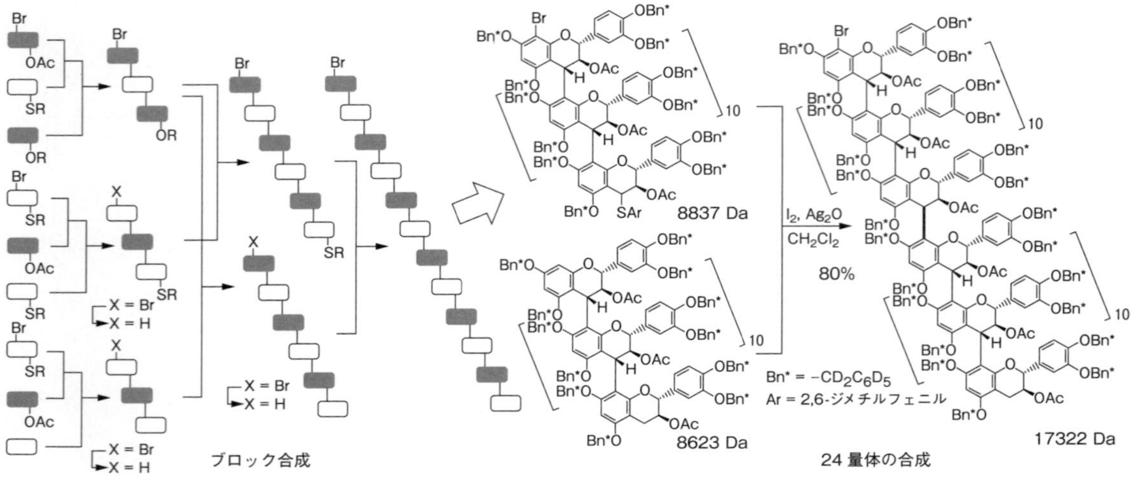

X = Br
X = H
ブロック合成
8837 Da
8623 Da
I2, Ag2O
CH2Cl2
80%
Bn* = -CD2C6D5
Ar = 2,6-ジメチルフェニル
17322 Da
24 量体の合成

図 9-7　収束的アプローチによる 24 量体の合成

合わせ，ブロック合成を行ったところ，巨大オリゴマー（カテキン 24 量体）を単一化合物として得ることに成功した[6]．

この合成の最終工程においては，分子量が 8 kDa を超える分子同士を，炭素一炭素結合を介して位置および立体選択的に連結させることに成功している（収率 80%！）．このようなサイズの分子を高度に制御し，連結させた例はきわめて限られていることから，本結果は合成化学的に意義深い．また，各種のスペクトル解析から，合成した 24 量体は右巻きのらせん構造を形成していることが明らかにされた．このような性質は構造化学の観点からも興味がもたれる．

5 足下を固める

著者らはこの研究の途上，まったく別の本質的な問題に直面した．すなわち，オリゴマー合成に必要な「フラバンモノマー」自体の入手がきわめて難しいということである．冒頭でも述べたが，天然にはフラボノイドを多量に含む植物が溢れている．しかし，そのなかから目的のフラバンモノマーを「純粋」かつ「潤沢」に得ることは容易ではない．むろん，市販されているものはごく一部の類縁体に限られており，しかも高価であるため合成原料として許容できるものは，せいぜい(+)-カテキンくらいである（決して安くはない）．しかも，合成には選択的に保護基を導入したフラバン単位が必須となるが，その誘導化自体も容易でない．

このような状況から，選択的に保護されたモノ

COLUMN

★いま一番気になっている研究者

Ryan Gilmour
（ドイツ・ヴェストファーレン・ヴィルヘルム大学 教授）

イギリス生まれのGilmour博士は，ヴェストファーレン・ヴィルヘルム大学(Westfälische Wilhelms–Universität, WWU：通称ミュンスター大学)の教授であり，有機合成化学界のライジングスターの一人である．彼は，含フッ素化合物のもつ立体電子効果，とくにゴーシュ効果が分子の配座制御に有効である点に注目し，その性質を活かした高機能な有機分子の開発に取り組んでいる．ゴーシュ効果は，いわゆる立体電子効果のなかにおいては比較的弱い相互作用であり，大学の講義などで学ぶ機会はあるものの，それを積極的に有機合成に活かした例は限られている．彼は，この弱い相互作用を有機合成反応に積極的に活かし，従来にないユニークな有機触媒の開発や生理活性含フッ素オリゴ糖の合成に成功している．この他にも炭素−炭素二重結合の一方向光異性化など，有機化学的に興味深い現象を伴う分子変換の開発に取り組んでおり，今後も目が離せない．

マー単位をはじめから合成(*de novo* 合成)することにした．これまでにフラバン類の合成には多くの例が報告されてきたが，より“納得のゆく”合成アプローチを模索した．第一世代[10]，第二世代[11]と徐々に効率性を高め，最終的にたどり着いた方法は，フルオロアレーン誘導体を用いるものであった(第三世代)[12]．

フルオロアレーンは電子不足型の芳香族であるため，これまで筆者らを悩ませてきたフェノールの*C*-アルキル化などの問題を本質的に生じない．そして，塩基によりオルト位メタル化でき，それを契機としたC−C結合形成を位置選択的に行うことが

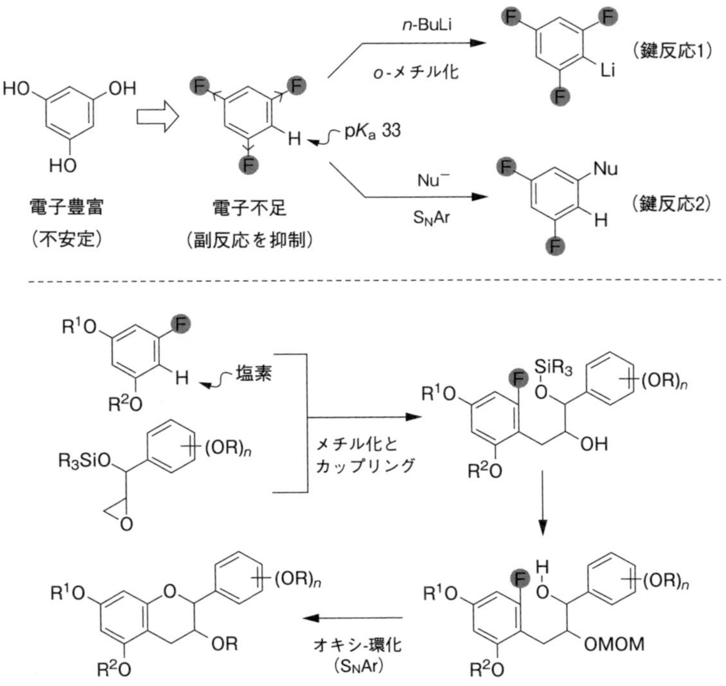
HO
OH
HO
電子豊富
(不安定)
F
H
pK_a 33
電子不足
(副反応を抑制)
n-BuLi
o-メチル化
Li
(鍵反応1)
Nu$^-$
S$_N$Ar
Nu
(鍵反応2)
R^{1}O
R^{2}O
塩素
R$_3$SiO
(OR)$_n$
メチル化と
カップリング
SiR$_3$
OH
OMOM
オキシ-環化
(S$_N$Ar)
OR

図9-8 フルオロアレーンを活用したフラバンモノマーの *de novo* 合成

できる．さらに，アルコキシドを用いた芳香族求核置換反応(S_NAr 反応)を行えば，フルオロ基を望むタイミングで自由に酸素官能基へ置き換えることができる．このような特徴をフルに活用し，図 9-8 に示したような「使える」モノマー単位の自在合成法を開拓した．これにより，希少なフラバン単位から構成されるオリゴマーの合成にも抵抗なく取組めるようになった[13]．

6 二重に活性化

天然には，フラバン骨格同士が二重に連結された構造をもつオリゴマーが多数存在するが，これまで合成例はほとんどなかった[14]．この種の化合物には，インスリン増強作用をはじめとして，直鎖型オリゴマーにはないさまざまな生理活性が認められている．また，ショ糖の数十倍もの甘味を呈するというのも，おもしろい特徴の一つである．

著者らは，まず二重連結構造の構築に取り組んだ．さまざま検討した結果，結合を形成させるフラバン骨格上の 2 ヵ所(2 位と 4 位)にカチオンを選択的に発生できる合成単位(ジカチオン等価体)を設計・合成することにより，目的の構造を一挙に構築できる「catechin annulation」を実現した(図 9-9)[15]．詳細な反応解析の結果，鍵となるカチオン種は同時では

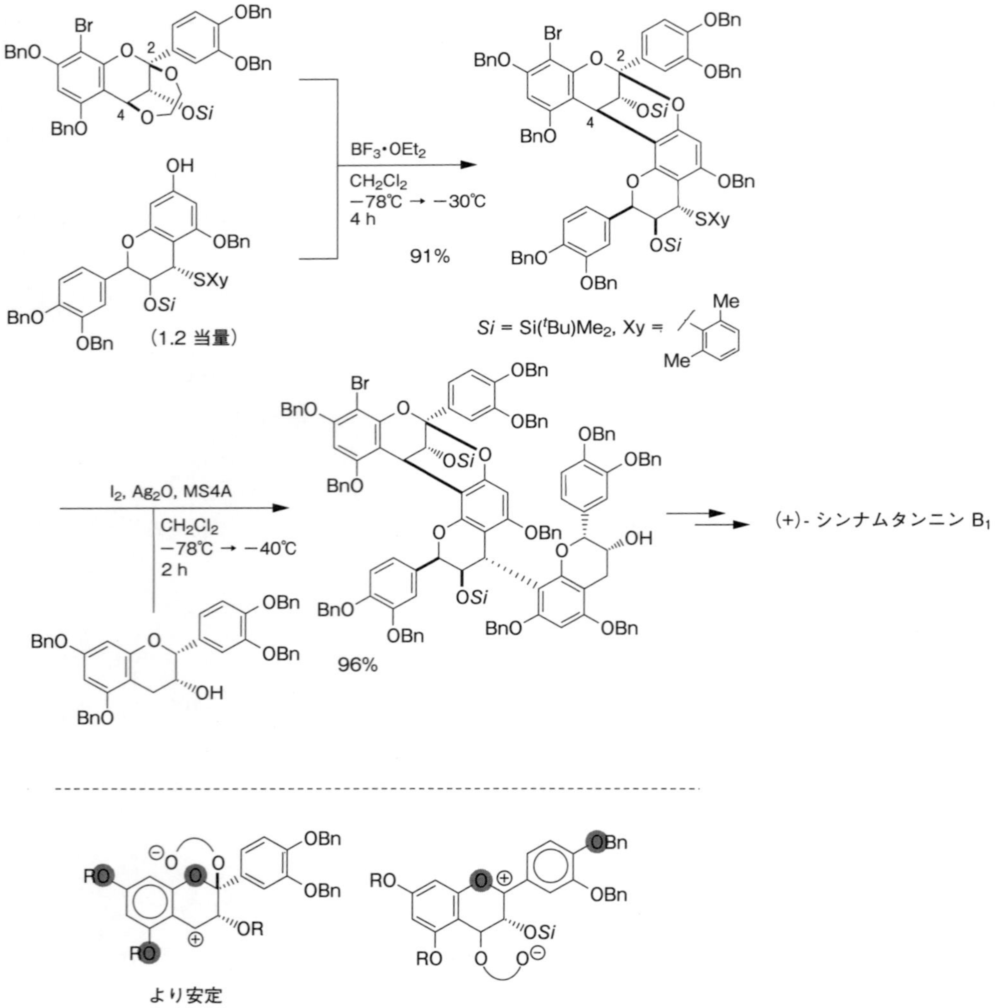
Br
BnO
OBn
2
4
OSi
OH
SXy
(1.2 当量)
BF3•OEt2
CH2Cl2
−78℃ → −30℃
4 h
91%
Si = Si(tBu)Me2, Xy =
Me
I2, Ag2O, MS4A
−78℃ → −40℃
2 h
96%
(+)- シンナムタンニン B1
RO
OR
より安定

図 9-9 二重連結型オリゴマーの合成

なく，段階的（4位→2位）に発生することがわかった．これは反応途中で生じるカチオン種の安定性の違いにより説明できる．すなわち，フラバン骨格の4位のカチオンは，隣接するベンゼン環を介して都合三つの酸素官能基から安定化を受ける．一方，2位のカチオンを安定化する酸素官能基は二つしかないため，相対的に不利であると理解できる．こうして優先して生じたカチオン種に対し，求核成分の最も反応性の高い箇所（8位）が反応するため，反応位置が制御されたと考えている．この方法と上述のオルトゴナル法を組み合わせると，シンナムタンニンB_1のようなフラバン単位の連結様式が混在（二重連結＋直連結）したトリマーも合成することができた[15]．

7 おわりに

以上，一部のオリゴフラバン類の合成について一定の成果が得られた．しかし，これらの化合物群が織りなす構造多様性の広がりからは，依然，未知の領域が大きく広がっている．したがって，この領域の研究をさらに進展させるには，従来にない斬新かつ効率的な方法論の開拓が必要不可欠である．複雑な構造をもつオリゴフラバン類の合成が自在かつ簡便にできるようになれば，有機合成化学自体の発展に寄与するのみならず，周辺領域にも大きな波及効果をもたらす可能性がある．今後，この分野がさらに進展することを期待したい．

◆ 文　献 ◆

[1] T. Hatano, T. Yoshida, R. W. Hemingway, "Plant Polyphenols 2: Chemistry, Biology, Pharmacology, Ecology," Kluwer Academic/Plenum (1999).

[2] G. Nakamura, K. Narimatsu, Y. Niidome, N. Nakashima, *Chem. Lett.*, **36**, 1140 (2007); D. Parajuli, H. Kawakita, K. Inoue, K. Ohto, K. Kajiyama, *Hydrometallurgy*, **87**, 133 (2007).

[3] K. Ohmori, H. Ohrui, K. Suzuki, *Tetrahedron Lett.*, **41**, 5537 (2000); K. Ohmori, K. Hatakemaya, H. Ohrui, K. Suzuki, *Tetrahedron*, **60**, 1365 (2004).

[4] K. Ohmori, N. Ushimaru, K. Suzuki, *Tetrahedron Lett.*, **43**, 7753 (2002).

[5] T.-B. Phan, M. Breugst, H. Mayr, *Angew. Chem. Int. Ed.*, **45**, 3869 (2006).

[6] (a) K. Ohmori, N. Ushimaru, K. Suzuki, *Proc. Natl. Acad. Sci., USA*, **101**, 12002 (2004); (b) K. Ohmori, T. Shono, Y. Hatakoshi, T. Yano, K. Suzuki, *Angew. Chem. Int. Ed.*, **50**, 4862 (2011).

[7] O. Kanie, Y. Ito, T. Ogawa, *J. Am. Chem. Soc.*, **116**, 12073 (1994).

[8] (a) K.-I. Oyama, M. Kuwano, M. Ito, K. Yoshida, T. Kondo, *Tetrahedron Lett.*, **49**, 3176 (2008); (b) Y. Mohri, M. Sagehashi, T. Yamada, Y. Hattori, K. Morimura, T. Kamo, M. Hirota, H. Makabe, *Tetrahedron Lett.*, **48**, 5891 (2007); (c) A. Saito, N. Nakajima, N. Matsuura, A. Tanaka, M. Ubukata, *Heterocycles*, **62**, 479 (2004) and related references therein.

[9] A. P. Kozikowski, W. Tückmantel, Y. Hu, *J. Org. Chem.*, **65**, 1287 (2001).

[10] T. Higuchi, K. Ohmori, K. Suzuki, *Chem. Lett.*, **35**, 1006 (2006); K. Ohmori, M. Takeda, T. Higuchi, T. Shono, K. Suzuki, *Chem. Lett.*, **38**, 934 (2009).

[11] K. Ohmori, T. Yano, K. Suzuki, *Org. Biomol. Chem.*, **8**, 2693 (2011).

[12] S. Stadlbauer, K. Ohmori, F. Hattori, K. Suzuki, *Chem. Commun.*, **48**, 8425 (2012).

[13] T. Yano, K. Ohmori, H. Takahashi, T. Kusumi, K. Suzuki, *Org. Biol. Chem.*, **10**, 7685 (2012).

[14] (a) L. Jurd, A. C. Waiss Jr., *Tetrahedron*, **21**, 1471 (1965); (b) C. Selenski, T. R. R. Pettus, *Tetrahedron*, **62**, 5298 (2006); (c) G. A. Kraus, Y. Yuan, A. Kempema, *Molecules*, **14**, 807 (2009).

[15] Y. Ito, K. Ohmori, K. Suzuki, *Angew. Chem. Int. Ed.*, **53**, 10129 (2014).

CSJ Current Review
★
Part Ⅱ
研究最前線

Chap 10

対称性を利用したヒバリマイシノンの収束的全合成

Convergent Total Synthesis of Hibarimicinone using Pseudo-symmetry

竜田 邦明　細川 誠二郎
（早稲田大学理工学術院）

Overview

抗がん作用の一種である v-Src チロシンキナーゼに対して阻害活性を示すヒバリマイシノンは 13 個の不斉炭素と軸不斉をもつ 8 環式化合物である．このような複雑で巨大な化合物を効率よく合成するためには，骨格構築反応だけでなく，合成戦略が非常に重要となってくる．本章では，標的化合物の擬対称性に注目し，不斉中心や左右の酸化度の違いをいかにして構築するのかについて，戦術と戦略を解説する．また，合成途上で遭遇した数々の問題をいかにして克服したかについても紹介する．

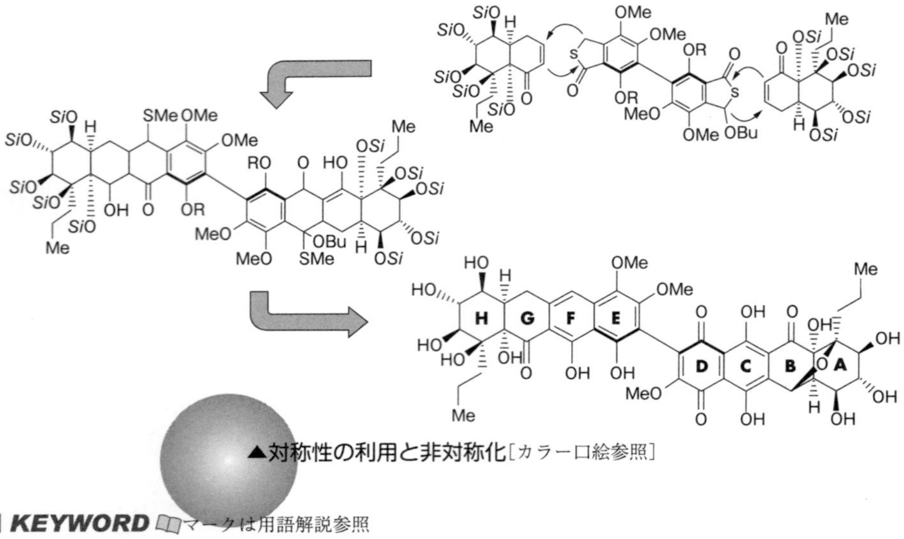
SiO
H
OMe
OMe
OR
O
S
Me
OBu
OMe
MeO
OSi
SMe
RO
HO
OH
H G F E D C B A
HO
Me

▲対称性の利用と非対称化［カラー口絵参照］

■ **KEYWORD** 📖マークは用語解説参照

■全合成（total synthesis）
■擬対称性（pseudo-symmetrical）
■酸化度（oxidation stage）
■軸不斉（axial asymmetry）📖
■Michael-Dieckmann 型環化（—— type annulation）
■互変異性（tautomerization）

Current Review

1 全合成における戦術と戦略

多段階合成において戦術(反応)と戦略(構造のつくり方・方針)は車の両輪のようなものであり，両者がうまく組み合わさることによって初めて効率的な全合成が実現される．とくに標的化合物が複雑である場合は戦略が重要になり，これを誤ると，いくら立派な反応を積み重ねても，いつまでたっても完成できない状況に陥ってしまう．本章では，複雑で巨大なヒバリマイシノンを筆者らがどのように攻略したかを紹介する．戦術と戦略が織りなす妙を味わっていただきたい[1]．

2 擬対称性化合物ヒバリマイシノン

ヒバリマイシノン(図10-1)は，沖，古米，堀らによって富山県射水郡戸破(ひばり)の土壌より分離された放線菌 *Microbispora rosea* subsp. *hibaria* の培養液から単離・構造決定された化合物である[2]．ヒバリマイシノンはv-Srcチロシンキナーゼを強く阻害することが報告されており[3]，より対称性の高いHMP-Y1(図10-1)が活性を示さないことから，左右の酸化度の違いが活性に重要であることがわかる．

ヒバリマイシノンは不斉炭素を13個含み，なおかつ中央に軸不斉をもつ複雑な擬対称性化合物である．ABCD環部とEFGH環部の違いは，B環およびC環，D環の酸化度が，G環およびF環，E環と比べてそれぞれ一段階ずつ高いところである．合成戦略としては，対称性をうまく使いながら「擬」であることをどのように合成経路に反映させるかが鍵となる．まず対称性という点からこの化合物を眺めると，A環とH環は同一であり，B環とG環もエーテル環以外は同じである．よって，AB環部とGH環部は同一の化合物として合成することとした．また，D環とE環は酸化度こそ違っているが，酸素が付いている位置は同じである．したがって，この部分も同じ構造の化合物から合成できるであろう．そうなると，C環とF環の差異が全体の酸化度の差異の鍵を握りそうである．このことを踏まえ，まず，4環式化合物ABCD環部とEFGH環部のそれぞれを構築する方法を探ることから研究を始めた．

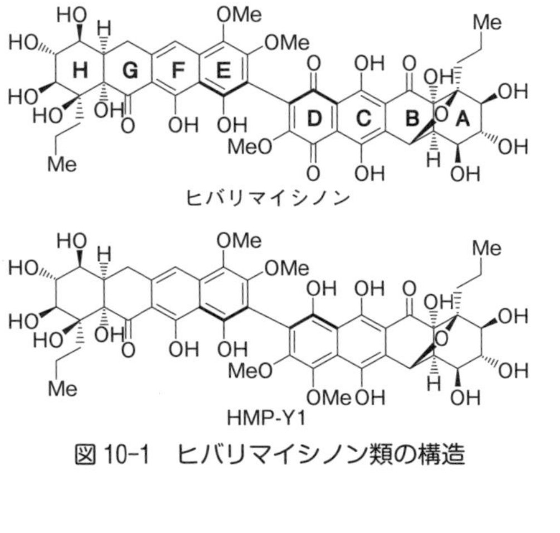
ヒバリマイシノン
HMP-Y1

図10-1 ヒバリマイシノン類の構造

3 合成戦略と戦術

テトラサイクリン骨格の構築法としては，これまで筆者らの研究室で多くの多環式芳香族天然物の全合成に使われてきた図10-2のMichael-Dieckmann型環化反応を使うこととした[4]．これは，α,β-不飽和カルボニル化合物 **1** に対して，ベンゾイソフラノン **2** のベンジル位にアニオンを発生させ(アニオン中間体 **3**)，Michael付加反応とそれにつづくDieckmann環化反応(**1** + **3**)により，多環式化合物 **4** としたあと，芳香族化(**4** → **5**)を行って，一挙に4環式骨格を得る方法である．また，二つのユニットをつなぎ合わせながら環を形成するため，多環式化合物の収束的合成に適している．

さらに本研究では，酸化度の高いABCD環を構築するために酸化度移動戦略〔図10-2(b)〕を計画した．これはケトンが並んだ化合物 **6** を想定し，D環の保護基を除去することによりキノン型C環の酸化度をD環へと移す(**6** → **7**)ことやB環のケトンとC環のエノールが共役する **8** に異性化させたのち，**8** のエノン部にA環のヒドロキシ基を共役付加してヒドロキノン **9** とする(B環に酸化度が移される)戦略である．これらの戦術と戦略を想定して全合成研究に着手した．

4 AB(GH)環部の合成

まずは，左右両端の共通構造であるAB(GH)環部 **22** の合成に着手した(図10-3)．出発物質としては，これまで当研究室でピラロマイシン1cやバリ

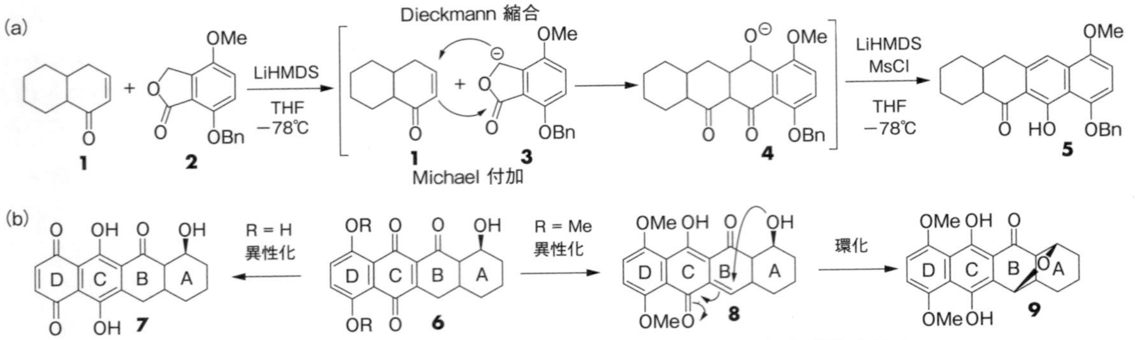

図 10-2 Michael-Dieckmann 型環化反応（a）と酸化度移動戦略（b）

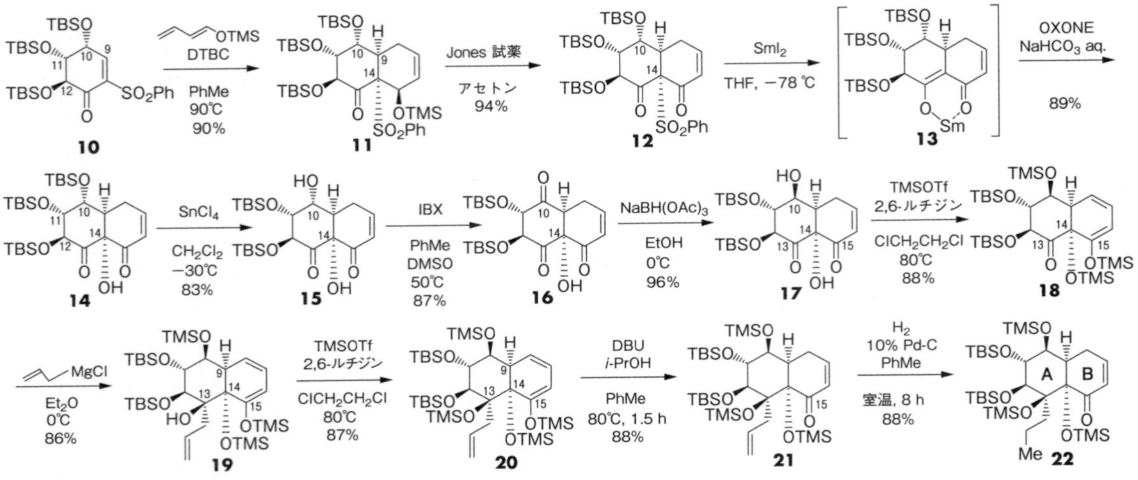

図 10-3 AB(GH)環の合成

ダミンの全合成に用いたケトスルホン体 **10**(D-アラビノースより合成)を使うことにした[5]．化合物 **10** は A 環(G 環)部の 11 位と 12 位の立体化学をもちあわせており，B 環(H 環)構築の際の Diels-Alder 反応の反応点となるオレフィンがケトンとスルホンによって活性化されている．さらに，天然物とは逆の立体化学で付いている 10 位の OTBS− は，Diels-Alder 反応の際に紙面下側からのジエンの接近を妨げ，9 位の立体化学を構築する役割を担う．実際，化合物 **10** の Diels-Alder 反応は，目論見通り **11** を高収率で与えた．

さて，ここからいろいろな問題が待ち構えていた．まずは化合物 **11** の 14 位を SO_2Ph から OH にしなければならない．そこで，Jones 酸化によって *β*-ジケトン **12** とした．つづいて SO_2Ph を還元的に除去して生じるエノラート **13** に対し，酸化剤として *OXONE*®を加え，14 位に OH 基を立体選択的に導入して化合物 **14** を得た．さて次に，役目を終えた 10 位の OTBS の立体化学を逆転させなければならない．そのためにまず，**14** の三つの OTBS のなかから 10 位の TBS だけを除去する必要があった．これには，化合物 **14** のコンフォメーションを知ることが解決策を与えた．^{1}H NMR スペクトルの解析から，**14** の三つの OTBS のうち，11 位と 12 位の OTBS はアキシアル方向にあり，10 位の OTBS のみがエカトリアルにでていることがわかった．エカトリアルの官能基のほうがアキシアルのものより反応性が高いことから，10 位の TBS だけを除去することは可能である．検討の結果，ルイス酸である $SnCl_4$ を用いた場合にきれいに 10 位が反応し，好

収率で化合物 **15** を与えた.

次にこの10位の立体配置の反転であるが，光延反応で立体反転が起こらなかったため，このOH基をいったん酸化してケトンとしたのち，それを還元して目的物 **17** を得ることとした．さて，化合物 **15** の酸化は問題なく起こったのだが，得られた **16** はケトンを三つもっている．このトリケトン体 **16** の10位のカルボニル基だけを位置および立体選択的に還元しなければならなかった．これには14位のヒドロキシ基を使って，これと同じ方向から(紙面の裏側から)H^- を導入しようとした．還元剤をさまざま検討した結果，$NaBH(OAc)_3$ を用いた際に化合物 **17** が主生成物として得られたが，位置選択性が低く，10位と13位の2ヵ所が還元された化合物も生成したため，収率がよくなかった．そこで溶媒をいろいろと検討した．

この還元反応は基質のOHの酸素にホウ素をつける必要があるため，非プロトン性溶媒をいろいろと試したのだが，望む **17** の収率が上がらなかった．ところが，プロトン性溶媒であるエタノール中にて還元を行ったところ，位置選択性が一挙に向上し，望みの化合物 **17** が支配的に得られた．ホウ素上のOAcがOEtに変わることによって反応性が変化したものと考えられる．結局，溶媒としてはエタノールが最もよい結果を与え，化合物 **17** を単離収率96%という高収率で得ることができた．

さて，目的の化合物 **22** を得るためには，化合物 **17** の二つのカルボニルのうち13位にのみC3ユニットを導入しなければならない．C3ユニットとしてGrignard試薬を使うことを想定して，まずはOH基を保護する目的でTMS化を行った．とくに三級ヒドロキシ基である14位のOH基をTMS化するために，試薬を過剰に加えて加熱条件下で反応を行ったところ，二つのヒドロキシ基のみならず，15位を含むエノン部がTMS化されてシリルジエノールエーテルとなった化合物 **18** が収率よく得られた．

化合物 **18** では，反応させたい13位のみがカルボニルとして存在する．よってこれにアリルマグネシウムクロリドを反応させて化合物 **19** とした．ここで，プロピルマグネシウムブロミドは **16** と反応しなかった．一方，図10-3に示したアリルマグネシウムクロリドを用いた場合は高収率でアリル基の導入に成功した．化合物 **19** の三級ヒドロキシ基をTMSで保護したのち，弱塩基性条件下で処理すると(**20** → **21**)，シリルジエノールエーテルのTMSのみ除去されてエノン体 **21** を与えた．これに水素添加を行うことで，反応性の高い末端オレフィンのみが反応して目的のAB(GH)環部 **22** の合成に成功した．

5 Michael-Dieckmann型環化反応による4環式化合物の合成

AB(GH)環部が完成したので，ここからヒバリマイシノンの左右の4環式化合物(ABCD環部およびEFGH環部)の合成に取り組んだ．図10-4のようにラクトン体 **23** を使ってMichael-Dieckmann型環化の条件をいろいろと試したのだが，**22** との相性が悪く，Michael付加体が低収率で得られるのみで，Dieckmann環化した化合物は一切得られなかった．さあ，どうするか．AB(GH)環部は変えられないので，ラクトン体 **23** のほうに工夫を入れるしかない．Michael-Dieckmann型環化をMichael付加とDieckmann環化に分けて考えてみると，Michael付加を行う際には，まずは **23** のベンジル位(6位)にアニオンを発生させなければならないから，このアニオンが安定化されたほうがよい．一方，Dieckmann環化のことを考えると，カルボニルが攻撃を受け易い，もしくはカルボニルが活性化された基質がよい．この両方を成立させるものとして，ラクトン環の環内酸素を硫黄に変えたチオラクトン体であれば，6位のアニオンを安定化するであろうし，C−S結合はC−O結合よりも切れやすいため，Dieckmann環化も促進されると考えた(図10-4)．

実験を行うにあたり，チオラクトンを用いたMichael-Dieckmann型環化について前例を調べたところ，反応の検討が1件と天然物合成を指向したものが1件，同じグループから報告されていた[6]．しかしその文献では，副反応が起こるため環化体は低収率から中程度の収率にとどまることが示されて

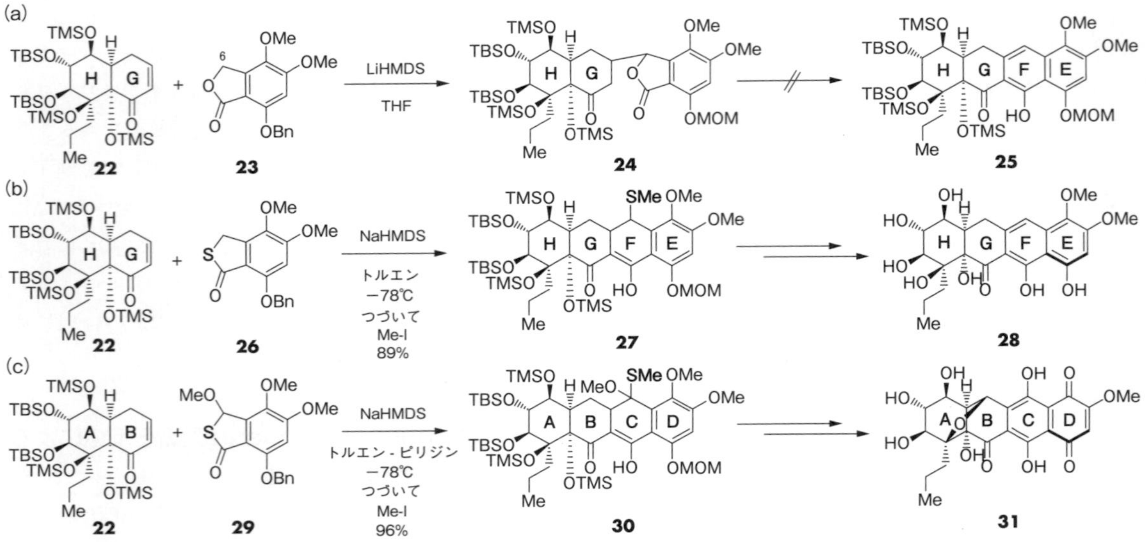
(a)
TMSO
TBSO
TBSO
TMSO
H
G
Me
OTMS
22
6
OMe
OMe
OBn
23
LiHMDS
THF
24
OMOM
25
HO
OMOM
(b)
26
NaHMDS
トルエン
−78℃
つづいて
Me-I
89%
SMe
27
28
OH
HO
(c)
MeO
A
B
29
NaHMDS
トルエン - ピリジン
−78℃
つづいて
Me-I
96%
C
D
30
31

図 10-4　ラクトン(a)およびチオラクトン(b，c)による Michael-Dieckmann 型環化反応

いた．この結果に憂慮したのか，その後チオラクトンが天然物合成に用いられることはなかった．しかしながらこの結果は筆者らがだしたものではないし，今は普通のものが通じない状況である．そこで実際にチオラクトンを合成し Michael-Dieckmann 型環化を試したところ，チオラクトン **26** は最初から筆者らの期待に応え，速やかに反応が進行して環化体 **27** を高収率で与えた．ベンジル位に OMe が付いた **29** も試したが，こちらも高収率で 4 環式化合物を与えた．4 環式化合物 **27** および **30** は，それぞれヒバリマイシノンの左右のユニット **28** および **31** に導かれた．

両翼ができたので，これらを結合してヒバリマイシノンとすることを試みた．軸不斉の制御を問題として残したままさまざまな方法を試みたが，キノン体 **31** が不安定で，**28** と **31** が結合した化合物はまったく見られなかった．しかしこれは想定内で，新たな戦略を用意していた．

天然物合成ではしばしば，難しい部分を先につくっておくことが，全合成に有利なことがある．合成の早いステージのほうが共存する官能基が少ないためだ．ヒバリマイシノンの合成の難しさの一つは，置換基の多い部分でビアリール結合をつくらなければならないうえ，軸不斉を構築しなければならないところにある．よって，この軸不斉を含むビアリール結合は，あらかじめつくっておくことが望ましい．筆者らは，図 10-5(a)に示すように，チオラクトンを含むビアリール化合物 **32** を用いて AB(GH)環部 **22** と Michael-Dieckmann 環化を行い，一挙に 8 環式化合物を得る戦略をとった．ビアリール化合物 **32** は左右の酸化度が一つしか違わない．これを最終的に三つの環において一つずつ酸化度が上がった状態にするため，先述〔図 10-2(b)〕の酸化度移動戦略を用いた．

ビアリール化合物 **32** の合成を図 10-5(b)に示す．市販のカルボン酸 **33** から導かれるフェノール **34** を酸化的に二量化し，ビアリール化合物 **35** とした．**35** よりチオラクトン二量体 **36** を合成し，軸異性体を光学分割した(**36** → **37** + **38**)．望みの軸異性体 **37** を C_2 対称体 **39** に変換したのち，片方のベンジル位を酸化して **32** とした．

6　ヒバリマイシノンの全合成

ビアリール体 **32** が得られたので，先述の戦略に基づく合成を進めた(図 10-6)．化合物 **32** の両方のチオラクトンを AB(GH)環部と反応させ，一挙に

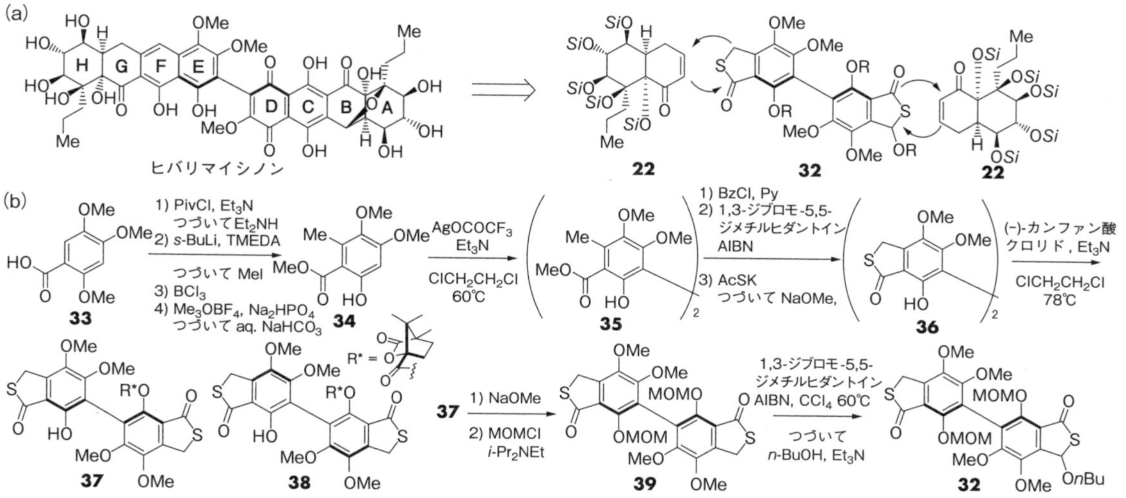
(a)
ヒバリマイシノン
22
32
22
(b)
33
1) PivCl, Et_3N
つづいて Et_2NH
2) s-BuLi, TMEDA
つづいて MeI
3) BCl_3
4) Me_3OBF_4, Na_2HPO_4
つづいて aq. $NaHCO_3$
34
$AgOCOCF_3$
Et_3N
$ClCH_2CH_2Cl$
60℃
35
1) BzCl, Py
2) 1,3-ジブロモ-5,5-ジメチルヒダントイン
AIBN
3) AcSK
つづいて NaOMe,
36
(−)-カンファン酸クロリド，Et_3N
$ClCH_2CH_2Cl$
78℃
37
38
37
1) NaOMe
2) MOMCl
i-Pr_2NEt
39
1,3-ジブロモ-5,5-ジメチルヒダントイン
AIBN, CCl_4 60℃
つづいて
n-BuOH, Et_3N
32

図 10-5　チオラクトン二量体を用いる合成戦略（a）と二量体の合成（b）

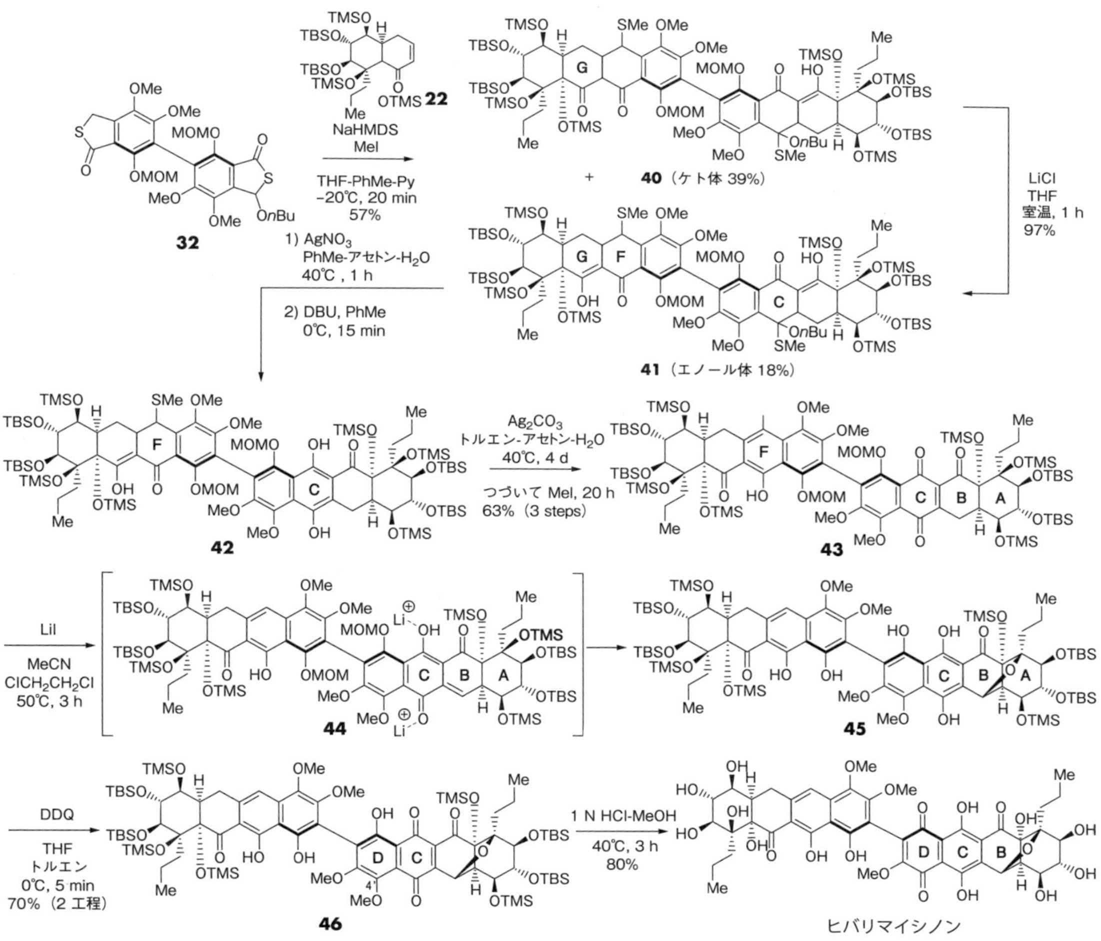
32
22
NaHMDS
MeI
THF-PhMe-Py
−20℃, 20 min
57%
40（ケト体 39%）
41（エノール体 18%）
LiCl
THF
室温, 1 h
97%
1) $AgNO_3$
PhMe-アセトン-H_2O
40℃，1 h
2) DBU, PhMe
0℃, 15 min
42
Ag_2CO_3
トルエン-アセトン-H_2O
40℃, 4 d
つづいて MeI, 20 h
63%（3 steps）
43
LiI
MeCN
$ClCH_2CH_2Cl$
50℃, 3 h
44
45
DDQ
THF
トルエン
0℃, 5 min
70%（2 工程）
46
1 N HCl-MeOH
40℃, 3 h
80%
ヒバリマイシノン

図 10-6　ヒバリマイシノンの全合成

8環式骨格(**40** と **41**)を構築した．化合物 **40** と **41** の違いは，G環がケト型かエノール型かの違いである．エノール型はカルボニル基と共役しているため **41** のほうが安定であり，化合物 **40** に LiCl を作用させるだけでケト型をエノール型に変換できた．化合物 **41** の左右の違いは，C環に s,o-アセタールが付いているのに対して，F環はチオエーテルとなっている点だけである．この酸化度1段階の違いから，左右の酸化度の差を大きくしていった．

まず，s,o-アセタールを加水分解したのち，ケト-エノール互変異性によるC環の芳香族化を行って化合物 **42** とした．**42** に炭酸銀を加えることでC環のヒドロキノンをキノンへと酸化，次いで反応系中にヨウ化メチルを作用させてF環のチオエーテルをアルキル化し，系中に存在する炭酸イオンの塩基性で脱離させてF環が芳香環である化合物 **43** を一挙に構築した．キノン **43** はBC環にカルボニル基が集中しているため，LiI を作用させるとキノンの一部がエノール化し，C環の上部がケトンと共役したより安定なエノールとなった(中間体 **44**)．このとき，BC環下部はエノンとなっており，Li^+ がこれを活性化しているため，近くにある TMS エーテルの酸素が攻撃してきて，エーテル環 **45** を形成した．ここでもう一度C環を酸化してキノン **46** としたのち，これを塩酸で処理すると，シリル基がすべて除去されるとともに，D環4′位の OMe のみが加水分解を受け，さらにケト-エノール互変異性によりCD環部の酸化度の逆転が起こり，ヒドロキノン(C環)をキノン(D環)とケトン(B環)で挟んだ安定構造となった．これにより，キノン **46** から一挙にヒバリマイシノンへと導くことができた．^{1}H NMR と CD スペクトルが天然物と一致したときは，まさに歓喜の瞬間であった．

本合成では，酸化反応を直接受けたのはC環だけであるが，その酸化度を隣のB環やD環に移すことによって，ヒバリマイシンの左右の4環式構造の酸化度の大きな差へと導く酸化度移動戦略が功を奏した．

天然物合成は，戦術と戦略を巧みに組み合わせた周到な計画を用意したうえでとりかかり，そのなかで次つぎと現れる問題にていねいに対応して進めなければならない．それゆえ，全合成を達成したときの喜びは大きく，また何よりもその物質の関連構造を人類が得られるようになったことは意義が大きい．本章を通じて，天然物合成が単に反応の羅列ではなく，戦術と戦略が一体となることによってできあがる叡智の結晶であることを理解していただければ幸いである．

◆ 文　献 ◆

[1]（a）K. Tatsuta, T. Fukuda, T. Ishimori, R. Yachi, S. Yoshida, H. Hashimoto, S. Hosokawa, *Tetrahedron Letters*, **53**, 422 (2012);（b）K. Tatsuta, S. Hosokawa, *The Chemical Record*, **14**, 28 (2014).

[2]（a）H. Hori, T. Kajiura, Y. Igarashi, T. Furumai, K. Higashi, T. Ishiyama, M. Uramoto, Y. Uehara, T. Oki, *J. Antibiot.*, **55**, 46 (2002);（b）T. Kajiura, T. Furumai, Y. Igarashi, H. Hori, K. Higashi, T. Ishiyama, M. Uramoto, Y. Uehara, T. Oki, *J. Antibiot.*, **55**, 53 (2002);（c）Y. Igarashi, T. Kajiura, T. Furumai, H. Hori, K. Higashi, T. Ishiyama, M. Uramoto, Y. Uehara, T. Oki, *J. Antibiot.*, **55**, 61 (2002);（d）堀　浩，五十嵐康弘，梶浦貴之，佐藤誠悟，古米　保，東岸和明，石山忠之，上原至雅，沖　俊一，第46回天然有機化合物討論会講演要旨集，p. 49 (2004).

[3] S. I. Cho, H. Fukazawa, Y. Honma, T. Kajiura, H. Hori, Y. Igarashi, T. Furumai, T. Oki, Y. Uehara, *J. Antibiot.*, **55**, 270 (2002).

[4] 本反応を使った最近の天然物合成：（a）K. Tatsuta, S. Tokishita, T. Fukuda, T. Kano, T. Komiya, S. Hosokawa, *Tetrahedron Lett.*, **52**, 983 (2011);（b）K. Tatsuta, H. Tanaka, H. Tsukagoshi, T. Kashima, S. Hosokawa, *Tetrahedron Lett.*, **51**, 5546 (2010); 総説：（c）D. Mal, P. Pahari, *Chem. Rev.*, **107**, 1892 (2007).

[5]（a）K. Tatsuta, M. Takahashi, N. Tanaka, *Tetrahedron Lett.*, **40**, 1929 (1999);（b）K. Tatsuta, Takahashi, M. Tanaka, N. *J. Antibiot.*, **53**, 88 (2000);（c）K. Tatsuta, H. Mukai, M. Takahashi, *J. Antibiot.*, **53**, 430 (2000).

[6]（a）D. Mal, R. Pal, K. V. S. N. Murty, *J. Chem. Soc. Commun.*, **1992**, 821;（b）G. Majumdar, R. Pal, K. V. S. N. Murty, D. Mal, *J. Chem. Soc. Perkin Trans.*, **1**, 309 (1994).

Chap 11

収束的合成戦略に基づくハプロフィチンの全合成

Total Synthesis of Haplophytine Based on Convergent Strategy

徳山 英利　福山 透
（東北大学大学院薬学研究科）

Overview

天然からは，二量体構造をもつアルカロイドが数多く見いだされている．それらの多くは，単量体と比べてより強力な生物活性を示す一方，合成による供給や誘導体化が困難であるため，創薬リード化合物として十分研究されているとはいえない．これらの化合物は，一般に最終段階での二量化と官能基変換により生合成されている．しかし，生合成と同様な経路での化学合成を行おうとすると，合成終盤での二量化はきわめて困難であり，多くの官能基が存在するなかで望みの官能基のみをピンポイントで変換するのも至難の業である．したがって，合成実現のためには，既存の反応を凌駕する新たな二量化反応および官能基変換反応の開発が必要となる．本章では，二量体型アルカロイドの一つであるハプロフィチンの生合成経路を模倣した収束的全合成について概説する．

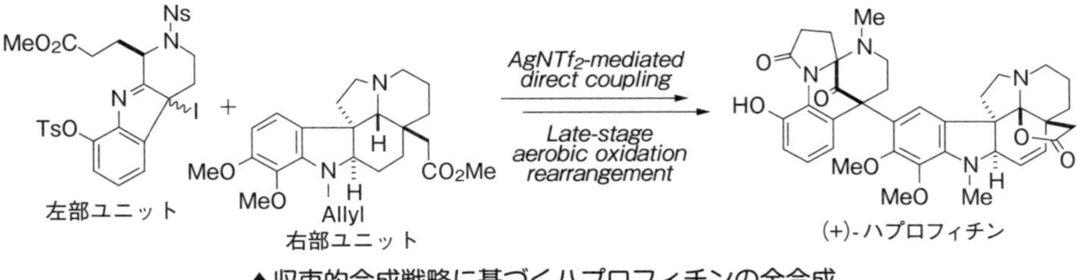
MeO2C
Ns
N
N
I
TsO
左部ユニット
+
N
H
MeO
MeO
N
H
Allyl
CO2Me
右部ユニット
AgNTf2-mediated direct coupling
Late-stage aerobic oxidation rearrangement
O
N
O
Me
N
HO
MeO
MeO
N
Me
H
O
O
(+)-ハプロフィチン

▲収束的合成戦略に基づくハプロフィチンの全合成

■ **KEYWORD** 📖マークは用語解説参照

- インドールアルカロイド(indole alkaloid)
- 二量体(dimer)
- 生合成経路(biosynthetic pathway)
- 骨格転位反応(skeletal rearrangement reaction)
- 収束的合成(convergent synthesis)
- カップリング反応(coupling reaction)
- 空気酸化(自動酸化)(air oxidation, autoxidation)
- 合成終盤での官能基変換(late-stage functionalization)

Current Review

はじめに

モノテルペンインドールアルカロイドは，構造多様性や顕著な生物活性から長年にわたって幅広く研究されている．なかでも，ビンブラスチン(**1**)に代表されるビンカアルカロイドは，二量体構造を形成することで微小管に強力に結合して細胞の有糸分裂を阻害する．また，本化合物以外にもいくつかの関連天然化合物や誘導体が抗がん剤として臨床利用されている．しかし，複雑な構造からその多くは天然からの供給に依存しており，量的供給や誘導体化は困難である．植物はどのようにしてこれらの複雑な二量体型化合物を合成しているのであろうか．

生合成では，モノマーユニットが合成されたのち，最終段階でのカップリングとその後の官能基変換によりこれらの二量体型化合物が合成されている．一方，生合成経路に基づく化学合成では，二つのユニットのカップリングのタイミングが合成の終盤になるほど，多くの官能基のなかでの反応点の活性化，反応点まわりの立体的障害，立体選択性などの多くの問題が生じ，既存の反応がまったく役に立たない．

筆者らはこれまで，ビンブラスチン(**1**)[1]，コノフィリン(**2**)[2]などの二量体型インドールアルカロイドの全合成に取り組み，独自のカップリング反応の開発に基づく全合成を達成した(図 11-1)．本章では，ハプロフィチン(**3**)を取りあげ，収束的合成戦略による全合成を達成した経緯について紹介する[3]．

1 二量体型インドールアルカロイド：ハプロフィチン

ハプロフィチン(**3**)は，古代インカ帝国の時代から中南米において駆虫薬として用いられていたキョウチクトウ科の植物 *Haplophyton cimicidum* から単離された二量体型インドールアルカロイドである[4]．6 環性のアスピドスペルマ骨格をもつ右部ユニットと環状アミナール構造を含む左部ユニットとが結合した構造をもつ．なお右部ユニットは，アスピドフィチン(**4**)としてハプロフィチン(**3**)を含む植物から単離されている．右部ユニットのアスピドフィチンを中心に，これまで多くのグループにより合成研究が行われているが，**3** に関しては，単離してから 50 年以上全合成例はなかった．2009 年，筆者らのグループが初の全合成を報告し[5]，その後，Nicolaou と Chen のグループが二番目の全合成[6]を，2011 年に Chen らが形式合成[7]を報告している．

2 合成上の課題と生合成仮説を基にした合成戦略

合成上の課題は，(1)ラクトンを含む右部アスピドフィチンの構築，(2)ラクタム，アミナール，ケトンを含む 4 環性の左部ユニットの構築，(3)両ユニットを連結する結合の形成，の 3 点に集約される．右部アスピドフィチン(**4**)の構築について，筆者らはすでに全合成[8]を行っていたことから，左部ユニットの構築に取りかかった．Yates らは，アミナール構造を含む 4 環性の縮環構造を 1,2-ジケト

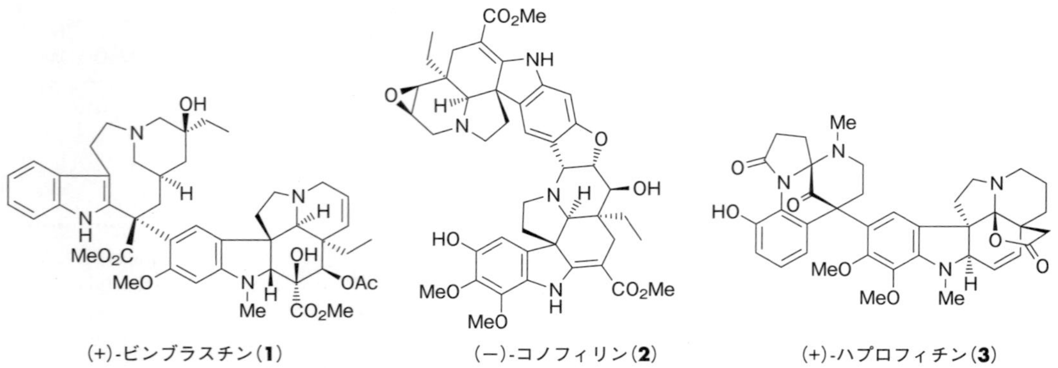
OH
N
H
N
H
MeO2C
MeO
N
H
OH
N
Me
H
CO2Me
OAc
CO2Me
NH
O
H
N
O
N
H
OH
HO
MeO
MeO
N
H
CO2Me
Me
N
O
N
O
HO
N
MeO
MeO
N
H
Me
O
O

(+)-ビンブラスチン(**1**)　(−)-コノフィリン(**2**)　(+)-ハプロフィチン(**3**)

図 11-1　全合成を達成した二量体型インドールアルカロイドの例

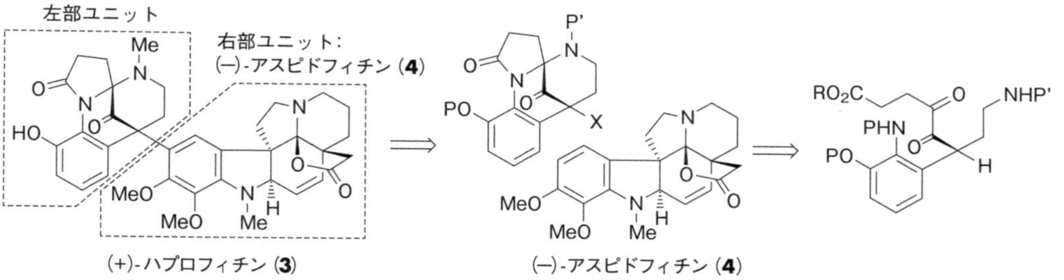
左部ユニット
右部ユニット:
(–)-アスピドフィチン (4)
(+)-ハプロフィチン (3)
(–)-アスピドフィチン (4)

スキーム 11-1 Yates らの合成研究における逆合成解析

ンとジアミンとの分子内縮合により合成を試みたが成功しなかった(スキーム 11-1)[9]．また，仮に左部ユニットの構築に成功したとしても，橋頭位 sp^3 炭素と右部ユニットとの結合形成に困難が予想された．

ここで，合成計画のヒントを得るべくハプロフィチンの生合成を考察した．Cava と Yates らは，ハプロフィチンの構造決定の過程で興味深い骨格転位反応を見いだしている(スキーム 11-2)[10]．**3** を HBr で処理すると，左部ユニットのケトンがプロトン化につづき，アミナールの一方の N−C 結合が 1,2-転位して **5** を与える．また転位生成物 **5** を塩基性条件で処理すると，セミピナコール型の転位が進行して **3** を再生する．一方，ハプロフィチン(**3**)を含む植物からは，上記の転位生成物 **5** より酸化段階が低い類縁化合物であるシミシドフィチン(**6**)やシミシフィチン(**7**)，ノルシミシフィチン(**8**)および，左部ユニットにあたるカンチフィチン(**9**)やアスピドフィチン(**4**)が単離されている(図 11-2)[4]．

これらの知見より，生合成経路では左部ユニット前駆体であるカンチフィチン(**9**)と右部ユニットであるアスピドフィチン(**4**)がカップリングし，最終段階で左部ユニットの酸化とセミピナコール型の骨格転位が進行する収束的な経路を経ていると考えた．この考察に基づいた合成戦略をスキーム 11-3 に示す．この実現には，(1) 両ユニットのカップリング反応と，(2) 酸化反応と骨格転位を経る左部ユニットの構築を合成終盤でどのように行うのかが課題となった．

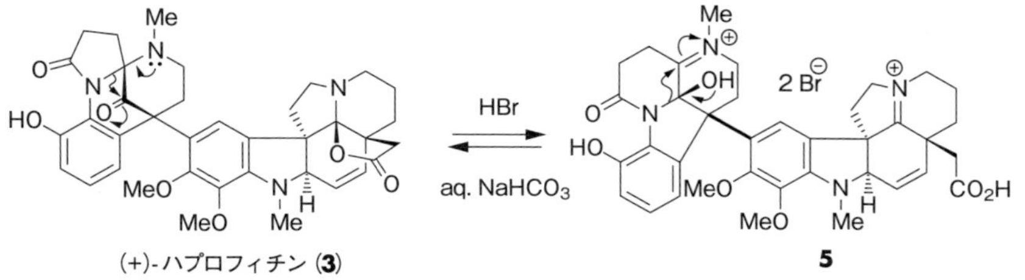
HBr
aq. NaHCO3
(+)-ハプロフィチン (3)
5

スキーム 11-2 ハプロフィチンの骨格転位反応

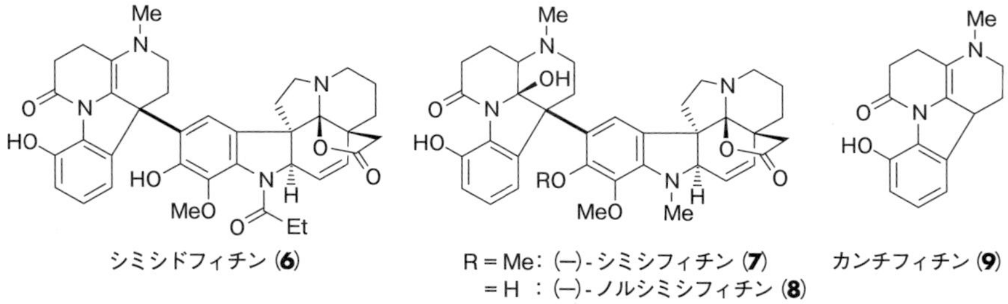
シミシドフィチン (6)
R = Me: (–)-シミシフィチン (7)
= H : (–)-ノルシミシフィチン (8)
カンチフィチン (9)

図 11-2 ハプロフィチン関連化合物

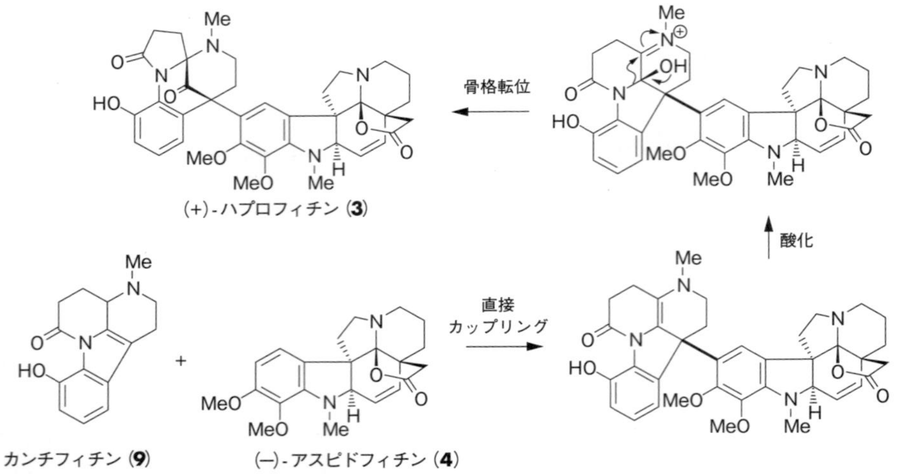
骨格転位
酸化
直接
カップリング
(+)-ハプロフィチン (3)
カンチフィチン (9)
(−)-アスピドフィチン (4)

スキーム 11-3　生合成仮説を基にした終盤でのカップリングと，酸化と骨格転位を含む連続反応を鍵とする合成戦略

3 左部ユニット合成に向けたカップリングと骨格転位のモデル反応

まず，右部ユニットを 2,3-ジメトキシアニリンに置き換えたカップリング反応と，二重結合の酸化に伴う骨格転位反応の両者が実現可能かどうかを確かめるため，モデル反応を行った[11]．

一般に，テトラヒドロ-*β*-カルボリンの 4*a* 位は求核性をもつため，求電子剤とは反応するものの，電子豊富な芳香環を直接導入した例はほとんど存在しない．そこで，何らかの脱離基を 4*a* 位に導入し，その脱離によりカルボカチオンを発生させれば，電子豊富な芳香環と求電子置換反応によりカップリング生成物が得られるのではないかと考えた．この考えに基づき，テトラヒドロ-*β*-カルボリン **10** を *N*-ヨウ化コハク酸イミドでヨードインドレニン **11** とした(スキーム 11-4)．つづいて，右部ユニットのモデル化合物である 2,3-ジメトキシアニリン **12** 存在下，ヨード基を活性化する目的で AgOTf を加えた．その結果，低収率ながら望みのカップリング生成物 **14** を得ることができた．

この操作は，一般に求核的な反応性を示すテトラヒドロ-*β*-カルボリンの 4*a* 位をハロゲン化し，求電子的なカルボカチオン種 **13** を発生させたことになり，極性転換の一種とみることもできる．

次に，ラクタム環を構築して **15** へと導き，二重結合の酸化と骨格転位を試みた(スキーム 11-5)．酸化剤として *m*CPBA を用いたところ，予想していなかったピロロインドール誘導体 **18** が主生成物として得られた．これは，二重結合の convex 面がエポキシ化され，つづいてアニリド窒素の電子供与によりエポキシ環の開裂とセミピナコール型の転位反応が進行したと考えられる．ここで，もう一方の窒素の電子供与能を高めれば望みの反応が進行すると予想し，Ns 基と比較して電子求引性の低い Cbz

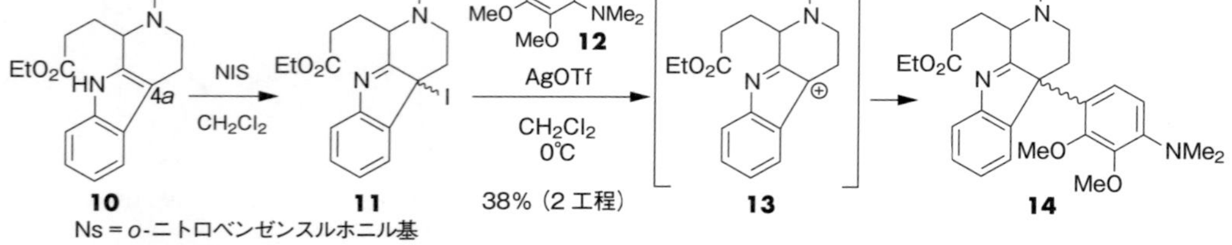
NIS
CH2Cl2
AgOTf
CH2Cl2
0℃
38% (2 工程)
10
11
12
13
14
Ns = o-ニトロベンゼンスルホニル基

スキーム 11-4　テトラヒドロ-*β*-カルボリンの 4*a* 位でのカップリング反応

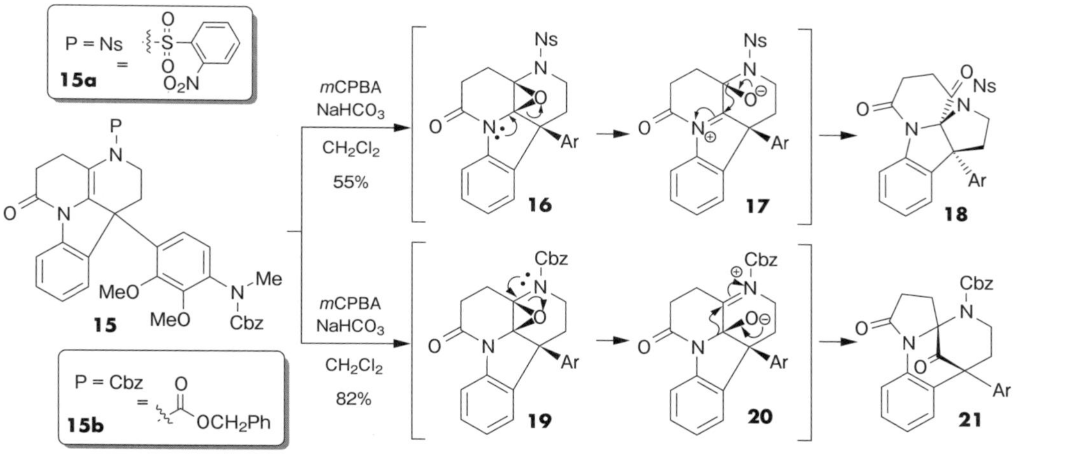

スキーム 11-5　酸化と骨格転位を含む連続反応の保護基による制御

基をもつ基質 **15b** を用いたところ，酸化と骨格転位反応が望みどおり進行し，左部ユニットの基本骨格をもつ **21** を得ることができた．

4 Fischer インドール合成反応を用いたハプロフィチンの第一世代全合成

当初，スキーム 11-5 のモデル反応に基づき，**12** の代わりに右部アスピドフィチンユニット(**4**)の導入を試みたが，成功しなかった．そこで，Stork らがアスピドスペルミンの全合成の過程で確立した，アニリン部分を足がかりとする Fischer インドール合成によりアスピドスペルマ骨格を構築する経路[12]を応用し，初の全合成を達成した．

アニリン誘導体 **22** をヒドラジン誘導体 **23** へと変換し，三環性ケトン **24** との Fischer インドール合成を試みた(スキーム 11-6)．条件検討の結果，酸としてトシル酸を用いると望みの **25** が 47%の収率で得られた．幸いなことに，強酸性下でのヒドラゾン形成および Fischer インドール合成において，左部の骨格転位はまったく見られなかった．その後，さまざまな官能基変換を経て，ハプロフィチン(**3**)の初の全合成を達成した[5]．

5 生合成経路に基づいた収束的な合成戦略による第二世代全合成

筆者らの全合成[5]および Nicolaou と Chen らの全合成[6]とも，右部ユニットの足がかりとなる部分構造をもつ左部ユニットを構築後，残りのアスピドスペルマ骨格を構築する直線的な合成経路をとっていたため，収束性の面で改善の余地が残されていた．そこで，左部ユニットと右部ユニットの直接的カップリングと合成終盤での酸化とつづく骨格転位によるビシクロ[3.3.1]骨格形成を鍵とした収束的合成戦略に取り組んだ(スキーム 11-3)．

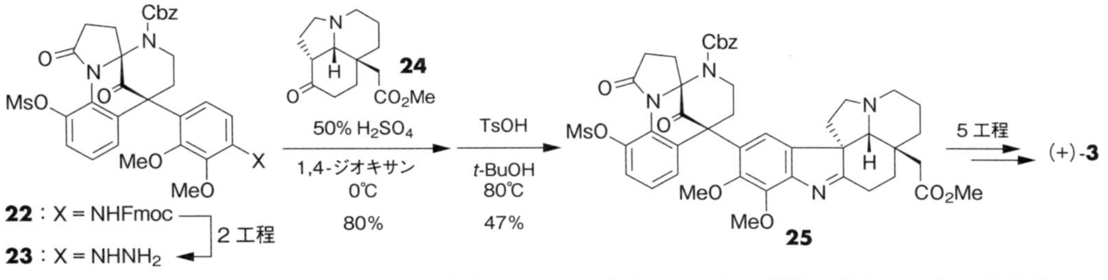

スキーム 11-6　Fischer インドール合成反応による右部ユニットの構築を経た **3** の初の全合成

テトラヒドロ-β-カルボリン **26** と5環性のアスピドスペルマ化合物 **27** を用いて，再度カップリングを試みた．**26** と **27** を含む反応溶液中に銀塩を加えたところ，目的のカップリング体は得られず，**26** の還元体 **28** と **27** がヨウ素化された **29** が生成した（スキーム 11-7）．これは，ヨードインドレニンが銀塩により活性化される前に，電子豊富なインドリンがヨウ素を直接求核攻撃したもの考えられた．

そこで，前もって **26** と銀試薬を混合してカチオン **30** を生じさせたのちに，**27** を添加する操作手順で反応を試みた（スキーム 11-8）．その結果，低収率ながら両ユニットのカップリングに初めて成功した．つづいて，さまざまな銀塩を検討したところ，$AgNTf_2$ を用いた場合に収率が 69% まで向上し，ジアステレオ選択性 2.8：1 で望みの立体化学をもつ **31** が優先して得られた．その後，**31** を2段階で **32** に導き，第一世代合成で確立した酸化と骨格転位を含む連続反応により左部ユニットの骨格構築を試みた．しかし，*m*CPBA を **32** に作用させても，基質が分解し目的の酸化転位体 **33** はまったく得られなかった．また，他の酸化剤や第三級アミンの酸化を防ぐために酸の添加条件を検討したが，目的物を得ることはできなかった．このように，酸化剤によって損なわれやすい電子豊富な芳香環，第三級アミン，C−C 二重結合が存在する中間体 **32** を用いた合成終盤での化学選択的な酸化は，危惧したとおりきわめて困難であった．

6 偶然見いだした空気酸化と骨格転位の連続反応

多くの官能基をもつ中間体 **32** において，左部ユニットの C−C 二重結合のみを酸化するには，この部位の電子密度を相対的に高くし，酸化剤に対する反応性を向上させたらよいのではないかと考えた．そこで，左部ユニットのモデル化合物 **34** を用いて，窒素上の Ns 基を除去し，酸化反応を検討すること

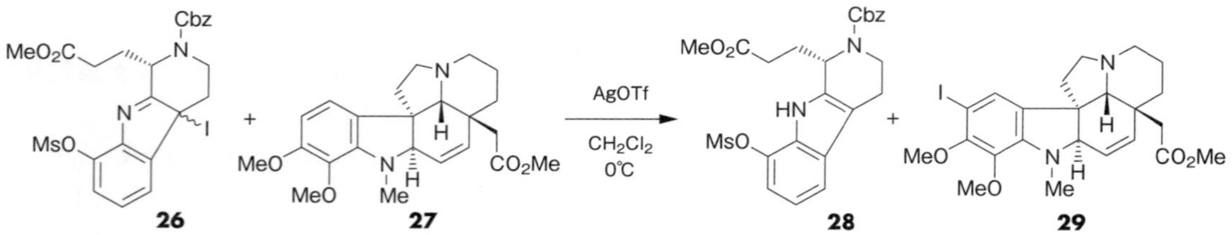
AgOTf
CH_2Cl_2
0℃
26
27
28
29

スキーム 11-7　合成終盤での左部および右部ユニットの直接カップリングの試み

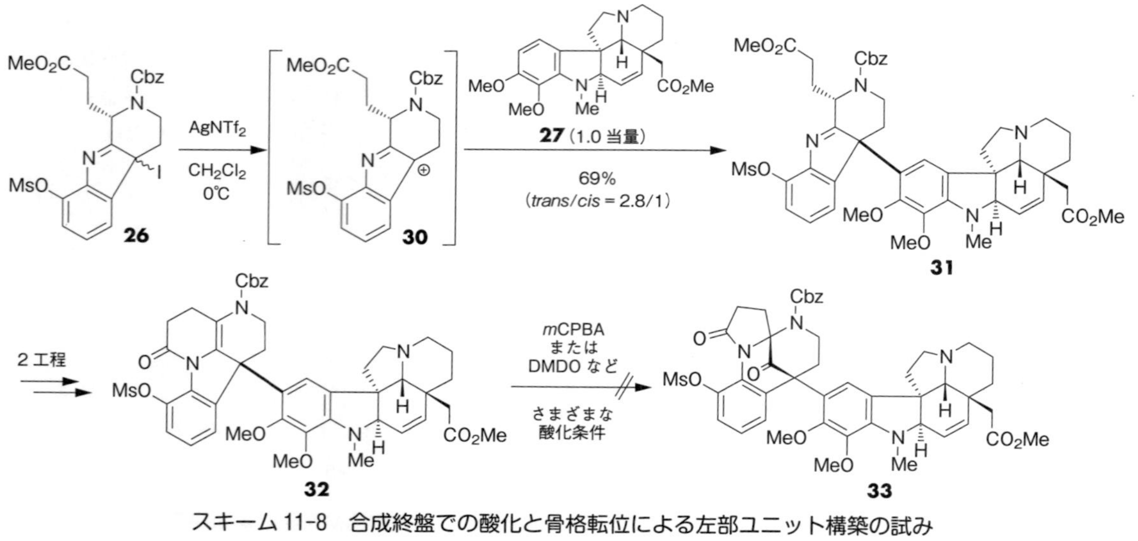
$AgNTf_2$
CH_2Cl_2
0℃
26
30
27 (1.0 当量)
69%
(*trans*/*cis* = 2.8/1)
31
2工程
32
*m*CPBA
または
DMDO など
さまざまな
酸化条件
33

スキーム 11-8　合成終盤での酸化と骨格転位による左部ユニット構築の試み

とした．手始めに，モデル化合物 **34** の Ns 基を従来の脱保護条件であるチオフェノールと炭酸セシウムで処理した．驚いたことに，Ns 基の除去につづいて酸化と骨格転位が一挙に進行した化合物 **35** が得られ，その後の条件最適化により **35** の収率は 89％まで向上した(スキーム 11-9)．

この予想外の反応の想定反応機構をスキーム 11-10 に示す．チオレートアニオンにより Ns 基が除去され，アミド亜硫酸アニオン **36** を形成する．その後，チオレートアニオンと酸素から生じるチイルラジカルへの一電子移動による酸化とつづく二酸化硫黄の脱離が進行し，窒素ラジカル **38** あるいはその共鳴構造体 **39** を与える．つづいて，炭素上で酸素を捕捉して，ヒドロペルオキシド **41** となったのち，チオレートアニオンにより還元され，セミピナコール型の転位が進行し，**35** を与える．興味深いことに，反応速度や収率はチオフェノールの置換様式に依存することがわかった．MeO 基のような電子供与性基をもつチオフェノール誘導体を用いると反応速度と収率がともに低下し，一方で電子求引性基のクロル基をもつチオフェノール誘導体を用いた反応ではより高収率で **35** を与えた．このことは，アミド亜硫酸アニオン **36** からの一電子移動による酸化に対する，チオレートアニオンと酸素から生じるチイルラジカルの関与を示すものであると考えられた．

7 生合成経路に基づいた収束的な合成戦略による第二世代全合成

この空気酸化と骨格転位を含む連続反応を応用し，**3** の全合成を目指した．Ns 基をもつテトラヒドロ-β-カルボリンから合成したヨードインドレニン **43** を，$AgNTf_2$ 存在下，右部ユニット **44** とカップリングさせ，**45** をジアステレオマー比 2.4：1 の混合物として総収率 57％で得た(スキーム 11-11)．この際，Cbz 基をもつ基質 **26** とは異なり，エステル側

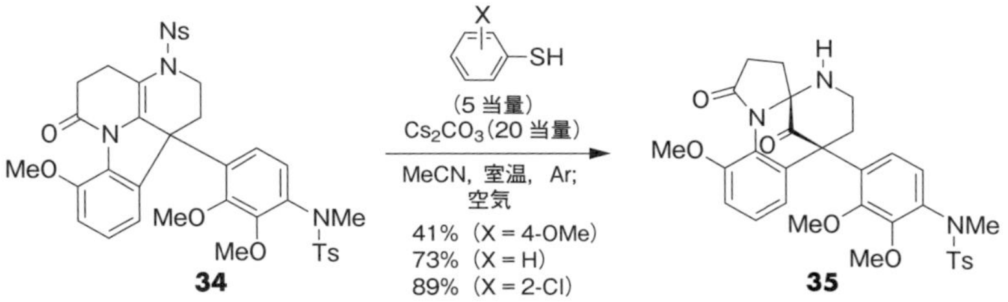

Ns
O
MeO
MeO
MeO
NMe
Ts
34
X
SH
(5 当量)
Cs_2CO_3(20 当量)
MeCN, 室温, Ar;
空気
41% (X = 4-OMe)
73% (X = H)
89% (X = 2-Cl)
H
35

スキーム 11-9　モデル反応で偶然見出した空気酸化と骨格転位の連続反応

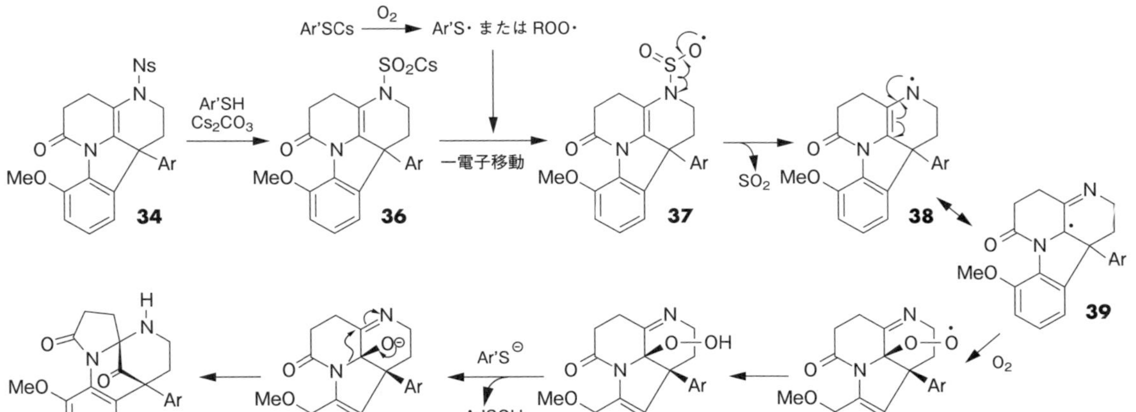

Ar'SCs
O_2
Ar'S・または ROO・
Ar'SH
Cs_2CO_3
SO_2Cs
一電子移動
SO_2
Ar
MeO
34
36
37
38
39
O_2
40
41
Ar'S⊖
Ar'SOH
42
35

スキーム 11-10　脱保護-空気酸化-還元-骨格転位を含む連続反応の推定反応機構

鎖とインドリン部位がシスの相対立体配置をもつジアステレオマー *cis*-**45** が優先的に生成した．つづいて，*cis*-**45** を 4 工程の変換を経て **46** に導き，この **46** を，最適化した空気酸化と骨格転位を含む連続反応の条件に付したところ，反応は期待どおり円滑に進行し，**3** の基本骨格をもつ望みの生成物 **47** を 70%の高収率で得ることに成功した．最後に，さまざまな官能基変換を行い，生合成模倣型のハプロフィチンの第二世代全合成を達成した[3]．

8 まとめと今後の展望

有機合成の力量が高まるにつれて，今後ますます重要になる複雑な二量体型アルカロイドの合成を取りあげ，二量化と酸化に伴う骨格転位を合成終盤で行う，合成的な効率性の観点から優れた合成経路の開拓の経緯について説明した．このような合成経路確立の成功の鍵は，優れたカップリング反応と多くの官能基が密集するなかでの化学選択的反応をいかに開発するかである．前者については，$AgNTf_2$ の優れた性質を見いだし実現することができた．本条件はハロゲン化アルキルのアリール化およびアリル化に広く適用でき，関連二量体型アルカロイドの全合成でも活躍した[13-15]．一方，多官能基性アルカロイドの合成終盤での化学選択的酸化は，アルカロイドに多く含まれるアミノ基などの酸化に敏感な官能基のため困難である．今回あえてこの問題に取り組むことで，酸素酸化のポテンシャルを示すことができた．

酸素酸化はその制御が必ずしも容易ではないが，使い方によってはきわめて有用であり，インドールモノテルペンアルカロイド，メルシカルピン全合成の最終段階で威力を発揮した[16,17]．今回示した考え方は，今後，アルカロイドのみならず関連の二量体型化合物の合成設計に応用されることが期待される．

◆ 文 献 ◆

[1] S. Yokoshima, T. Ueda, S. Kobayashi, A. Sato, T. Kuboyama, H. Tokuyama, T. Fukuyama, *J. Am. Chem. Soc.*, 124, 2137 (2002).

[2] Y. Han-ya, H. Tokuyama, T. Fukuyama, *Angew. Chem. Int. Ed.*, 50, 4884 (2011).

[3] H. Satoh, K. Ojima, H. Ueda, H. Tokuyama, *Angew. Chem. Int. Ed.*, 55, 15157 (2016).

[4] (a) E. F. Rogers, H. R. Snyder, R. F. Fischer, *J. Am. Chem. Soc.*, 74, 1987 (1952)；(b) 総説, J. E. Saxton,

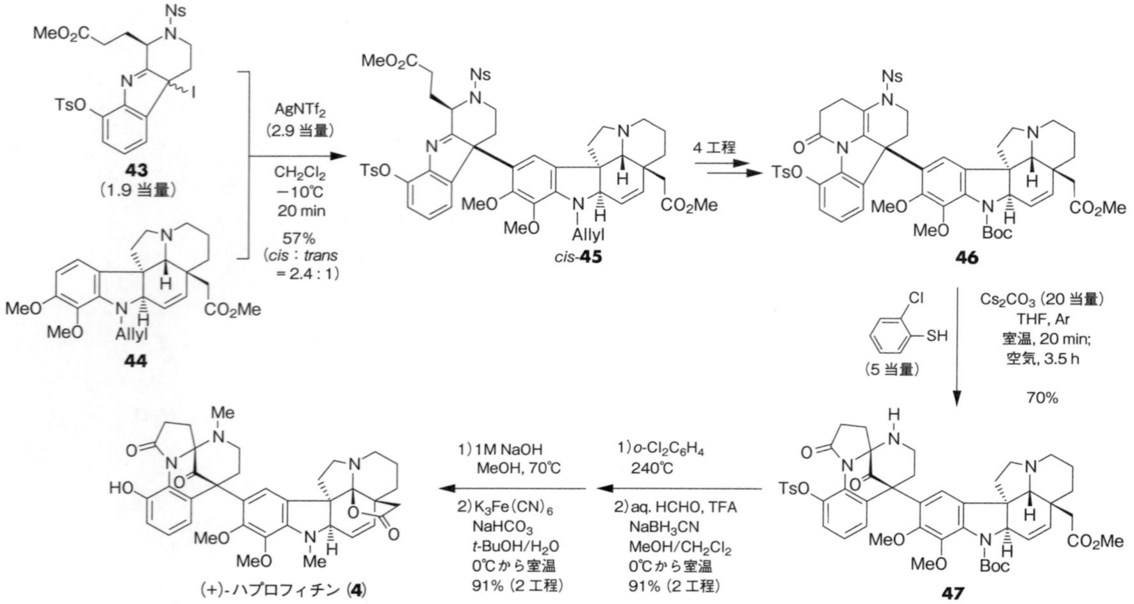

AgNTf2 (2.9 当量)
CH2Cl2
−10℃
20 min
57%
(cis : trans = 2.4 : 1)
43 (1.9 当量)
44
cis-45
4 工程
46
(5 当量)
Cs2CO3 (20 当量)
THF, Ar
室温, 20 min;
空気, 3.5 h
70%
47
1) o-Cl2C6H4 240℃
2) aq. HCHO, TFA NaBH3CN MeOH/CH2Cl2 0℃から室温 91% (2 工程)
1) 1M NaOH MeOH, 70℃
2) K3Fe(CN)6 NaHCO3 t-BuOH/H2O 0℃から室温 91% (2 工程)
(+)-ハプロフィチン (4)

スキーム 11-11　終盤でのカップリングと空気酸化-骨格転位連続反応を鍵とした第二世代全合成

Alkaloids, **8**, 673 (1965).

[5] H. Ueda, H. Satoh, K. Matsumoto, K. Sugimoto, T. Fukuyama, H. Tokuyama, *Angew. Chem. Int. Ed.*, **48**, 7600 (2009).

[6] K. C. Nicolaou, S. M. Dalby, S. Li, T. Suzuki, D. Y.–K. Chen, *Angew. Chem. Int. Ed.*, **48**, 7616 (2009).

[7] W. Tian, L. Rao Chennamaneni, T. Suzuki, D. Y.–K. Chen, *Eur. J. Org. Chem.*, 1027 (2011).

[8] S. Sumi, K. Matsumoto, H. Tokuyama, T. Fukuyama, *Org. Lett.*, **5**, 1891 (2003).

[9] P. Yates, D. A. Schwartz, *Can. J. Chem.*, **61**, 509 (1983)

[10] P. Yates, F. N. MacLachlan, I. D. Rae, M. Rosenberger, A. G. Szabo, C. R. Willis, M. P. Cava, M. Behforouz, M. V. Lakshmikantham, W. Zeiger, *J. Am. Chem. Soc.*, **95**, 7842 (1973).

[11] K. Matsumoto, H. Tokuyama, T. Fukuyama, *Synlett*, 3137 (2007).

[12] G. Stork, E. Dolfini, *J. Am. Chem. Soc.*, **85**, 2872 (1963).

[13] S. Sato, A. Hirayama, H. Ueda, H. Tokuyama, *Asian J. Org. Chem.*, **6**, 54 (2017).

[14] H. Hakamata, S. Sato, H. Ueda, H. Tokuyama, *Org. Lett.*, **19**, 5308 (2017).

[15] S. Sato, A. Hirayama, T. Adachi, D. Kawauchi, H. Ueda, H. Tokuyama, *Heterocycles*, **94**, 1940 (2017).

[16] R. Nakajima, T. Ogino, S. Yokoshima, T. Fukuyama, *J. Am. Chem. Soc.*, **132**, 1236 (2010).

[17] Y. Iwama, K. Okano, K. Sugimoto, H. Tokuyama, *Org. Lett.*, **14**, 2320 (2012).

Chap 12

抗がん剤エリブリンの工業化研究

Deveropment of Commercial Manufacturing Process for Eribulin

田上 克也
（エーザイ株式会社）

Overview

ハリコンドリンＢは，平田・上村らにより単離構造決定された海洋天然物である．その右半分に生物活性が保持されることを起点とし，エリブリンの創薬へとつながった．エリブリンは，転移性乳がんの治療剤として，また最近では，悪性軟部肉腫の治療剤として全世界 60 カ国以上で承認されている．エリブリンの構造は，化学合成により供給する医薬品としては類を見ないほど複雑であるが，その安定供給を全合成が担っている．エリブリン全合成の工業化には，岸らによって開発されたハリコンドリンＢ全合成の手法が応用されている．本章では，その工業化に至るまでの経緯を，最近までの改良検討も含めて紹介する．

▲封じ込め設備でのエリブリンの製造
（口絵参照）

■ **KEYWORD** 📖マークは用語解説参照

- ■ハリコンドリンＢ（halichondrin B）📖
- ■エリブリン（eribulin）
- ■野崎-桧山-岸（NHK）反応（Nozaki-Hiyama-Kishi reaction）
- ■マイクロリアクター（micro reactor）
- ■触媒的不斉 NHK 反応（catalytic asymmetric NHK reaction）
- ■収束的合成（convergent synthesis）
- ■バッチ反応（batch reaction）📖
- ■フロー反応（flow reaction）📖
- ■プロセス研究（process research）

Current Review

はじめに

ハリコンドリン B[1]の全合成[2]とエリブリン[3]の合成の概略を図 12-1 に示した．これは主要なフラグメントを収束的に連結していく合成戦略である．それぞれのフラグメントは高度に官能基化され，これらの連結にはさまざまな官能基への高い忍容性を示す Ni−Cr カップリング反応[4]（野崎-桧山-岸反応：以下，NHK 反応）が応用されている．

各フラグメント合成の概略と最終骨格構築工程のプロセス開発[5]について述べる．

1　C1-C13 フラグメント 1 の合成[5c]

岸らは，L-マンノラクトンから **1** の合成を報告している[6]．しかし入手性の課題から，工業化に向けて D-グロノラクトンから出発し，岸らのルートに乗せる戦略をとった．図 12-2 に示したように，C11 位の立体化学は合成ルート中でいったん消滅するので，両者は等価と考えられた．

図 12-3 に一連の合成を示す．D-グロノラクトンから誘導される **6** の C6 位への *C*-グリコシル化反応によるアリルユニットの導入とその後の二重結合の共役化-オキシマイケル反応による閉環反応を経る合成戦略である．**6** をテトラアセチル体 **7** へ変換し，*C*-グリコシル化反応を行うと非常にきれいに進行し，望む選択性で **8** が得られた．**7** の C11, C12-シクロヘキシリデン体はその不安定性のため，この反応が著しく困難であり，L-マンノの系とは対照的であった．つづく一連の閉環反応は，ナトリウムメトキシドを塩基として用いることにより，温和な条件で進行し **9** を与えた．アルデヒド **5** の NHK 反応は，報告通り約 10：1 の選択性であったが，**11** および **12** の結晶化の成功により精製が可能と

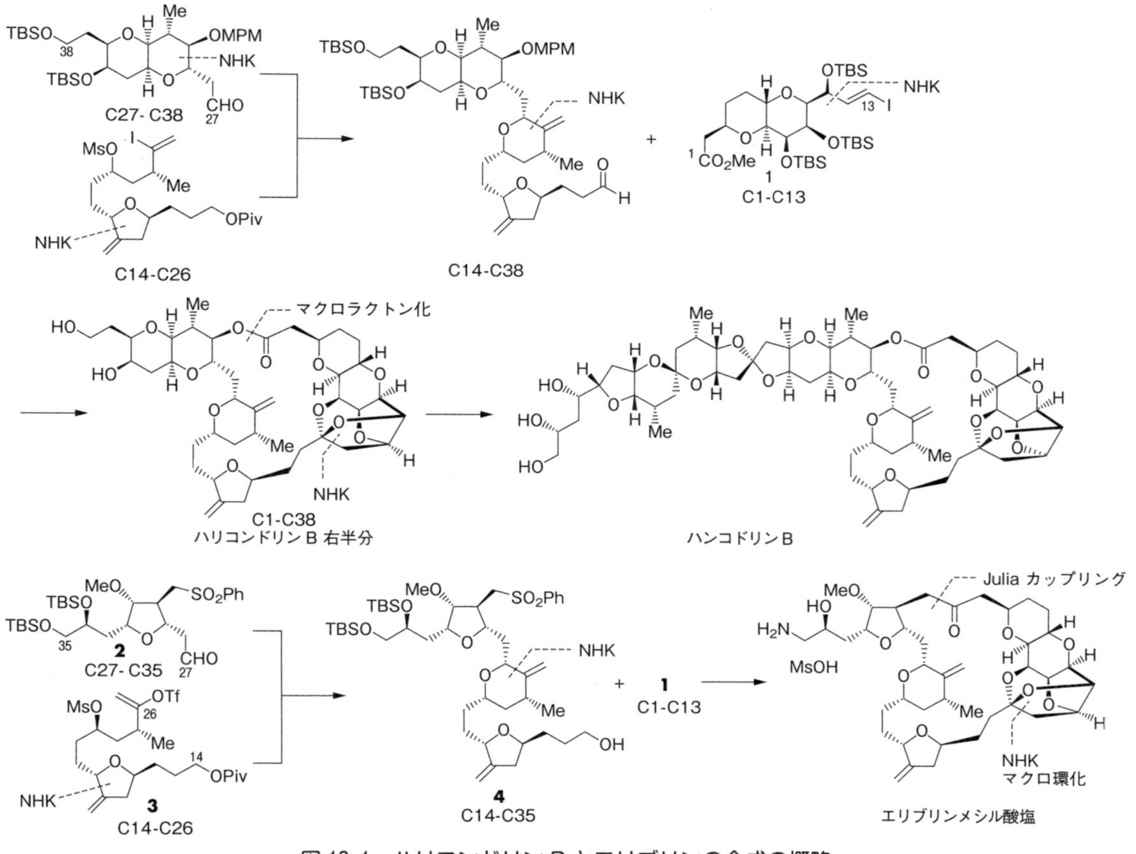

C27-C38
C14-C26
C14-C38
C1-C13
マクロラクトン化
C1-C38
ハリコンドリン B 右半分
ハリコンドリン B
C27-C35
C14-C35
Julia カップリング
NHK
マクロ環化
エリブリンメシル酸塩

図 12-1　ハリコンドリン B とエリブリンの合成の概略

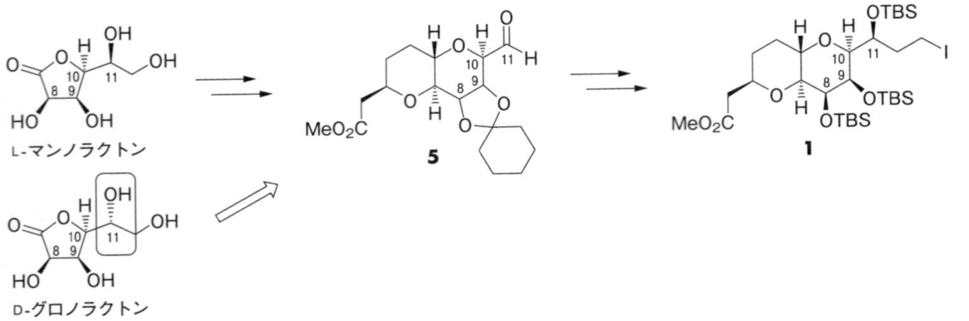
L-マンノラクトン
D-グロノラクトン
5
1

図 12-2　C1-C13 フラグメントの合成戦略

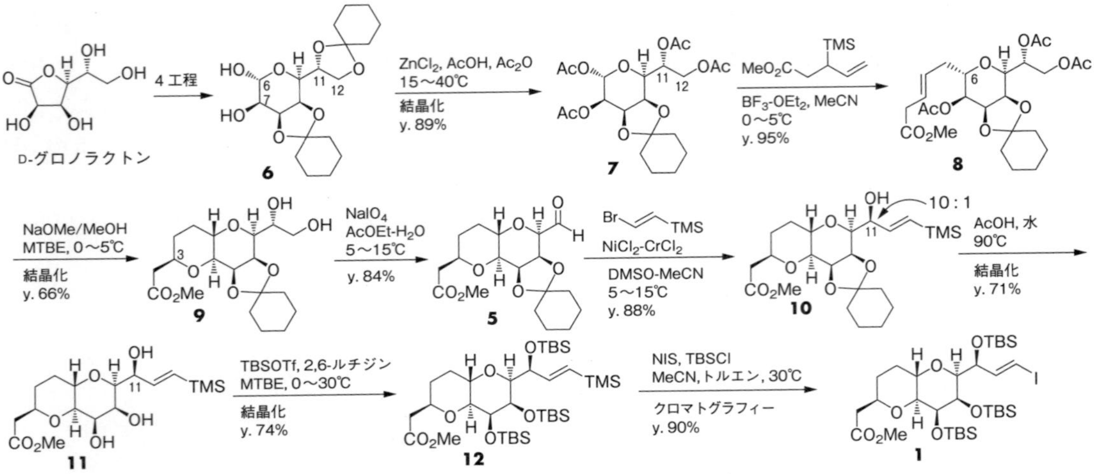
D-グロノラクトン
4 工程
ZnCl2, AcOH, Ac2O
15～40℃
結晶化
y. 89%
BF3-OEt2, MeCN
0～5℃
y. 95%
NaOMe/MeOH
MTBE, 0～5℃
結晶化
y. 66%
NaIO4
AcOEt-H2O
5～15℃
y. 84%
NiCl2-CrCl2
DMSO-MeCN
5～15℃
y. 88%
10 : 1
AcOH, 水
90℃
結晶化
y. 71%
TBSOTf, 2,6-ルチジン
MTBE, 0～30℃
結晶化
y. 74%
NIS, TBSCl
MeCN, トルエン, 30℃
クロマトグラフィー
y. 90%

図 12-3　C1-C13 フラグメントの合成

なった．最後に，NIS によるヨード脱シリル化[6c]，カラム精製を経て **1** を得た．

2　C27-C35 フラグメント 2 の合成[5d]

岸らは，D-グルクロノ-6,3-ラクトンから，**2** の C34, C35-アセトナイド体の合成法を報告している[7]．これを応用し，エリブリンの中間体である C34, C35-ビス TBS 体 **2** へ誘導する戦略を立てた．図 12-4 に一連の合成を示す．これは，オレフィン体 **13** から，Sharpless の不斉ジヒドロキシル化(ADH)による C34 ヒドロキシ基の導入，*C*-アリル化による C29 側鎖の導入，そして C30 位への不飽和スルホンユニットの導入と C31 ヒドロキシ基の関与による立体選択的 1,4-還元を経る合成戦略である．ADH は報告通り約 3：1 の選択性であったが，**15** の再結晶により異性体はほぼ完全に除去できた．トリアセトキシボロヒドリドによる 1,4-還元は高立体選択的に進行し，**17** を与えた．トリオール **18** での結晶化の成功が精製上の鍵となり，**2** までの 20 工程を，カラム精製を排除したプロセスとして確立できた．

3　C14-C26 フラグメント 3 の合成[5d]

3 は，二つのサブフラグメント **23** と **27** から，NHK 反応とつづくフラン環化を経て合成された(図 12-6)．**23** と **27** の合成を図 12-5 に示した．**23** は，Jacobsen の HKR で得られる *R*-エポキシヘキセンより誘導されるラクトン **20** への立体選択的メチル化を経て合成された．**27** は，ラセミのアルコール **25** を疑似移動床(simulated moving bed chromatography：SMB)法により光学分割したのち，トシル化して得られた．

岸らにより開発された *R*-リガンドを用いる不斉

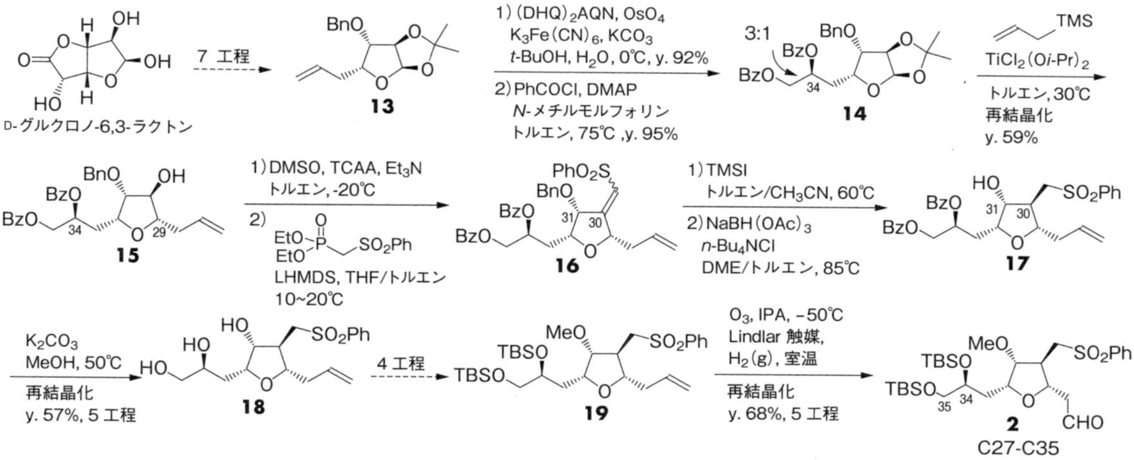
D-グルクロノ-6,3-ラクトン
7 工程
13
1) (DHQ)$_2$AQN, OsO$_4$
K$_3$Fe(CN)$_6$, KCO$_3$
t-BuOH, H$_2$O, 0℃, y. 92%
2) PhCOCl, DMAP
N-メチルモルフォリン
トルエン, 75℃ ,y. 95%
3:1
14
TMS
TiCl$_2$(Oi-Pr)$_2$
トルエン, 30℃
再結晶化
y. 59%
15
1) DMSO, TCAA, Et$_3$N
トルエン, -20℃
2)
LHMDS, THF/トルエン
10~20℃
16
1) TMSI
トルエン/CH$_3$CN, 60℃
2) NaBH(OAc)$_3$
n-Bu$_4$NCl
DME/トルエン, 85℃
17
K$_2$CO$_3$
MeOH, 50℃
再結晶化
y. 57%, 5 工程
18
4 工程
19
O$_3$, IPA, −50℃
Lindlar 触媒,
H$_2$(g), 室温
再結晶化
y. 68%, 5 工程
2
C27-C35

図 12-4　C27-C35 フラグメントの合成

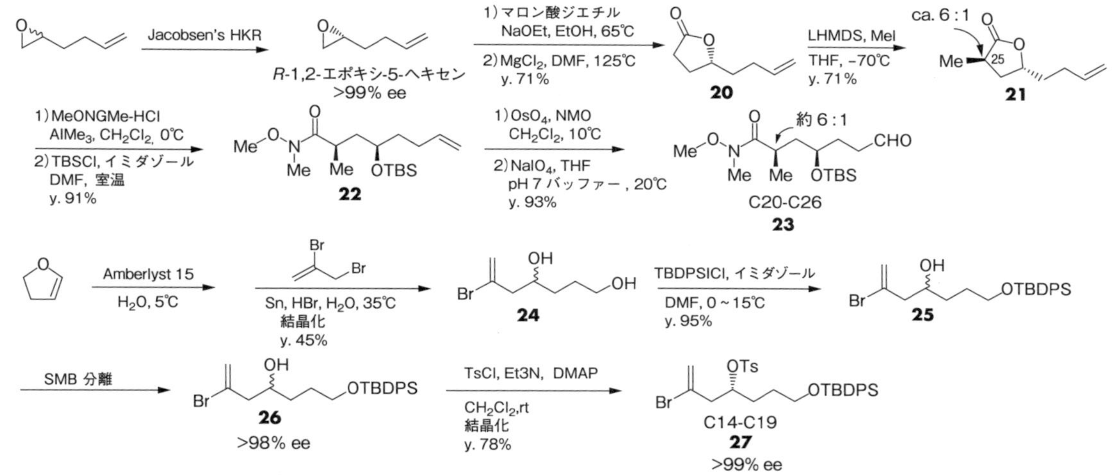
Jacobsen's HKR
R-1,2-エポキシ-5-ヘキセン
>99% ee
1) マロン酸ジエチル
NaOEt, EtOH, 65℃
2) MgCl$_2$, DMF, 125℃
y. 71%
20
LHMDS, MeI
THF, −70℃
y. 71%
ca. 6 : 1
21
1) MeONGMe-HCl
AlMe$_3$, CH$_2$Cl$_2$, 0℃
2) TBSCl, イミダゾール
DMF, 室温
y. 91%
22
1) OsO$_4$, NMO
CH$_2$Cl$_2$, 10℃
2) NaIO$_4$, THF
pH 7 バッファー , 20℃
y. 93%
約 6 : 1
C20-C26
23
Amberlyst 15
H$_2$O, 5℃
Sn, HBr, H$_2$O, 35℃
結晶化
y. 45%
24
TBDPSICl, イミダゾール
DMF, 0 ~ 15℃
y. 95%
25
SMB 分離
26
>98% ee
TsCl, Et3N, DMAP
CH$_2$Cl$_2$,rt
結晶化
y. 78%
C14-C19
27
>99% ee

図 12-5　C20-C26 および C14-C19 サブフラグメントの合成

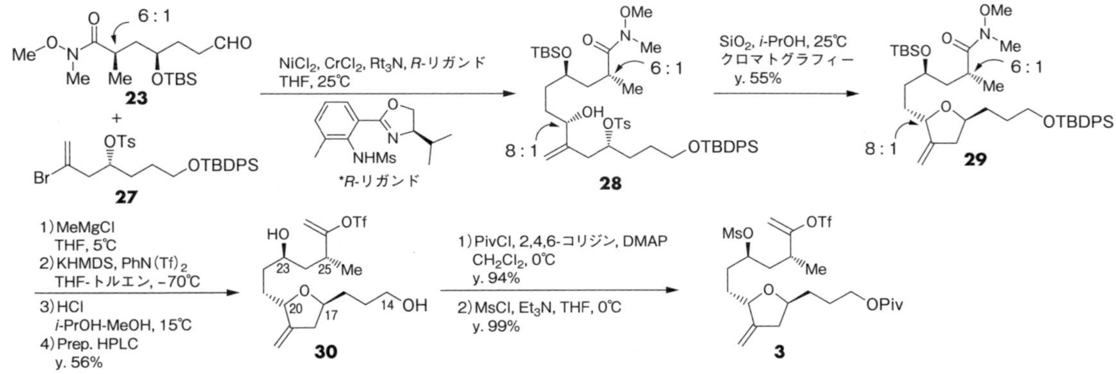
6 : 1
23
+
27
NiCl$_2$, CrCl$_2$, Rt$_3$N, R-リガンド
THF, 25℃
*R-リガンド
8 : 1
28
SiO$_2$, i-PrOH, 25℃
クロマトグラフィー
y. 55%
29
1) MeMgCl
THF, 5℃
2) KHMDS, PhN(Tf)$_2$
THF-トルエン, −70℃
3) HCl
i-PrOH-MeOH, 15℃
4) Prep. HPLC
y. 56%
30
1) PivCl, 2,4,6-コリジン, DMAP
CH$_2$Cl$_2$, 0℃
y. 94%
2) MsCl, Et$_3$N, THF, 0℃
y. 99%
3

図 12-6　C14-C26 フラグメントの合成

NHK 反応[8]の適用により，両者のカップリングを行い，約 8：1 の選択性でカップリング成績体 **28** を得た．フラン体 **29** としたのち，Weinreb アミドからメチルケトンを経てエノールトリフラートへと導き，脱保護してジオール **30** を得た．この段階で HPLC 精製を行い，C20，C25 位，および一部エピメリ化する C17 位のジアステレオマーを除去した．C14 位を保護したのち，C23 位をメシル化して **3** が得られた．このフラグメントは，不斉 NHK 反応の最初の工業的応用例となった．リガンド-Cr 錯体の調製条件，Ni (0) 種の安定化のためには，酸素濃度，水分，反応温度，反応時間の設定など，非常に緻密なコントロールが要求される．ここで得られた知見は，以降の NHK 反応工程の開発にきわめて有用であった．

4 C14-C35 フラグメント 4 の合成[5d]

C14-C35 の合成は，岸らのハリコンドリン C14-C38 合成戦略[2]を踏襲しており，**2** と **3** の NHK 反応によるカップリングとつづく Williamson エーテル化によりピラン環を構築するものである（図 12-7）．*S*-リガンドを用いる不斉 NHK 反応[8]は，約 20：1 の選択性でカップリング成績体 **31** を与えた．後処理後，KHMDS で処理することにより，望みのピラン環化体 **32** が得られた．この際，C23 位に関して一部エピメリ化が進行した．ピバロイル基を脱保護し，カラム精製，結晶化により C23 位，C27 位のジアステレオマーを除去して **4** を得た．

5 最終骨格形成工程[5e]

1 のメチルエステルをアルデヒドとしたのち，**4** とのジュリア型反応により全炭素骨格が導入された（図 12-8）．**1** の DIBAL による部分還元は，−70 ℃以下で反応することにより，アルコール体 **34** の副生を抑制し，高選択的にアルデヒド **33** を与えた．つづくジュリア型反応は，**4** の完全なジアニオン種の生成が鍵であった．THF 中，0 ℃で 2 当量の *n*-BuLi でジアニオン調製後，−78 ℃に冷却し，**33** のヘプタン溶液を添加することにより 84%の収率で目的物が得られた．ただし，この最適条件下でも反応は完結せず，一部未反応の原料が回収された．アルデヒドの α 位の競合的脱プロトン化が疑われたものの，その確証は得られていない．

ここで，超低温でのエステルの部分還元，ジアニオンとのカップリングという一連の反応を考えた際に，マイクロリアクターの応用は非常に魅力的なアプローチと考えられた．その特性を生かして，超低温反応の回避や，アニオン種とアルデヒドとの 1：1

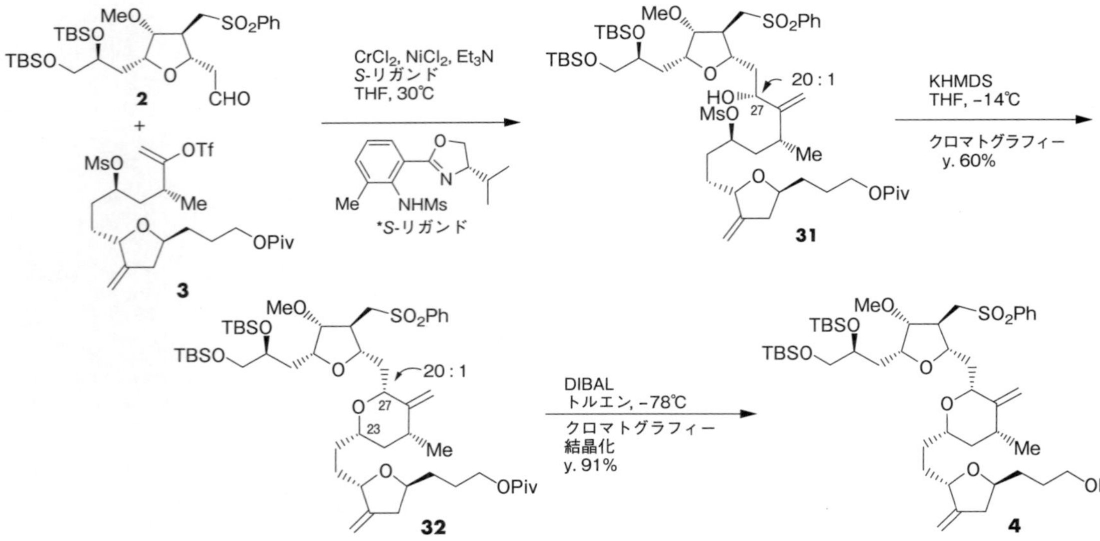

MeO
SO2Ph
TBSO
TBSO
CHO
2
+
MsO
OTf
Me
OPiv
3
CrCl2, NiCl2, Et3N
S-リガンド
THF, 30℃
Me
NHMs
*S-リガンド
20：1
HO
27
MsO
31
KHMDS
THF, −14℃
クロマトグラフィー
y. 60%
32
23
DIBAL
トルエン, −78℃
クロマトグラフィー
結晶化
y. 91%
OH
4

図 12-7　不斉 NHK カップリング反応-Williamson エーテル化による C14-C35 骨格の構築

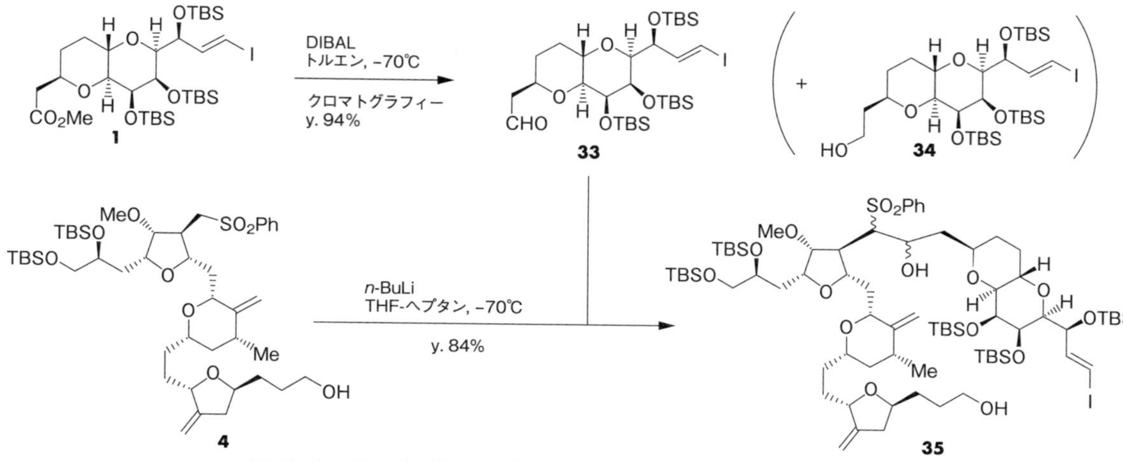
DIBAL
トルエン, −70℃
クロマトグラフィー
y. 94%
1
33
34
4
35
n-BuLi
THF-ヘプタン, −70℃
y. 84%

図 12-8　ジュリア型カップリング反応による C1-C35 骨格の構築

表 12-1　フロー条件での 1 の還元反応

1 —DIBAL / 条件→ **33** ＋ **34**

entry	気質濃度 **1** (mg mL^{-1})	流速 **1** (mL min^{-1})	DIBAL (当量)	反応温度 (℃)	レジデンスタイム (反応時間) (sec)	HPLC 面積百分率 **33**	**34**	**1**
1 (バッチ)	61.8	NA	1.2	-70	NA	96.3	3.7	0
2	156.4	24	1.35	-50	0.09	98.1	0.4	1.5
3	156.4	72	1.35	-50	0.03	96.7	0.9	2.4

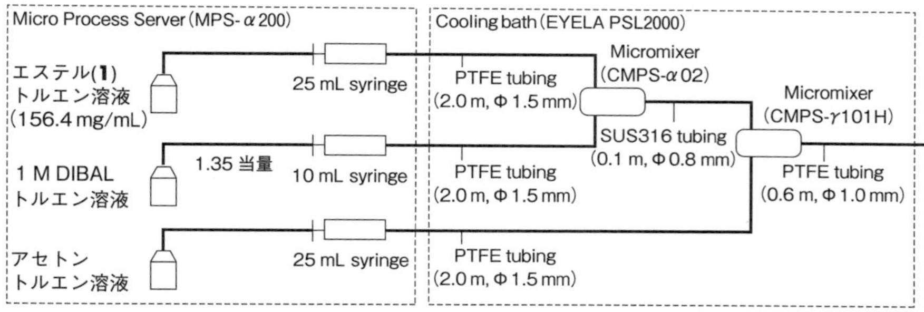
Micro Process Server (MPS-α200)
Cooling bath (EYELA PSL2000)
エステル(1)
トルエン溶液
(156.4 mg/mL)
25 mL syringe
1 M DIBAL
トルエン溶液
1.35 当量
10 mL syringe
アセトン
トルエン溶液
25 mL syringe
PTFE tubing
(2.0 m, Φ 1.5 mm)
Micromixer
(CMPS-α 02)
SUS316 tubing
(0.1 m, Φ 0.8 mm)
Micromixer
(CMPS-γ101H)
PTFE tubing
(0.6 m, Φ 1.0 mm)
1 M HCl

の理想的条件での反応達成が期待されたからである．

還元反応に関して検討を行ったところ，詳細は省くが，Micro Process Server MPS-*α*-200 と Micromixer CMPS-*α*02 を用い，バッチ反応の約 2.5 倍の基質濃度，流速 24 mL min^{-1}，DIBAL 溶液(1.35 当量)と −50 ℃で反応させることにより，**1** は若干残るものの，バッチ反応を凌駕する選択性を得ることができた(表 12-1，entry 2)[5f]．これは，1 時間当たり約 225 g の処理量に相当し，十分なスループットであった．この際のレジデンスタイム(反応時間)は 0.09 秒であった．なお，流速を 3 倍に上げても品質的に問題ない範囲で生成物が得られることも検証された(表 12-1，entry 3)．

次に，同じシステムを用いて，ジュリアカップリング工程の検討を行った．詳細は省くが，10 ℃において **4** の THF 溶液を 20 mL min^{-1} で *n*-BuLi(2.15 当量)と反応させ，そのまま **33** と反応することにより，バッチ反応を上回る反応転換率が得られた(表 12-2，entry 2)[5f]．これは，1 時間あたり約 120 g の処理量に相当し，スループットとしても問

表 12-2　フロー条件での 4 のジュリア型カップリング反応

4 $\xrightarrow{n\text{-BuLi}}$ $\xrightarrow{\mathbf{33}}$ **35** + **4**

entry	流速 **4** (mL min)	*n*-BuLi (当量)	**33** (当量)	反応温度 (℃)	レジデンスタイム (アニオン化) (sec)	レジデンスタイム (カップリング反応) (sec)	HPLC 面積百分率 **35**	HPLC 面積百分率 **4**
1 (バッチ)	NA	2.0	1.10	−70〜0	NA	NA	91.5	8.5
2	20	2.15	1.10	10	2.4	2.1	96.5	3.5

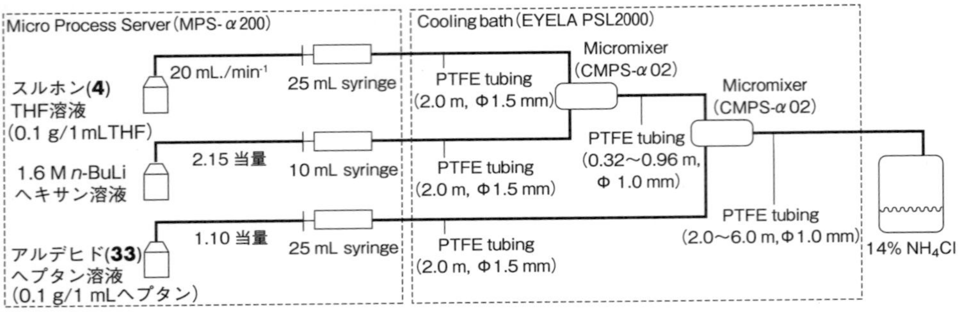
Micro Process Server (MPS-α 200)
Cooling bath (EYELA PSL2000)
スルホン(4)
THF溶液
(0.1 g/1 mLTHF)
20 mL./min-1
25 mL syringe
1.6 M n-BuLi
ヘキサン溶液
2.15 当量
10 mL syringe
アルデヒド(33)
ヘプタン溶液
(0.1 g/1 mLヘプタン)
1.10 当量
25 mL syringe
PTFE tubing
(2.0 m, Φ1.5 mm)
PTFE tubing
(2.0 m, Φ1.5 mm)
PTFE tubing
(2.0 m, Φ1.5 mm)
Micromixer
(CMPS-α 02)
Micromixer
(CMPS-α 02)
PTFE tubing
(0.32〜0.96 m,
Φ 1.0 mm)
PTFE tubing
(2.0〜6.0 m, Φ1.0 mm)
14% NH4Cl

題ないレベルである．この際のレジデンスタイムは，アニオン化に 2.4 秒，反応に 2.1 秒であった．

以上のように，マイクロリアクターの応用は，反応選択性の向上，超低温反応の回避，反応転換率の改善の効果が確認された．

カップリング体 **35** は，Dess-Martin 試薬によりケトアルデヒド **36** へと酸化された(図 12-9)．脱スルホニル化は，THF 中，−70 ℃以下でヨウ化サマリウムにより非常にきれいに進行し **37** を与えた．この際プロトン源としてのメタノールがきわめて重要であり，系中でメチルアセタールを形成し，アルデヒドの保護基として働いていることが LC/MS から支持された．分子内 NHK 反応による **38** への閉環反応は，当初，コンベンショナルな条件で行われていた．大過剰の $CrCl_2$ を用い，高希釈条件下，長時間の反応によっても低転換率，分子間反応に由来すると思われる副生成物などが大きな課題であり，より反応性の高い条件が求められた．岸らにより開発された不斉 NHK 反応は反応も加速されるので，これを分子内閉環反応へと応用することを考えた．*S* および *R* リガンドを用いたところ，期待どおり反応の加速と収率向上が認められた．*R* 体はより高い立体選択性を示したが，ここでは選択性は問題にならないので，反応性に優れる *S* 体を選択した[5a, e]．アリルアルコール **38** を Dess-Martin 試薬で酸化し，2 工程で約 72%の収率で大環状エノン **39** を得た．

このルート変換では，反応性の高いアルデヒドをもったままスルホニルの還元反応を行うため，ヨウ化サマリウムでの超低温反応が必須という課題があった．したがって，閉環反応を先に行えば，より温和な，あるいはヨウ化サマリウムを回避した条件での還元反応が期待された(図 12-9，別ルート)．

一方，不斉 NHK 反応は，岸らにより高効率的な触媒反応の開発が展開されていた[9]．そして 2005 年に，触媒的 NHK 反応による効率的分子内閉環反応とエリブリン中間体への応用が報告された(図 12-10，条件 A1)[9d]．高収率で進行し，Cr 試薬を大幅に削減できることから，筆者らも工業化を目指した触媒的反応の検討を行い，さらに別ルートへの展開も考えた．

詳細は省くが，岸らの条件を一部修飾することにより，安定的に触媒的 NHK 閉環反応を達成できるようになった(図 12-10，条件 A2)[5g]．おもな変更点は，触媒量を 10 mol %とすることおよび $LiCl_2$ を添加しない点である．岸らの報告のとおり，$LiCl_2$ は著しい反応加速を示したが，工業的にはよりマイルドで反応速度と収率のバランスの確保を重視した．この条件を **36** の反応へ適用したところ 95%とい

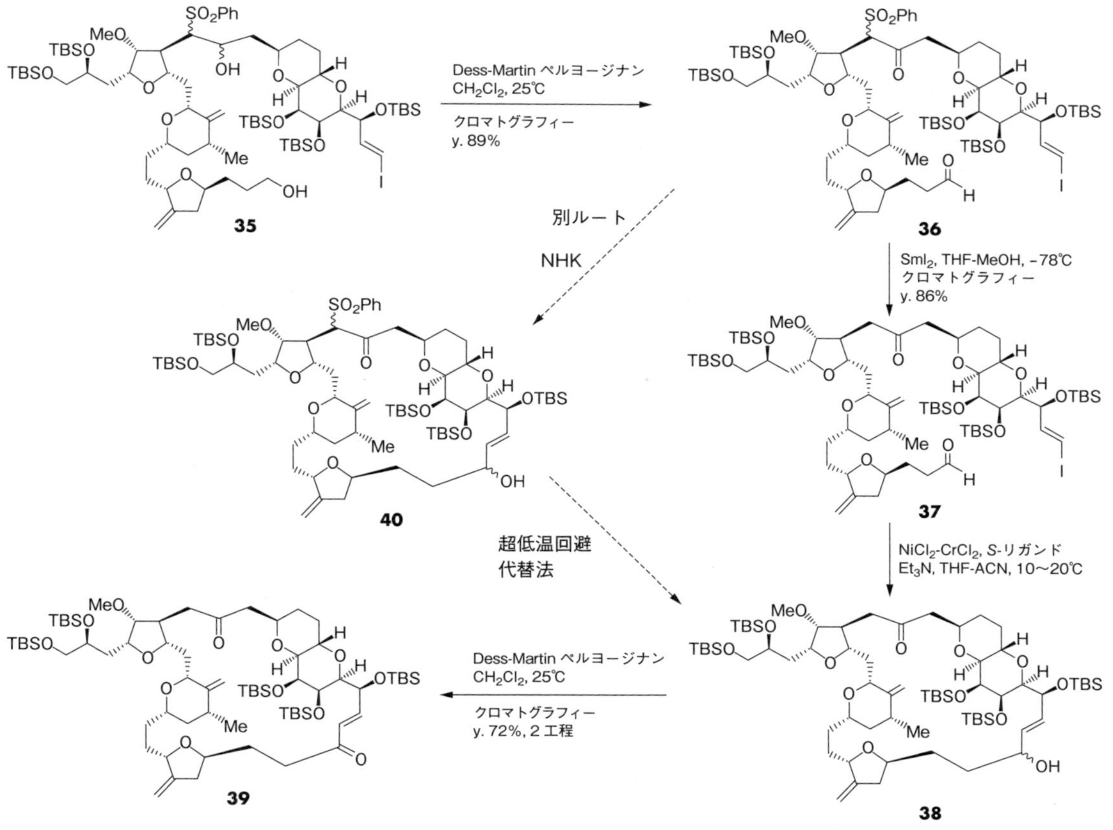
Dess-Martin ペルヨージナン
CH_2Cl_2, 25℃
クロマトグラフィー
y. 89%
別ルート
NHK
35
36
SmI_2, THF-MeOH, −78℃
クロマトグラフィー
y. 86%
40
37
超低温回避
代替法
$NiCl_2$-$CrCl_2$, S-リガンド
Et_3N, THF-ACN, 10〜20℃
Dess-Martin ペルヨージナン
CH_2Cl_2, 25℃
クロマトグラフィー
y. 72%, 2 工程
39
38

図 12-9　分子内 NHK 反応を経るマクロ環骨格の構築

う収率で閉環体を得ることができた．さらに **40** のヨウ化サマリウムによる還元反応は，期待どおり 0℃でも 92%の収率で非常にきれいに進行した(図 12-10，条件 B1)．

ここで興味深いのは，NHK 反応でごくわずかではあるがスルホニル基が還元された **38** が生成していた点である．これは，NHK 反応に関与する金属種のうちのいずれかが還元に寄与している可能性を示唆しており，新たな脱スルホニル化反応に発展できると期待された．調査の結果，$CrCl_3$ と Mn により発生する Cr(II)が活性種であり，その際には適切なリガンドが必須であることがわかった．最適化の結果，94%の収率で **40** から **38** を得ることができた(図 12-10，条件 B2)[5g, h]．

エノンから最終物への工程では，強力な殺細胞活性が発現するので，封じ込め設備での取り扱いが必要となる．エノン **39** をイミダゾール塩酸塩存在下 TBAF で処理すると，五つの TBS 基の脱保護と C9 ヒドロキシ基のオキシマイケル反応が進行し，望む閉環体 **41** とその C12 エピマー **42** を約 4：1 の比率で与えた．PPTS 処理により **41** のみがトリシクロケタール環を形成し，カラム精製と結晶化によりジオール **43** が高純度で得られた．**42** は，カラムにより容易に除去可能ではあるが，最終ステージでの約 20%のロスは大きな課題であった(図 12-11，方法 A)．

2004 年，この点に関して，岸らは画期的なデバイスを報告している[10]．それは，オキシマイケル反応混合物を，酸性および塩基性の樹脂充填したカラムを循環させることにより，平衡化とケタール化を連続的に行い，最終的に純粋なケタールのみを得るというものである(図 12-12)．

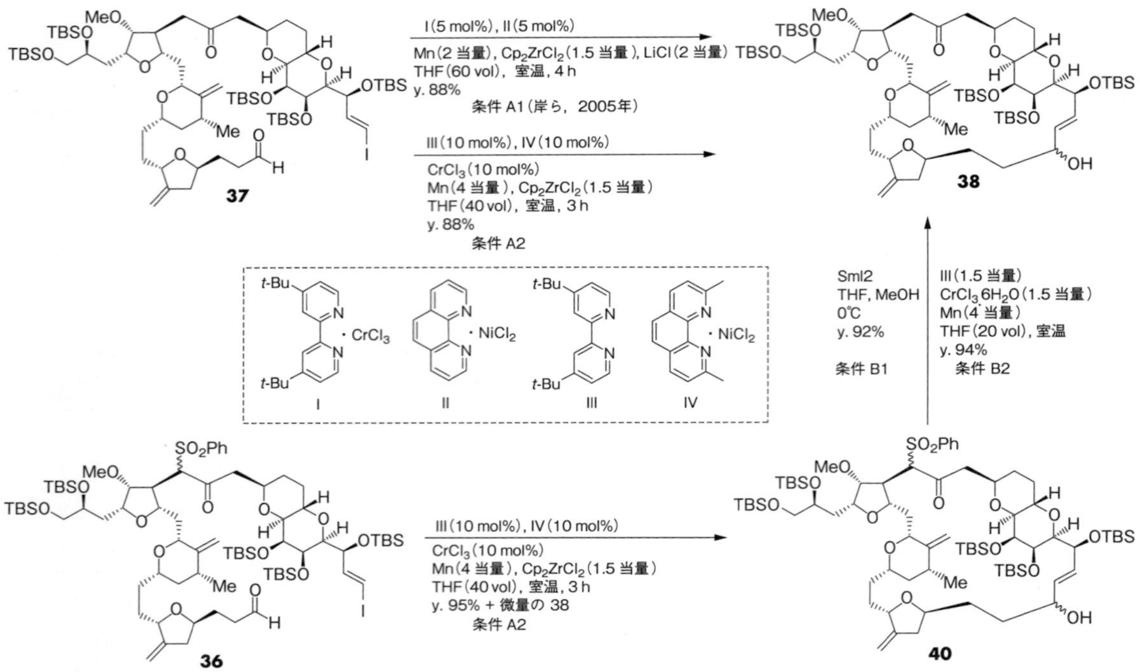
37
I(5 mol%), II(5 mol%)
Mn(2 当量), Cp_2ZrCl_2(1.5 当量), LiCl(2 当量)
THF(60 vol), 室温, 4 h
y. 88%
条件 A1(岸ら, 2005年)
III(10 mol%), IV(10 mol%)
$CrCl_3$(10 mol%)
Mn(4 当量), Cp_2ZrCl_2(1.5 当量)
THF(40 vol), 室温, 3 h
y. 88%
条件 A2
38
SmI2
THF, MeOH
0℃
y. 92%
条件 B1
III(1.5 当量)
$CrCl_3 6H_2O$(1.5 当量)
Mn(4 当量)
THF(20 vol), 室温
y. 94%
条件 B2
I
II
III
IV
36
III(10 mol%), IV(10 mol%)
$CrCl_3$(10 mol%)
Mn(4 当量), Cp_2ZrCl_2(1.5 当量)
THF(40 vol), 室温, 3 h
y. 95% + 微量の 38
条件 A2
40

図 12-10 分子触媒的内 NHK 反応を経るマクロ環骨格の構築

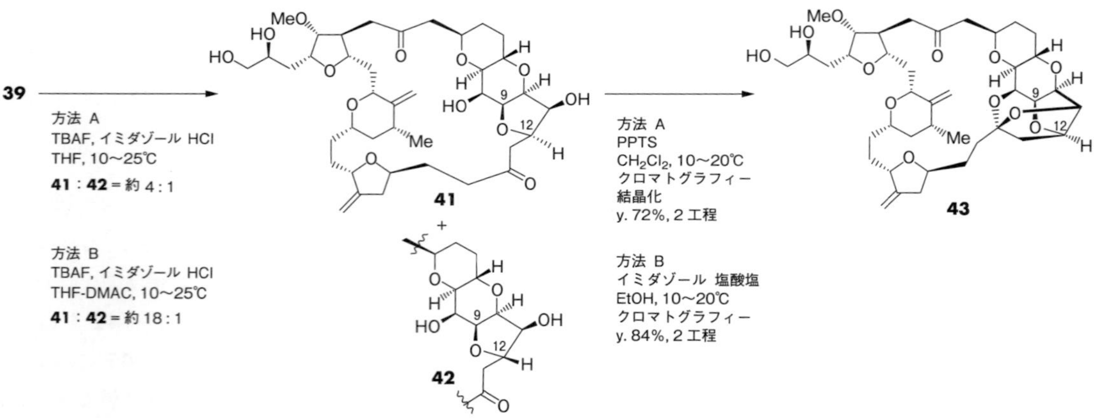
39
方法 A
TBAF, イミダゾール HCl
THF, 10〜25℃
41 : 42 = 約 4 : 1
方法 B
TBAF, イミダゾール HCl
THF-DMAC, 10〜25℃
41 : 42 = 約 18 : 1
41
42
方法 A
PPTS
CH_2Cl_2, 10〜20℃
クロマトグラフィー
結晶化
y. 72%, 2 工程
方法 B
イミダゾール 塩酸塩
EtOH, 10〜20℃
クロマトグラフィー
y. 84%, 2 工程
43

図 12-11 オキシマイケル反応を経るトリシクロケタール環骨格の構築

筆者らもこのデバイスに関して検討を行い，コンセプトを実証することはできたものの，封じ込め製造設備の改造の必要性などから最終的に実用化することを断念した．一方，オキシマイケル反応の溶媒を精査したところ，アミド系の溶媒，とくに *N*, *N*-ジメチルアセトアミドを共溶媒として用いることにより，この選択性は約 18：1 まで向上した[5i]．つづくケタール化の条件をイミダゾール塩酸塩に変更することにより，単純な濃縮操作とエタノールへの溶媒置換のみのワンポットで連結することが可能となった．この一連の変更により，収率は 72％から 84％へと改善した(図 12-11，方法 B)．

ジオール **43** は，一級ヒドロキシ基をトシル化し，そのままアンモニア水で処理することにより，エポキシドを経由して末端にアミノ基が導入され，エリブリンフリーアミンを与えた(図 12-13)．当初，一

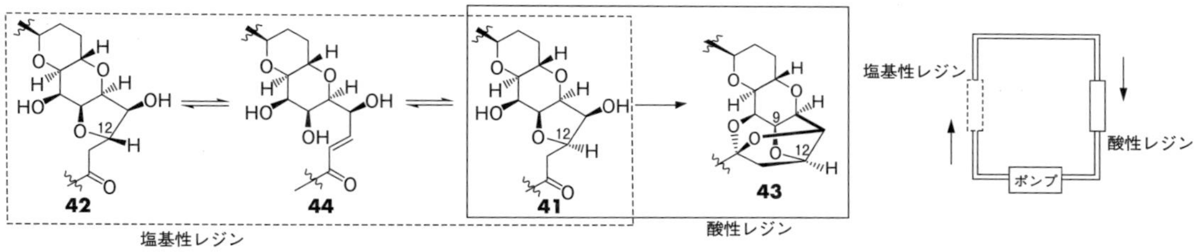
42
44
41
43
塩基性レジン
酸性レジン
ポンプ

図 12-12　岸らのデバイスの概略図

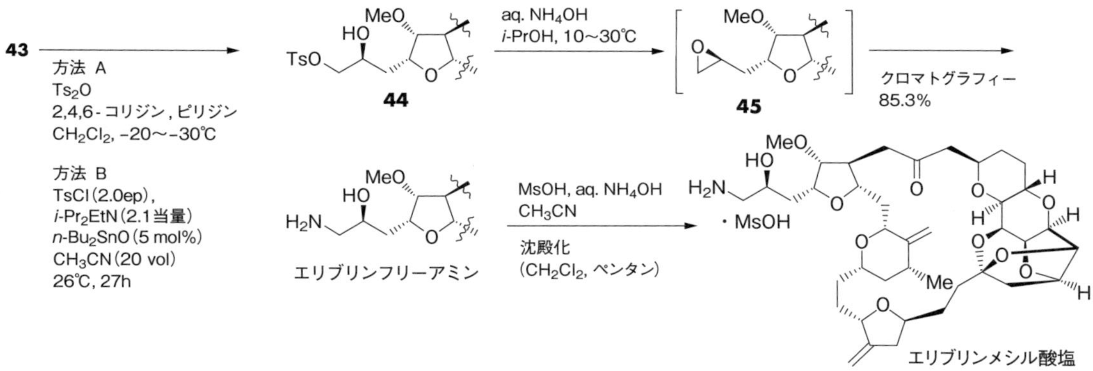
43
方法 A
Ts_2O
2,4,6-コリジン，ピリジン
CH_2Cl_2, −20〜−30℃
方法 B
TsCl (2.0ep),
i-Pr_2EtN (2.1当量)
n-Bu_2SnO (5 mol%)
CH_3CN (20 vol)
26℃, 27h
44
aq. NH_4OH
i-PrOH, 10〜30℃
45
クロマトグラフィー
85.3%
エリブリンフリーアミン
MsOH, aq. NH_4OH
CH_3CN
沈殿化
(CH_2Cl_2, ペンタン)
・MsOH
エリブリンメシル酸塩

図 12-13　C35 末端へのアミノ基導入によるエリブリンへの誘導

級ヒドロキシ基への選択的トシル化は，2,4,6−コリジンとピリジンを塩基として無水トシル酸との反応により行っていた．スズ触媒存在下ジイソプロピルエチルアミン，トシルクロリドとの反応[11]に変更し，室温条件でもビストシル体との選択性は 96：4 から 99.8：0.2 に向上した[5i]．最後に，フリーアミンをメシル酸塩化し，ジクロロメタン，ペンタンから沈殿化することによりエリブリンメシル酸塩が得られた．

6 おわりに

ハリコンドリン B の単離から約 7 年後に全合成が達成された．その約 6 年後にエリブリンが開発候補品として選択され，さらにその 12 年後にアメリカで初めて医薬品として承認を得た．この開発期間を通して，研究を支える化合物の供給と承認申請・上市後に向けた工業化研究を同時に進めることは，困難の連続であった．しかし，長期にわたり一つの化合物のプロセス研究を実行し，そこから新しい反応の発見や新たな技術分野への展開など実に多くを得ることができた．天然物全合成化学の醍醐味をプロセス研究という実学を通して実感できた 10 数年であった．このプロジェクトを支えてくれた社内外の多くの仲間に心より感謝したい．

◆ 文　献 ◆

[1]（a）D. Uemura, K. Takahashi, T. Yamamoto, C. Katayama, J. Tanaka, Y. Okumura, Y. Hirata, *J. Am. Chem. Soc.*, **107**, 4796 (1985);（b）Y. Hirata, D. Uemura, *Pure Appl. Chem.*, **58**, 701 (1986).

[2]（a）T. D. Aicher, K. R. Buszek, F. G. Fang, C. J. Forsyth, S. H. Jung, Y. Kishi, M. C. Matelich, P. M. Scola, D. M. Spero, S. K. Yoon, *J. Am. Chem. Soc.*, **114**, 3162 (1992);（b）Y. Kishi, F. G. Fang, C. J. Forsyth, P. M. Scola, S. K. Yoon, *US Patent*, 5338865 (1994);（c）Y. Kishi, F. G. Fang, C. J. Forsyth, P. M. Scola, S. K. Yoon, WO 9317690 (1993).

[3]（a）Y. Wang, G. J. Habgood, W. J. Christ, Y. Kishi, B. A. Littlefield, M. J. Yu, *Bioorg. Med. Chem. Lett.*, **10**, 1029 (2000);（b）B. M. Seletsky et al., *Bioorg. Med. Chem. Lett.*, **14**, 5547 (2004);（c）W. Zheng et al.,

Bioorg. Med. Chem. Lett., **14**, 5551 (2004).

[4] (a) H. Jin, J. Uenishi, W. J. Christ, Y. Kishi, *J. Am. Chem. Soc.*, **108**, 5644 (1986); (b) K. Takai, M. Tagashira, T. Kuroda, K. Oshima, K. Utimoto, H. Nozaki, *J. Am. Chem. Soc.*, **108**, 6048 (1986).

[5] (a) B. Austad, C. E. Chase, F. G. Fang, WO 2005 118565; (b) 千葉博之，田上克也，有機合成化学協会誌，**69**, 600 (2011); (c) C. E. Chase, F. G. Fang, B. M. Lewis, G. D. Wilkie, M. J. Schnaderbeck, X. Zhu, *Synlett*, **24**, 323 (2013); (d) B. C. Austad et al., *Synlett*, **24**, 327 (2013); (e) B. C. Austad et al., *Synlett*, **24**, 333 (2013); (f) T. Fukuyama, H. Chiba, H. Kuroda, T. Takigawa, A. Kayano, K. Tagami, *Org. Process. Res. Dev.*, **20**, 503 (2016); (g) K. Inanaga, T. Fukuyama, M. Kubota, Y. Komatsu, H. Chiba, A. Kayano, K. Tagami, *Org. Lett.*, **17**, 3158 (2015); (h) T. Fukuyama, H. Chiba, T. Takigawa, Y. Komatsu, A. Kayano, K. Tagami, *Org. Process. Res. Dev.*, **20**, 100 (2016); (i) B. M. Lewis, Y. Hu, H. Zhang, Y. Komatsu, H. Chiba, WO 2015 085193A1 (2015).

[6] (a) J. J.–W. Duan and Y. Kishi, *Tetrahedron Lett.*, **34**, 7541 (1993); (b) D. P. Stamos, Y. Kishi, *Tetrahedron Lett.*, **37**, 8643 (1996); (c) D. P. Stamos, A. G. Taylor, Y. Kishi, *Tetrahedron Lett.*, **37**, 8647 (1996).

[7] H. Choi, D. Demeke, F.–A. Kang, Y. Kishi, K. Nakajima, P. Nowak, Z.–K. Wan, C. Xie, *Pure Appl. Chem.*, **75**, 1 (2003).

[8] Z.–K. Wan, H.–W. Choi, F.–A. Kang, K. Nakajima, D. Demeke, Y. Kishi, *Org Lett.*, **4**, 4431 (2002).

[9] (a) K. Namba, Y. Kishi, *Org. Lett.*, **6**, 5031 (2004); (b) K. Namba, S. Cui, J. Wang, Y. Kishi, *Org. Lett.*, **7**, 5417 (2005); (c) K. Namba, J. Wang, S. Cui, Y. Kishi, *Org. Lett.*, **7**, 5421 (2005); (d) K. Namba, Y. Kishi, *J. Am. Chem. Soc.*, **127**, 15382 (2005).

[10] K. Namba, H.–S. Jung, Y. Kishi, *J. Am. Chem. Soc.*, **126**, 7770 (2004).

[11] (a) M. J. Martinelli and E. D. Moher, US 6194586 B1 (2001); (b) Guillaume and Lang, WO 2008 058902 (2003).

Chap 13

ガンビエロール構造簡略体の設計・合成・生物機能

Design, Synthesis, and Biological Function of Simplified Gambierol Analogues

不破 春彦 佐々木 誠
（東北大学大学院生命科学研究科）

Overview

海洋渦鞭毛藻が産生するポリ環状エーテル天然物は，イオンチャネルの機能解析・制御分子としての期待が大きいにもかかわらず，天然標品の取得の困難さからケミカルバイオロジー研究が立ち遅れていた．筆者らはガンビエロールの全合成を初めて達成し，合成標品を用いた標的分子同定を実現した．さらに，さまざまな類縁体の合成と生物活性評価により構造活性相関を解明し，天然物と同等の活性強度を示す構造簡略体の創出に成功した．天然物の構造簡略体は合成供給が容易なだけでなく，光アフィニティプローブなどの機能分子を設計するうえで優れた起点となる．

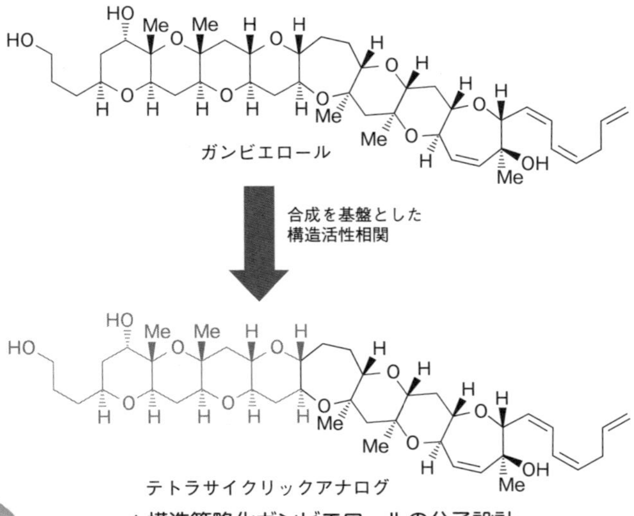
ガンビエロール
合成を基盤とした
構造活性相関
テトラサイクリックアナログ

▲構造簡略化ガンビエロールの分子設計

■ **KEYWORD** 📖マークは用語解説参照

■ポリ環状エーテル天然物(poly-cyclic ether natural products)
■ガンビエロール(gambierol)
■イオンチャネル(ion channel)
■標的分子同定(target molecule identification)
■構造簡略体(simplified structure)
■光アフィニティプローブ(photoaffinity probe)
■構造活性相関(structure-activity relationship)
■鈴木-宮浦反応(Suzuki-Miyaura coupling)📖

Current Review

1 海洋ポリ環状エーテル天然物

熱帯および亜熱帯海域で食中毒の原因となる有毒渦鞭毛藻の二次代謝産物として，これまで数多くのポリ環状エーテル天然物が単離・構造決定されてきた[1]．ブレベトキシンB(**1**)はポリ環状エーテルの天然物で最初に構造決定された化合物で，エーテル環が梯子状に連なった新奇な骨格構造をもつことに加え，電位依存性ナトリウムイオンチャネル(Na_Vチャネル)の特異的な作動薬として強力な薬理作用を発揮することから，有機化学だけでなく，薬理学や毒物学などの分野で，多くの研究者の興味を集めた(図13-1)．

その後，シガトキシン(**2**)など複雑なポリ環状エーテルの全立体構造が次つぎと報告され，その多くが強力な神経毒であることが明らかとなった．シガトキシンはブレベトキシンと同様に，Na_Vチャネルのサイト5に特異的に結合する作動薬であることが示された．しかし，その他のポリ環状エーテルが標的とする生体分子や毒性が発現するメカニズムは，遅々として解明されなかった．それは，渦鞭毛藻による化合物の産生量が限られ，天然標品の取得が困難なこと，複雑な化合物の化学修飾には大きな制約があることなどが挙げられる．これら試料供給の問題を解決し，生物活性発現のメカニズムを明らかにするには，ポリ環状エーテルの実践的な全合成法の開発が不可欠であった．巨大なポリ環状エーテル骨格構造をいかに構築するかという基礎的な興味も相まって，ポリ環状エーテルの全合成研究は20世紀末に花開き，有機合成化学におけるホット・トピックスの一つとなった[2,3]．

筆者らのグループでは，巨大なポリ環状エーテルを効率よく構築するための独自の合成法の開発に注力し，鈴木-宮浦反応を用いる収束的ポリ環状エーテル合成法を確立した[4]．本合成法は，複雑なフラグメントのカップリングも収率よく達成できるロバストネスと，さまざまな員数のエーテル環に適用できる汎用性の高さを特徴とする．本合成法の確立を契機に，筆者らは数種のポリ環状エーテルの全合成

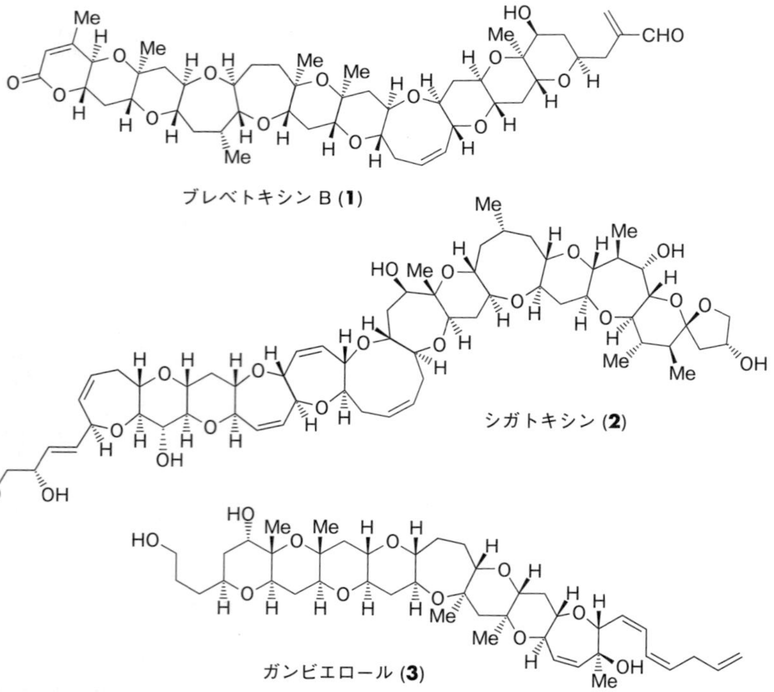

ブレベトキシン B (**1**)

シガトキシン (**2**)

ガンビエロール (**3**)

図13-1 海洋ポリ環状エーテル天然物ブレベトキシンB(**1**)，シガトキシン(**2**)，ガンビエロール(**3**)の構造

をそれぞれ初めて達成した[5~8]．これにより合成標品を用いた詳細な生物活性評価が実現するとともに，多様な人工類縁体の合成と評価による構造活性相関の解明へと研究を発展させることが可能になった．本章では，筆者らのグループによるガンビエロール(**3**)の全合成およびケミカルバイオロジーについて紹介する．

2 ガンビエロールの全合成

ガンビエロールは海洋渦鞭毛藻 *Gambierdiscus toxicus* の培養藻体から単離・構造決定された8環性ポリ環状エーテルである[9]．本天然物の平面構造および相対配置は二次元NMR解析により帰属され，絶対配置はキラル異方性試薬を適用することで決定された[10]．本天然物はマウスに対してLD_{50}値50 μg/kg(腹腔内投与)で致死毒性を示し，その中毒症状がシガトキシンによるものと類似していたことから，本天然物もまたNa_Vチャネルに作用するものと考えられていた．しかし，本天然物は *G. toxicus* の培養藻体1 500 Lから1 mg程度しか得られない微量成分であり，神経毒性の発現メカニズムの解明には全合成による化合物供給が必須であった．

筆者らは，独自に開発した鈴木–宮浦反応を用いる収束的ポリ環状エーテル合成法の実践的応用もかねて，ガンビエロールの全合成研究に着手した．筆者らの全合成戦略では，ABC環**4**とEFGH環**5**をそれぞれ独立に合成したのち，鈴木–宮浦反応で両フラグメントを連結し，8環性骨格を収束的に構築した(図13-2，13-3)．

ABC環**4**およびEFGH環**5**の合成ではスケーラビリティを重視した．全合成だけでなく構造活性相関研究に必要な類縁体合成の成否を握る重要な

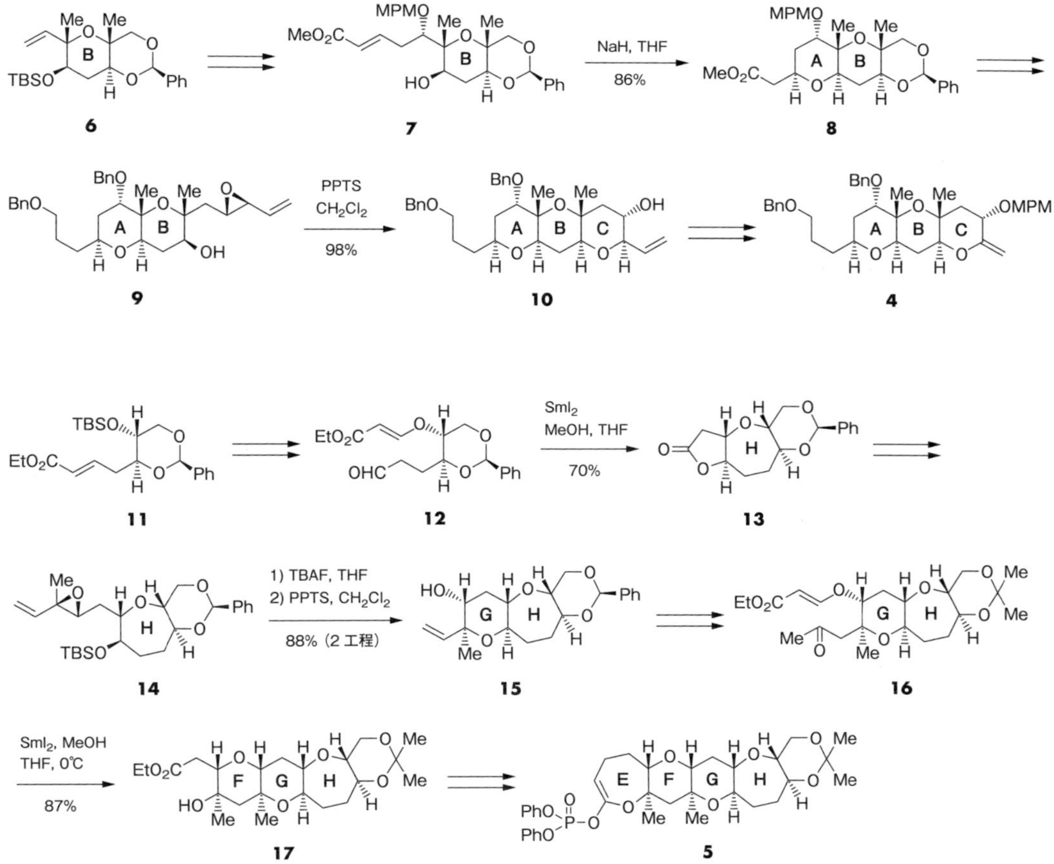
6
7
NaH, THF
86%
8
PPTS
CH_2Cl_2
98%
9
10
4
11
12
SmI_2
MeOH, THF
70%
13
1) TBAF, THF
2) PPTS, CH_2Cl_2
88% (2 工程)
14
15
16
SmI_2, MeOH
THF, 0℃
87%
17
5

図13-2 ガンビエロールABC環部**4**およびEFGH環部**5**の合成

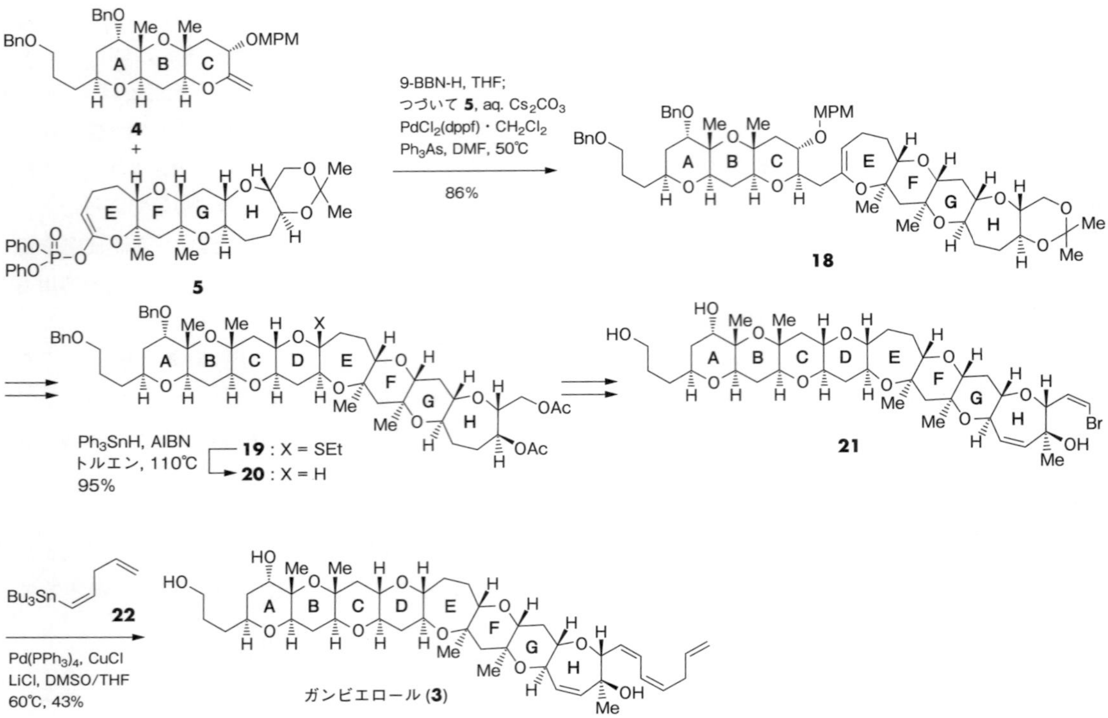
BnO
BnO
Me
Me
OMPM
A
B
C
H
H
H
4
+
H
H
H
H
O
Me
E
F
G
H
Me
PhO
PhO
Me
Me
H
5
9-BBN-H, THF;
つづいて 5, aq. Cs2CO3
PdCl2(dppf)・CH2Cl2
Ph3As, DMF, 50℃
86%
MPM
18
Ph3SnH, AIBN
トルエン, 110℃
95%
19 : X = SEt
20 : X = H
OAc
OAc
HO
HO
Br
OH
21
Bu3Sn
22
Pd(PPh3)4, CuCl
LiCl, DMSO/THF
60℃, 43%
ガンビエロール (3)

図 13-3　ガンビエロール(**3**)の全合成

ファクターと考えたためである．まず，B 環に相当する既知化合物 **6** を出発物質とし，アルコール **7** の分子内 oxa-Michael 反応とビニルエポキシド **9** の 6-*endo* 環化反応により A 環と C 環をそれぞれ閉環し，ABC 環 **4** を得た．本化合物の合成は市販原料 2-デオキシ-D-リボースより 50 工程を必要としたが，各工程に高い再現性およびスケーラビリティがあり，数ヵ月で 5 g ほど合成できた．一方，EFGH 環 **5** は，アルデヒド **12** のヨウ化サマリウムによる還元的環化反応，ビニルエポキシド **14** の 6-*endo* 環化反応およびメチルケトン **16** の還元的環化反応を鍵工程とし，市販原料より 33 工程で合成された．化合物 **5** は，1 g 程度であれば約 1 ヵ月で容易に合成できることがわかった．

このようにして得た ABC 環 **4** および EFGH 環 **5** を，鈴木-宮浦反応を用いて高収率で連結したのち，D 環をチオアセタール **19** として閉環し，ラジカル還元で脱硫することでガンビエロールのポリ環状エーテル骨格 **20** へと導いた．チオアセタールの還元を鍵工程とする 6 員環エーテルの構築法は，のちに多くの関連化合物の合成で活用された．また，化合物 **20** の合成に成功したことで，筆者らが開発した収束的ポリ環状エーテル合成法の実用性を示すことができた．

ガンビエロールの全合成へ向けて残された課題は，分子右末端の官能基化とポリエン側鎖の導入であった．筆者らは，山本らによる先行研究[11]と，独自のモデル実験から得た知見を踏まえ，各工程の順番と反応条件の最適化を図った．化合物 **20** から H 環の二重結合およびメチル基の導入，保護基の脱着などを経てビニルブロミド **21** へ誘導した．最後に化合物 **21** とビニルスズ **22** との Stille 反応により，ガンビエロール(**3**)の全合成を初めて達成した[5]．筆者らにつづき，山本ら[12]，Rainier ら[13]，森ら[14]も本天然物の全合成を報告した．

3 ガンビエロールの標的分子同定

筆者らは全合成で取得した合成標品を共同研究者

に譲渡し，ガンビエロールの生物活性をさまざまな実験系で評価した．イタリアのモデナ大学のBigianiらはマウス味蕾(みらい)細胞を用いた電気生理学実験により，本天然物が極低濃度で電位依存性カリウムイオンチャネル(K_Vチャネル)を阻害するが，Na_Vチャネルや塩素イオンチャネルには高濃度でも作用しないことを明らかにした[15]．ブレベトキシンやシガトキシンがNa_Vチャネルの特異的な作動薬であるのに対し，ガンビエロールはK_Vチャネルの特異的阻害薬であることは非常に興味深い．K_Vチャネル遺伝子はヒトゲノム上で40種類ほど見つかっており，神経細胞や筋細胞などの興奮性細胞において多様な生理機能を担っている．K_Vチャネルは四つのサブユニットが集合した四量体として形成され，各サブユニットはセグメント1～6（S1～S6）と呼ばれる六つの膜貫通領域からなる．このうち，S1からS4の領域は膜電位変化を感知するセンサーとして機能し，S5とS6の間の領域がイオン通過路(ポア)となる．

その後，他のグループにより本天然物のK_Vチャネルのサブファミリー選択性が調べられ，K_V1およびK_V3を選択的に阻害することが明らかとなった．ベルギーのアントワープ大学のSnydersらは，$K_V2.1$と$K_V3.1$のキメラコンストラクトをさまざまに作製し，野生型$K_V2.1$および$K_V3.1$との阻害活性の比較から，ガンビエロールはS5およびS6セグメントに囲まれたイオン通過路外側に結合し，チャネルのゲート機構を改変することで阻害活性を発現すると提唱した[16]．彼らのモデルが正しければ，本天然物は既存のK_Vチャネル阻害薬とは異なる新しいタイプのリガンドであり，チャネルタンパク質の構造-機能相関を解明する強力なツールになると考えられる．

4　ガンビエロールの構造活性相関研究

ポリ環状エーテル天然物の構造活性相関は，天然標品の取得およびその誘導化が困難なため立ち遅れており，きわめて限られた知見しか報告されていない状況であった．筆者らは，全合成の鍵中間体であるポリ環状エーテル骨格**20**を数百mgスケールで取得できていたことから，化合物**20**を起点にしてさまざまな人工類縁体を合成すれば，ポリ環状エーテル骨格辺縁の官能基や側鎖が活性発現にどのような影響を及ぼすかを明らかにできるのではないかと考えた[17]．本研究の着想段階ではガンビエロールがK_Vチャネルを標的とすることは未解明であったため，生物活性の指標はマウス致死毒性とした．実際に，A環およびH環の官能基や側鎖に改変を加えた約20種類の類縁体を合成し，その生物活性を評価した結果，興味深い知見が得られた．すなわち，A環ヒドロキシ基を除去あるいはメチルエーテルに変換した類縁体は，天然物にさほど劣らない毒性を示した．一方，H環や側鎖の二重結合を還元した類縁体では毒性が顕著に低下した．以上の結果から，ガンビエロールの強力なマウス致死毒性の発現には，分子右末端の構造が重要である一方，分子左末端はほとんど影響しないことが強く示唆された．

なお，全合成の中間体からさまざまな類縁体を合成して構造活性相関を解明するアプローチは，その後Danishefskyらにより Diverted Total Synthesis（DTS）として提唱され[18]，マクロリドなどさまざまな複雑天然物に応用されている．

5　ガンビエロールの構造簡略体の設計・合成・機能評価

ブレベトキシンやシガトキシンがNa_Vチャネルの作動薬として強力な活性を発現するには，ナノメートルサイズに及ぶ長大な（2～3 nm）ポリ環状エーテル骨格が重要と考えられている．筆者らは，ガンビエロールのK_Vチャネル阻害活性発現にもポリ環状エーテル骨格全体が必要か否かに興味をもった．筆者らの構造活性相関研究では，分子右末端構造が毒性発現に重要である一方，分子左末端の官能基は必須でないことが示されていたため，分子左側の構造を簡略化した類縁体も強力なK_Vチャネル阻害活性を示すのではないかと考えた．天然物の生物機能をある程度維持しつつ複雑な構造を簡略化できれば，天然物よりも合成が容易な高活性類縁体を取得できるだけでなく，構造簡略化した部分に標識基を導入したアフィニティプローブの設計も可能にな

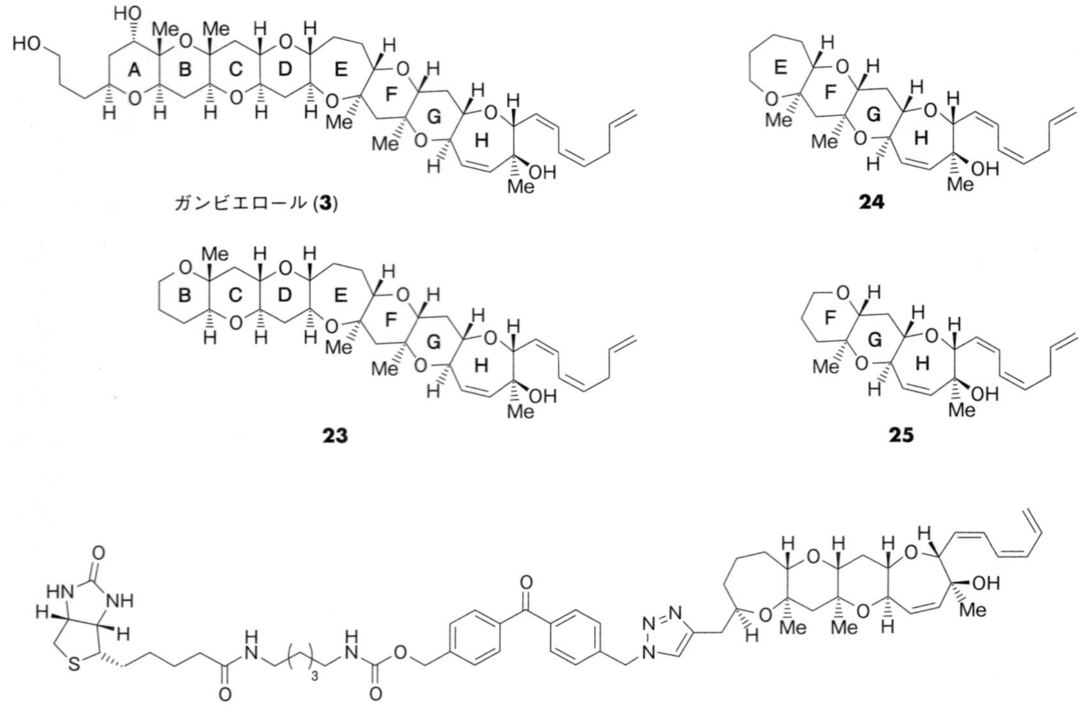

ガンビエロール (**3**)　**24**　**23**　**25**　**26**

図 13-4　ガンビエロール構造簡略体 **23**〜**25** および光アフィニティプローブ **26** の構造式

り，ケミカルバイオロジー研究に大きなメリットをもたらす．

そこで筆者らは，スペインのサンチアゴ大学コンポステーラ校の Botana らとの共同研究として，ガンビエロールの構造簡略体の合成と K_V チャネル阻害活性評価を行うこととした(図 13-4)．7 環性化合物 **23** および 4 環性化合物 **24** をターゲットに設定し，全合成の中間体よりそれぞれの化合物を合成した．これら類縁体を，マウス大脳皮質神経初代細胞を用いて評価した結果，驚くべきことに両化合物ともに親化合物と遜色ないナノモル濃度レベルの活性強度を示した[19]．これら類縁体の K_V チャネル阻害活性は，東北大学の此木らによりヒト K_V1.2 チャネルを安定発現した CHO 細胞においても確かめられ[20]，さらに 3 環性化合物 **25** が阻害活性を示さないこともわかった．したがって，ガンビエロールの活性発現に必要な最小構造単位は，分子右半分に相当する 4 環性化合物 **24** で示されると考えられる．E 環を欠損すると K_V チャネル阻害活性が完全に失われてしまうのは興味深いが，その理由は明らかでなく，リガンドと結合部位の相互作用様式が解明されるのを待ちたい．

筆者らはさらに，4 環性化合物 **24** を基盤とした光アフィニティプローブ **26** を合成した[21]．天然物の分子左半分は活性発現に必要ないため，化合物 **24** の左側に標識基や検出タグを導入しても K_V チャネルに対する結合親和性は損なわれないとの予測に加え，天然物の分子左半分に相当する箇所に標識基を配置すれば，K_V チャネル結合部位のごく近傍を効率よくラベル化できるとの期待があった．実際に化合物 **26** は K_V1.2 チャネルを約 100 nM で阻害した．標識基や検出タグを導入したにもかかわらず，化合物 **26** が強力な活性を維持している点は特筆すべきである．今後，化合物 **26** を用いた K_V チャネル標識化実験によりガンビエロール結合部位の解析を進めるとともに，構造簡略体を起点としたプローブ設計の有用性を検証したい．

6 まとめと今後の展望

近年，複雑な天然物の全合成では，工程数を指標とした合成効率の向上が重要な命題とされることが多いが，合成化合物を用いたケミカルバイオロジーを展開するならば，スケーラビリティもまた重要である．本章で紹介した研究を下支えしたのは，複雑な合成中間体を数百 mg から数 g オーダーで供給しうる実践的な合成経路であったことに疑いの余地はない．また，合成中間体から多様な類縁体を取得するには，合成経路の可塑性も不可欠であった．

全合成が果たす役割は時代の変遷とともに変化し，今日では有機化学の基礎研究という枠組みを超えて，天然物を基盤とした生物機能解析・制御分子の創出も求められるようになった．今後，全合成の進化に伴い，全合成を起点とした天然物ケミカルバイオロジーもさらに発展するものと期待される．

◆ 文　献 ◆

[1] T. Yasumoto, M. Murata, *Chem. Rev.*, **93**, 1897 (1993).
[2] T. Nakata, *Chem. Rev.*, **105**, 4314 (2005).
[3] M. Inoue, *Chem. Rev.*, **105**, 4397 (2005).
[4] M. Sasaki, H. Fuwa, *Nat. Prod. Rep.*, **25**, 401 (2008).
[5] H. Fuwa, N. Kainuma, K. Tachibana, M. Sasaki, *J. Am. Chem. Soc.*, **124**, 14983 (2002).
[6] C. Tsukano, M. Ebine, M. Sasaki, *J. Am. Chem. Soc.*, **127**, 4326 (2005).
[7] H. Fuwa, M. Ebine, A. J. Bourdelais, D. G. Baden, M. Sasaki, *J. Am. Chem. Soc.*, **128**, 16989 (2006).
[8] H. Fuwa, K. Ishigai, K. Hashizume, M. Sasaki, *J. Am. Chem. Soc.*, **134**, 11984 (2012).
[9] M. Satake, M. Murata, T. Yasumoto, *J. Am. Chem. Soc.*, **115**, 361 (1993).
[10] A. Morohashi, M. Satake, T. Yasumoto, *Tetrahedron Lett.*, **39**, 97 (1998).
[11] I. Kadota, A. Ohno, Y. Matsukawa, Y. Yamamoto, *Tetrahedron Lett.*, **39**, 6373 (1998).
[12] I. Kadota, H. Takamura, K. Sato, A. Ohno, K. Matsuda, M. Satake, Y. Yamamoto, *J. Am. Chem. Soc.*, **125**, 11893 (2003).
[13] H. W. B. Johnson, U. Majumder, J. D. Rainier, *Chem. Eur. J.*, **12**, 1747 (2006).
[14] H. Furuta, Y. Hasegawa, M. Hase, Y. Mori, *Chem. Eur. J.*, **16**, 7586 (2010).
[15] V. Ghiaroni, M. Sasaki, H. Fuwa, G. P. Rossini, G. Scalera, T. Yasumoto, P. Pietra, A. Bigiani, *Toxicol. Sci.*, **85**, 657 (2005).
[16] I. Kopljar, A. J. Labro, E. Cuypers, H. W. B. Johnson, J. D. Rainier, J. Tytgat, D. J. Snyders, *Proc. Natl. Acad. Sci. USA*, **106**, 9896 (2009).
[17] H. Fuwa, N. Kainuma, K. Tachibana, C. Tsukano, M. Satake, M. Sasaki, *Chem. Eur. J.*, **10**, 4894 (2004).
[18] R. M. Wilson, S. J. Danishefsky, *J. Org. Chem.*, **71**, 8329 (2006).
[19] E. Alonso, H. Fuwa, C. Vale, Y. Suga, T. Goto, Y. Konno, M. Sasaki, F. M. LaFerla, M. R. Vieytes, L. Giménez-Llort, L. M. Botana, *J. Am. Chem. Soc.*, **134**, 7467 (2012).
[20] K. Konoki, Y. Suga, H. Fuwa, M. Yotsu-Yamashita, M. Sasaki, *Bioorg. Med. Chem. Lett.*, **25**, 514 (2015).
[21] Y. Onodera, K. Hirota, Y. Suga, K. Konoki, M. Yotsu-Yamashita, M. Sasaki, H. Fuwa, *J. Org. Chem.*, **81**, 8234 (2016).

Chap 14

ケミカルバイオロジーを志向した天然物アナログの創製：部分構造アナログと代謝安定型アナログ

Natural Products Analogues for Chemical Biology Research

平井 剛 （九州大学大学院薬学研究院）
袖岡 幹子 （理化学研究所）

Overview

天然物の生物活性の作用機序を解明するケミカルバイオロジー研究は，新たな生物現象や創薬ターゲットの発見につながる可能性を秘めており，非常に重要である．生物学が直面している課題を理解し，それを解決できるような分子（天然物部分構造やアナログ）の開発は，天然物全合成に匹敵する学術的・実用的価値があると考えられる．本章の前半では，植物特有の酸化ステロイドであるフィサリン（physalin）類のユニークな作用機序の発見につながった，酸化度の高い右側の DEFGH 環部分構造の合成研究とその生物活性について紹介する．また後半では，内因性の糖脂質の作用機序解明研究に貢献しうる，代謝耐性型アナログの設計と合成について述べる．

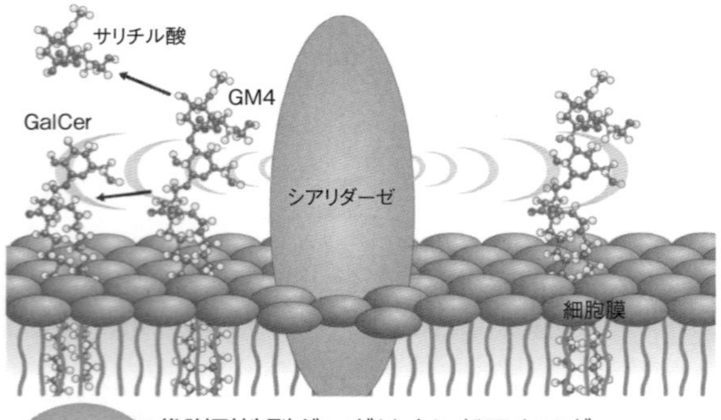
サリチル酸
GM4
GalCer
シアリダーゼ
細胞膜

▲代謝耐性型ガングリオシドアナログ

■ ***KEYWORD*** 📖マークは用語解説参照

- ■酸化ステロイド（oxygenated steroids）
- ■NF-κB 活性化（―― activation）
- ■Wittig 転位（―― rearrangement）
- ■Baeyer-Villiger 酸化（―― oxidation）
- ■ドミノ型反応（domino-type reaction）
- ■作用機序（mode of action）
- ■ガングリオシド（gangliosides）
- ■Ireland-Claisen 転位（―― rearrangement）
- ■グリコシル化反応（glycosylation）

はじめに

全合成研究は，構造決定や物質供給，有機化学の発展など，さまざまな分野に寄与する．比較的容易に単離・入手できる天然物に対しては，全合成もさることながら，天然物から調製可能な誘導体を合成し，構造活性相関を明らかにすることも重要であり，多くの研究例が報告されている．一方で，全合成と同等の「労力」を費やし，天然物研究のためにあえて「天然物そのものではない人工分子（天然物アナログ）」を創製することも，天然物・有機化学者の一つの役割になりつつある．ケミカルバイオロジー研究との連携を考慮すると，その重要性はますます高まってきている（Part Ⅰの Chapter 4-5 参照）．本章では，筆者らが取り組んできた天然物アナログの分子設計とその合成研究について 2 例紹介する．

1 植物酸化ステロイドの共通構造に着目した部分構造アナログ

1-1　作業仮説：天然物部分合成でフィサリン類の生物機能に迫る

フィサリン（physalin）類は，おもにホオズキから単離される酸化ステロイドであり，これまでに 30 種以上同定されている．構造的な特徴として 13,14-seco-16,24-cycloergostane 骨格の右側が高度に酸素官能基化されており，そのほとんどは physalin B（**1**）[1]のように複雑な DEFGH 環部をもつ（図 14-1）．古くから抗炎症活性などが知られていたが，近年さまざまなシグナル伝達経路に影響を及ぼすことが示唆されている．一方，同じナス科植物から単離され，多様の生物活性が報告されているウィザノライド（withanolide）類[2]は，同様の AB 環部をもちながらフィサリン類とはまったく異なる右側構造をもつ．

細胞内シグナル伝達の一つである NF-κB 経路は，炎症やがんなどの疾病に関与しており，創薬ター

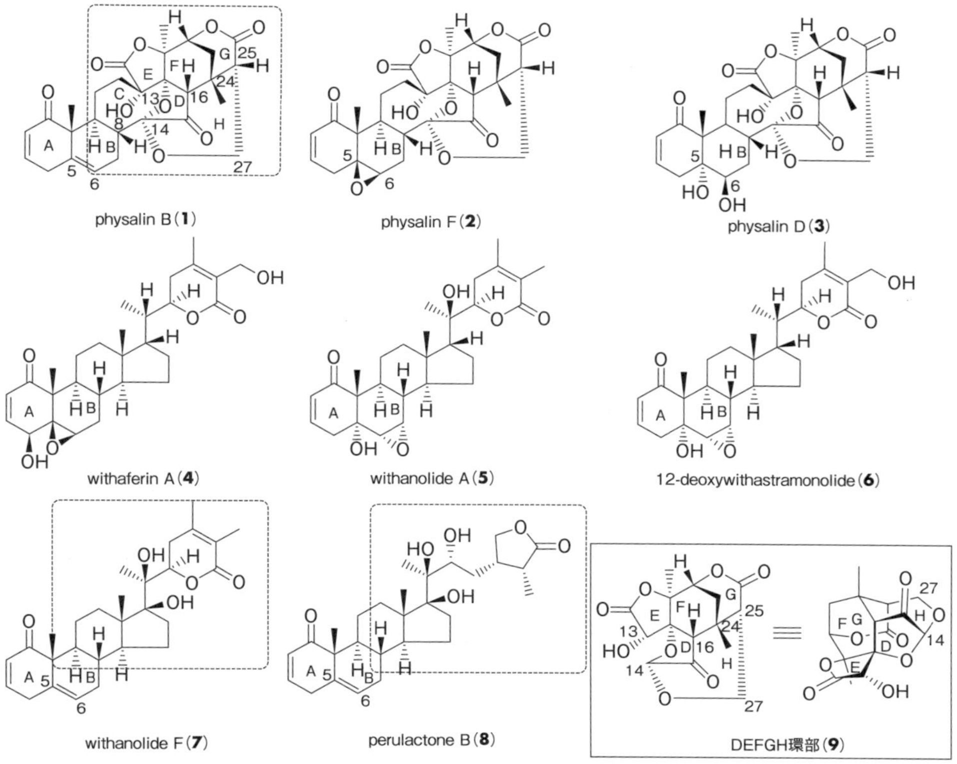
physalin B (**1**)
physalin F (**2**)
physalin D (**3**)
withaferin A (**4**)
withanolide A (**5**)
12-deoxywithastramonolide (**6**)
withanolide F (**7**)
perulactone B (**8**)
DEFGH環部 (**9**)

図 14-1　フィサリン類，ウィザノライド類の構造とターゲット分子

ゲットしても注目されている．Heinrich らは，**1** と physalin F(**2**)は NF-κB 経路の活性化を阻害するが，physalin D(**3**)は阻害しないことを報告した[3]．また Haegeman らは，withaferin A(**4**)は NF-κB 活性化を阻害するが，withanolide A(**5**)や 12-deoxy-withastramonolide(**6**)は阻害しないことを報告した[4]．一見すると，この生物活性には右側構造ではなく，B 環部 5-6 位官能基が重要と考えられた．

一方筆者らは，フィサリン類に興味をもち，観賞用・食用のホオズキから酸化ステロイド類を単離し，その NF-κB 経路の活性化阻害試験を実施した．その結果，同じ AB 環部構造をもつ **1**，withanolide F(**7**)，perulactone B(**8**)を比較すると，**8** は **1** や **7** よりも阻害効果が低かった．このことは，右側構造も生物活性に重要であることを示していた．そこで，これら天然物の「構造-作用機序」相関を検討した．古典的 NF-κB 経路が活性化されると，まず IκBα がリン酸化され，分解する．その後 NF-κB タンパク質が核へと移行し，標的 DNA に結合する．興味深いことに，同程度の NF-κB 活性化阻害能をもつにもかかわらず，**1** は NF-κB タンパク質の核移行と DNA への結合を阻害するが，**7** は阻害しなかった．このことから，同じ AB 環部と同じ生物活性をもっていても，**1** と **7** の作用機序が異なることを意味し，右側構造が **1** の作用機序に大きな役割を果たしていることが推定された[5]．

筆者らは，**2** を C12〜13 位および C8〜14 位で切り離した右側 DEFGH 環部 **9** が，美しく縮環したかご型構造をもつことに惹かれ，(**9** が安定に存在するか不明であったが)合成研究を開始していた．特徴的なこの部分には，AB 環構造の影響に埋もれた生物機能があると考えていた．前述の知見から，**9** 単独でも **1** と同様の作用機序で NF-κB 活性化を阻害すると期待された．

1-2　合成計画[6]

DEFGH 環部 **9** の合成において，密集する酸素官能基をいかに効率的に導入し，縮環構造を組み立てるかがポイントであった．検討開始当初は GH 環部構築のための前駆体として **10** を設定し，H 環をアセタール化，G 環ラクトンはエポキシド開裂反応で得ようと考えていた(スキーム 14-1)．しかし，これに必要な配座 **10'** が不利であり，まったく GH 環部

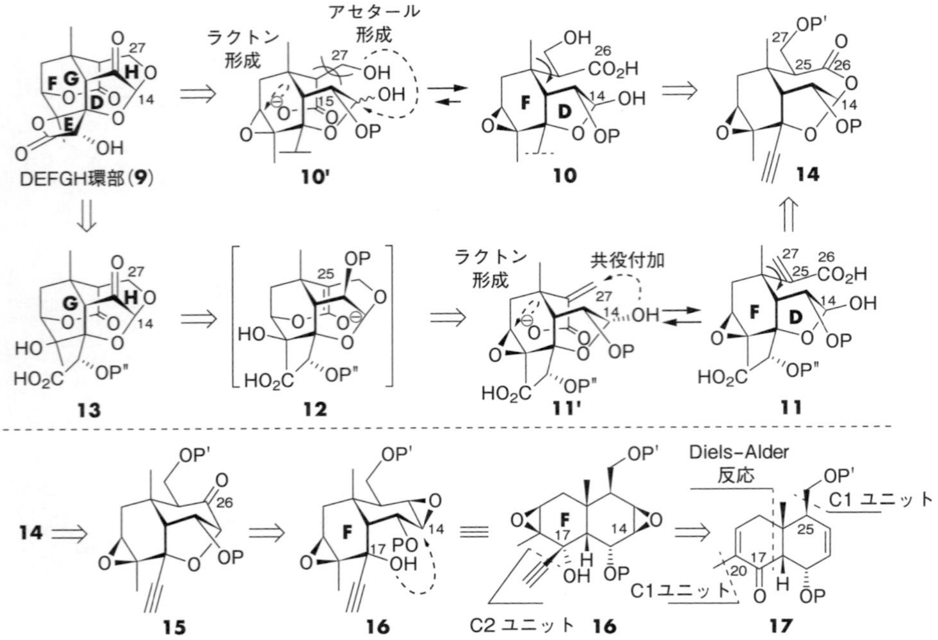

DEFGH環部(9)
ラクトン形成
アセタール形成
10'
10
14
13
12
ラクトン形成
共役付加
11'
11
15
16
Diels-Alder 反応
C1 ユニット
C1ユニット
C2 ユニット
17

スキーム 14-1　DEFGH 環部 **9** の逆合成

を構築できなかった．そこで，G 環形成に望ましい配座をとるには立体反発を軽減する必要があると考え，27 位を sp^2 炭素とした **11** を前駆体として設定した．G 環はエポキシド開裂反応で，H 環は 14 位ヒドロキシ基の共役付加反応で構築できれば **13** を与え，これを酸処理することで **9** を合成できると考えた．H 環形成に関しては，中間体となるエノラート **12** が Bredt 則には反しないものの，橋頭位二重結合による歪みのため不安定化され，反応が進行しない可能性が考えられた．26 位カルボン酸と 14 位ヒドロキシ基は，7 員環ラクトン **14** の加水分解で，**14** はケトン **15** の Baeyer–Villiger 酸化で合成することとした．D 環はビスエポキシド **16** から構築し，**16** は Diels–Alder 反応等で合成しうるエノン **17** に対し，17 位への 2 炭素の導入と官能基変換で合成する計画を立案した．

1-3　ドミノ型反応を活用した DEFGH 環部 8 の合成[7,8]

ジエン **18** とキノン **19** の Diels–Alder 反応により，24 位に四級炭素をもつ **20** を得た（スキーム 14-2）．*i*-Bu_2AlH 還元・酸処理後，生じたヒドロキシ基を保護し，**21** を合成した．3 工程で **22** としたのち，ICH_2SnBu_3 でアルキル化し **23** を得た．2,3-Wittig 転位反応で 25 位アルキル基と 14-26 位二重結合を一挙に導入し，**24** へと導いた．3 工程で **25** へと変換したのち，α 位のヨウ素化，Pd 触媒と Me_2Zn によるメチル化で **26** を得た．$CeCl_3$ 存在下，アセチリドを選択的に 1,2-付加し，**27** を合成した．二重結合を *m*CPBA（*m*-クロロ過安息香酸）でエポキシ化すると，三級ヒドロキシ基によるエポキシドの開裂も同時に進行し，D 環を形成した **28** を一挙に与えた．これをケトン **29** へ導いたのち，

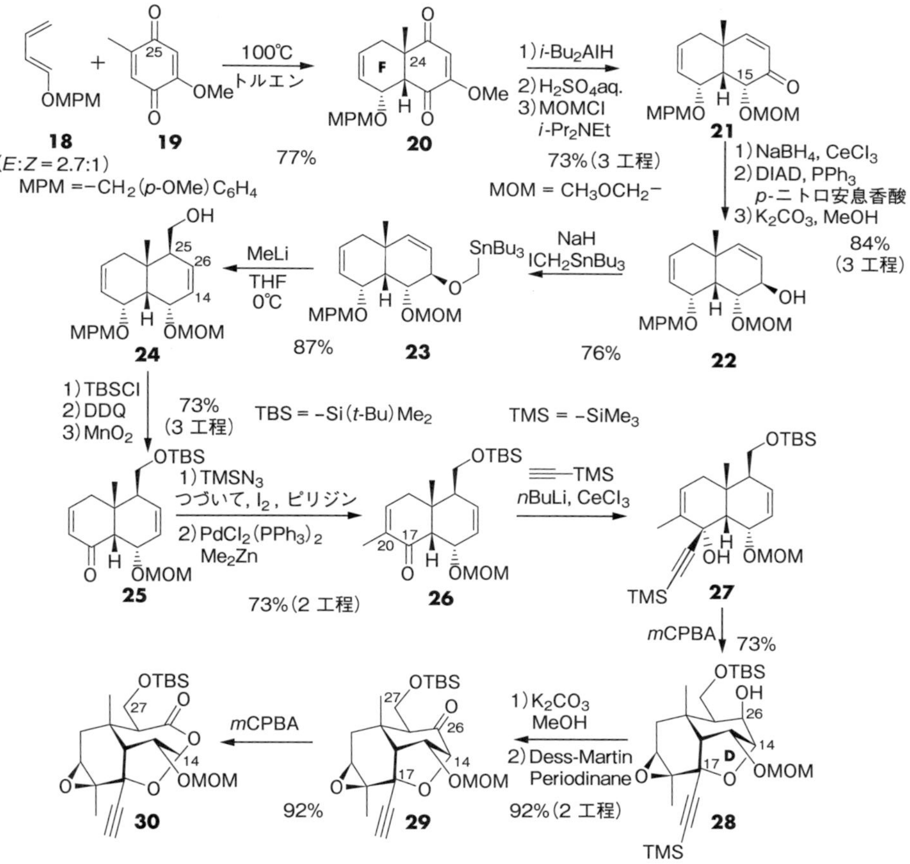

100℃
トルエン
OMPM
OMe
MPM = –CH2(p-OMe)C6H4
(E:Z = 2.7:1)
18
19
20
77%
1) i-Bu2AlH
2) H2SO4aq.
3) MOMCl
i-Pr2NEt
73%（3 工程）
MOM = CH3OCH2–
21
1) NaBH4, CeCl3
2) DIAD, PPh3
p-ニトロ安息香酸
3) K2CO3, MeOH
84%（3 工程）
22
NaH
ICH2SnBu3
76%
23
MeLi
THF
0℃
87%
24
1) TBSCl
2) DDQ
3) MnO2
73%（3 工程）
TBS = –Si(t-Bu)Me2
TMS = –SiMe3
25
1) TMSN3
つづいて, I2, ピリジン
2) PdCl2(PPh3)2
Me2Zn
73%（2 工程）
26
≡–TMS
nBuLi, CeCl3
27
mCPBA
73%
28
1) K2CO3
MeOH
2) Dess-Martin
Periodinane
92%（2 工程）
29
mCPBA
92%
30

スキーム 14-2　中間体 **30** の合成

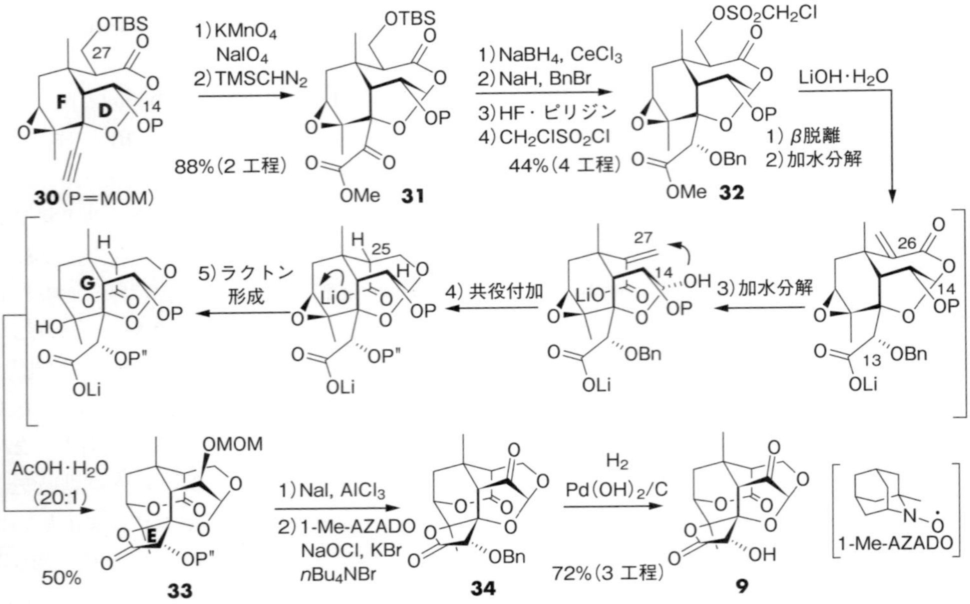
1) KMnO4
NaIO4
2) TMSCHN2
88%(2 工程)
30 (P=MOM)
31
1) NaBH4, CeCl3
2) NaH, BnBr
3) HF・ピリジン
4) CH2ClSO2Cl
44%(4 工程)
32
LiOH・H2O
1) β脱離
2) 加水分解
3) 加水分解
4) 共役付加
5) ラクトン形成
AcOH・H2O
(20:1)
50%
33
1) NaI, AlCl3
2) 1-Me-AZADO
NaOCl, KBr
nBu4NBr
34
H2
Pd(OH)2/C
72%(3 工程)
9
1-Me-AZADO

スキーム 14-3　DEFGH 環部 **9** の合成

Baeyer-Villiger 酸化によって 7 員環ラクトン **30** を得た．

過マンガン酸カリウムと過ヨウ素酸ナトリウムでアルキン部を酸化したのち，メチルエステル化して **31** へと導いた(スキーム 14-3)．混み入った 13 位の還元，生じたヒドロキシ基の Bn 基での保護，TBS 基を脱離基へと変更し，**32** を合成した．これを LiOH で処理すると，(1) β 脱離，(2，3) 7 員環ラクトンとメチルエステルの加水分解，(4) H 環形成共役付加反応，(5) G 環ラクトン形成の 5 反応がドミノ型で一挙に進行した．1 時間半後，ワンポットで酢酸-水中で加熱すると，E 環のラクトン化が進行し，目的のかご型分子 **33** を 50%で得ることに成功した．懸念していた H 環形成反応は，G 環ラクトンを形成する前に速やかに進行し，さらに 25 位がジアステレオ選択的にプロトン化されることがわかった．NaI と $AlCl_3$ で処理し，H 環を開環せずに MOM 基を除去したのち，1-Me-AZADO[9] を用いる酸化反応によって **34** を与えた．最後に，Bn 基を加水素分解して除去し，**9** の合成に成功した．

1-4　DEFGH 環部 9 の活性[5]

合成した右側構造の NF-κB 活性化阻害能を評価した．DEFGH 環部 **9** はまったく阻害活性を示さなかったが，Bn 保護体 **34** は中程度の阻害活性を示した．このことは，DEFGH 環かご型構造だけでなく，Bn 基のような疎水性官能基の存在が，NF-κB 活性化阻害に必須であることを示している．また，**34** は高濃度で NF-κB タンパク質の核移行と DNA への結合を抑制した．このことから，フィサリン類の右側構造が，NF-κB 活性化の阻害メカニズムに深く関与し，この部分を認識する標的タンパク質の存在が示唆された．今後，**34** を起点とした誘導体展開によって，AB 環部に由来する生物活性をもたない，効果的な NF-κB 阻害剤を創製したいと考えている．

2　細胞内で分解されない糖脂質アナログ

2-1　作業仮説：代謝安定型アナログの設計と利用価値

糖脂質は，おもに細胞膜上に存在する重要な分子群である．筆者らは，そのなかでガングリオシドと呼ばれるスフィンゴ糖脂質に着目している．ガングリオシドは，多様な糖鎖構造をもち，それぞれが異なる生物機能をもつことが示唆されている．やっかいなことに，その糖鎖構造は酵素によって代謝され，細胞内で変化する．たとえば，典型的なガングリオシドである GM3(**35**) や GM4(**36**) は，シアリダーゼによって末端シアル酸が切断され，別の機能をもつ LacCer，GalCer に変換される(図 14-2)．シアリダーゼの 1 種である NEU3 は，ほとんどのがん細胞で過剰発現しており，アポトーシスの抑制や細胞の運動性亢進など，がんの悪性化に寄与していると考えられていることから，抗がん剤のターゲットとして注目されている[10]．しかしながら，ガングリオシドの代謝と NEU3 によるがんの悪性化との関係性は明確ではない．その一因は，ガングリオシドの機能を分子レベルで解明できていないことにある．

筆者らは，酵素によって糖構造が分解されずに元のガングリオシドの機能を再現するアナログは，ガングリオシドの機能解析に重要な鍵分子と考えた．そこで筆者らは，最も基本的なガングリオシドである **35** や **36** のシアリダーゼ耐性型アナログの開発を目指すこととした．しかしながら，こうしたアナログの開発は，これまでにも試みられていた．シアリダーゼが切断する *α*-2,3-シアリルガラクトース構造のグリコシド結合(*O*-シアロシド結合)の O 原子を置き換えれば，代謝耐性を獲得できる．これまでに，S 原子に置換した **37**[11]や CH(OH)[12]，もしくは CH_2 基[13]に置換したアナログ(*C*-シアロシドアナログ) **38** や **39** が報告されているが，S 原子は結合長・結合角，*C*-シアロシドアナログは電気陰性を再現できない．そこで，O 原子の等価体として *C*-シアロシド結合に F 原子を導入した CF_2-連結型アナログ **40** を設計した．F 原子を導入することで，*C*-シアロシドの結合長，結合角，シアル酸の酸性度など，天然型に近づけることができると期待した．

2-2　*C*-シアロシド結合の新規構築法の開発[14, 15]

筆者らが研究を開始した時点で，いくつかの *C*-シアロシド構築法が報告されていたが，CF_2-シアロシドに適用できるものはなかった．また，上記 **38**〜**39** のように二糖アナログは合成されていたが，ガングリオシドアナログに導いた例はなかった．そこで筆者らは，さまざまな *C*-シアロシド結合を構築できる新しい手法の開発，およびガングリオシドアナログにまで導いて生物機能をきちんと評価することに取り組んだ．

C-シアロシド結合構築に関しては，Ireland-Claisen 転位を利用した柔軟かつ効率的な独自の合成法を確立した(スキーム 14-4)．ガラクトース誘導体 **41** を Albright-Goldman 酸化して得たケトン **42** に対し，CF_2Br_2 と HMPT を作用させ，**43** を合成した．別途 7 工程で合成したシアル酸誘導体 **45** と **43** から 3 工程で導いた **44** をエステル化し，**46** を得た．これを LiHMDS と TMSCl で処理後，室温へと昇温すると，Ireland-Claisen 転位反応が速やかに進行し，二糖構造をもつ CF_2-シアロシド **47**

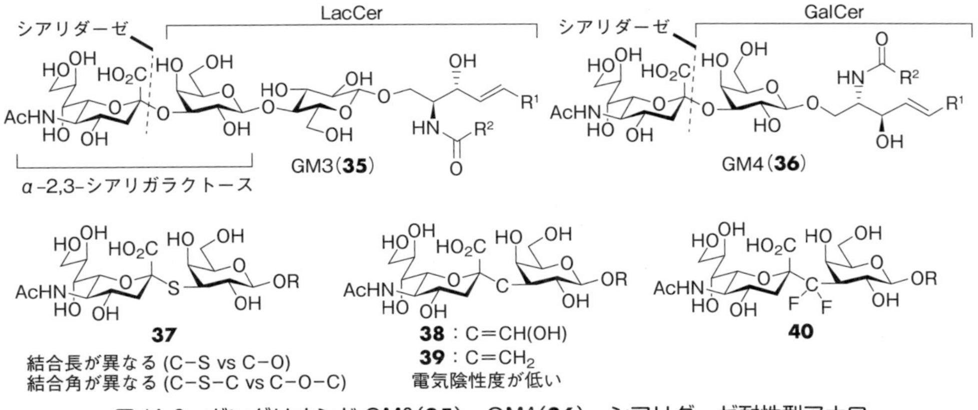
シアリダーゼ
LacCer
GalCer
α-2,3-シアリガラクトース
GM3(35)
GM4(36)
37
38：C=CH(OH)
39：C=CH2
40
結合長が異なる (C–S vs C–O)
結合角が異なる (C–S–C vs C–O–C)
電気陰性度が低い

図 14-2　ガングリオシド GM3(**35**)，GM4(**36**)，シアリダーゼ耐性型アナログ (**37**〜**39**) の構造と設計した CF_2-シアロシド (**40**)

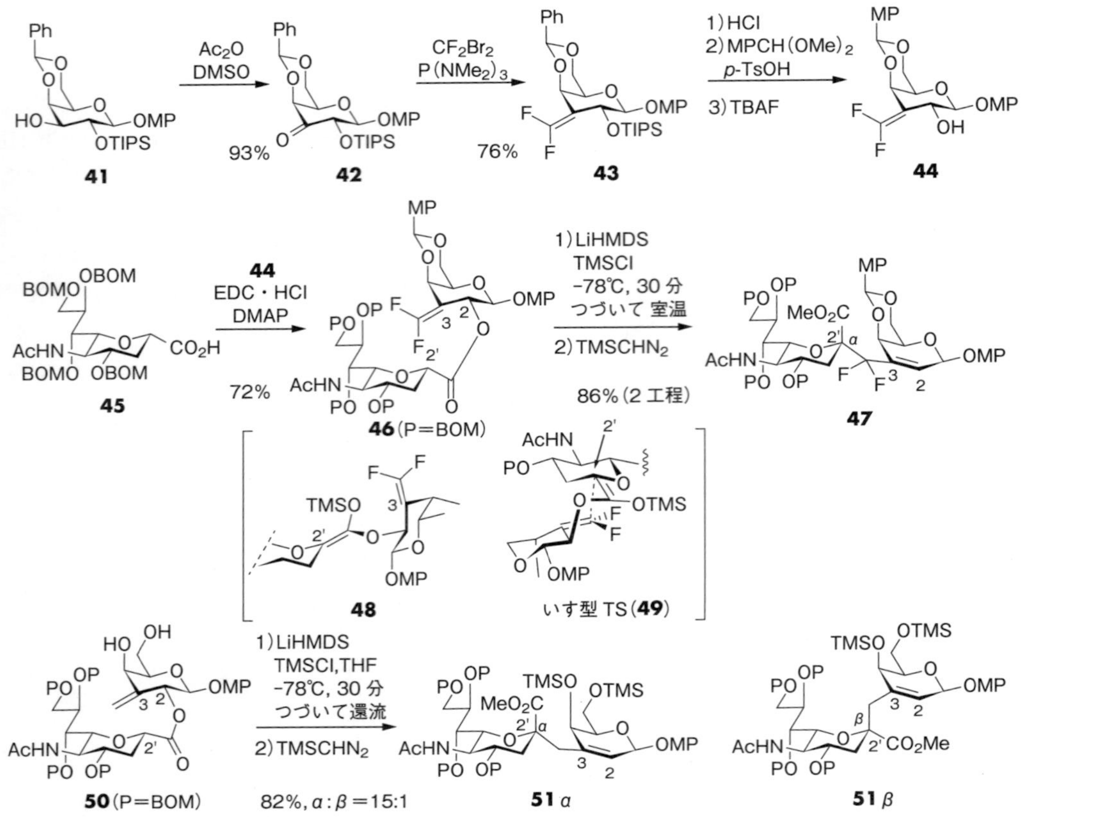

スキーム 14-4　Ireland-Claisen 転位を利用した *C*-シアロシド構築法による **47** と **51** の合成

を *α*-選択的に得ることができた．高い立体選択性は，中間体 **48** からのいす型遷移状態 **49** を考えると説明することができる．また本手法は，他の *C*-シアロシド結合にも適用可能と期待できる．実際，環状保護基をもたないエステル **50** を同様の反応条件(温度条件は異なる)に付すと，CH_2-シアロシド **51** を *α*-選択的(15：1)に得ることができた．

しかしながら本手法の欠点は，ガラクトース 2 位ヒドロキシ基を再導入する必要がある点である．糖骨格環内の二重結合を官能基化するのは，一工夫必要であった(スキーム 14-5)．まず 4 工程でラクトン体 **52** に導いたのち，二重結合を化学量論量の OsO_4 でジオール化して **53** とした．これをチオカーボネート化し，ラジカル条件下位置選択的に 3 位酸素官能基を除去し，CF_2-連結型二糖アナログ **54** を合成した．詳細は割愛するが，同様の合成法で CH_2-連結型アナログも合成可能であった．これらのことから筆者らの手法は，さまざまな *C*-シアロシドで連結された *α*-2,3-シアリルガラクトースアナログの一般合成法となると考えている．

2-3　C-連結型ガングリオシドアナログの合成と生物活性評価[14]

さらに筆者らは，**54** をガングリオシド GM4 アナログ **57** に誘導した．3 段階でグリコシルドナー **55** を合成し，セラミド **56** をグリコシル化反応で連結した．CF_2 基の影響か，**56** の反応性は低く，グリコシル化の収率は中程度に留まった．グリコシル化生成物の保護基を除去し，**57** の合成に成功した．本合成は，C-連結された糖鎖をもつ糖脂質アナログの初の合成例である．

アナログ **57** がガングリオシドを分解するシアリダーゼに対して弱い阻害活性を示したことから，代謝耐性を獲得していることを確認できた．また，天然型 **36** と同等のヒトリンパ球増殖抑制効果を示し

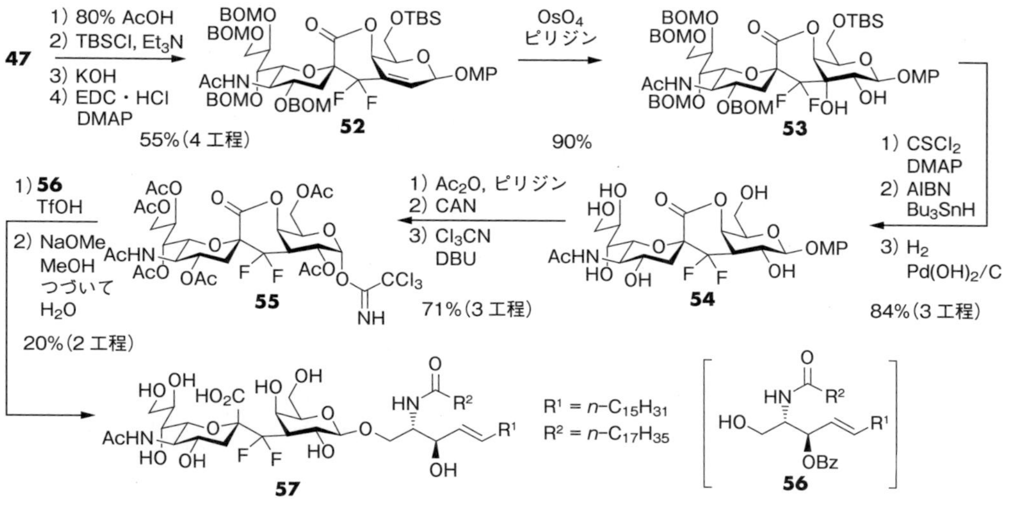
1) 80% AcOH
2) TBSCl, Et3N
3) KOH
4) EDC・HCl
DMAP
55%(4 工程)
47
52
OsO4
ピリジン
90%
53
1) CSCl2
DMAP
2) AIBN
Bu3SnH
3) H2
Pd(OH)2/C
84%(3 工程)
54
1) Ac2O, ピリジン
2) CAN
3) Cl3CN
DBU
71%(3 工程)
55
1) 56
TfOH
2) NaOMe
MeOH
つづいて
H2O
20%(2 工程)
57
56
R1 = n-C15H31
R2 = n-C17H35

スキーム 14-5　CF_2-連結部をもつガングリオシドアナログ **57** の合成

たことから，GM4 アナログとして機能することが確認された．このことから，CF_2-シアロシド結合は *O*-シアロシドの安定等価体として利用可能であることが示唆された．

ここでは割愛するが，現在では詳細なグリコシル化反応の検討によって GM3 アナログの合成も可能になり，また単純な CH_2 基よりも F 原子を導入するほうがアナログとして相応しいことも明確になってきている．本概念をさまざまな糖鎖・複合糖質に適用拡大するには，さらなる合成法の開拓・改良が必要であるが，有機合成の力量によって今後ますます発展する分野であると信じている．

◆ 文　献 ◆

[1] T. Matsuura, M. Kawai, *Tetrahedron Lett.*, **10**, 1765 (1969).
[2] L.-X. Chen, H. He, F. Qiu, *Nat. Prod. Rep.*, **28**, 705 (2011).
[3] N. J. Jacobo-Herrera, P. Bremner, N. Márquez, M. P. Gupta, S. Gibbons, E. Muñoz, M. Heinrich, *J. Nat. Prod.*, **69**, 328 (2006).
[4] M. Kaileh, W. V. Berghe, A. Heyerick, J. Horion, J. Piette, C. Libert, D. D. Keukeleire, T. Essawi, G. Haegeman, *J. Biol. Chem.*, **282**, 4253 (2007).
[5] M. Ozawa, M. Morita, G. Hirai, S. Tamura, M. Kawai, A. Tsuchiya, K. Oonuma, K. Maruoka, M. Sodeoka, *ACS Med. Chem. Lett.*, **4**, 730 (2013).
[6] M. Ohkubo, G. Hirai, M. Sodeoka, *Angew. Chem. Int. Ed.*, **48**, 3862 (2009).
[7] M. Morita, G. Hirai, M. Ohkubo, H. Koshino, D. Hashizume, K. Maruoka, M. Sodeoka, *Org. Lett.*, **14**, 3434 (2012).
[8] M. Morita, S. Kojima, M. Ohkubo, H. Koshino, D. Hashizume, G. Hirai, K. Maruoka, M. Sodeoka, *Isr. J. Chem.*, **57**, 309 (2017).
[9] M. Shibuya, M. Tomizawa, T. Suzuki, Y. Iwabuchi, *J. Am. Chem. Soc.*, **128**, 8412 (2006).
[10] T. Miyagi, K. Yamaguchi, *Glycobiology*, **22**, 880 (2012).
[11] 代表例として，Y. Ito, M. Kiso, J. Hasegawa, *Carbohydr. Chem.*, **8**, 285 (1989).
[12] I. R. Vlahov, P. I. Vlahova, R. J. Linhardt, *J. Am. Chem. Soc.*, **119**, 1480 (1997).
[13] W. Notz, C. Hartel, B. Waldscheck, R. R. Schmidt, *J. Org. Chem.*, **66**, 4250 (2001).
[14] G. Hirai, T. Watanabe, K. Yamaguchi, T. Miyagi, M. Sodeoka, *J. Am. Chem. Soc.*, **129**, 15420 (2007).
[15] T. Watanabe, G. Hirai, M. Kato, D. Hashizume, T. Miyagi, M. Sodeoka, *Org. Lett.*, **10**, 4167 (2008).

Current Review

Chap 15

疎水性可溶性タグを利用した親水性天然有機化合物の液相全合成

Solution-Phase Total Synthesis of Hydrophilic Natural Product Using Hydrophobic Soluble Tag

廣瀬 友靖　砂塚 敏明
(北里大学北里生命科学研究所)

Overview

微生物が労を掛けてつくりだした化合物の構造の複雑さと多様な生理活性はわれわれの想像力を遥かに凌ぐ．これまでに多くの天然物のファーマコフォアをもつ合成医薬品が数多く存在することから，創薬において天然物は重要な役割を果たしている．しかしながら創薬研究の第一の障壁として，天然からの量的な供給量が困難で，天然物からの化学変換による誘導体化の実施以前に，その詳細な生物活性評価も十分に行えないケースも珍しくない．多くの有機合成化学者は，その安定供給法を獲得する一つの手段として，有用天然物の全合成ルート確立に尽力を注いでいる．そして，そのなかでもとくに高極性高親水性な天然物合成は各反応にかかる労力よりも，むしろ生成物の抽出や精製操作に多くの労力と時間が費やされる．本章では微生物が生産する高親水性生物活性天然物アージフィンに関して，低コストで大量供給が可能になる合成法を確立すべく，固形化能の高い疎水性可溶性タグを利用した全合成の取り組みについて紹介する．

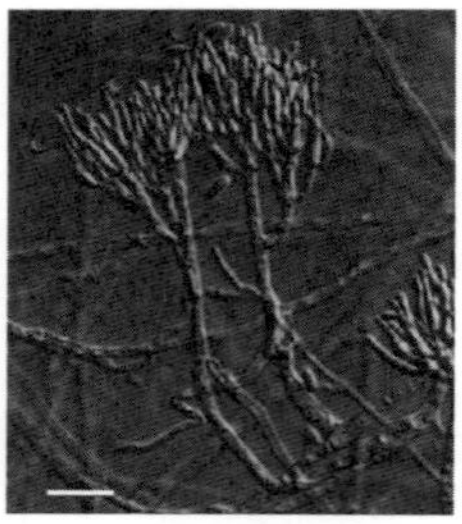

Gliocladium sp. FTD-0668

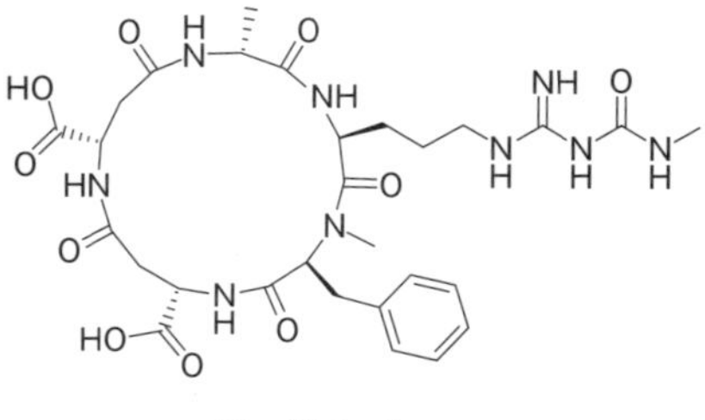
HO
O
HN
O
HO
O
O
H
N
O
NH
O
N
N
H
O
NH
NH
O
N
H
N
H
N
H

アージフィン

▲合成標的である天然物アージフィンとその生産菌

■ **KEYWORD** 📖マークは用語解説参照

■疎水性可溶性タグ(hydrophorbic soluble tag)📖
■アージフィン(argifin)
■アーガジン(argadin)
■固相(solid phase)
■液相(solution phase)
■キチン(chitin)
■キチナーゼ(chitinase)
■環状ペプチド(cyclic peptide)📖
■晶析(recrystallization)

1 生物活性天然物と医薬品開発

これまで人類の健康，生活向上を目的に多くの医薬品が開発されてきた．現在登録されている低分子医薬品において，その約6割以上は生物活性天然物そのもの，またはそれを基にして開発されたものである[1]．生物活性天然物は，さまざまな薬理作用を示すことから創薬研究の格好のリードとなるだけではなく，それらの特異な骨格は有機合成化学者の合成標的としても非常に魅力的なものであるため，活発に合成研究が行われている．

筆者らが所属する北里研究所では精力的に微生物代謝産物中の有用な物質を探索すべく，さまざまな探索系を組み立てることにより種々の天然有機化合物を発見してきた．それらの化合物なかには非常に優れた生物活性を示すものもあり，創薬のリード化合物，または生命現象の解明に役立つ生化学試薬として有用である．これら化合物の取得は微生物の生産能力に依存しており，その天然物の物性から単離精製の煩雑な工程が避けられない場合が多い．その上，微生物からの化合物生産量が低い場合，有用な薬理作用が期待できるにもかかわらず，その詳細な生物活性試験への展開が拒まれることも少なくない．

このような場合，有機合成化学による全合成アプローチがその化合物の安定供給のために威力を発揮することになる．現在は特異な触媒の開発や固相合成法などの合成化学の急速な進展に伴い，化合物の迅速な合成が可能になっているが，複雑な天然有機化合物の全合成においては依然として多くの時間と労力を費やすことを避けて通ることはできない．とりわけ一般的な有機合成反応では高極性高親水性の化合物の扱いが簡便に行えず，その抽出・精製の過程では予想以上の煩雑な操作が課せられる．

以上の視点から，筆者らはキチナーゼ阻害活性を有する高極性高親水性天然物アージフィン[2]を標的とした固相合成法による全合成ルート[3]と，疎水性可溶性タグによる液相全合成[4]に取り組んだ．本章ではアージフィン固相全合成法の発展系となる疎水性可溶性タグによる液相全合成法について概説する．

2 キチナーゼ阻害剤環状ペプチド天然物アージフィンと固相全合成

キチンは，*N*-アセチル-D-グルコサミン(GlcNAc)がβ-1,4結合した，自然界においてセルロースに次いで2番目に豊富な多糖類であり，植物や菌類の細胞壁や無脊椎動物の外骨格に存在する構造多糖である．またキチナーゼは，キチンの主鎖ポリマーのβ-1,4結合を切断することでキチンを小さなオリゴマーに分解する酵素である．キチンの合成および代謝過程は無脊椎動物の生命維持および増殖に重要な因子であり，また脊椎動物には存在しないことから，キチナーゼ阻害剤はより選択毒性の高い殺虫剤，抗真菌剤，抗寄生虫剤，喘息治療薬への展開が期待できる．

そのような背景の下，北里研究所の大村らによって，微生物二次代謝産物からキチナーゼ阻害活性を指標としたスクリーニングが行われ，*Clonostacys* sp. FO-7314株，および*Gliocladium* sp. FTD-0668株の培養液からそれぞれ微量成分として新規環状ペンタペプチド化合物であるアーガジン[5]とアージフィン[2]が発見された(図15-1)．本章ではアージフィンを標的とした全合成についてのみ紹介する．その構造は五つのアミノ酸部分構造〔D-アラニン(Ala)，二つのL-アスパラギン酸(Asp)，*N*-メチル-L-フェニルアラニン(Phe)，{N^{ω}-(*N*-メチルカルバモイル)}-L-アルギニン(Arg)〕から構成される．アージフィンはその高親水性な性質ゆえに微生物培養液から単離精製も容易でなく，活性試験への量的供給や誘導体合成には効率的全合成が必要不可欠であり，その効率的全合成には化合物の特性である親水性の制御が鍵となる．

まず筆者らはアージフィンの物性と誘導体合成を考慮して，固相担体を利用した，いわゆる固相全合成の確立を行った(図15-2)[3]．本章ではその詳細は省くが，その固相全合成ルートは出発物質として2-クロロトリチルクロリドを有するポリスチレン固相担体を用いて，アスパラギン酸ユニットから固相への担持を行い，有機アミンにより脱保護可能なアミノ基の保護基の一つであるFmoc保護基を利用したペプチド合成法によりアージフィンの構成成分で

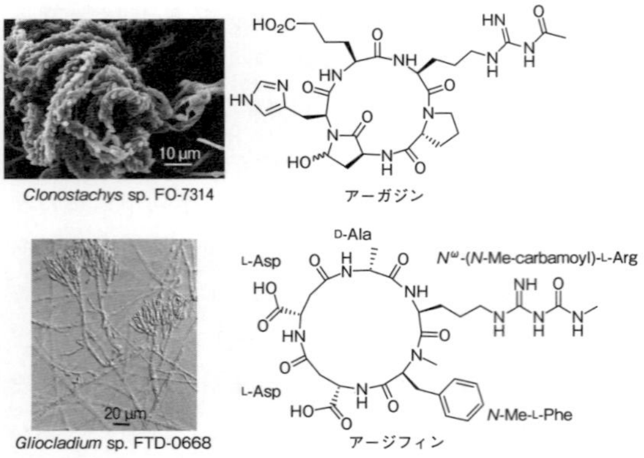
10 μm
Clonostachys sp. FO-7314
アーガジン
20 μm
Gliocladium sp. FTD-0668
D-Ala
L-Asp
N^{ω}-(*N*-Me-carbamoyl)-L-Arg
N-Me-L-Phe
アージフィン

図 15-1 北里研究所で見いだされたキチナーゼ阻害剤アーガジンとアージフィン

あるアミノ酸を順次縮合させた．そしてN末端とC末端の保護基を除去したのち，固相担体上で環状ペプチドを構築し，最後に環状ペプチド側鎖のアミノ基を*N*-メチルカルバモイルグアニジル基へ変換後，すべての保護基および固相担体からの切りだしを酸性条件下で一挙に行うことでアージフィンを全15工程，総収率13%で得ることに成功した．

本合成は高極性な中間体を含む基質を固相担体上に連結させることで，全反応を有機溶媒中で進行させ，さらに反応の後処理は基質が結合した固相担体を有機溶媒により洗浄することで過剰の試薬などを除くことができるため，非常に簡便に全工程を実施できる．しかしながら，固相合成法では固相上で生成した副生成物が合成最終工程まで取り除くことができない．とくに本合成では環状ペプチド形成の際に副生成物が生じ，その基質がその後の工程において複雑化することが予想できた．また，本合成最終段階の脱保護および固相担体からの切りだしにおいては，担持基質である保護基を有するアージフィンが高極性高親水性であることから，酸性条件下による各種保護基の除去よりも固相担体からのアージフィン部分切りだしが優先して進行した場合，有機溶媒中へ遊離した基質は不溶性物質として速やかに反応系外に排除され，基質の大部分において期待した脱保護が進行しないという問題があった．そのため，最終工程後に得られる粗生成物は非常に複雑な混合物となり，そのなかから目的物のアージフィン

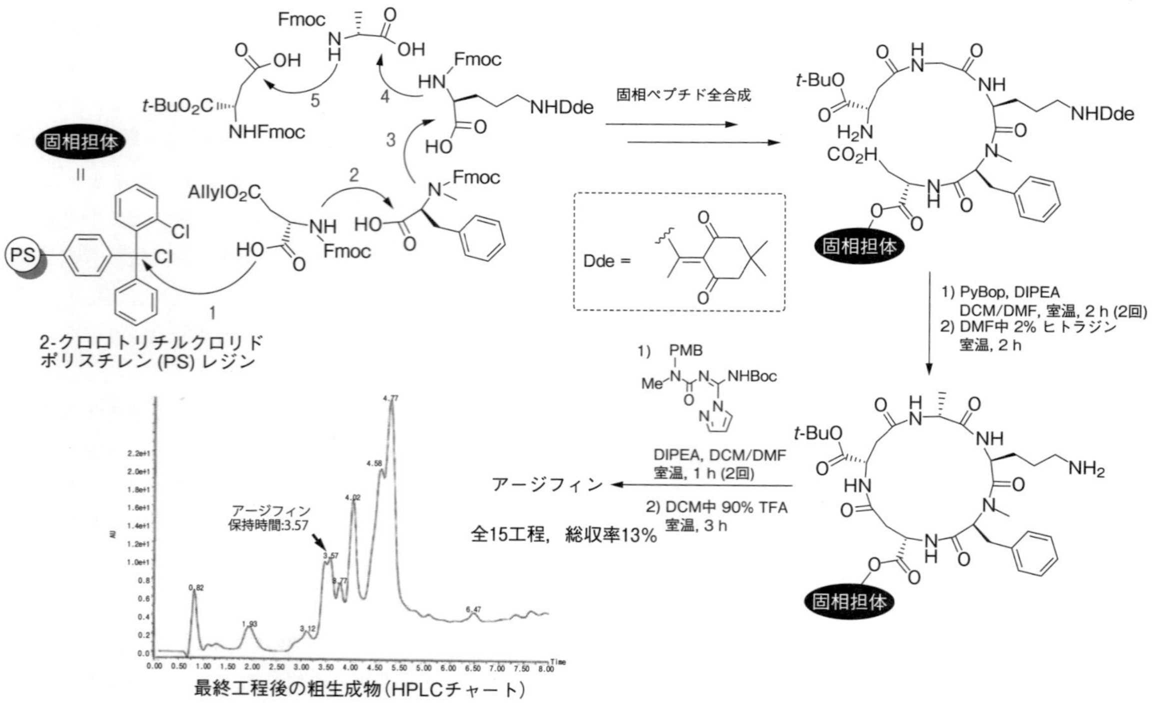
固相担体
2-クロロトリチルクロリド
ポリスチレン (PS) レジン
固相ペプチド全合成
Dde =
1) PyBop, DIPEA
DCM/DMF, 室温, 2 h (2回)
2) DMF中 2% ヒトラジン
室温, 2 h
DIPEA, DCM/DMF
室温, 1 h (2回)
2) DCM中 90% TFA
室温, 3 h
アージフィン
全15工程，総収率13%
アージフィン
保持時間:3.57
最終工程後の粗生成物（HPLCチャート）

図 15-2 アージフィンの固相全合成

を単離するのに予想以上に労力を要した(図 15-2, HPLC チャート).

固相合成は，精製を含む反応の後処理が非常に簡便で，自動化も容易であるため，化合物のライブラリー構築などが非常に優れている．一方で，反応基質が固相担体上に結合していることから基質の反応性が低下するため，その反応を完結させるためには，過剰量の試薬が必要であったり，反応時間が液相反応に比べ長時間を要したりすることが欠点である．さらに固相上に担持されている反応基質のモニタリングに汎用されている TLC や質量分析などが利用できない点も反応検討の際の障壁となる．古典的な有機合成手法である液相合成は反応の後処理や，目的物の精製に煩雑な操作が必要である一方，反応効率は固相合成法と比べ高く，反応のモニタリング，生成物の確認，同定も安易に行える利点がある．そこで，筆者は固相合成の利点と液相合成の利点をあわせもち，高極性な天然物の大量合成への応用も可能になる低コストな固相-液相ハイブリッド合成法を確立すべく，疎水性可溶性タグを利用したアージフィンの全合成の確立に取り組んだ．

3 疎水性可溶性タグを用いたアージフィンの全合成

前節で述べたアージフィンの固相合成法の欠点を克服するべく，著者は高い疎水性と非極性溶媒への可溶性をもつ固体ベンジル系化合物を固相合成の固相担体の代わりに利用することにした．代表的な疎水性可溶性タグを図 15-3(a)に示す．ベンジルアルコール系の HO-TAGa[6]は立命館大学の民秋らが開発し，その後，東京農工大学の千葉らにより HO-TAGb および HO-TAGc[7]が報告され，さらにトリチル保護基系の AjiPhase®[8]が味の素株式会社にて開発されている．

これらタグ分子は，アミノ酸などのカルボキシル基の保護基として利用可能である．そして一般的にタグに担持された化合物はその物性にかかわらず，タグの高い固形化能によって固体化合物として扱え，さらに最大の特徴はジクロロメタンやトルエンのような非極性溶媒に溶解し，メタノールのような極性溶媒にほぼ完全に不溶となる点である．そのため，その反応は非極性溶媒中で液相反応が行え，反応完結後はメタノールを加えることで晶析可能なため，分離精製過程は固相合成法の操作が適応できる〔図 15-3(b)〕．さらには液相法と同様にクロマトグラフィー精製を行うこともできる．

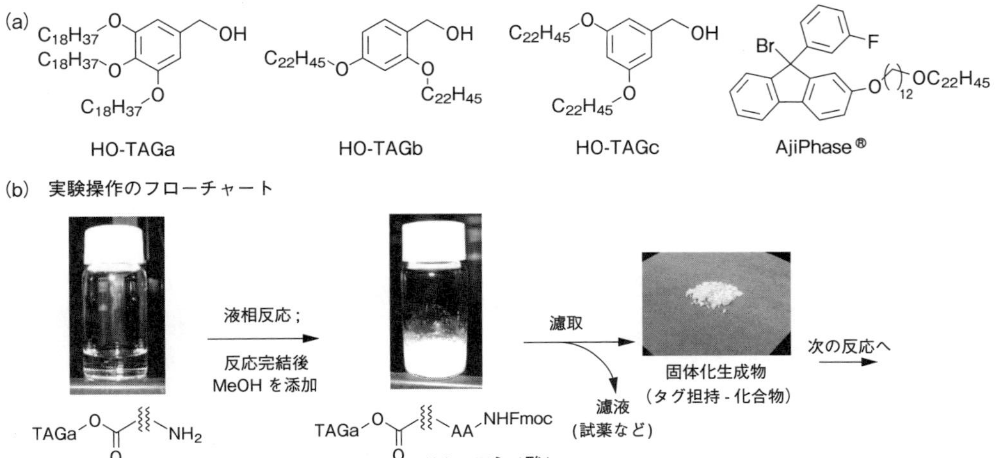

(a)
HO-TAGa
HO-TAGb
HO-TAGc
AjiPhase®
(b) 実験操作のフローチャート
液相反応；
反応完結後
MeOH を添加
濾取
固体化生成物
(タグ担持 - 化合物)
次の反応へ
濾液
(試薬など)
タグ担持 - 化合物
CH2Cl2などの非極性溶媒に溶解
(AA = アミノ酸)
MeOH の添加後，固体化
極性溶媒に不溶

図 15-3 代表的な疎水性可溶性タグ(a)と実験操作の一例(b)

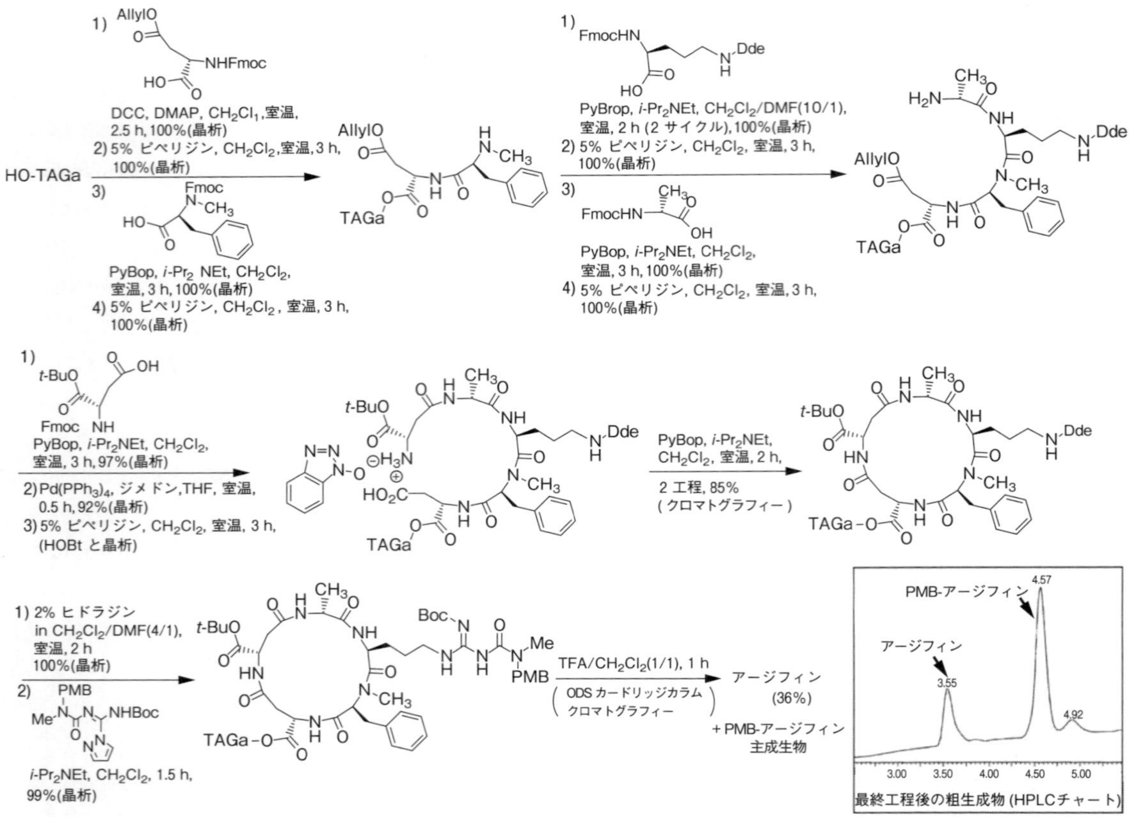
1) AllylO NHFmoc HO O
DCC, DMAP, CH2Cl1, 室温, 2.5 h, 100%(晶析)
2) 5% ピペリジン, CH2Cl2, 室温, 3 h, 100%(晶析)
HO-TAGa
3) Fmoc N CH3 HO O
PyBop, i-Pr2 NEt, CH2Cl2, 室温, 3 h, 100%(晶析)
4) 5% ピペリジン, CH2Cl2, 室温, 3 h, 100%(晶析)
AllylO TAGa
1) FmocHN Dde HO
PyBrop, i-Pr2NEt, CH2Cl2/DMF(10/1), 室温, 2 h (2 サイクル), 100%(晶析)
2) 5% ピペリジン, CH2Cl2, 室温, 3 h, 100%(晶析)
3) FmocHN CH3 OH
PyBop, i-Pr2NEt, CH2Cl2, 室温, 3 h, 100%(晶析)
4) 5% ピペリジン, CH2Cl2, 室温, 3 h, 100%(晶析)
H2N CH3 NH Dde AllylO TAGa
1) t-BuO OH Fmoc NH
PyBop, i-Pr2NEt, CH2Cl2, 室温, 3 h, 97%(晶析)
2) Pd(PPh3)4, ジメドン, THF, 室温, 0.5 h, 92%(晶析)
3) 5% ピペリジン, CH2Cl2, 室温, 3 h, (HOBt と晶析)
t-BuO HO2C TAGa Dde
PyBop, i-Pr2NEt, CH2Cl2, 室温, 2 h,
2 工程, 85% (クロマトグラフィー)
t-BuO HN TAGa-O Dde
1) 2% ヒドラジン in CH2Cl2/DMF(4/1), 室温, 2 h 100%(晶析)
2) PMB Me NHBoc
i-Pr2NEt, CH2Cl2, 1.5 h, 99%(晶析)
t-BuO Boc Me PMB TAGa-O
TFA/CH2Cl2(1/1), 1 h
ODS カードリッジカラム クロマトグラフィー
アージフィン (36%)
+ PMB-アージフィン 主成生物
PMB-アージフィン 4.57
アージフィン 3.55
4.92
3.00 3.50 4.00 4.50 5.00
最終工程後の粗生成物 (HPLCチャート)

図 15-4　アージフィンの疎水性可溶性タグを利用した液相全合成

このように疎水性可溶性タグを用いる合成は，固相合成法の利点である「精製操作の簡便さ」に，液相合成法の「反応効率の高さ」と「反応モニタリングの容易さ」をあわせもつ．そして高極性な天然物合成において疎水性可溶性タグの特性を活用することで効率的なアージフィンの全合成ルートが確立できると考えた[4]．

筆者らによって確立したアージフィンの固相全合成を参考に，まずは HO-TAGa に，Fmoc-Asp-(OAllyl)-OH を縮合し，HO-TAGa がすべて消失したのち，反応液に過剰のメタノールを加えて生成物の晶析を行うことで，TAGa エステルを収率 100％で得た（図 15-4）．その後の Fmoc 基の除去，アミノ酸部位（それぞれ *N*-Me-Phe，Orn，D-Ala，Asp に相当するユニット）の縮合反応，アリル基の除去においても同様の後処理操作により，ほぼ定量的に目的物の単離を行うことができた．なお，Orn ユニットを導入した段階から，基質部分の極性が非常に高くなり，タグに担持されていない状態での通常の液相合成が困難になることも確認した．そして，環状ペプチド前駆体では Asp 残基の Fmoc 基をピペリジンにより除去するわけだが，反応系にメタノールを加える晶析法では，無保護のカルボン酸部分とピペリジンが塩を形成し，そのまま次の環状ペプチド化反応を行ってしまうと，基質中に残存しているピペリジンと基質とで縮合反応が進行してしまう．そのため環化前駆体の晶析操作では，基質中に残存するピペリジンを完全に除去する必要があった．

その解決策として，メタノールによる晶析精製のとき，カルボン酸部分より酸性度が高く（参考値：酢酸の pK_a = 4.8），また次の縮合反応の障害にならない，かつ生成物の晶析に影響を与えない酸性化

+ COLUMN +

★いま一番気になっている研究者

Beat Ernst
(スイス・バーゼル大学　教授)

彼は疾患の治療効果が期待できる生物活性オリゴ糖に注目し，その創薬ターゲットへの可能性を求めて合成検討をしている．そのなかでもNMRを利用した生物活性化合物探索は，その初期構造となる低親和性リガンド分子に酸化反応試薬として汎用されている2,2,6,6-テトラメチルピペリジン1-オキシル(TEMPO)を利用する方法である．TEMPOは安定な有機ラジカル種であり，その構造ユニットが導入されたリガンド分子はスピン-ラベル分子として，標的酵素への新たな親和性分子探索のレーダーとして利用できる．ラジカル部分は常磁性構造体であり，その電子スピン双極子モーメントは核スピンの1000倍程である．このためラジカル種のおよそ半径10 Å範囲内で，その電子スピンの近傍に存在する核種の緩和速度が著しく速くなる．この現象を利用し，スピン-ラベルリガンドと標的酵素存在下，さまざまなフラグメント化合物を混合してNMRを測定することで，リガンド分子の酵素結合部位周辺に親和性をもつフラグメント化合物を効率的に探索している．そしてこの測定で選択されたフラグメント化合物から標的酵素誘導型の連結反応(*in situ* クリック反応)を積極的に利用し，モジュラー型の高親和性分子創製を行っている．この生物活性スピン-ラベルリガンドを積極的に利用すれば，たとえ標的酵素の構造が不明な場合においても，その強力な阻害剤設計にかなり有用だと考えられる．〔J. Egger, C. Weckerle, B. Cutting, O. Schwardt, S. Rabbani, K. Lemme, B. Ernst, *J. Am. Chem. Soc.*, 135, 9820 (2013)〕.

合物の添加が有効であると考えた．さまざま検討した結果，環状ペプチド化反応時に用いる縮合剤ByBOPの構成成分であり，アミド化反応の添加剤として用いられる1-ヒドロキシベンゾトリアゾール(HOBt)($pK_a = 4.0$)[9]が有効であった．環化前駆体調製のためFmoc基を除去したのち，反応系中にHOBtを溶解したメタノールを加えて晶析を行った．これにより過剰のピペリジンはHOBtとの塩により取り除かれ，生成物はHOBtの塩として晶析化された．この操作により，次の望まれる環状ペプチド化反応は円滑に進行し，環化体を収率85%（2段階)で得ることができた．このとき，若干の副生成物が観察されたため，シリカゲルカラムクロマトグラフィー精製をし，目的物の単離を行った．このように通常の液相合成法と同じように精製できる点も疎水性可溶性タグ法の利点である．最後に，ヒドラジンを用いたDde保護基の除去[10]と，*N*-Me-カルバモイルグアニジル基の形成，TFAによるPMBとBoc基の除去とタグからの切りだしを行い，最後に簡易なカートリッジ式のODSカラムを用いた精製により高極性のアージフィンを単離し，その全合成を達成した．

固相全合成と比べ，本合成法では非常に簡便にアージフィンが得られるようになった．固相合成の最終工程と同様に反応基質の脱保護よりも担体からの切りだしが優先して進行した場合，有機溶媒中へ遊離した基質は速やかに反応系外に排除され，期待した脱保護が進行しないという問題が生じた．すなわち，液相合成最終段階のTFA処理によるPMB基の酸分解がタグの切りだしよりも遅いため，PMB-アージフィンが多く生成してしまう問題であった(図15-4，HPLCチャート)．PMB-アージフィンはその高極性がゆえに，有機溶媒には溶解せず，また水溶液中での酸加水分解条件でも安定であった．

そこでアージフィンの液相全合成の改善すべく，グアニジル基上のPMB保護基をBn保護基に置換して，最終工程の脱保護を段階的に行うことにした(図15-5)．すなわち，第一級アミンへのグアニジル化の際，PMB基でなくBn基で保護されたグアニ

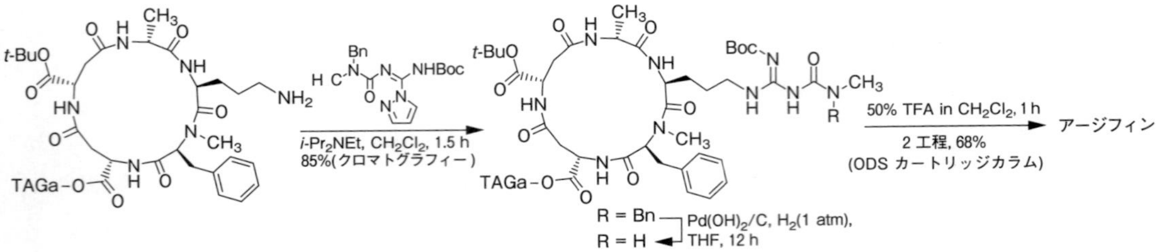
t-BuO
CH3
TAGa-O
Bn
NHBoc
i-Pr2NEt, CH2Cl2, 1.5 h
85%(クロマトグラフィー)
Boc
R = Bn
R = H
Pd(OH)2/C, H2(1 atm),
THF, 12 h
50% TFA in CH2Cl2, 1 h
2 工程, 68%
(ODS カートリッジカラム)
アージフィン

図 15-5　アージフィンの液相全合成：改良法

ルピラゾール試薬を用いた．そして疎水性可溶性タグからの切りだしの前に，Bn 基を $Pd(OH)_2$ を用いた水素添加反応の条件で除去したのち，先ほどと同様，TAF 条件下で Boc 基の除去と同時に TAGa の切りだしを行うことでアージフィンを単一の生成物として得ることに成功した．本合成法は全 16 工程，総収率 44%であり，最終工程での HPLC 精製を必要とせず，出発物質から計 11 回の晶析，4 回のカラムクロマトグラフィーによりアージフィンの取得が簡便に行える．

4　今後の展望と課題

以上のように，筆者らは疎水性可溶性タグ HO-TAGa を用いたアージフィンの効率的な全合成を達成した．これは疎水性可溶性タグを利用した天然物由来有機化合物の合成としては最初の例となる．固相合成法では反応の直接的なモニタリングや固相上での化合物の精製を行えない欠点があり，一方で液相合成では精製段階が煩雑であり，高極性高親水性の化合物に適さないなどの欠点がある．この疎水性可溶性タグを利用した液相合成法は，もちろんすべての天然物合成に利用できるわけではないが，本合成に適した天然物においては，これまでの固相，液相合成法の欠点を克服し，それぞれの利点を最大限に引きだせる手法であるといえる．また，もし使用可能な高親水性可溶性タグがあれば，これまで有機溶媒中で実施してきた有機溶媒に可溶な有機化合物の各種反応が，水溶液中で実施できることもできるようになるであろう．このようなタグを全合成の各段階で，反応基質だけでなく反応試剤にも巧みに活用することで，今まで以上に天然物合成の効率化が実現されていくと期待している．

◆ 文　献 ◆

[1] D. J. Newman, G. M. Cragg, *J. Nat. Prod.*, **79**, 629 (2016).

[2] N. Arai, K. Shiomi, Y. Iwai, S. Ōmura, *J. Antibiot.*, **53**, 609 (2000).

[3] T. Sunazuka, A. Sugawara, K. Iguchi, T. Hirose, K. Nagai, Y. Noguchi, Y. Saito, Y. Yanai, T. Yamamoto, T. Watanabe, K. Shiomi, S. Ōmura, *Bioorg. Med. Chem.*, **17**, 2751 (2009).

[4] T. Hirose, T. Kasai, T. Akimoto, A. Endo, A. Sugawara, K. Nagasawa, K. Shiomi, S. Ōmura, *Tetrahedron*, **67**, 6633 (2011).

[5] N. Arai, K. Shiomi, Y. Yamaguchi, R. Masuma, Y. Iwai, A. Turberg, H. Kölbl, S. Ōmura, *Chem. Pharm. Bull.*, **48**, 1442 (2000).

[6] H. Tamiaki, T. Obata, Y. Azefu, K. Toma, *Bull. Chem. Soc. Jpn.*, **74**, 733 (2001).

[7] G. Tana, S. Kitada, S. Fujita, Y. Okada, S. Kim, K. Chiba, *Chem. Commun.*, **46**, 8219 (2010).

[8] D. Takahashi, T. Yamamoto, *Tetrahedron Lett.*, **53**, 1936 (2012).

[9] R. Subirós-Funosas, R. Prohens, R. Barbas, A. El-Faham, F. Albericio, *Chem. Eur. J.*, **15**, 9394 (2009).

[10] S. R. Chahabra, B. Hothi, D. J. Evans, P. D. White, B. W. Bycroft, W. C. Chan, *Tetrahedron Lett.*, **39**, 1603 (1998).

Chap 16

天然物の骨格多様化合成による抗感染症物質創製

Lead Generation of Anti-infective Agents through Expeditious Synthesis and Skeletal Diversification of Natural Products

大栗　博毅
（東京農工大学大学院工学研究院）

Overview

複雑な構造の天然物や前駆体を培養で安定供給したのち，半合成で機能を最適化するアプローチから数々の医薬品が開発されてきた．天然物の構造に刻み込まれた生体制御のエッセンスを活かして天然物アナログ群を合理的に設計すれば，革新的な医薬品シーズを創出できるのではないだろうか？　筆者らは，骨格や立体化学，活性発現に重要な官能基を改変した天然物アナログ群を柔軟に短段階合成（＜７工程）する「骨格多様化合成」を提案し，概念実証を試みてきた．本章では，抗マラリア剤アルテミシニンの骨格を改変し，天然物よりも優れた抗感染症活性を発現する創薬リード化合物群を *de novo* 迅速合成する二つのアプローチを紹介する．

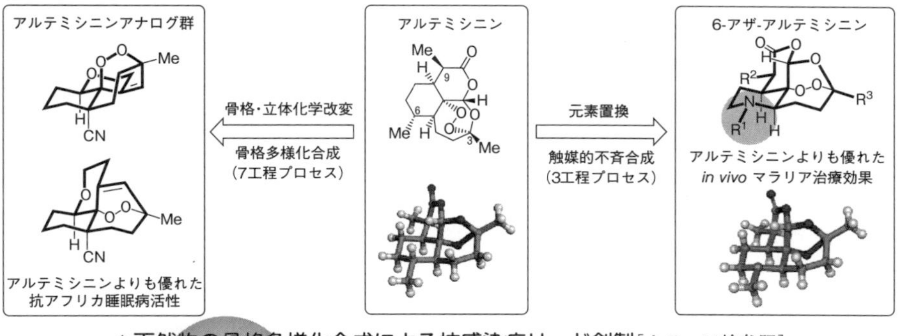
アルテミシニンアナログ群
Me
H
CN
Me
H
CN
アルテミシニンよりも優れた
抗アフリカ睡眠病活性
骨格・立体化学改変
骨格多様化合成
（7工程プロセス）
アルテミシニン
元素置換
触媒的不斉合成
（3工程プロセス）
6-アザ-アルテミシニン
アルテミシニンよりも優れた
in vivo マラリア治療効果

▲天然物の骨格多様化合成による抗感染症リード創製［カラー口絵参照］

■ **KEYWORD** □マークは用語解説参照

- ■骨格多様化（skeletal diversification）
- ■迅速合成（expeditious synthesis）
- ■アルテミシニン（artemisinin）
- ■セスキテルペン（sesquiterpene）
- ■マラリア（malaria）
- ■トリパノソーマ（trypanosoma）
- ■半合成（semi-synthesis）
- ■元素置換（element substitution）
- ■ペルオキシド（peroxide）
- ■リード化合物（lead compound）

はじめに

化合物ライブラリーを構築する合成化学では，従来，置換基の改変や構築ブロック連結の組合せにより構造の多様性を生みだしてきた．1990年代に登場したコンビナトリアル合成は，多種類の化合物群を創出した．しかし，おもに sp^2 炭素で構成される平板なヘテロ芳香環同士のアミド縮合やクロスカップリングが多用されるので，三次元的な構造のバリエーションは限られている[1]．これに対し，天然物では sp^3 炭素の割合が高く，複雑な形状の骨格にさまざまな官能基がそれぞれ固有の空間配置で組み込まれているものが多い．標的生体高分子と特異的に多点相互作用して機能制御する天然物やそのアナログ群を自在に設計・合成できれば，副作用を低減した医薬品・農薬の開発プロセスを革新できるはずである．既存のケミカルライブラリーと精緻な天然物群の構造特性との大きなギャップを解消する試みとして，多様性指向型合成や生物指向型合成などが提唱されている．

筆者らは，天然物の構造と機能の相関を踏まえつつ，骨格レベルでの構造改変を施した天然物アナログ群を設計し，短段階合成する「骨格多様化合成」を提案している[2]．天然物やその生合成に学び，構造多様性と生体機能性を兼ね備えた化合物群を現実的なコストで創製する手法を開発している[3]．本章では，（1）骨格・立体化学を系統的に改変，（2）母骨格の不斉炭素を窒素へ置換した天然物アナログ群を設計して迅速合成する二つのアプローチを紹介する．実際に，天然物よりも優れた抗感染症活性リード化合物（アフリカ睡眠病，マラリア）を創出できた研究例を概説する．

1 骨格と立体化学を多様化したセスキテルペンアナログの設計と迅速合成

1-1 抗トリパノソーマ活性が期待されるセスキテルペンアナログ群の設計

トリパノソーマ原虫がツェツェバエを介してヒトや家畜に感染して引き起こすトリパノソーマ症は，治療しなければ死に至る人獣共通感染症である．末期になると原虫が脳内へ侵入し中枢神経系に作用するので，「眠り病」として知られている．この感染症はワクチンによる予防が困難であり，既存の治療薬では薬効が不十分で重篤な副作用が問題となるケースが多い．致死性のアフリカ睡眠病は，かえりみられない熱帯感染症の一つとして国際社会が協力して解決すべき課題となっている．筆者らは，抗トリパノソーマ活性を示す天然物の構造と機能の相関に基づき，既存の治療薬とは分子構造と薬理作用が異なるリード化合物の創製を検討している．

抗マラリア剤アルテミシニン（**1**）は，ペルオキシドをもつセスキテルペンラクトンである（図16-1）．漢方薬の主要成分として熱性疾患の治療に広く用いられ，副作用がほとんど問題にならない[4]．作用機構として，（1）ペルオキシド架橋部位が還元的に開裂し，細胞障害性のラジカル種が局所的に生成すること，（2）マラリア原虫のカルシウムポンプPfATP6を阻害することが提唱されている[5]．筆者らは，**1**が有望な抗トリパノソーマ活性を示すこと，トリパノソーマ原虫が感染する際にカルシウムポンプの機能調節が重要となる知見[6]に興味を抱いた．また，類似の母骨格をもつトランスタガノライドD（**2**）がカルシウムポンプを阻害することや，アンセキュラリン（**3**）の抗トリパノソーマ活性が報告された．

上記3種のセスキテルペン**1**～**3**が類似した構造と活性の相関を共有することに注目し，3環性ジエン**4**を設計した[7]．セスキテルペンアナログ**4**の骨格や立体化学を改変した6系統の3環性ジエン群

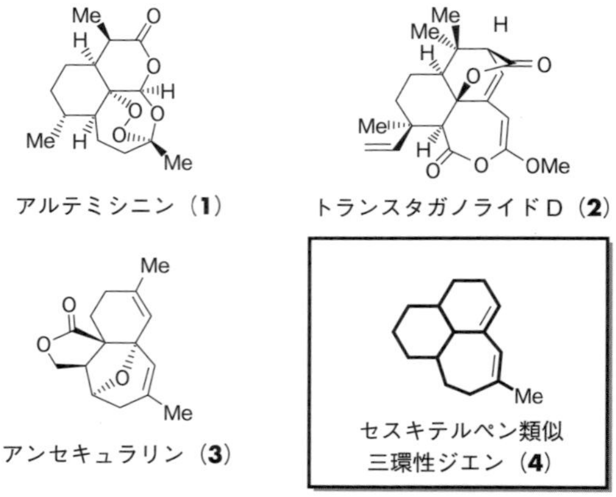
Me
H
O
H
O
O
Me
H
O
Me
アルテミシニン（1）
Me
Me
H
H
O
O
Me
H
O
O
OMe
トランスタガノライドD（2）
Me
O
O
O
Me
アンセキュラリン（3）
Me
セスキテルペン類似
三環性ジエン（4）

図16-1 抗トリパノソーマ活性が期待される天然物**1**～**3**と設計したアナログ**4**

10～**15** を合成し，抗トリパノソーマ活性を発現するリード化合物を創出しようと考えた．さらに，骨格構築の際に組み込んだ二重結合を活用して，活性発現に重要と推定される官能基（共役ジエンやペルオキシド架橋）の導入位置を柔軟に改変する合成計画を立てた．

1-2　縮環部の立体化学と骨格を系統的に多様化する合成戦術

3 環性ジエン **4** の縮環部立体化学を系統的に改変しつつ，3 種類の構築ブロックを簡便に連結する手法を開発した（図 16-2）．シクロヘキセンの 3 位にニトリルを導入した **5** を共通の出発物質とし，1 位のカルボニルに対して Grignard 試薬を求核付加させ R^1 を導入した．ヒドロキシ基の配位を利用した共役付加で R^2 を立体選択的に導入し[8]，環状のカルバニオン中間体（**I**）を発生させた．この中間体を立体保持でアルキル化し，三成分（R^1-R^3）を連結した *anti–syn* 型 **8** を高立体選択的に合成した．また，1 位カルボニルをヒドリドで還元してから同様に R^2，R^3 を連結し，ヒドロキシ基のアリル化により *syn*–

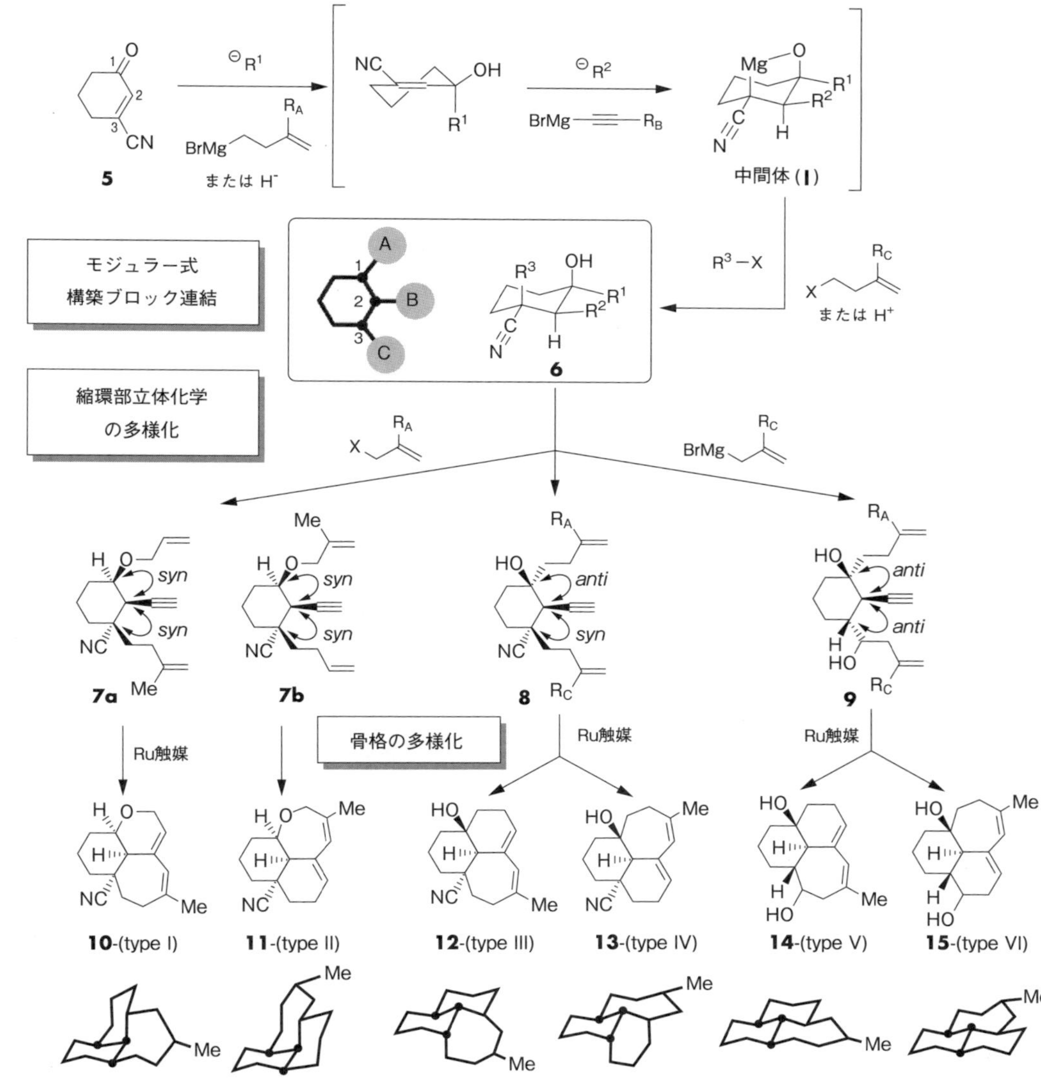
5
または H⁻
中間体（I）
モジュラー式
構築ブロック連結
縮環部立体化学
の多様化
6
R^3－X
または H⁺
7a
7b
8
9
syn
anti
Ru触媒
骨格の多様化
10-(type I)
11-(type II)
12-(type III)
13-(type IV)
14-(type V)
15-(type VI)

図 16-2　縮環部立体化学と骨格を多様化する短段階合成プロセス

syn 型 **7** を合成した．一方，*anti-anti* 型 **9** は，R^1，R^2 を導入して生成した中間体(**I**)をプロトン化したのち，ニトリルの還元でアルデヒドへ変換し，アリル化で増炭することで立体選択的に合成した．このように，共通の **5** に複数のカルボアニオン種やハロゲン化アルキルをモジュラー式に連結して，ジエンイン環化前駆体における三連続の立体化学を系統的に改変する合成法を確立できた[7]．

次にジエンインの環化モードを制御して，3 環性骨格をつくり分けた．2 種類の末端オレフィン(一/二置換)の導入位置を入れ換えた一組の前駆体 **7a**, **7b** を合成した．これらをエンインメタセシスで環化させ，3 環性ジエン **10** と **11** をそれぞれ高収率で得た．ルテニウム触媒と 2 種類の末端オレフィン部位とのカルベン錯体形成速度の差を利用して環化モードを制御し，縮環様式の異なる **10**，**11** をつくり分けることに成功した．反応点近傍にヒドロキシ基やニトリルが存在する残り 4 系統にもエンインメタセシスによる連続環化は適応可能であり，共役ジエンを組み込んだ 3 環性骨格 **12**～**15** をすべて合成することができた．立体化学と骨格を系統的に改変しながら，ほぼ同一の分子量をもつ縮環分子群をつくり分ける短段階合成プロセス(4～6 工程)を開発した．

1-3　官能基の多様化と抗トリパノソーマ活性分子の創製

6 系統の 3 環性ジエン **10**～**15** について，北里大学と共同で *in vitro* 抗トリパノソーマ活性を評価した．その結果，*cis-cis* 縮環した 2 種の 3 環性ジエン **10**，**11** が顕著な活性(**10**：IC_{50} = 0.55 μg/mL，**11**：1.1 μg/mL)を発現することを見いだした(図 16-3)．有望な母骨格として選別した **10**，**11** に対して，ジエンを異性化させた **16**～**20** やラクトンを導入した **21** を合成した．これらも比較的高い抗トリパノソーマ活性を示したが，**10**，**11** と比較すると，ほぼ同等か，やや低下する傾向にあった．

次に，4 種のジエン **16**，**18**～**20** からアルテミシニンアナログ群 **22**～**27** を合成した(図 16-3)．二重結合の異性化で *s-cis* 型ジエンを導入した **16**～**19** に一重項酸素を作用させ，ペルオキシド架橋を構築した．ペルオキシド(−O−O−)やその等価体(−N−O−)の導入位置と立体化学を改変し，三次元構造の複雑性・多様性と酸化度をより向上させたアナログ群 **22**～**27** を創出した．これらのなかから，アルテミシニン(**1**：IC_{50} = 0.94 μg/mL)よりも強力な抗トリパノソーマ活性を発現する 2 種類のリード化合物(**22**：IC_{50} = 0.38 μg/mL，**23**：0.16 μg/mL)を創製することに成功した[6]．アルテミシニンアナログ **22**，**23** はヒト培養細胞に対する毒性が低く，アフリカ睡眠病の治療薬スラミン(IC_{50} = 1.58 μg/mL)やエフォルニチン(IC_{50} = 2.27 μg/mL)よりも強力な *in vitro* 活性を発現した．

複雑な多環式骨格をもつ天然物の構造活性相関研究では，同一の骨格上に存在する置換基や官能基を改変するアプローチが一般的である．これに対し本研究では，分子を形作る骨格・立体化学や活性発現に重要な官能基を系統的に多様化した天然物アナログ群を活用することで，リード化合物の探索と同時に構造活性相関を把握し，ファルマコフォアの三次元構造を絞り込むことができた．

2　元素置換戦略による 6-アザ-アルテミシニン群の設計と迅速合成

2-1　アルテミシニン群の半合成法

アルテミシニン(**1**)は，赤血球内に侵入したマラリア原虫をほぼ一掃する薬効を示す．近年では，がんや他の感染症の治療にも有望な知見が報告されている．上記のように筆者らは **1** よりも優れた抗アフリカ睡眠病活性を示すリード化合物を見いだした．しかし，天然物の構造を大幅に簡略化した第一世代アナログ群 **22**～**27** の抗マラリア活性は **1** に遠く及ばなかった[6]．

薬剤として **1** の高い脂溶性が短所であり，水溶性を改善した半合成誘導体アルテスネート(**29**)が現時点で最も優れた抗マラリア薬となっている(図 16-4)．Cook らは **1** の効率的な不斉全合成を達成しているが[9]，アルテミシニン類の供給法で最有望視されているのは合成生物学的なアプローチである．Keasling らは生合成前駆体 **28** を遺伝子改変酵母で生産し，**1** を半合成している[10]．**1** の安定供給を実

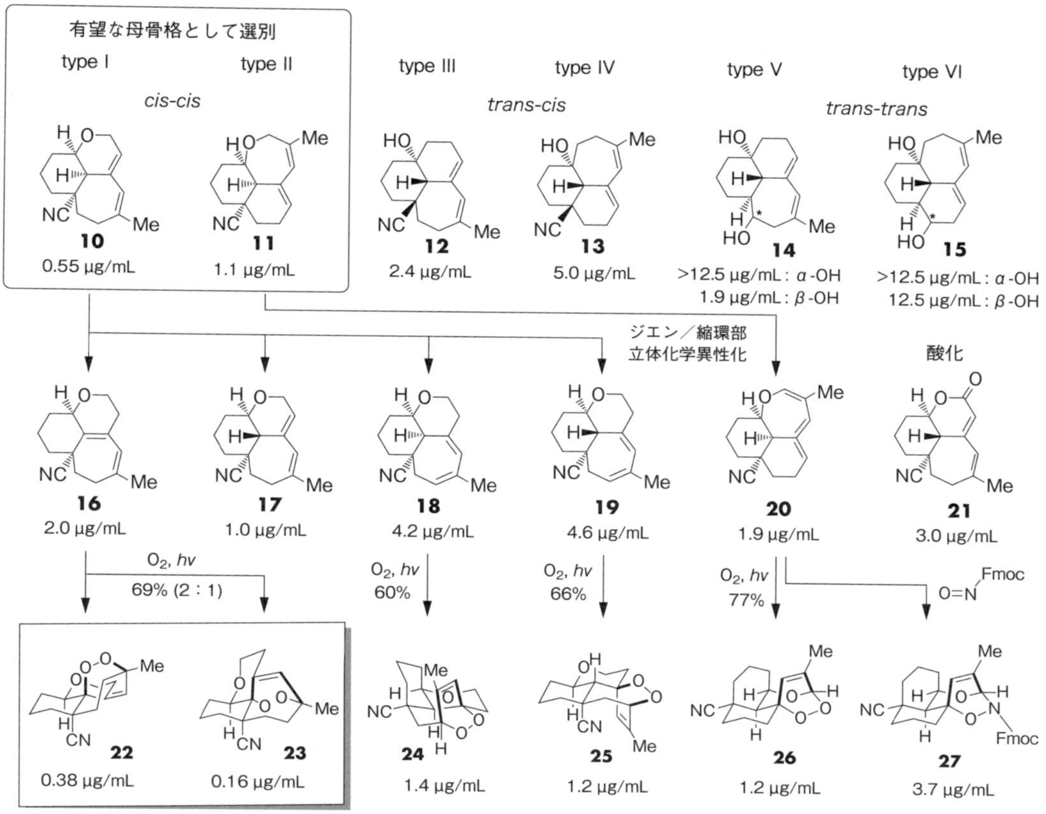

有望な母骨格として選別
type I
type II
cis-cis
10
0.55 μg/mL
11
1.1 μg/mL
type III
type IV
trans-cis
12
2.4 μg/mL
13
5.0 μg/mL
type V
type VI
trans-trans
14
>12.5 μg/mL : α-OH
1.9 μg/mL : β-OH
15
>12.5 μg/mL : α-OH
12.5 μg/mL : β-OH
ジエン／縮環部
立体化学異性化
酸化
16
2.0 μg/mL
17
1.0 μg/mL
18
4.2 μg/mL
19
4.6 μg/mL
20
1.9 μg/mL
21
3.0 μg/mL
O2, hv
69% (2 : 1)
O2, hv
60%
O2, hv
66%
O2, hv
77%
22
0.38 μg/mL
23
0.16 μg/mL
24
1.4 μg/mL
25
1.2 μg/mL
26
1.2 μg/mL
27
3.7 μg/mL

図 16-3　セスキテルペンアナログ群の迅速合成と *in vitro* 抗トリパノソーマ活性(IC_{50} 値)

現したが，**28** から **1** への 4 工程，**1** から **29** への 2 工程の変換を経る．そのため，抗マラリア薬 **29** を得るには，結局，前駆体 **28** から合計 6 工程の化学変換のコストと手間が必要になる．現時点では，遺伝子改変酵母を活用する **1** の生産コストは，ヨモギ科植物の抽出から得る価格よりも高い[11]．

2-2　6-アザ-アルテミシニンの分子設計と迅速合成

強力な抗マラリア活性を発現するアナログを創製するため，**1** の構成要素を簡略化せずに母骨格の 6 位不斉炭素を窒素に置換した 6-アザ-アルテミシニン(**30**)を設計した(図 16-4)[12]．窒素の特性を活用する元素置換戦略により，(1)迅速合成，(2)水溶性・薬物動態の改善，(3)機能性ユニット(R^1–R^3)の連結等が可能になると目論んだ．モジュラー式に構築ブロックを集積化する *de novo* 化学合成プロセスを開発し，アルテミシニン(**1**)やアルテスネート(**29**)よりも優れた抗マラリア活性を発現する化合物の創製を目指した．

窒素の反応性を活用したアプローチで，シンプルな三つのセグメントから僅か 3 工程の変換で 6-アザ-アルテミシニン(**30**)の骨格を触媒的不斉合成するプロセスを開発した(図 16-5)．アミン **31**，アルデヒド **32** とアセチレン **33** を一挙に集積化する触媒的不斉三成分連結反応[12]で，高い光学純度のエンイン環化前駆体 **34** を高収率で得た．次に，三置換ビニルシランを導入しながらピペリジン環 **35** を構築した．低原子価チタン[13]を活用すると連続する立体化学(8a，9 位)を高ジアステレオ選択的に構築できることを見いだした．ペルオキシド架橋をもつ縮環骨格の構築については，(1)カルボニル保護基の除去，(2)アミノ基の保護，(3)ビニルシランとオゾンとの 1,3-双極子付加，(4)シリルペルオキシドとアルデヒドの導入，(5)連続的なアセタール形成をワンポットで進行させることにした．

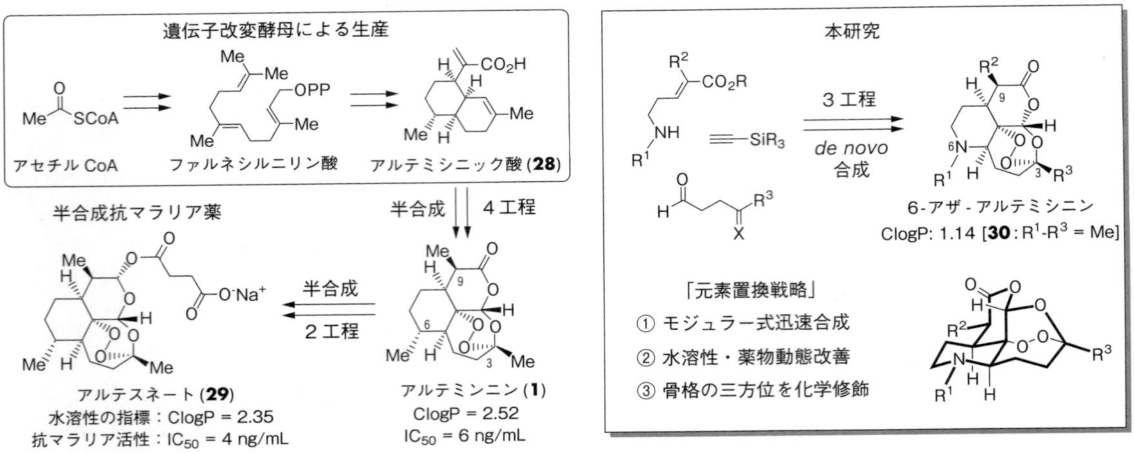
遺伝子改変酵母による生産
アセチル CoA
ファルネシルニリン酸
アルテミシニック酸(28)
半合成抗マラリア薬
半合成
4工程
半合成
2工程
アルテスネート(29)
水溶性の指標：ClogP = 2.35
抗マラリア活性：IC50 = 4 ng/mL
アルテミシニン(1)
ClogP = 2.52
IC50 = 6 ng/mL
本研究
3工程
de novo
合成
6-アザ-アルテミシニン
ClogP: 1.14 [30 : R1-R3 = Me]
「元素置換戦略」
① モジュラー式迅速合成
② 水溶性・薬物動態改善
③ 骨格の三方位を化学修飾

図 16-4　アルテミシニン類の供給法と 6-アザ-アルテミシニンの分子設計

酸性条件でケタールと *t*-ブチル基を除去すると同時に，アミン部位をトリフルオロ酢酸塩としてオゾンによるアミンの酸化を防止した．ビニルシラン部位へのオゾンのジアステレオ選択的な 1,3-双極子付加ののち，シリル基の転位を伴いながらモルオゾニド(**II**)を環開裂させ，シリルペルオキシドとアルデヒドを一挙に導入した．そのまま，酸性条件下で連続的に環状アセタールを形成させ **36** を構築した．このように構築ブロックの連結から僅か 3 工程で 6-アザ-アルテミシニン骨格を触媒的不斉合成した．さらに，*p*-メトキシベンジル(PMB)基を酸化的に除去したのち，還元的アミノ化で 6-アザ-アルテミシニン(**30**)の合成に成功した．X 線結晶構造解析から，窒素に導入したメチル基は擬エカトリアル配座を占め，**30** が **1** とほぼ同一の三次元構造をもつことがわかった．

2-3　抗マラリア活性評価

北里大学と共同で，6-アザ-アルテミシニン群の *in vitro* 抗マラリア活性を評価した．第一世代アナログ群 **22**〜**27** とは対照的に，母骨格 6 位を元素置換した **30** はアルテミシニン(**1**)と同程度の抗マラリア活性(IC_{50} = 9 ng/mL)を発現した(図 16-5)．9 位メチル基をもたないアナログ群では一般に **1** よりも活性が大幅に低下したが，窒素にベンジル型置換基を導入した **37** などでは，強力な抗マラリア活性(IC_{50} = 23 ng/mL)を示すことを見いだした．一方，6 位を第二級アミンとしたり，アシル側鎖を導入すると抗マラリア活性が低下し，窒素上の置換基が活性に大きな影響を及ぼすことがわかった．また，6-アザ-アルテミシニンのヒト培養細胞に対する毒性は，**1** と同様，ほとんど問題にならない程度であった．

マラリアを感染させたマウスモデルに 6-アザ-アルテミシニン(**30**，**37**，**38**)をそれぞれ 1 日おきに四回投与(15 mg/kg × 4)し，*in vivo* でのマラリア治療効果をアルテミシニン(**1**)や半合成薬アルテスネート(**29**)と比較した〔図 16-6(a)〕．強力な *in vitro* 活性を示した **30** であったが，*in vivo* 試験では **1** に及ばない活性にとどまった．一方，窒素にベンジル基を導入した **37**，**38** では，アルテミシニン(**1**)よりも格段に優れた治療効果を発現することを発見した．さらに，9 位メチル基をもつ **38** では，マラリア化学療法の切り札となっている第一選択薬アルテスネート(**29**)とほぼ同等の治療効果を示した．赤血球へ感染するマラリア原虫の成長や増殖を強力に阻害し，即効性の高いきわめて有望なマラリア治療効果が確認された〔図 16-6(b)〕．天然物の構造と機能の知見に基づいた元素置換戦略により，第一選択薬に比肩する抗マラリア活性を示す 6-アザ-アルテミシニン群の *de novo* 合成に成功した．

天然物の母骨格に存在する不斉炭素を他の原子に改変する「元素置換戦略」により，骨格の迅速合成と薬理機能の改善を合理的に実現することができた．触媒的不斉短段階合成プロセスの改良とさらなる構

+ COLUMN +

★いま一番気になっている研究者

Thomas J. Maimone

（アメリカ・カルフォルニア大学バークレー校 准教授）

生物活性天然物やそのアナログを現実的なコストで簡便に合成するにはどうすればよいのだろうか．卓越した合成センスで縮環テルペン類の全合成研究を展開している若手の一人として，T. J. Maimone 准教授を挙げる．Maimone らは抗マラリア活性を発現する天然物のカルダモンペルオキシドに着眼した．抗マラリア剤アルテミシニンと同様にペルオキシドをもつものの，アルテミシニンとは大きく異なる 5 環性骨格をもつ．彼らは，モノテルペンであるピネンが酸化されながら二量化してカルダモンペルオキシドが生合成される仮説にヒントを得た直截的な合成計画を立案した．光学活性体を安く入手できる(－)-ミルテナールからわずか 4 工程でカルダモンペルオキシドの不斉全合成を達成した〔X. Hu, T. J. Maimone, *J. Am. Chem. Soc.*, 136, 5287 (2014)〕．また，マンガンを活用する酸化的な骨格形成反応を開発し，ペルオキシドの構築と第三級アルコールの導入をワンポットで一挙に実現した．複数の反応点が存在する中間体に対して，酸化的な変換反応の官能基・位置・立体選択性を見事に制御している．保護基を使用することなく，感染症の治療に貢献しうる高度に酸化された天然物を簡便に合成するルートを確立した．

さらに最近では，斬新な連続ラジカル環化法を考案し，5/8/5 員環が縮環したオフィオボリンの骨格をきわめて効率的に合成している〔Z. G. Brill, H. K. Grover, T. J. Maimone, *Science*, 352, 1078 (2016)〕．一般にテルペンの生合成では，環化酵素が触媒するカルボカチオンカスケードで骨格が形成される．これに対し Maimone らは，あらかじめ分子左端の 5 員環を精密に構築した基質を設計し，キラルなチオール触媒により立体化学を制御するラジカル環化反応を開発して，生合成類似の連続的な骨格形成をエレガントに実現している．今後どのような天然物に着目し，いかにして構築するのか，とても気になる新進気鋭の有機合成化学者である．

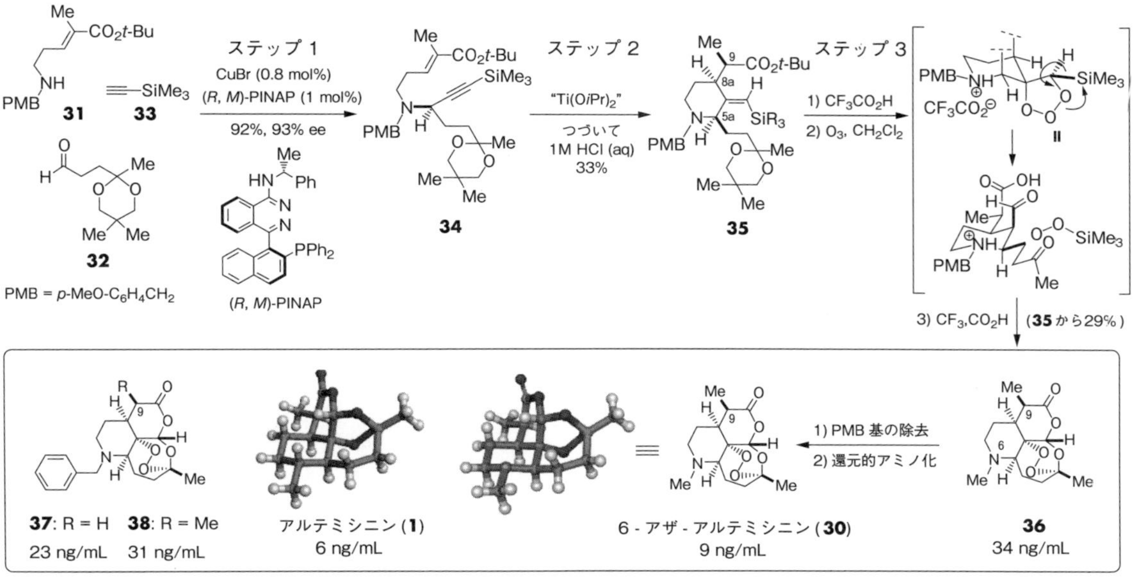
ステップ 1
CuBr (0.8 mol%)
(R, M)-PINAP (1 mol%)
92%, 93% ee
ステップ 2
"Ti(OiPr)2"
つづいて
1M HCl (aq)
33%
ステップ 3
1) CF3CO2H
2) O3, CH2Cl2
3) CF3CO2H (35 から29%)
31
33
32
34
35
PMB = p-MeO-C6H4CH2
(R, M)-PINAP
1) PMB 基の除去
2) 還元的アミノ化
37: R = H 38: R = Me
23 ng/mL 31 ng/mL
アルテミシニン (1)
6 ng/mL
6 - アザ - アルテミシニン (30)
9 ng/mL
36
34 ng/mL

図 16-5　6-アザ-アルテミシニン群の三工程合成プロセスと *in vitro* 抗マラリア活性(IC_{50} 値)

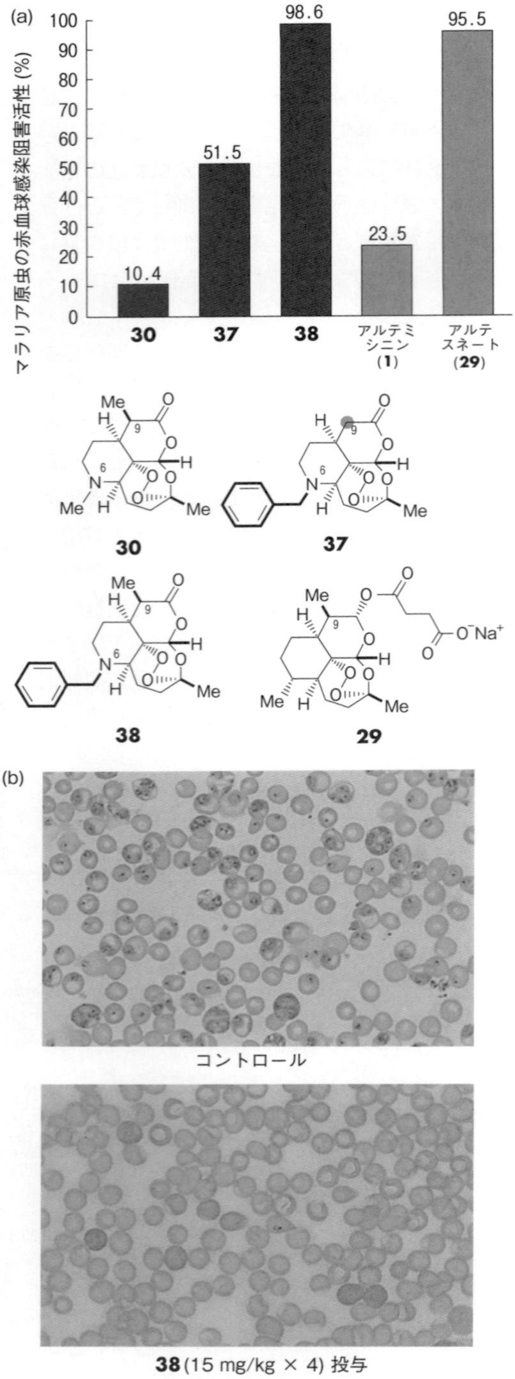
(a)
マラリア原虫の赤血球感染阻害活性 (%)
100
90
80
70
60
50
40
30
20
10
0
10.4
51.5
98.6
23.5
95.5
30
37
38
アルテミシニン (1)
アルテスネート (29)
30
37
38
29
(b)
コントロール
38 (15 mg/kg × 4) 投与

図 16-6 *in vivo* 抗マラリア活性試験

（a）原虫の赤血球感染阻害活性（濃：合成したアザ-アルテミシニン群，淡：アルテミシニン類），（b）血液標本（左：コントロール，右：化合物 **38** の治療効果）．

造活性相関研究が不可欠であるが，次世代の抗感染症薬として有望なリード化合物を創製できた．天然物の不斉炭素を「ポイントミューテーション」する分子設計・短段階合成戦略は，他の天然物群にも一般性をもって適用できるはずである．

3 まとめと今後の展望

天然物をモチーフとする骨格多様化合成研究では，化学者の直感や想像力を働かせて分子構造を改変し，新奇な三次元構造と機能をもつ生物活性分子群を創製できる．生合成反応の枠組みにとらわれず，有機合成化学を駆使した骨格構築・官能基変換を自在に適用できるので，未踏のケミカルスペースをしなやかに開拓できる．多官能性の生体機能性化合物群を設計・創出するアプローチとして，合成生物学的なアプローチと相補的に発展していくであろう．天然物に学んで構造と機能を進化させていく研究はまだ始まったばかりである．みずみずしい発想で分子や合成プロセスを創造していく若手研究者が参画し，新しい展開が拓かれていくことを期待している．

◆ 文 献 ◆

[1] F. Lovering, J. Bikker, C. Humblet, *J. Med. Chem.*, **52**, 6752 (2009).
[2] H. Oguri, *Chem. Rec.*, **16**, 652 (2016).
[3] H. Mizoguchi, H. Oikawa, H. Oguri, *Nat. Chem.*, **6**, 57 (2014).
[4] Y. Tu, *Nat. Med.*, **17**, 1217 (2011).
[5] P. M. O'Neill, V. E. Barton, S. A. Ward, *Molecules*, **15**, 1705 (2010).
[6] H. Oguri, T. Hiruma, Y. Yamagishi, H. Oikawa, A. Ishiyama, K. Otoguro, H. Yamada, S. Ōmura, *J. Am. Chem. Soc.*, **133**, 7096 (2011).
[7] H. Oguri, Y. Yamagishi, T. Hiruma, H. Oikawa, *Org. Lett.*, **11**, 601 (2009).
[8] F. F. Fleming, Z. Zhang, G. Wei, O. W. Steward, *J. Org. Chem.*, **71**, 1430 (2006).
[9] C. Zhu, S. P. Cook, *J. Am. Chem. Soc.*, **134**, 13577 (2012).
[10] C. J. Paddon et. al., *Nature*, **496**, 528 (2013).
[11] M. Peplow, *Nature*, **530**, 389 (2016).
[12] T. F. Knöpfel, P. Aschwanden, T. Ichikawa, T. Watanabe, E. M. Carreira, *Angew. Chem. Int. Ed.*, **43**, 5971 (2004).
[13] H. Urabe, K. Suzuki, F. Sato, *J. Am. Chem. Soc.*, **119**, 10014 (1997).
[14] M. A. Avery, W. K. M. Chong, C. Jennings-White, *J. Am. Chem. Soc.*, **114**, 974 (1992).

Part III

役に立つ情報・データ

Part III 1 役に立つ情報・データ

この分野を発展させた 革新論文35

1 イルージンMの全合成

T. Matsumoto, H. Shirahama, A. Ichikara, H. Shin, S. Kagawa, F. Sakan, S. Matsumoto, S. Nishida, "Total Synthesis of *dl*-Illudin M," *J. Am. Chem. Soc.*, **90**, 3280 (1968).

C15のセスキテルペンに対して，1炭素を除いたC14化合物を類似のC7化合物二つから合成している．C7化合物はどちらもスルホキシドの化学を駆使しており，これらをつなぎ合わせて収束的な全合成を達成した．二つの化合物に対する共役付加からPummerer転位とエチレングリコールの転位を組み合わせて環化前駆体に導いており，三環式化合物へのきれいな流れを築いている．炭素数が奇数個の化合物の「隠れた対称性」を見抜き，単純な構造の原料や試薬を使って効率的に複雑な化合物を合成したことは有機化学の可能性を大いに示した．論文が発表されてから半世紀が経つ現在でも輝きを失わない傑作である．

2 テトロドトキシンの全合成

Y. Kishi, T. Fukuyama, M. Aratani, F. Nakatsubo, T. Goto, S. Inoue, H. Tanino, S. Sugiura, H. Kakoi, "Synthetic studies on tetrodotoxin and related compounds. IV. Stereospecific total syntheses of DL-tetrodotoxin," *J. Am. Chem. Soc.*, **94**, 9219 (1972).

環状化合物の立体選択的官能基化を一般化する概念がテトロドトキシンの全合成によって提示された．彼らはテトロドトキシンの炭素環をシスデカリンに見立てた合成中間体を設計し，中間体のかご形構造に対してconvex面から分子間反応，concave面から分子内反応を行うことで立体選択的な官能基化を実現した．この戦略によってテトロドトキシンの五つの不斉中心が構築されている．また，本全合成では化学選択的な変換も多用されており，複雑分子の合成における選択性制御の重要性が示されている．

3 ヨウ化サマリウム(II)による環形成

J. L. Namy, P. Girard, H. B. Kagan, "A New Preparation of Some Divalent Lanthanides Iodides and Their Usefulness in Organic Synthesis," *Nouv. J. Chim.*, **1**, 5 (1977).

1977年，Kaganらによりヨウ化サマリウム(II)が有機合成試薬として報告された．ヨウ化サマリウム(II)は一電子還元剤として有機化合物に作用し，多彩な反応を引き起こすことが報告され，調製と取り扱いの容易さも相まって，多くの天然物合成に利用されてきた．ヨウ化サマリウム(II)を用いる環形成も多くの報告があり，中員環形成にも有効である．たとえば，向山らはヨウ化サマリウム(II)を用いたReformatsky型の反応をタキソールの8員環形成に適用している〔I. Shiina, I. H. Iwadare, H. Sakoh, Y.-i. Tani, M. Hasegawa, K. Saitoh, T. Mukaiyama, *Chem. Lett.*, 26, 1139 (1997)〕．最近では，水の添加効果についても研究されている〔M. Szostak, M. Spain, D. Parmar, D. J. Procter, *Chem. Commun.*, 48, 330 (2012)〕．

APPENDIX

4 ペルヨージナンを用いたアルコールの酸化反応

D. B. Dess, J. C. Martin, "Readily Accessible 12-I-5 Oxidant for the Conversion of Primary and Secondary Alcohols to Aldehydes and Ketones," *J. Org. Chem.*, **48**, 4155 (1983).

天然物合成において，アルコールの酸化は欠くことのできない変換反応の一つである．Dess と Martin は IBX(2-iodoxy benzoic acid)や，そのアセタート誘導体(Dess-Martin periodinane)などの5価ヨウ素誘導体(ペルヨージナン)がアルコールやケトンの酸化に有用であることを見いだした．本法は，不安定な置換基を備える基質にも適用可能であるため，天然物合成に重用されている．当初，IBX はその溶解性に難があるとされていたが，その後，半溶解状態でも問題なく利用できることがわかり，利用例が多くなった．なお，爆発性に関する指摘もあることから，取り扱いには注意が必要である．

5 連続ラジカル環化反応による天然物合成

D. P. Curran, D. M. Rakiewicz, "Tandem Radical Approach to Linear Condensed Cyclopentanoids. Total Synthesis of (±)-Hirsutene," *J. Am. Chem. Soc.*, **107**, 1448 (1985).

ラジカル環化反応によって四級炭素を含む連続多環式構造を一挙に構築しており，連続環化反応の有用性とラジカル反応の複雑な骨格への有効性を示した点は革新的である．ジオールに対して両方の一級ヒドロキシ基を同時にヨウ素に変換したのち，ネオペンチル位の反応性の低さを利用して片方だけにアセチレンを導入する戦略も，化合物の収束的合成とあわせて秀逸である．

6 塩化ニッケル(Ⅱ)-塩化クロム(Ⅱ)を用いたアルケニル化反応

H. Jin, J. Uenishi, W. J. Christ, Y. Kishi, "Catalytic Effect of Nickel(II) Chloride and Palladium(II) Acetate on Chromium(II)-Mediated Coupling Reaction of Iodo Olefins with Aldehydes," *J. Am. Chem. Soc.*, **108**, 5644 (1986).

クロム(Ⅱ)を利用した有機クロム試薬の反応は，野崎・檜山らにより報告されたアリル化〔Y. Okude, S. Hirano, T. Hiyama, H. Nozaki, *J. Am. Chem. Soc.*, 99, 3179 (1977)〕を皮切りに多くの研究が報告された．塩化クロム(Ⅱ)を利用したハロゲン化アルケニルの反応〔K. Takai, K. Kimura, T. Kuroda, T. Hiyama, H. Nozaki, *Tetrahedron Lett.*, 24, 5281 (1983)〕では試薬のロットにより再現性が得られないことが契機となり，岸らによりニッケル(Ⅱ)あるいはパラジウム(Ⅱ)の共存が必要であることが示された．このアルケニル化反応は多くの天然物合成に利用されている．岸らはこのアルケニル化反応を8員環形成に活用し，ohiobolin C の初の不斉全合成に成功している〔M. Rowley, M. Tsukamoto, Y. Kishi, *J. Am. Chem. Soc.*, 111, 2735 (1989)〕．

7 生合成模倣型全合成

R. B. Ruggeri, M. M. Hansen, C. H. Heathcock, "Homosecodaphniphyllate: A Remarkable New Tetracyclization Reaction," *J. Am. Chem. Soc.*, **110**, 8734 (1988).

「Heathcock のあの凄い全合成」といえば，誰もがこの論文の全合成を思い浮かべるはずである．仮想生合成経路に基づいた Daphniphyllum アルカロイド Methyl homosecodaphiniphyllate の全合成である．すなわち，炭素5員環上にホモゲラニル基を導入したのち，分子内にジヒドロピリジン環を発生させると，ゲラニル側鎖との分子内 Aza-Diels-Alder 反応，分子内 ene 反応が連続して起こり，Daphniphyllum アルカロイドの複雑なかご状5環性構造が一挙に構築されるというものである．非常にエレガントかつ実用的な全合成であり，生合成を模倣した天然物合成のランドマーク的論文となっている．生合成模倣型合成の重要性は古くから提唱されていたが，この論文により仮想生合成経路に立脚した合成戦略の有用性を改めて強く認識させられた．

8 サイトバリシンの全合成

D. A. Evans, S. W. Kaldor, T. K. Jones, J. Clardy, T. J. Stout, "Total Synthesis of the Macrolide Antibiotic Cytovaricin," *J. Am. Chem. Soc.*, **112**, 7001 (1990).

古典的名作．天然物の分解からはじまる全合成研究の進め方がていねいに書かれている論文で，教科書としても読める．問題となった工程の検討内容を失敗も含めて詳しく書いており，いきいきとした内容となっている．Evans アルドール反応と Evans アルキル化反応を駆使して不斉中心を構築しているが，他にもさまざまな立体制御反応が使われており，立体制御合成のよい教材でもある．さらに，シリル基の組合せによってマクロライドの湾曲を再現して効率的な環化を行うなど，戦略についても参考になるところが多い．

9 駆虫薬ヒキジマイシンの全合成

N. Ikemoto, S. L. Schreiber, "Total Synthesis of the Anthelmintic Agent Hikizimycin," *J. Am. Chem. Soc.*, **112**, 9657 (1990).

ヌクレオシド系天然物であるヒキジマイシンの全合成を，C_2 対称性を利用した合成戦略で達成した報告である．C_2 対称な L-酒石酸ジイソプロピルから，4 段階の 2 官能基同時変換とヒドリド還元による非対称化で，鎖状アルコールを得た．これにより，わずか 5 工程で，ヒキジマイシンの C5-C9 位の立体化学を備えた 8 炭素構造の構築に成功した．本論文は，極性官能基を多くもつ複雑な天然物の合成において，対称性を利用した合成戦略の実用性を示した点で革新的である．

10 ベンゾチアゾイルスルホン誘導体を用いた直接的二重結合形成法

J. B. Baudin, G. Hareau, S. A. Julia, O. Ruel, "A Direct Synthesis of Olefins by Reaction of Carbonyl Compounds with Lithio Derivatives of 2-[alkyl- or (2'-alkenyl)- or benzyl-sulfonyl]-Benzothiazoles," *Tetrahedron Lett.*, **32**, 1175 (1991).

アルケンを合成する信頼性の高い方法として Julia-Lythgoe 法がある．この方法を用いるとさまざまな官能基を備えた合成単位同士(スルホンとアルデヒド)を連結させることできるため，天然物合成などに利用されてきた．本法は，過剰に用いた求核成分を回収できるという長所をもつ反面，工程に多段階を要するという欠点があった．1991 年 Julia らは，反応に用いるスルホニル基の構造を工夫することにより二重結合の形成を単工程で行える方法を見いだした．本法は，従来必要としていたナトリウムアマルガムなど，毒性をもつ還元剤を必要としないなどの利点もあり，適用範囲が大きく広がった．この反応の二重結合形成時の立体選択性を高めた Kocienski らの改良法も報告されている．

11 閉環メタセシスによる 8 員環形成

S. J. Miller, S.-H. Kim, Z.-R. Chen, R. H. Grubbs, "Catalytic Ring-Closing Metathesis of Dienes: Application to the Synthesis of Eight-Membered Rings," *J. Am. Chem. Soc.*, **117**, 2108 (1995).

オレフィンメタセシスは 1960 年代に見いだされた反応であり，Schrock，Grubbs により開発された触媒は有機合成を一変させたといえる．とくに Grubbs 触媒は取り扱いやすく，官能基選択性に優れているため，複雑な構造をもつ天然物の合成に多く利用されている．オレフィンメタセシスによる環形成反応は閉環メタセシス(Ring-Closing-Metathesis：RCM)と呼ばれ，環構造を含む化合物の合成における新たな選択肢となってひさしい．RCM の特筆すべき点は，小員環のみならず，中員環や大員環の形成に有効な点である．彼らは早期から RCM による中員環形成の可能性を検討し，構築困難な 8 員炭素環の構築に成功するなど，先駆的な研究成果を挙げている．

12 天然物 C1027 とケダルシジンクロモフォアの 9 員環エンジインモデルの合成とその特性：*p*-ベンザインビラジカルとの平衡と速度論的安定化

K. Iida, M. Hirama, "Synthesis and Characterization of Nine-Membered Cyclic Enediynes, Models of C-1027 and Kedarcidin Chromophore: Equilibration with a *p*-Benzyne Biradical and Kinetic Stabilization," *J. Am. Chem. Soc.*, **17**, 8875 (1995).

APPENDIX

抗腫瘍性を示すC1027とケダルシジンは，活性本体(クロモフォア)として不安定な9員環エンジイン構造をもち，これがアポタンパク質に包まれた形で単離される．クロモフォアのエンジインから，正宗－バーグマン環化によって*p*-ベンザインビラジカルが生じ，これがDNAから水素を引き抜いて二重鎖を切断することが知られている．正宗-バーグマン環化は，従来環化反応が律速と考えられていた．1995年，平間らはケダルシジン型クロモフォアモデルを合成し，律速段階が水素引き抜き過程であることを実証した．このことは，9員環エンジインと*p*-ベンザインビラジカルのあいだに平衡関係が存在し，クロモフォアはアポタンパク質によって速度論的に安定化されている可能性を強く示唆するものであった．

13 合成リガンドによる細胞内シグナル伝達の制御

D. Spencer, T. J. Wandless, S. L. Schreiber, G. R. Crabtree, "Controlling Signal Transduction with Synthetic Ligands," *Science*, **262**, 1019 (1995).

T細胞は，MHC分子に結合した抗原分子をT細胞受容体(T cell receptor：TCR)複合体が認識し，TCRの一部であるζ鎖の細胞内ドメインが相互作用し合うことで活性化する．1995年にハーバード大学のSchreiberとスタンフォード大学のCrabtreeらは，抗原認識部位細胞外ドメインのないζ鎖の細胞内ドメインとFKBP(FK506の結合タンパク質)をつなげたキメラタンパク質を細胞で発現させたところ，FK506を2分子つなげたFK1012によってこれを活性化できることを報告した．本結果は，細胞内のFK1012が二つのFKBP12同士を近づけることでζ鎖細胞内ドメイン同士の相互作用を促し，細胞外からの抗原による刺激なしに，シグナル伝達を活性化できることを示した．また，細胞内でのタンパク質-タンパク質相互作用を天然物などのアナログで誘導できることも示しており，その後多くの応用例が報告されている．

14 パラジウムを触媒としたケトンのアリール化

T. Satoh, Y. Kawamura, M. Miura, M. Nomura, "Palladium-Catalyzed Regioselective Mono- and Diarylation Reactions of 2-Phenylphenols and Naphthols with Aryl Halides," *Angew. Chem. Int. Ed. Engl.*, **36**, 1740 (1997).

ケトンのアルキル化は古くから知られている反応であるが，アリール化，アルケニル化は容易に進行しないので，有機合成上の課題であった．1975年，触媒量の$Ni(COD)_2$を用いたケトンとハロゲン化アリールの分子内反応が報告されたが〔M. F. Semmelhack, B. P. Chong. R. D. Stauffer, T. D. Rogerson, A. Chong, L. D. Jones, *J. Am. Chem. Soc.*, 97, 2507 (1975)〕，低収率であった．1997年，パラジウム触媒を用いるケトンのアリール化が，三浦ら(*ibid.*)，Buchwaldら(M. Palucki, S. L. Buchwald, *J. Am. Chem. Soc.*, 119, 11108)，Hartwigら(B. C. Hamann, J. F. Hartwig, *J. Am. Chem. Soc.*, 119, 12382)により独立に報告され，広く利用されるようになった．論文受理の日付は，それぞれ5月4日，7月30日，8月11日であったのも興味深い．

15 第二世代グラブス触媒

M. Scholl, S. Ding, C. W. Lee, R. H. Grubbs, "Metathesis Catalysts Coordinated with 1,3-Dimetityl-4,5-dihydroimidazol-2-ylidene Ligands," *Org. Lett.*, **6**, 953 (1999).

オレフィンメタセシス反応が全合成戦略を大きく発展させたことは間違いない．現在では，全合成における鍵反応のみならず，原料合成や官能基変換などさまざまな用途で広く用いられており，もはや「当たり前」の反応として利用されている．しかしながら，メタセシス反応は1960年代から知られていたものの，カルベン錯体が水や酸素に不安定で扱いにくく，また煩雑な反応条件を必要とするなど，全合成研究者には敷居の高い反応であった．この状況を一変させたのが1995年に報告されたGrubbs触媒であり，さらに1999年に報告された第二世代Grubbs触媒は，水や空気にも安定で扱いやすく，さらに触媒活性も高いため，全合成研究者からも汎用されるようになった．その後も優れたメタセシス触媒が種々開発されているが，オレフィンメタセシス反応を「当たり前」の反応に昇華させたのが，本論文で報告された第二世代Grubbs触媒のように思う．

APPENDIX

⑯ C−H 結合の実用的な触媒的アミノ化反応

C. G. Espino, J. Du Bois, "A Rh-Catalyzed C-H Insertion Reaction for the Oxidative Conversion of Carbamates to Oxazolidinoes," *Angew. Chem. Int, Ed.*, **40**, 598 (2001).

Du Bois らは，本論文で分子内カーバメートを使った位置選択的な Csp3−H 結合の実用的な触媒的アミノ化反応を発表した．ロジウム触媒とジアセトキシヨードベンゼンを使った温和な条件下，5 員環カーバメートが高選択的に生成する．彼らは本反応を基盤として，テトロドトキシン，サキシトキシン類などの全合成を次つぎと報告した．複雑な天然物合成において不活性な C−H 結合の官能基化の威力を示したという点で革新的である．その後，本反応は 1,2-，1,3-アミノアルコール構造を含む天然物合成で広く利用されている．

⑰ 疎水性可溶性タグについて

H. Tamiaki, T. Obata, Y. Azefu, K. Toma, "A Novel Protecting Group for Constructing Combinatorial Peptide Libraries," *Bull. Chem. Soc. Jpn.*, **74**, 733 (2001).

2001 年，立命館大学の民秋らによってコンビナトリアルペプチドライブラリの構築に有用な疎水性可溶性タグである 3,4,5-トリス(オクタデシルオキシ)ベンゼンメタノール〔3,4,5-tris(octadecyloxy)benzyl alcohol〕が報告された．ペプチドライブラリー構築には固相合成法が十分に確立されているが，固相担体上での基質の反応性の低下や，不均一系での反応モニタリングの不便さなどの課題がある．これまでそのような問題を克服するべくポリエチレングリコールやデンドリマー型の可溶性タグが開発されてきたが，いずれも汎用レベルまでは達していなかった．民秋らの開発したタグは固相合成と液相合成の利点をあわせもつ新規ペプチド合成を可能にする．その後，いくつかの関連した疎水性可用性タグが開発され，汎用性の高いペプチド合成法として積極的に利用されている．

⑱ シガトキシン CTX3C の全合成

M. Hirama, T. Oishi, H. Uehara, M. Inoue, M. Maruyama, H. Oguri, M. Satake, "Total Synthesis of Ciguatoxin CTX3C," *Science*, **294**, 1904 (2001).

食中毒シガテラの原因物質シガトキシンは，5，6，7，8 および 9 員環エーテルが 13 個はしご状につらなった巨大で複雑な構造をもつ．平間ら(東北大学)は，左右のエーテル環同士を連結しながら，中央の二つの環を構築する収束的な合成戦略を開発した．また，二重結合をもつ中員環エーテルを閉環オレフィンメタセシス反応で直截的に構築した．合理的な合成戦略と革新的な骨格形成反応を巧みに連携させた独創的なアプローチで最高難度の天然物の不斉全合成を達成した．

⑲ (+)-ビンブラスチンの立体選択的全合成

S. Yokoshima, T. Ueda, S. Kobayashi, A. Sato, T. Kuboyama, H. Tokuyama, T. Fukuyama, "Stereocontrolled Total Synthesis of (+)-Vinblastine," *J. Am. Chem. Soc.*, **124**, 2137 (2002).

抗がん剤として有名なビンブラスチンは，二つの異なるインドールアルカロイドが二量化した非常に複雑な天然物である．福山 透(当時東京大学)らは，独自に開発した二級アミンの合成法，インドールの合成法，二つの部分構造の立体選択的連結法などを駆使し，ビンブラスチンの効率的な全合成を達成した．この研究成果は，インドールアルカロイド全合成における，一つの最高峰といえる．とくに，インドール構築法や 11 員環を利用した連結反応などの鍵工程の一般性はきわめて高く，構造が異なるビンクリスチンやその他の人工誘導体の全合成にも応用された．鍛え上げられた反応と戦略が，複雑な天然物の実践的な供給を可能にできるという例である．

APPENDIX

20 (−)-ラジニラムの全合成：キラル補助基を利用した不斉 C−H 結合活性化

J. A. Johnson, N. Li, D. Sames, "Total Synthesis of (−)-Rhazinilam: Asymmetric C−H Bond Activation via the Use of a Chiral Auxiliary," *J. Am. Chem. Soc.*, **124**, 6900 (2002).

抗がん活性をもつアルカロイドであるラジニラムを，ピロール合成，選択的C−H結合活性化，直接的9員環ラクタム化の三つの鍵反応を利用して合成した論文．C−H結合活性化においては，脱水素化により所望の中間体をエナンチオ選択的に得ることに成功した．反応性が低い炭化水素の活性化を全合成ルートに組み込み全体的な官能基変換の数を減少させた，創造性の高い研究成果である．ジエチル基の不斉脱水素化では，分子内に存在するアミンを配位子として巧みに利用することで，さまざまな官能基が存在するなか，エチル基をビニル基へと変換した．ビニル基のオレフィンを足がかりとして，ラクタムが形成でき，短工程での標的化合物の全合成が実現した．

21 ドラグマサイジン D の初の全合成

N. K. Garg, R. Sarpong, B. M. Stoltz, "The First Total Synthesis of Dragmacidin D," *J. Am. Chem. Soc.*, **124**, 13179 (2002).

2002年，Stoltz(カリフォルニア工科大学)らは海洋天然物ドラグマサイジンDの全合成に成功した．各ユニットをすべて鈴木−宮浦クロスカップリング反応によりつなげ，収束的合成を行った．まさに，触媒的クロスカップリング反応の有用性を示した好例である．工程数が多くどうにかして短くできるのではないかと，学生当時思いを巡らせた思い出の化合物である．また，この論文の著者はいずれも現在有機合成化学の若手化学者として大活躍中である，Garg(当時大学院生，現カリフォルニア大学ロサンゼルス校教授)，Sarpong(当時博士研究員，現カルフォルニア大学バークレー校教授)であることも注目すべき点である．

22 不斉 NHK 反応

Z.-K. Wan, H.-W. Choi, F.-A. Kang, K. Nakajima, D. Demeke, Y. Kishi, "Asymmetric Ni(II)/Cr(II)-Mediated Coupling Reaction: Stoichiometric Process," *Org. Lett.*, **4**, 4431 (2002).

複雑な天然物の効率的な全合成法の開発において，工程の短縮，各工程の収率・選択性の向上に加え，いかにしてコンバージェントな合成ルートを選ぶかが重要である．この際，できるだけ大きなフラグメント同士をカップリングさせるためには，使用する反応の官能基選択性と忍容性が重要になる．この点において，NHK反応は天然物合成に広く利用されてきたが，その欠点として立体選択性は完全に基質に依存することがあげられる．これに対して，著者らは初めて不斉NHK反応の開発に成功するとともに，その触媒化にも成功した．その後の著者らの数々の改良により，この反応は医薬品の合成にも適用できる堅牢性も確認された．

23 (−)-テトロドトキシンの立体選択的合成

A. Hinman, J. Du Bois, "A Stereoselective Synthesis of (−)-Tetrodotoxin," *J. Am. Chem. Soc.*, **125**, 11510 (2003).

Du Bois(スタンフォード大学)らによって，テロロドトキシンの不斉全合成が達成された．C−H挿入反応と独自で開発したC−Hアミノ化反応を駆使することによって，立体選択的かつ短段階で同化合物の全合成を達成している．とくに合成終盤で問題が起こりやすいアミノ基を導入することによって，大幅に工程数を減らすことができている．それまでもC−H挿入反応を使った合成例はあったが，テトロドトキシンのような超複雑天然物合成に適用した例は皆無であった．C−H結合直接官能基化反応のランドマークとなる合成例である．

APPENDIX

24 (−)-ジアゾナミドの簡潔かつ柔軟な全合成

A. W. G. Burgett, Q. Li, Q. Wei, P. G. Harran, "A Concise and Flexible Total Synthesis Of (−)-Diazonamide A," *Angew. Chem., Int. Ed.*, **42**, 4961 (2003).

強力な細胞毒性をもつペプチド系ジアゾナミドAを，生合成を模倣して全合成した．アミノ酸原料から，酸化的マクロ環化と光によるビアリールマクロ環形成を経て，二つの12員環をもつ複雑な構造が，19総工程で構築された．多くの特別な酵素反応がかかわる生合成の有機化学による再現は，合成を効率化するための一つの究極的な目標である．しかし，基質の反応性や選択性の制御，合成効率に関して，現在の有機化学は生合成に及ばない場合も多い．本合成は，生合成仮説がきわめて有効に合成中間体の設計に応用された研究成果といえる．

25 多環状エーテル系天然物の生合成仮説を水中反応で証明

I. Vilotijevic, T. F. Jamison, "Epoxide-Opening Cascades Promoted by Water," *Science*, **317**, 1189 (2007).

多環状エーテル系天然物の生合成は，1980年代に長鎖ポリケチドがエポキシ化されたのち，カスケード環化により生合成されると提案されていた．しかしながら，この提案されたカスケード反応を有機溶媒中，フラスコ内で行うと，生合成では6員環エーテル(テトラヒドロピラン環)を形成しながら閉環していくのに対し，フラスコ内では5員環エーテル(テトラヒドロフラン環)が速度論的に形成されてしまうことが知られていた．Jamisonらは生合成とフラスコ内での反応の違いは溶媒であり，生合成と同じ水中で反応を行えば，6員環形成が進行すると仮定し，見事に証明した．生合成模擬的反応を行う際，生体内にある水が重要な役割を果たしていることを明示したきわめて重要な論文である．

26 プリンス反応によるマクロ環化を基盤としたブリオスタチン構造簡略体の効率的合成

P. A. Wender, B. A. DeChristopher, A. J. Schrier, "Efficient Synthetic Access to a New Family of Highly Potent Bryostatin Analogues via a Prins-Driven Macrocyclization Strategy," *J. Am. Chem. Soc.*, **130**, 6658 (2008).

Prins反応はさまざまなテトラヒドロピラン誘導体の合成に有用であるが，大環状骨格の閉環に応用された例は少ない．Wenderらは，ブリオスタチン構造簡略体の4-メチレンテトラヒドロピラン環と大環状骨格をPrins反応で一挙構築する合成戦略を開発した．本合成戦略の汎用性は検討されていないが，比較的穏和な反応条件下，マクロリド化合物の大環状骨格とそれに含まれるエーテル環構造を同時に構築できる点で，合成効率の高さが際立つ．Wenderらは，本反応で得た大環状化合物から合成経路を分岐させることで，プロテインキナーゼCに強力な結合親和性を示すブリオスタチン構造簡略体を短段階で取得することに成功した．

27 キラルなイリジウム錯体を用いた水素移動型不斉アリル化

I. S. Kim, M.-Y. Ngai, M. J. Krische, "Enantioselective Iridium-Catalyzed Carbonyl Allylation from the Alcohol or Aldehyde Oxidation Level via Transfer Hydrogenative Coupling of Allyl Acetate: Departure from Chirally Modified Allyl Metal Reagents in Carbonyl Addition," *J. Am. Chem. Soc.*, **130**, 14891 (2008).

ポリケチド系天然物の全合成において，カルボニル化合物の不斉アリル化は最重要反応の一つであるが，アリルメタル種の使用に伴う量論量の副生成物や，基質の酸化段階の調整による反応工程数増大などの問題があった．Krischeらはキラルなイリジウム錯体と酢酸アリルを用いる水素移動型不斉アリル化反応を開発した．本反応は，第一級アルコールからキラルな第二級ホモアリルアルコールを直接得ることができ，酸化段階の調整やアリル金属種の使用を必要としない．これら特徴ゆえに，本反応を用いることでポリケチド系天然物の部分構造を迅速かつ効率的に合成できるようになった．なお，本反応に対応する水素移動型不斉クロチル化反応も報告されている．

APPENDIX

28 新しいテトラサイクリン系抗生物質の合成のための重要基盤

C. Sun, Q. Wang, J. D. Brubaker, P. M. Wright, C. D. Lerner, K. Noson, M. Charest, D. R. Siegel, Y.-M. Wang, A. G. Myers, "A Robust Platform for the Synthesis of New Tetracycline Antibiotics," *J. Am. Chem. Soc.*, **130**, 17913 (2008).

有名な抗生物質であるテトラサイクリンの収束的全合成スキームを応用して，50 に及ぶ誘導体の網羅的な創出に成功した．得られた誘導体の抗菌活性評価の結果，二つの化合物がテトラサイクリン耐性菌に対して強い活性をもつことがわかった．天然物を基盤とした新しい有用物質の創製には，さまざまなモジュールを収束的に連結して構造的多様性を得る方法が適している．しかし，連結反応には，強力かつ一般性が高いという二つの相反しうる性質が求められ，その開発はきわめて困難である．本研究は，複雑な天然物の最新の収束的全合成ルートを基盤に，誘導体創出と耐性菌への活性向上を具現化した画期的な貢献である．

29 触媒的カスケード反応による天然物の集団的合成

S. B. Jones, B. Simmons, A. Mastracchio, D. W. C. MacMillan, "Collective Synthesis of Natural Products by Means of Organocascade Catalysis," *Nature*, **475**, 183 (2011).

独自に開発した有機触媒によるカスケード反応により複雑な天然由来アルカロイドを網羅的に合成した論文である．鍵カスケード反応により得られる共通中間体から，6 種もの異なるアルカロイド類の全合成を 12 段階以下の化学変換により達成した．そのなかには歴史的に数多くの有機合成化学者がその全合成に挑戦したストリキニーネが含まれており，総工程数 12 段階での全合成は過去の合成と比べると驚愕すべき結果である．一度の合成で複数の天然物を効率的に合成するという「集団的合成(collective synthesis)」の概念を打ち出した重要な論文である．

30 フルオラスタグを利用した天然物ライブラリ合成

D. P. Curran, M. K. Sinha, K. Zhang, J. J. Sabatini, D.-H. Cho, "Binary Fluorous Tagging Enables the Synthesis and Separation of a 16-Stereoisomer Library of Macrosphelides," *Nat. Chem.*, **4**, 124 (2012).

フルオラス化学とは含フッ素化合物を利用した化学であり，1997 年に Curran(ピッツバーグ大学)らによって開発された．含フッ素化合物同士は親和性が高いという特徴をもち，この特性を利用することで「含フッ素化合物」と「非フッ素化合物」の分離が容易に行える．その後，Fluorous Solid Phase Extraction (FSPE)という，「フルオラス分子」と「非フルオラス分子」を効率良く分離できる方法が確立された．フルオラス充填剤を利用したクロマトグラフィーでは化合物のフッ素原子含有数に依存した保持時間で溶出される．これを利用することで単一化合物合成への利用から，複雑なマクロライド天然物のコンビナトリアルライブラリの構築が達成された．

31 (+)-3-カレンからの(+)-インゲノールの 14 段階合成

L. Jørgensen, S. J. McKerrall, C. A. Kuttruff, F. Ungeheuer, J. Felding, P. S. Baran, "14-Step Synthesis of (+)-Ingenol from (+)-3-Carene," *Science*, **341**, 878 (2013).

インゲナン型ジテルペンであるインゲノールの全合成報告である．生合成仮説に基づき，合成計画を炭素環形成段階と極性官能基導入段階の 2 段階に分ける合成戦略で，合成中間体の設計を単純化した．その結果，従来 30 工程以上を要していたインゲノールの全合成を，(+)-カレンからわずか 14 工程達成した．本論文は，複雑に縮環した炭素骨格上に多数の極性官能基を有する天然物の合成において，効率向上へと繋がる合成戦略そのものの進歩を実証した点で革新的である．

32 多能性中間体を活用したインドールアルカロイド群の骨格多様化合成

H. Mizoguchi, H. Oikawa, H. Oguri, "Biogenetically Inspired Synthesis and Skeletal Diversification of Indole Alkaloids," *Nat. Chem.*, **6**, 57 (2014).

APPENDIX

ニチニチソウなどの植物が生合成する生物活性物質群の産生ラインを模倣して，多環性のアルカロイド群を創出する“骨格多様化合成”を実現した．大栗らは短寿命の生合成中間体を安定化した多能性中間体を設計し，5種類のインドールアルカロイド骨格のつくり分けに成功している．植物が産生する3系統のアルカロイドの全合成を達成して，分岐型の短段階合成プロセスの効率と柔軟な拡張性が実証されている．複雑なアルカロイドの構造を簡略化することなく，分子骨格・立体化学や官能基を多様化した化合物群を僅か6-9工程で合成した．

33 デオキシプロピオナートの高効率的合成法

R. Rasappan, V. K. Aggarwal, “Synthesis of Hydroxyphthioceranic Acid Using a Traceless Lithiation-Borylation-Protodeboronation Strategy,” *Nat. Chem.*, **6**, 810 (2014).

ポリケチド系天然物にはデオキシプロピオナートが連続する構造モチーフがしばしば見られ，その立体選択的な構築には，不斉補助基など外部不斉源を用いてデオキシプロピオナートユニットを段階的に伸長する合成戦略が一般的には採用される．これに対し，Aggarwal らは *N,N*-ジイソプロピルカルバメートをリチオ化してアルキルボロン酸ピナコールエステルとカップリングさせた後，ラジカル的にボロン酸エステルを除去する合成手法を開発した．これにより，標的化合物に存在する官能基に依存せず，任意の位置で炭素-炭素結合を簡便に形成することが可能となり，hydroxyphthioceranic acid の収束的かつ高立体選択的な全合成を14段階で達成した．

34 福山カップリング反応の新展開によるワンポットケトン合成反応

J. H. Lee and Y. Kishi, “One-Pot Ketone Synthesis with Alkylzinc Halides Prepared from Alkyl Halides via a Single Electron Transfer (SET) Process: New Extension of Fukuyama Ketone Synthesis,” *J. Am. Chem. Soc.*, 138, 7178 (2016).

ケトンは，有機合成上きわめて有用な官能基の一つであり，その直接的合成の開発はきわめて価値がある．エリブリンもケトン構造をもち，その構築には Julia 型カップリングの後，酸化反応と脱スルホニル化を必要とする．合成終盤での工程数削減の観点から直接的な合成法が望まれる．彼らは，福山カップリングの発展形として，DMI 溶媒中，TESCl，NaI，$CrCl_2$，Co 錯体あるいはニオブ錯体存在下ハロゲン化アルキルと亜鉛から *in situ* でアルキル亜鉛試薬を発生し，Pd 触媒下，チオエステルとのカップリングにより直接的にエリブリンのケトンを合成することに成功した．この際，C1 位チオエステルに対する C0 位ブロミドの使用量は1.2当量というきわめて量論的なものである．

35 Zr/Ni が関与するワンポットケトン合成反応

Y. Ai, N. Ye, Q. Wang, K. Yahata, Y. Kishi, “Zirconium/Nickel-Mediated One-Pot Ketone Synthesis,” *Angew. Chem. Int. Ed.*, **56**, 10791 (2017).

ハリコンドリン全合成において，C38 ケトンを左右の骨格を形成した後に直接的カップリングにより合成できれば，より Convergent で効率的な全合成が達成できる．彼らは，DMI 溶媒中亜鉛あるいはマンガン存在下，Zr が関与する Ni 触媒によるヨウ化アルキルとチオエステルのカップリングによる直接的ケトン合成法を開発した．Zr および低原子価 Zr が，Ni 触媒のチオエステルへの酸化的付加の加速とヨウ化アルキルからのラジカル種の発生に寄与し，反応の著しい加速を達成している．β位にアルコキシ基をもっていてもβ脱離を伴わずに効率的にケトン合成を達成できる．これにより，9種のハリコンドリン誘導体を同じルートで合成することに成功した．たとえばハリコンドリン B では，C37 ヨウ化物と1.3当量の C38 チオエステルから，ケトンカップリング，脱保護，[5,5]スピロケタール形成の3工程，通算67.8%の収率で達成された．C37 ヨウ化物は，D-galactal から収率21.1%で得られ，ハリコンドリン B の全収率は14.3%という驚異的な収率になる．

Part III ③ 役に立つ情報・データ

覚えておきたい★関連最重要用語

C_2 対称性
特定の軸まわりに分子を 180 度回転させても，元の分子構造と重なる対称性．

diverted total synthesis (DTS)
天然物の構造活性相関の解明や創薬へ向けた構造最適化を目的として，天然物そのものの誘導化では取得できない人工類縁体を，全合成の中間体から合成経路を分岐させて供給しようとするアプローチ．

Mayr の求核パラメータ
求核剤（あるいは求電子剤）の反応性の尺度を規格化したもの．ミュンヘン大学の Mayr により提唱された．求核パラメータ (*N*) および求電子パラメータ (I) と反応速度の間には，$\log k = s(N+I)$ の関係が成り立ち，直感的に反応性を評価するのに役立つ．

NF-κB 経路
リポ多糖 (lipopolysaccharide：LPS) やサイトカイン（腫瘍壊死因子 TNF-*α* など）によって活性化される細胞内情報伝達経路．最終的に NF-κB タンパク質が転写因子となり，炎症に関連する遺伝子などの転写が起こる．

NHK 反応
2 価の Cr の存在下，ハロゲン化ビニルとアルデヒドが温和な条件でカップリングする反応として報告された．その後，Ni の介在が必須であることが判明し，Ni-Cr 反応とも呼ばれる．開発者のイニシャルから命名された．

Thorpe-Ingold 効果
鎖状基質に置換基を導入すると結合角圧縮および立体配座規制による反応点の接近が起こり，環形成反応の速度定数もしくは平衡定数は増大する．この置換基効果をいう．とくに *gem* 位に置換基を二つ導入するとその効果は大きくなる．

***N,N*-アシルトシルヒドラジン**
ヒドラジンの二つの窒素のうち，同じ窒素にアシル基とトシル基の両方が結合したユニット．別べつの窒素にそれぞれアシル基とトシル基が結合している場合は，*N*-アシル-*N'*-トシルヒドラジンと呼ぶ．

***trans*-アザビシクロ [3.3.0] オクタン骨格**
ピロリジン環（含窒素 5 員環）と炭素 5 員環がトランス配置で縮環した骨格． 5 員環上のある炭素から 3 炭素分を伸長したとき，伸長した炭素鎖の先は 5 員環隣接炭素のシス位に容易に接近できるため，シス縮環の構築は容易である．一方，トランス位は大きく離れているため，その構築は一般的に非常に困難である．

アフィニティプローブ
標的となる生体分子と可逆的に相互作用する生物活性小分子に対し，生体分子と共有結合を形成するための官能基を導入した化合物．求電子性官能基や光照射で高活性種を生成する光感応基を利用することが多い．

オルトゴナル活性化法
異なる条件で選択的に活性化可能な合成単位を用い，オリゴマーなどの構成単位を効率的に連結してゆく方法．糖鎖合成における重要な基礎概念として蟹江，伊藤，小川らにより開発・提唱された．

カスケード型反応
ある反応が引き金となって，単一条件で複数の結合形成反応が連続的に進行する反応．

ガングリオシド
シアル酸を含む糖鎖にセラミド（脂質）が結合した糖脂質．細胞膜の外側に存在し，さまざまな細胞応答にかかわっていることが示唆されている．ガングリオシドの分解不全は，ライソゾーム病の一種であるガングリオシドーシスの原因となる．

環状ペプチド
ペプチド鎖の N 末端と C 末端がアミド結合で縮合し，環状化した特殊ペプチド化合物の総称．天然から数多くの生物活性環状ペプチドが見いだされており，構成アミノ酸数のバリエーションは非常に広い．代表的なものに真菌が産生する免疫抑制作用を示すシクロスポリンがある．

擬対称
対称性を示しながらも，部分構造が異なるために完全に対称となっていないこと．

橋頭位ラジカル
縮環構造の連結炭素部位（橋頭位）に生じたラジカルのこと．橋頭位ラジカルは反応点近傍の立体障害が最小化され，かつ立体反転が不可能なために，立体特異的な四置換炭素の構築を可能とする．

APPENDIX

酸化ステロイド
酸化を受けたステロイド類の総称．本書ではとくに，カンペステロールなどのフィトステロール（植物ステロール）が，植物生体内で高度に酸素官能基化されてできる一連の天然物の総称として使用している．

酸化度
その物質が酸化されている度合．1炭素の化合物であれば，酸化度は $CH_4 < CH_3OH < CH_2O < HCO_2H < CO_2$ の順に高くなる．また，CH_3-CH_3 よりも $CH_2=CH_2$ のほうが，酸化度が1段階高い〔CH_3-CH_2OH から脱水（H_2O）したと考える〕．

軸不斉
二つの面が単結合でつながっていて面が立体的要因などで回転できない場合に，一つの面を垂直に立てるともう一つの面のある官能基が左右のどちらかにくることによって光学活性体ができること．

収束的（コンバージェント）合成
一つの出発原料から直線的に目的物を合成していくリニアな合成に対し，複数の出発原料から複数の中間体（フラグメント）を経て目的物を合成していく手法．多段階合成では収率面で有利である上，戦略立案上も柔軟性がある．

鈴木–宮浦反応
有機ホウ素化合物と有機ハロゲン化物および擬ハロゲン化物とを，パラジウム触媒および塩基存在下でクロスカップリングする反応．触媒や反応条件を適切に選択することで，さまざまな sp^2 および sp^3 炭素原子を高収率で連結できる．

生物学指向型合成
Biology-Oriented Synthesis（BIOS）．生物活性天然物や薬に見られる共通の分子構造を基盤として構造を多様化する合成のコンセプト．H. Waldmann が提唱した．生物進化の過程を経て選択・淘汰されてきた分子構造を出発点として化合物ライブラリを構築するアプローチである．

疎水性可溶性タグ
固相タグは不溶性の樹脂であり，反応基質の担体として固相合成に利用される．疎水性可溶性タグは直鎖アルキルをもつ高い疎水性能をもち，非極性溶媒に可溶で極性溶媒に不溶な固体の担体であり，液相合成法に利用される．

多様性指向型合成
Diversity-Oriented Synthesis（DOS）．構造のバリエーションに富んだ化合物群を系統的に短段階で合成する．化学合成で生みだした機能未知の化合物群について生体高分子との相互作用を解明していく．あらかじめ機能がわかっている単一の標的化合物を合成する Target-Oriented Synthesis（TOS）と対比させて S. L. Schreiber が提唱した．

電位依存性 Na チャネル
voltage-gated sodium channel（VGSC）．神経細胞，心筋などの細胞膜に存在する巨大膜タンパク．膜電位の変化によって Na^+ イオンを選択的に細胞内に透過させ，神経伝達における電気信号の発生，伝達という重要な機能を担っている．チャネル病といわれるイオンチャネルの遺伝子異常による神経疾患も多く，重要な創薬標的である．

渡環相互作用
環状化合物において，環上の隣接しない原子あるいは原子団同士の非結合性相互作用をいう．中環状化合物は，エントロピー的要因に加えて大きな渡環相互作用のため，鎖状化合物からの環形成が困難となっている．

2官能基同時変換
1分子に対して反応試剤を2当量以上作用させ，2ヵ所同時に官能基変換を行う方法．直線的な合成と比較して，合成工程数が半分となる．2官能基が同様の反応性を示すことが重要であるため，反応試剤が作用する2ヵ所の官能基が反応前後に相互作用しない中間体の設計が重要となる．

バッチ反応とフロー反応
フラスコを大きくした反応缶で行うバッチ反応に対し，反応場であるミキサー部分を反応基質や試薬類の溶液が通過することに反応させることをフロー反応と呼ぶ．工業的にはスケールアップに伴う再現性のリスクが軽減される．

ハリコンドリン B
海綿類から単離された海洋性天然物．その抗腫瘍効果から医薬品としての応用が強く期待されたが，天然からの供給量が著しく少なく断念された．全合成の成功を機に医薬品開発への道が開かれた．

ファーマコフォア
標的タンパク質（ターゲット）との相互作用に必要な特徴をもつ官能基群と，それらの相対的な立体配置も含めた抽象的な概念．複雑な生物活性天然物の場合，その構造すべてが生物活性の発現に必要ないことも多い．本書では活性の発現に必要な最小の構造単位という意味で用いている．

不斉非対称化
分子内に同一の官能基を2個もつ対称性化合物の一方のみを選択的に変換して光学活性体とする反応．一度の反応で複数の不斉点を制御することも可能．

A P P E N D I X

不斉補助基
不斉補助基は入手容易な不斉源として分子に導入し，ジアステレオ選択的な反応を行う．反応後に除去が必要とされるが，生成物のジアステレオマーの精製により，高純度の光学活性体が得られる利点もある．

ロジウムカルベノイド
ジアゾ化合物とロジウム触媒から生成する二核構造をもつ反応活性種．二重結合に対するシクロプロパン化反応やC–H挿入反応による炭素結合形成のみならず，アミドのN–H結合やヒドロキシ基にも挿入反応が進行する．

知っておくと便利！関連情報

1 おもな本書執筆者のウェブサイト（所属は2018年1月現在）

石川勇人
熊本大学大学院先端科学研究部
http://www.sci.kumamoto-u.ac.jp/~ishikawa/ishikawa-lab/Top.html

井上将行/長友優典
東京大学大学院薬学系研究科
http://www.f.u-tokyo.ac.jp/~inoue/

占部大介
富山県立大学工学部
http://www.pu-toyama.ac.jp/BR/urabe/index.html

大栗博毅
東京農工大学大学院工学研究院
http://web.tuat.ac.jp/~h_oguri/index.html

菅　敏幸
静岡県立大学薬学部
http://www.us-yakuzo.jp/

佐々木誠
東北大学大学院生命科学研究科
http://www.agri.tohoku.ac.jp/kanshoku/

鈴木啓介/大森　建
東京工業大学大学院理学院化学系
http://www.org-synth.chem.sci.titech.ac.jp/suzukilab/

砂塚敏明/廣瀬友靖
北里大学北里生命科学研究所
http://seibutuyuuki.sakura.ne.jp/index.html

袖岡幹子
理化学研究所袖岡有機合成化学研究室
http://soc.riken.jp

田上克也
エーザイ株式会社　ファーマシューティカル・サイエンス&テクノロジー機能ユニットプレジデント
http://www.eisai.co.jp/index.html

谷野圭持
北海道大学大学院理学院
https://wwwchem.sci.hokudai.ac.jp/~oc2/index.html

徳山英利
東北大学大学院薬学研究科
http://www.pharm.tohoku.ac.jp/~seizou/index.html

中田雅久
早稲田大学理工学術院
http://www.chem.waseda.ac.jp/nakada/index.html

難波康祐
徳島大学大学院医歯薬研究部
http://www.tokushima-u.ac.jp/ph/faculty/labo/bot/

西川俊夫/中崎敦夫
名古屋大学大学院生命農学研究科
https://www.agr.nagoya-u.ac.jp/~organic/

平井　剛
九州大学大学院薬学研究院
http://sekkei.phar.kyushu-u.ac.jp/

福山　透/横島　聡
名古屋大学大学院創薬科学研究科
http://www.ps.nagoya-u.ac.jp/lab_pages/natural_products/index.html

不破春彦
中央大学理工学部
http://c-faculty.chuo-u.ac.jp/~npc/index.html

細川誠二郎
早稲田大学理工学術院
http://www.waseda.jp/sem-hosokawalab/

山口潤一郎
早稲田大学理工学術院
http://www.jyamaguchi-lab.com/

A P P E N D I X

2 読んでおきたい洋書・専門書

[1] K. Nicolaou, E. Sorensen, "**Classics in Total Synthesis: Targets, Strategies, Methods,**" John Wiley & Sons (1996).

[2] 野依良治，柴崎正勝，鈴木啓介，玉尾皓平，中筋一弘，奈良坂紘一 編，**『大学院講義有機化学 I』**，東京化学同人 (1999).

[3] K. C. Nicolaou, S. A. Snyder, "**Classics in Total Synthesis II: More Targets, Strategies, Methods,**" Wiley-VCH (2003).

[4] M. A. Sierra, M. C. de la Torre, K. C. Nicolaou, "**Dead Ends and Detours,**" Wiley-VCH (2004).

[5] 有機合成化学協会 編，**『演習で学ぶ有機反応機構』**，化学同人 (2005).

[6] 上村明男，**『研究室で役立つ有機実験のナビゲーター——実験ノートの取り方からクロマトグラフィーまで』**，J. W. Zubrick，丸善出版 (2006).

[7] 富岡 清 監訳，**『人名反応で学ぶ有機合成戦略』**，L. Kürti, B. Czak，化学同人 (2006).

[8] F. A. Carey, R. J. Sundberg, "**Advanced Organic Chemistry Part A: Structure and Mechanisms,**" Springer (2007).

[9] F. A. Carey, R. J. Sundberg, "**Advanced Organic Chemistry Part B: Reactions and Synthesis,**" Springer (2007).

[10] 鈴木啓介，**『岩波講座 現代化学への入門〈10〉天然有機化合物の合成戦略』**，岩波書店 (2007).

[11] E. M. Carreira, L. Kvaerno, "**Classics in Stereoselective Synthesis,**" Wiley-VCH (2009).

[12] K. C. Nicolaou, Jason S. Chen, "**Classics in Total Synthesis III: Further Targets, Strategies, Methods,**" Wiley-VCH (2011).

[13] 有機合成化学協会 編，**『天然物合成で活躍した反応：実験のコツとポイント』**，化学同人 (2011).

[14] 安田修祥 編訳，**『アートオブプロセスケミストリー：メルク社プロセス研究所での実例』**，化学同人(2012).

[15] S. Hanessian, S. Giroux, B. L. Merner, "**Design and Strategy in Organic Synthesis,**" Wiley-VCH (2013).

[16] "**Enantioselective Chemical Synthesis: Methods, Logic, and Practice,**" E. J. Corey, L. Kurti, Academic Press (2013).

[17] M. A. Sierra, M. C. de la Torre, F. P. Cossio, "**More Dead Ends and Detours: En Route to Successful Total Synthesis,**" Wiley-VCH (2013).

[18] 小宮三四郎，穐田宗隆，岩澤伸治 監訳，**『ハートウィグ有機遷移金属化学 上・下』**，J. F. Hartwig，東京化学同人 (2014, 2015).

[19] 東郷秀雄，**『有機合成のためのフリーラジカル反応：基礎から精密有機合成への応用まで』**，丸善出版 (2014).

[20] 野依良治，奥山 格，柴崎正勝，檜山爲次郎 監訳，**『ウォーレン有機化学 上・下(第 2 版)』**，J. Clayden, N. Greeves, S. Warren，東京化学同人(2015).

[21] 野依良治，中筋一弘，玉尾皓平，奈良坂紘一，柴崎正勝，橋本俊一，鈴木啓介，山本陽介，村田道雄 編，**『大学院講義有機化学 II (第 2 版)』**，東京化学同人 (2015).

[22] 柳 日馨，**『有機ラジカル反応の基礎：その理解と考え方』**，丸善出版 (2015).

[23] "**Chemical Biology of Natural Products,**" ed. by D. J. Newman, G. M. Cragg, P. Grothaus, CRC Press (2017).

[24] 檜山爲次郎 訳，**『最新有機合成法(第 2 版)：設計と戦略』**，G. S. Zweifel, M. H. Nantz, P. Somfai，化学同人 (2018).

3 有用 HP およびデータベース

文献検索サイト Chemistry Reference Resolver
http://chemsearch.kovsky.net/

博士論文検索サイト ProQuest
https://search.proquest.com/pqdtglobal/index

化学ポータルサイト Chem-Station
日本語版：https://www.chem-station.com/
英語版：https://en.chem-station.com/
中国語版：https://cn.chem-station.com/

索　引

か

さ

●は

●ま

●や・ら・わ

◆執筆者紹介◆

（敬称略，50 音順）

浅川 倫宏（あさかわ　ともひろ）

東海大学創造科学技術研究機構特任講師〔博士（薬学）〕

1979 年　奈良県生まれ

静岡県立大学薬学部博士後期課程修了

〈研究テーマ〉「天然物合成化学」「ケミカルバイオロジー」

石川 勇人（いしかわ　はやと）

熊本大学大学院先端科学研究部准教授〔博士（薬学）〕

1977 年　埼玉県生まれ

2004 年　千葉大学大学院医学薬学府博士課程修了

〈研究テーマ〉「天然物化学」「有機合成化学」「有機材料化学」

井上 将行（いのうえ　まさゆき）

東京大学大学院薬学系研究科教授〔博士（理学）〕

1971 年　東京都生まれ

1998 年　東京大学大学院理学系研究科博士課程修了

〈研究テーマ〉「天然物合成化学」「生物有機化学」

占部 大介（うらべ　だいすけ）

富山県立大学工学部教授〔博士（農学）〕

1978 年　広島県生まれ

2006 年　名古屋大学大学院生命農学研究科博士課程修了

〈研究テーマ〉「有機合成化学」「天然物化学」

大栗 博毅（おおぐり　ひろき）

東京農工大学大学院工学研究院教授〔博士（理学）〕

1970 年　東京都生まれ

1998 年　東北大学大学院理学研究科博士課程修了

〈研究テーマ〉「天然物の骨格多様化合成」「多官能性分子群の迅速合成・機能創出」「化学-酵素ハイブリッド合成」

大森 建（おおもり　けん）

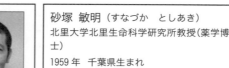

東京工業大学理学院化学系准教授〔博士（理学）〕

1969 年　神奈川県生まれ

1996 年　慶應義塾大学大学院理工学研究科博士課程修了

〈研究テーマ〉「天然有機化合物の合成研究」「効率的合成戦略の開拓」

菅 敏幸（かん　としゆき）

静岡県立大学薬学部教授（理学博士）

1964 年　北海道生まれ

1993 年　北海道大学大学院理学研究科博士課程修了

〈研究テーマ〉「天然物化学」「有機合成化学」

楠見 武徳（くすみ　たけのり）

東京工業大学理学院化学系特任教授，徳島大学名誉教授（理学博士）

1942 年　神奈川県生まれ

1973 年　東京教育大学理学研究科博士課程修了

〈研究テーマ〉「天然物有機化学」

佐々木 誠（ささき　まこと）

東北大学大学院生命科学研究科教授（理学博士）

1960 年　東京都生まれ

1989 年　東京大学大学院理学系研究科博士課程修了

〈研究テーマ〉「天然物合成化学」

鈴木 啓介（すずき　けいすけ）

東京工業大学理学院化学系教授（理学博士）

1954 年　神奈川県生まれ

1983 年　東京大学大学院理学系研究科博士課程修了

〈研究テーマ〉「新規合成反応の開拓」「生理活性天然有機化合物の全合成」

砂塚 敏明（すなづか　としあき）

北里大学北里生命科学研究所教授（薬学博士）

1959 年　千葉県生まれ

1988 年　北里大学大学院薬学研究科博士課程修了

〈研究テーマ〉「天然物化学」「医薬品化学」

袖岡 幹子（そでおか　みきこ）

理化学研究所袖岡有機合成化学研究室主任研究員（薬学博士）

1983 年　千葉大学大学院薬学研究科博士前期課程修了

〈研究テーマ〉「遷移金属触媒反応の開発」「新規生物活性分子の創製」「ケミカルバイオロジー研究のための新手法の開発」「細胞死のメカニズム」

田上 克也（たがみ　かつや）

エーザイ株式会社　ファーマシューティカル・サイエンス&テクノロジー機能ユニットプレジデント〔博士（工学）〕
1961年　茨城県生まれ
1999年　東北大学大学院工学研究科博士後期課程修了
〈研究テーマ〉「医薬品のプロセス化学」「有機合成化学」「グリーンケミストリー」「フローケミストリー」

竜田 邦明（たつた　くにあき）

早稲田大学 栄誉フェロー・名誉教授（工学博士）
1940年　大阪府生まれ
1968年　慶応義塾大学大学院工学研究科博士課程修了
〈研究テーマ〉「天然生理活性物質科学」

谷野 圭持（たにの　けいじ）

北海道大学大学院理学研究院教授〔博士（理学）〕
1963年　兵庫県生まれ
1989年　東京工業大学大学院理工学研究科博士課程中途退学
〈研究テーマ〉「有機合成化学」

徳山 英利（とくやま　ひでとし）

東北大学大学院薬学研究科教授〔博士（理学）〕
1967年　神奈川県生まれ
1994年　東京工業大学大学院理工学研究科博士課程修了
〈研究テーマ〉「天然物全合成」「有機合成化学」

中崎 敦夫（なかざき　あつお）

名古屋大学大学院生命農学研究科准教授〔博士（工学）〕
1973年　岩手県生まれ
2001年　東京工業大学大学院理工学研究科博士課程修了
〈研究テーマ〉「有機合成化学」「生物活性物質の合成研究」

中田 雅久（なかだ　まさひさ）

早稲田大学理工学術院教授（薬学博士）
1959年　東京都生まれ
1986年　東京大学大学院薬学系研究科博士課程中途退学
〈研究テーマ〉「有用な生物活性天然物の全合成研究」「生物活性天然物の全合成研究のための新反応・方法論，不斉反応の研究」「生物活性天然物の全合成研究をベースとするケミカルバイオロジー研究」

長友 優典（ながとも　まさのり）

東京大学大学院薬学系研究科助教〔博士（薬学）〕
1983年　宮崎県生まれ
2012年　東京大学大学院薬学系研究科博士課程修了
〈研究テーマ〉「天然物合成化学」「光反応化学」「計算化学」

難波 康祐（なんば　こうすけ）

徳島大学大学院医歯薬研究部教授〔博士（理学）〕
1972年　大阪府生まれ
2001年　大阪市立大学大学院理学研究科博士課程修了
〈研究テーマ〉「希少化合物の実践的合成」「天然物合成」「分子プローブ開発」

西川 俊夫（にしかわ　としお）

名古屋大学大学院生命農学研究科教授〔博士（農学）〕
1962年　長野県生まれ
1987年　名古屋大学大学院農学研究科博士前期課程修了
〈研究テーマ〉「天然物合成化学」「天然物ケミカルバイオロジー」

平井 剛（ひらい　ごう）

九州大学大学院薬学研究院教授〔博士（理学）〕
1975年　徳島県生まれ
2002年　東北大学大学院理学研究科博士後期課程修了
〈研究テーマ〉「天然物や生体分子を基にした生物機能分子創製」

廣瀬 友靖（ひろせ　ともやす）

北里大学北里生命科学研究所准教授〔博士（薬学）〕
1973年　神奈川県生まれ
2001年　北里大学大学院薬学研究科博士課程修了
〈研究テーマ〉「天然物の全合成研究」「ケミカルバイオロジー研究」

福山 透（ふくやま　とおる）

名古屋大学大学院創薬科学研究科特任教授（Ph. D.）
1948年　愛知県生まれ
1977年　ハーバード大学化学科 Ph.D. 取得
〈研究テーマ〉「天然物全合成」「有機合成化学」「有機反応開発」

不破 春彦（ふわ　はるひこ）
中央大学理工学部教授〔博士（理学）〕
1975 年　宮城県生まれ
2002 年　東京大学大学院理学系研究科博士課程修了
〈研究テーマ〉「有機合成化学を基盤とした天然物有機化学」

横島 聡（よこしま　さとし）
名古屋大学大学院創薬科学研究科教授〔博士（薬学）〕
1974 年　神奈川県生まれ
2002 年　東京大学大学院薬学系研究科博士課程修了
〈研究テーマ〉「天然物の合成研究」

細川 誠二郎（ほそかわ　せいじろう）
早稲田大学理工学術院准教授〔博士（農学）〕
1968 年　岡山県生まれ
1996 年　名古屋大学大学院農学研究科博士課程修了
〈研究テーマ〉「天然物合成」「新奇反応の開発」「生物活性物質の機能解明」

山口 潤一郎（やまぐち　じゅんいちろう）
早稲田大学理工学術院准教授〔博士（工学）〕
1979 年　東京都生まれ
2007 年　東京理科大学大学院工学研究科工業化学専攻博士後期課程修了
〈研究テーマ〉「物質創製のための合成化学・分子設計学」

CSJ Current Review 27

天然有機化合物の全合成――独創的なものづくりの反応と戦略

2018 年 3 月 20 日　第 1 版第 1 刷　発行

検印廃止

編著者　公益社団法人日本化学会
発行者　曽　根　良　介
発行所　株 式 会 社 化 学 同 人
〒600-8074　京都市下京区仏光寺通柳馬場西入ル
編集部　TEL 075-352-3711　FAX 075-352-0371
営業部　TEL 075-352-3373　FAX 075-351-8301
振　替　01010-7-5702
E-mail webmaster@kagakudojin.co.jp
URL https://www.kagakudojin.co.jp
印刷　創栄図書印刷㈱
製本　清 水 製 本 所

　ISBN978-4-7598-1387-6